高职高专“十三五”规划教材

自动检测技术与控制装置
——信息化教程

第二版

王永红　主编

ZIDONG JIANCE JISHU YU KONGZHI ZHUANGZHI
XINXIHUA JIAOCHENG

化学工业出版社
·北京·

《自动检测技术与控制装置——信息化教程》共分八个主要部分，对生产过程中检测技术及控制装置的技术知识进行了系统叙述。第一章介绍了生产过程中检测及误差的基本概念，传感器（变送器）的基础知识等。第二章到第六章，介绍了生产过程中压力、流量、温度、物位和成分等传感器（变送器）的结构、原理、使用和维护防护等技术知识。第七、第八章介绍了生产过程中应用的基本控制方法及控制、执行装置。书中对新型的智能传感器、控制器、执行机构，也做了相应的介绍。

本书除作为专业教材外，也可供从事其他相关类型行业（石油化工、轻工、林业、电厂等）的自动化工程技术人员阅读参考。

图书在版编目（CIP）数据

自动检测技术与控制装置——信息化教程/王永红主编．—2 版．
北京：化学工业出版社，2017.7（2025.2 重印）
高职高专“十三五”规划教材
ISBN 978-7-122-29846-1

Ⅰ.①自…　Ⅱ.①王…　Ⅲ.①自动检测-高等职业教育-教材
Ⅳ.①TP274

中国版本图书馆 CIP 数据核字（2017）第 148408 号

责任编辑：廉　静　　　　装帧设计：王晓宇
责任校对：吴　静

出版发行：化学工业出版社（北京市东城区青年湖南街 13 号　邮政编码 100011）
印　　装：北京盛通数码印刷有限公司
787mm×1092mm　1/16　印张 17½　字数 466 千字　2025 年 2 月北京第 2 版第 6 次印刷

购书咨询：010-64518888　　　　售后服务：010-64518899
网　　址：http：//www.cip.com.cn
凡购买本书，如有缺损质量问题，本社销售中心负责调换。

定　　价：49.00 元

前言 Foreword

本书是在 2006 年第一版的基础上修订编写的，教材内容力图更好地体现现代教育所要求的先进性、科学性和教育教学适用性。

新版教材对前一版作了适当的增删。根据高等职业教育培养目标的要求，力图使学习者学习完本教材内容后，获得作为生产一线的自动化技术、管理、维护和运行人员所必须掌握的检测技术与控制装置的技术知识和应用技能。

教材在每一章节的结束环节，除设置了“回顾与练习”外，并在每一章节的开始，通过“思考与交流”，形成“预习—学习—思考—练习”的有效学习路径。书中通过微视频、动画等方式展现出部分仪表装置的工作原理、动作过程、调试拆装步骤等，对教学与学习过程给予辅助。

作为自动化专业的必修内容，在考虑取材深度和广度时，主要着眼于提高高职高专学生的应用能力和知识水平，在介绍各种仪表应用的基础上分析原理特性，使学习者知其所以然。

本书以介绍各种检测、控制、执行的方法及装置为主，突出其基本构成、原理、选用方法及使用等内容。对维护、检修、系统安装等，由相关课程及实训环节完成。

本书可作为高职高专“生产过程自动化技术（工业自动化及仪表）”专业的教材，也可供从事其他相关行业（石油化工、轻工、电厂等）的电类、自动化类、仪表仪器类等自动化工程技术人员阅读参考。参考学时为 80～100 学时。

本书的修订编写由南京科技职业学院王永红主持。参加教材修订编写的有王永红（绪论、第一、第六、第七章）、刘玉梅（第八章）、秦补枝（第二章）、惠园园（第三章）、梁晓明（第四章）、丁炜（第五章）、朱玉奇（回顾与练习）。微视频主讲王琪（压力表）、王欢（变送器）、王恒强（无纸记录仪）、张华（执行器）、朱丽琴（可编程控制器）、秦补枝（控制系统）。夏鸿儒、刘慧敏对教材的修订编写提供了大量支持。全书由王永红统稿、辅助教学 PPT 制作。扬子石化电仪分公司王长军对书稿内容提出宝贵意见。

在编写过程中，得到了南京科技职业学院、辽宁石化职业技术学院、榆林职业技术学院、河北化工医药职业技术学院、兰州石化职业技术学院、扬子石化电仪分公司等单位的支持，融入许多宝贵意见，我们在此表示感谢。在编写过程中，参考和引用了大量的文献，对这些参考文献的作者和单位表示感谢。在制作教学动画、教学微视频中，对北京东方仿真软件技术有限公司等相关制作公司给予的支持表示感谢。本教材电子资源建设获得化学工业出版社教材发展基金的资助。

由于检测技术与控制装置发展较快，本书内容难免存在遗漏和不妥之处，敬请读者批评指正，在适当的时候进一步修正提高。

编者

2017. 1

目录 CONTENTS

自动化是人类文明进步和现代化的标志。自动化不仅可以部分或全部代替人的体力或脑力劳动，而且可以完成人类依靠自身的体力和脑力劳动无法直接完成的任务。自动化科学与技术主要研究对象是工业、农业、交通、商业、国防和社会领域的各类系统，涉及控制理论与控制工程、模式识别与智能系统、系统工程、检测技术与自动化装置、导航制导与控制、生物信息学、企业信息化系统与工程等。计算机科学与电子通讯科学的发展推动了自动化科学的发展。

生产过程的自动控制是指在石油、化工等连续性工业生产中对生产过程中的温度、压力、流量、物位及物性等变量按生产要求进行自动调整的物理过程。它是自动化技术的重要组成部分。石油化工生产过程的主体一般是化学反应过程。其特点是产品从原料加工到产品完成，流程都较长而复杂，并伴有副反应。工艺内部各变量间关系复杂，操作要求高。关键设备停车会影响全厂生产。大多数物料是以液体或气体状态，在密闭的管道、反应器、塔与热交换器等内部进行各种反应、传热、传质等过程。这些过程经常在高温、高压、低温、低压、易燃、易爆、有毒、有腐蚀、有刺激性臭味等条件下进行。自动化是保证生产处于最佳工作状态、优质、高产、低耗的必要条件；在减轻劳动强度、改善劳动条件、提高劳动生产率和设备利用率等方面起着越来越重要的作用；自动化程度的高低是衡量企业现代化水平的一个重要标志。而自动化仪表是在工业生产过程中，对工艺参数进行检测、显示、记录及控制的仪表，自动化仪表是实现生产过程自动化所必需的工具，是生产过程自动控制的基础，因此又称为过程检测与控制装置。

一、检测与控制装置在工业生产过程中的作用

自动化系统由生产装置和自动化装置两大部分构成。

1. 生产装置

在自动化系统中，将需要控制其工艺参数的生产设备或机器叫做被控对象。如化工生产中的各种塔器、反应器、换热器、泵和压缩机以及各种容器、储槽都是常见的被控对象，而输送流体用的管道也可以是一个被控对象。在复杂的生产设备中，如精馏塔、吸收塔等，在一个设备上可能有多个控制系统。这时在确定被控对象时，就不一定是生产设备的整个装置。如一个精馏塔，往往塔顶需要控制温度、压力，塔底又需要控制温度和塔釜液位等，而塔中部还需要控制进料量，在这种情况下，就只有将塔的某一与控制有关的相应部分作为该控制系统的被控对象。

2. 自动化装置

自动化装置是实现化工生产过程自动化的主要工具，它包括现场仪表、控制装置和显示装置三大部分。

(1) 现场仪表

现场仪表指安装在生产装置上的检测仪表和执行器。

检测仪表是获得生产过程中各种信息的工具，利用声、光、电、磁、热辐射等手段来实现对温度、压力、流量、物位、成分等工艺参数的测量。包括各种变量的传感器和变送器。

执行器是执行改变生产变量信息的工具。它依据控制仪表的调节信息或操作人员的指令，将信号或指令转换成位移，以实现对生产过程中的某些参数的控制。执行器由执行机构与调节阀两部分组成，执行机构按能源划分有气动执行机构、电动执行机构和液动执行机构。

（2）控制装置

控制装置是生产过程信息处理的工具。它将检测仪表获得的信息，根据工艺要求进行各种运算，然后输出控制信号。控制装置包括气动电动模拟量控制器、可编程调节器、可编程控制器、计算机控制装置等多种类型。

（3）显示装置

显示装置是显示被测变量数据信息的工具。它通过图表、数字、指示等方式将被测变量显示出来，供操作人员了解生产过程状态。由于显示仪表处于控制系统的闭环回路之外，所以在分析、描述及绘制自动化系统时，常常不涉及。

显示装置根据功能不同，可以分为记录装置和指示装置；模拟装置、数字装置和计算机显示器；记录装置又分为有纸记录与无纸记录等。

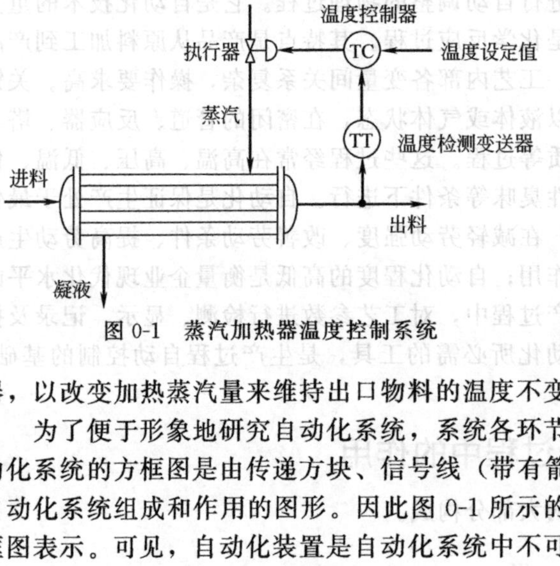

图 0-1　蒸汽加热器温度控制系统

如图 0-1 所示的自动化系统为蒸汽加热器温度控制系统。图中蒸汽加热器为生产装置，温度检测变送器、温度控制器、执行器等构成自动化装置。当进料流量或温度等因素引起出口物料温度变化时，通过温度检测变送器将该温度变化测量后送至温度控制器，温度控制器根据出口物料温度变化的特性输出一个控制信号给执行器，以改变加热蒸汽量来维持出口物料的温度不变。

为了便于形象地研究自动化系统，系统各环节之间的联系可用方框图形式表示出来。自动化系统的方框图是由传递方块、信号线（带有箭头的线段）、综合点、分支点构成的表示自动化系统组成和作用的图形。因此图 0-1 所示的蒸汽加热器温度控制系统可用图 0-2 的方框图表示。可见，自动化装置是自动化系统中不可缺少的组成部分。

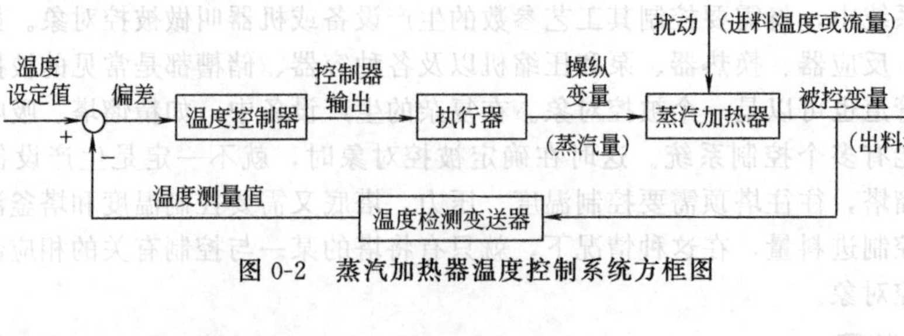

图 0-2　蒸汽加热器温度控制系统方框图

二、检测技术与控制装置的工程应用

流程工业中应用到大量的检测与控制装置，从流程工业过程的连续性生产的角度，选择的重要因素是性价比高、能够满足工况要求、长期稳定、生产质量具有可追溯性。

① 长期稳定性：包括产品性能的稳定性和制造工艺的稳定性；

② 市场占有率：市场占有率不作为考核的依据，但能说明该产品的品质与地位；

③ 价格合理性：关注产品的综合性价比，特别是在大批量检测与控制装置的选择上；

④ 安全可靠性：检验证书、检测报告和检验手段是否符合基本安全的要求。

三、检测技术与控制装置的展望

1.“检测技术与控制装置”的进展

随着现代化工业生产的发展和微型计算机的开发应用，不断地提出新的检测与控制要求，而科学技术的发展，特别是新材料，以及光纤传感技术的日益成熟，检测技术与控制装置的发展达到了一个新的水平。以微处理器为核心的新型智能仪表的问世，使仪表在提高检测系统的测量精度、扩大测量范围、延长使用寿命、提高可靠性的同时，具有自校准、自调零、自选量程、自动测试及信息变换、统计处理数据等多种功能，仪表与计算机之间的直接联系极为方便，计算机在自动化中发挥越来越巨大的作用。逐步出现了整个车间，甚至整个企业无人或很少有人参与操作管理、过程控制最优与现代化的集中调度管理相结合的全盘自动化方式。

目前，利用现代计算机技术、通信技术、图像显示技术及自动控制技术等，把工业控制计算机、微机、顺序控制装置、过程输入输出装置、现场仪表等有机融合在一起的集散型控制系统（DCS）、现场总线控制系统（FCS）已广为应用，因其具有直接数字控制、顺序控制、批量控制、数据采集与处理、多变量相关控制及最佳控制等功能，兼有常规模拟仪表和计算机系统的优点，以其先进性、可靠性、灵活性、适应性、智能化、操作简便及良好的性价比引起了人们的密切关注，已成为大型工业企业的主流自动化控制系统。同时，与机械制造系统中的计算机集成制造系统（CIMS）类似的计算机集成过程系统（CIPS）的出现，将计划优化、生产调度、经营管理和决策引入计算机过程控制系统中，使市场意识与优化控制相结合，管理与控制相结合，促使计算机过程控制系统更加完善，将产生更大的经济效益和技术进步。

2.“检测技术与控制装置”的未来

一是自动化与信息化的融合，为工厂赋予智慧，为市场决策、数据分析、判断、调控、质量管控、售后服务等提供依据和支持。未来企业需要根据市场需求，弹性地调整产能，实现个性化定制，制造出智能的产品。自动化必须与信息化结合才能够发挥最大功效。

二是提高装备智能化。制造装备经历了机械装备到数控装备，目前正在逐步发展为智能装备。智能装备具有的检测功能，可以实现在机检测，从而补偿加工误差，提高加工精度，还可以对热变形进行补偿。智能装备另一个最基本的要求，就是要提供开放的数据接口，能够支持设备通讯联网。

三是提高生产线的智能化。特点是在生产和装配的过程中，能够通过传感器或 RFID 自动进行数据采集，并通过电子看板显示实时的生产状态。能够通过机器视觉和多种传感器进行质量检测，自动剔除不合格品，并对采集的质量数据进行分析，找出成因，灵活柔性处理。

四是提高车间的智能化。一个车间通常有多条生产线，这些生产线要么生产相似零件或产品，要么有上下游的装配关系。要实现车间的智能化，需要对生产状况、设备状态、能源消耗、生产质量、物料消耗等信息进行实时采集和分析，进行高效排产和合理排班，显著提高设备利用率。

五是提高工厂的智能化。仅有自动化生产线和一大堆机器人，并不是智能工厂。作为智能工厂，不仅生产过程应实现自动化、透明化、可视化、精益化，同时，产品检测、质量检验和分析、生产物流也应当与生产过程实现闭环集成。一个工厂的多个车间之间要实现信息共享、准时配送、协同作业。如大型石化企业设立生产指挥中心，依赖无缝集成的信息系统支撑，主要包括 PLM、ERP、CRM、SCM 和 MES 五大核心系统。对整个工厂进行指挥和调度，及时发现和解决突发问题。这也是智能工厂的重要标志。

四、本课程的特点及学习方法

检测技术与控制装置是生产过程自动化技术专业的一门重要的专业课。涉及多门课程的内容，物理概念是讨论各种检测变换的基础，熟悉和掌握相应的物理现象，分析有关物理效应是对检测仪表工作原理和结构进行讨论的前提。电工电子及计算机技术，在完成信号转换、数据处理、显示以及控制的基本方法上起着重要的作用。

本课程是与生产过程密切相关的实践性较强的课程。强调工程技术和实践技能的训练，只有理论与实际的结合才能学好本课程。

回顾与练习

谈谈自动化的作用与应用。

思考与交流

① 什么是自动检测技术？自动检测系统的构成与作用？
② 自动化仪表（装置）的作用与构成是怎样的？
③ 测量为什么会出现误差？
④ 如何提高测量的准确程度？
⑤ 现场仪表的防护有哪些？

第一节 自动检测与控制

一、自动检测技术与检测仪表

自动检测技术是自动化科学技术的一个重要分支科学，是在仪器仪表的使用、研制、生产的基础上发展起来的一门综合性技术。

检测，是指利用各种物理和化学效应，将物质世界的有关信息通过测量的方法赋予定性或定量结果的过程。而能够获取所需信息的物理和化学效应，就是检测技术。在生产过程中，完成工艺参数检测处理的仪表，称检测仪表。利用各种检测仪表对生产过程中的各种工艺变量自动、连续地进行测量、显示或记录，以供操作者观察或直接自动监督生产情况的系统，称为自动检测系统。它代替了操作人员对工艺参数的不断观察与记录，起到对过程信息的获取与记录作用，这在生产过程自动化中，是最基本的也是十分重要的内容。

自动检测系统由传感器、显示器及数据处理装置构成，如图 1-1 所示。

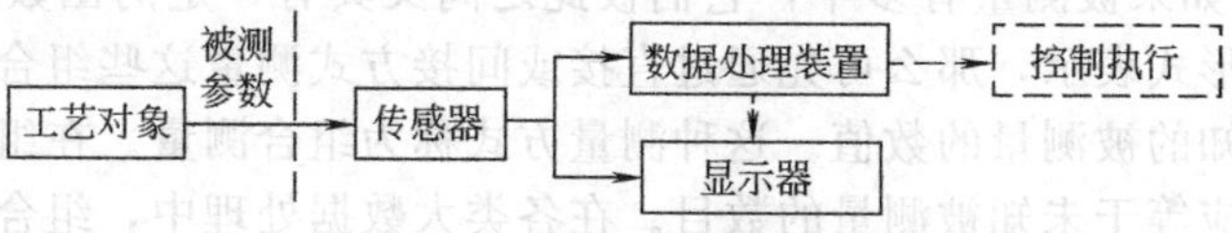

图 1-1 自动检测系统的组成

传感器是用来感受被测量并按照一定的规律转换成可用输出信号的器件或装置，它可以将被测参数转换成一定的便于传送的信号（如电信号或气压信号）。当传感器的输出信号为规定的标准信号时（如 4～20mA DC），通常称为变送器。由于传感器的基本功能就是“检测”，所以也称为检测仪表。

显示器又称二次仪表，是检测系统显示或输出被测量数值的装置。它的显示方式可以是指针式（模拟式）、数字式、图形显示等多种。

数据处理装置用来对测量数据进行处理、运算、逻辑判断、线性变换、相关分析等。完成这些工作通常要采用计算机技术。数据处理的结果要送到显示器和控制执行机构中。

此外，自动检测系统还有一个连接输入输出各环节的通道，即传输通道。它是导线（电信号通道）、导管（气信号通道）以及信号所通过的空间。尽管比较简单，但在系统设计、安装时如不按照规范要求进行布置、匹配和选择，则易造成信号失真或引入干扰等。将影响整个自动控制系统的控制目标，进而影响生产过程。

1. 检测仪表的构成

检测仪表一般包括敏感元件、传感元件（转换元件）和测量转换电路三部分。其中敏感元件是直接感受被测量的元件，习惯上称之为检测元件，其作用是对被测量作出响应，把它转换为适合测量的物理量。如热电偶可将温度转换成毫伏信号；孔板可将流量转换为差压信号。敏感元件的输出信号再经传感元件转换成电（或气压）参数。测量转换电路的作用是将传感元件输出的电（或气）参数转换成易于处理的电压、电流、频率量或气压等，常用的有电桥电路等。并不是所有的传感器都有敏感元件和传感元件之分，有些传感器，敏感元件就是传感元件，如热电偶，它可以将被测温度直接转换成热电势，本身自成一个温度传感器。

2. 检测仪表分类

根据被测变量的种类分：

① 过程量检测仪表　温度检测仪表、压力检测仪表、物位检测仪表、流量检测仪表、成分分析仪表等。

② 电工量检测仪表　电压表、电流表、惠斯顿电桥等。

③ 机械量检测仪表　荷重传感器、加速度传感器、应变仪、位移检测仪表等。

也可分为接触式检测仪表、非接触式检测仪表。还可以分为标准仪表、实验室用仪表、工业用仪表等。

3. 检测方法分类

（1）直接测量、间接测量、组合测量

① 直接测量　这种测量方式是将被测量与度量器的标准量直接比较，或用事先经过校验并刻度好的仪表进行测量，从而测出被测量的数值大小和单位。如用温度表测温度、米尺测长度、电流以及电压表测电压等都属于直接测量。直接测量十分简便，因此被广泛应用。

② 间接测量　这种测量方式是先通过直接测量几个与被测量有函数关系的量，然后通过计算，求出被测量的数值及单位。如没有电功率表的情况下，分别用电压、电流表测出电阻两端的电压、流过电阻的电流，再将电压与电流相乘后获得的电功率值，这种测量方式，就是间接测量。当某些被测量由于某些原因不便于直接测量时，便可以采用间接测量。

③ 组合测量　如果被测量有多个，它们彼此之间又具有一定的函数关系，并能以某些可测量的不同组合形式表示，那么可先通过直接或间接方式测量这些组合量的数值，再通过联立方程组求得未知的被测量的数值。这种测量方式称为组合测量。在组合测量中，所能列出的方程式的数目应等于未知被测量的数目。在各类大数据处理中，组合测量是获得结果的常用方式。

（2）接触测量、非接触测量

① 接触测量　检测仪表的敏感元件与被测物体直接接触，感受被测变量的变化。如用千分尺测量零件尺寸、体温表放入口腔测量体温。

② 非接触测量　检测仪表的敏感元件不与被测物体相接触，而能感受被测变量的变化。如利用红外测量人体温度、超声波进行无损探伤等。

(3) 直读法测量、平衡法测量、微差法测量

① 直读法测量（偏差法） 将被测量与标准量（标准刻度）比较后，直接根据被测量在标准刻度上的位置，读取读数的测量方法称为直读法。这种方法也称为开环测量。如用水银温度计测量温度的方法。

② 平衡法测量（零位法） 此方法基于天平称重的原理。将被测量与标准量进行比较，不断调整标准量直到等于被测量，读出标准量的数值，就可知道被测量的大小。这种方法也称为闭环测量。如用惠斯顿电桥测量电阻的方法。零位法的优点是测量准确度高。

③ 微差法（二步法） 将零位法与偏差法组合应用，就是微差法。第一步，运用零位法，用标准量平衡被测量的主要部分的数值；第二步，运用偏差法直接读取被测量相对标准量刻度位置的数值；最后，将两步获得的两个数值相加，就可知道被测量的结果。这种方法同样也为闭环测量。如用不平衡电桥测量电阻等就属于微差测量法。

二、自动控制技术与控制装置

化工自动化在石化工业生产中起到相当重要的作用。在没有人直接参与的情况下，利用控制装置使生产过程（被控对象）的某个工作状态或参数（即被控制量）自动地按照预定的规律运行。支撑石化生产运行的就是自动控制技术。从20世纪40年代起，基于“经典控制理论”控制技术，以PID运算控制规律为核心，解决了反馈控制系统中控制器的分析与设计的问题，使整个世界的科学水平出现了巨大的飞跃，几乎在工业、农业、交通运输及国防建设的各个领域都广泛采用了自动化控制技术。60年代以状态变量概念为基础的“现代控制理论”，利用现代数学方法和计算机对复杂控制系统进行分析、综合，从理论上解决了系统的“能控性、能观测性、稳定性”等许多复杂系统的控制问题，寻求最优控制规律。在这种理论支持下成功开发了智能控制、集散控制、模糊控制、预测控制等多种控制技术，在现代空间技术、现代军事、现代工业、现代经济研究实践等多方面取得了重要的成功。

控制装置是生产过程信息处理的工具。自动控制系统是由生产装置、检测变送器、控制器（装置）、执行器等环节构成。如图0-1、图0-2所示。控制装置的控制过程，是根据检测仪表获得的测量值与控制系统的设定值比较后产生的偏差的正负、大小及变化情况，按预定的PID运算控制规律对执行机构实施控制作用，达到生产过程自动化的目的。

1. 控制装置的分类

控制装置按所使用的能源分为液动控制装置、气动控制装置、电动控制装置。

气动控制装置采用0.14MPa的压缩空气为能源，它的特点是结构简单、价格便宜、性能稳定、工作可靠、安全防爆、易于维修。

电动控制装置包括模拟量控制器、数字量控制器、可编程控制器、计算机控制装置等多种类型。主要特点是电能源选取方便，信号传送快、无滞后，传输距离远；是实现远距离集中控制的理想仪表，并易于与计算机等现代技术工具联用。

2. 控制装置的信号制与传输方式

为了满足生产要求而构成各种控制系统，需要有统一的标准信号将各类现场仪表与控制室内仪表装置连接起来，进行联络和信号传输，以方便有效地达到控制的目的。因为采取了统一的标准信号，从而扩大了仪表的应用范围，常规仪表与控制用计算机系统的连接也直接方便。

在成套仪表系列中，各个仪表的输入输出之间采用何种统一的标准信号进行联络和传输的问题称为信号制。国际上自动化系统的统一标准信号为：气动控制装置采用0.14MPa的压缩空气为能源，信号范围为0.02～0.1MPa的标准信号；电动控制装置采用24V直流供电，现场传输信号范围为4～20mA DC，控制室联络信号为1～5V DC的标准信号，信号电流与电压的转换电阻为250Ω。

对于电信号而言，信号传输采用电流传送—电压接收的并联制方式。即进出控制室的传输信号为电流信号，该信号通过电阻转换成相应的电压信号，并联地传输给控制室各仪表装置。并联制传输方式的示意图如图1-2所示。

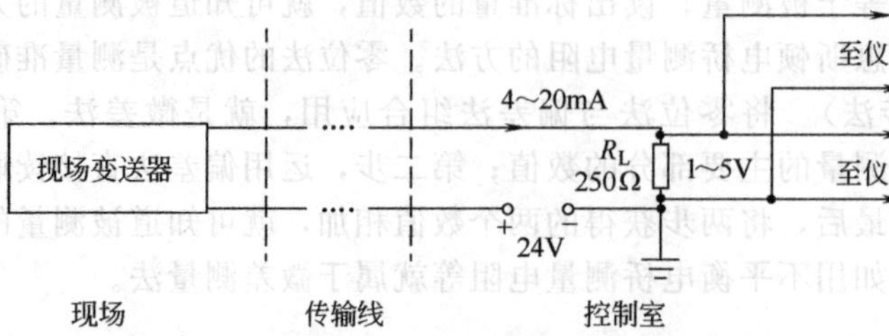

图1-2 并联制传输方式示意图

这种信号制和传输方式的优点是：

① 信号的下限为4mA DC，且不与机械零点重合，很容易识别断电、断线等故障；

② 采用并联制传输方式，仪表可以有公共接地点，便于各种仪表装置的配套使用。

③ 因为仪表负载较小，变送器功率级的供电电压可大大降低，解决了功率管的耐压问题，从而提高了仪表的可靠性。又因为最小电流不为零，现场变送器可以实现两线制。

④ 采用24V直流电源，没有工频电源进入仪表，省掉了电源变压器，解决了仪表发热问题，为仪表的防爆提供了有利条件。

两线制是指现场变送器和控制室仪表装置连接仅用两根线。这两根线既是电源线又是信号线。这样不但节省了大量的电缆线和安装费用，而且由于现场变送器不需要220V交流电源供电，有利于安全防爆。

第二节 测量误差与仪表质量指标

一、测量过程的误差分析

石油化工生产过程大多具有规模大、流程长、连续化、自动化的特点。为了有效地进行工艺操作和生产控制，需要用各种类型的仪表去测量生产过程中各种变量的具体量值。虽然进行测量时所用的仪表和测量方法不同，但测量过程的机理是相同的。就是借助于专用技术工具将研究对象的被测变量与同性质的标准量进行比较并确定出测量结果准确程度的过程，各种测量仪表就是实现这种比较的技术工具。

被测变量的变化范围就是测量范围，而仪表能够接收的输入信号范围就是仪表的量程。

测量是一个过程，若要测量被测变量X，先选定测量单位X_0，然后求出二者的比值$K\approx\frac{X}{X_0}$，则被测量就可表示为

$$X\approx KX_0 \tag{1-1}$$

式中 X——被测量；

X_0——标准量（基准单位）；

K——被测量所包含的基准单位数。

对于在生产装置上使用的各种测量仪表，总是希望它们测量的结果准确无误。但是在实际测量过程中，往往由于测量仪表本身性能、安装使用环境、测量方法及操作人员疏忽等主

客观因素的影响，使得测量结果与被测量的真实值之间存在一些偏差，这个偏差就称为测量误差。表示为

$$\Delta = X - T \tag{1-2}$$

式中 X——测量值，即被测变量的仪表示值；

T——真实值，在一定条件下，被测变量实际应有的数值。

在工程应用中，常把标准仪器的相对真值、多次测量结果的算术平均值定为真实值。

真实值是一个客观存在的量，是一个理想的概念。因此，一个真实的结果，是实际测量值加上修正量得到的。表示为：

$$T = X + \alpha \tag{1-3}$$

式中 α——测量结果的修正值。

比较式(1-2) 与式(1-3) 可见，修正值 α 实际上是对测量误差 Δ 的一个补偿。

1. 误差的分类

误差的分类方法多种多样：如按误差出现的规律来分，可分为系统误差、随机误差和疏忽误差；按仪表使用的条件来分，有基本误差、附加误差；按被测变量随时间变化的关系来分，有静态误差、动态误差；按与被测变量的关系来分，有定值误差、累计误差；测量仪表常用的绝对误差、相对误差和引用误差是按照误差的数值表示来分类的。

(1) 绝对误差

绝对误差是指仪表的测量值与被测变量真实值之差。用公式表示为：

$$\Delta = X - T$$

绝对误差直接说明了仪表显示值（测量值）偏离实际值的大小。对同一个实际值来说，测量产生的绝对误差小，则直观地说明了测量结果准确。但绝对误差不能作为不同量程的同类仪表和不同类型仪表之间测量质量好坏的比较尺度，且不同量纲的绝对误差无法比较。

为了更准确地描述测量质量的好坏，明确测量结果的可信程度，通常将绝对误差与被测值的大小做比较，从而引入相对误差的概念。

(2) 相对误差

相对误差是被测变量的绝对误差与实际值（或测量值）比较的百分数。

$$\delta = \frac{\Delta}{T} \times 100\% \approx \frac{\Delta}{X} \times 100\% \tag{1-4}$$

由上式可见，相对误差 δ 是一个比值，它能够客观地反映测量结果的准确度，通常以百分数表示。如其化学反应釜中物料实际温度为300℃，仪表的示值为298.5℃，则可依据式(1-2) 和式(1-4) 求得测量的绝对误差

$$\Delta = 298.5 - 300 = -1.5℃$$

测量的相对误差

$$\delta \approx \frac{\Delta}{X} \times 100\% = \frac{-1.5}{300} \times 100\% = -0.5\%$$

测量结果的准确度高低，不仅与测量时产生的绝对误差有关，还与测量点的实际数值大小有关。在仪表的整个测量范围内，靠近下限值附近，测量的实际值小，产生的相对误差就大，说明测量结果不够准确；而在上限附近，测量的实际值高，产生的相对误差小，测量结果的准确度随之得到提高。但是作为一台仪表，测量的准确程度只能用一个数值来表示，这就是引用误差。

(3) 引用误差

引用误差是绝对误差与仪表量程比值的百分数，如果是在规定的工作条件下产生的误差，也称为仪表的基本误差。表示为：

$$\delta_{引}=\frac{\Delta}{X_{MAX}-X_{MIN}}\times100\%=\frac{\Delta}{M}\times100\% \tag{1-5}$$

式中 X_{MAX}——仪表标尺上限刻度值；

X_{MIN}——仪表标尺下限刻度值；

M——仪表的量程。

实际应用时，采用最大引用误差来描述仪表实际测量的质量，并被定义为确定仪表精度的基准。表达式为：

$$\delta_{引M}=\frac{\Delta_M}{M}\times100\% \tag{1-6}$$

式中 Δ_M——在测量范围内产生的绝对误差的最大值。

引用误差与测量仪表的量程有关。如上例被测介质的实际温度为300℃，用一台量程为0～400℃的仪表测量，示值为298℃。则可求得测量的绝对误差

$$\Delta=298-300=-2.0℃$$

测量的引用误差

$$\delta_{引}=\frac{\Delta}{X_{MAX}-X_{MIN}}\times100\%=\frac{\Delta}{M}\times100\%=\frac{-2}{400}\times100\%=-0.5\%$$

现用另一块量程为200～400℃的仪表，如引用误差仍要保持－0.5%，则该测量点允许的绝对误差为

$$\Delta=(X_{MAX}-X_{MIN})\delta_{引}=(400-200)\times(-0.5\%)=-1.0℃$$

可见，大大提高了仪表的测量准确度。

2. 测量系统的误差

在石油化工装置中大量应用着由多个仪表装置组成的测量系统或控制系统。通常采用以下两种方法求得每个系统的测量误差。

一种用方和根计算方法来求得，因为各环节误差不可能同时按相同的符号出现最大值，有时会互相抵消。因此必须按照概率统计的方法求取。

$$\delta_{总}=\pm\sqrt{\sum_{i=1}^{n}\delta_{引M_{ai}^2}} \tag{1-7}$$

式中 $\delta_{引M_{ai}^2}$——系统中各单元仪表的最大引用误差的平方；

n——系统中单元仪表数。

【例 1-1】 有一流量测量系统，采用孔板、差压变送器、开方器、数字显示仪，基本误差 $\delta_1=1\%$，$\delta_2=0.25\%$，$\delta_3=0.3\%$，$\delta_4=0.2\%$。这一流量测量系统的误差为

$$\delta_{总}=\pm\sqrt{\sum_{i=1}^{n}\delta_{引M_{ai}^2}}=\pm\sqrt{1\%^2+0.25\%^2+0.3\%^2+0.2\%^2}=1.1\%$$

另一种用系统联校方法来求得，即在一次元件端加入标准信号值，通过中间各单元仪表的信号传递，最终在二次仪表读取示值来计算引用误差，在各校验点中选择最大的引用误差，作为该测量仪表系统误差。

二、仪表质量指标的确定

仪表的质量优劣，经常用它的质量指标来衡量。仪表的质量指标有以下几项。

1. 精度

仪表的精度是用基本误差来表示的。在规定的工作条件下，仪表基本误差的允许界限称允许误差。某台仪表的基本误差小于或等于该表规定的允许误差时，为合格；否则为不合

格。允许误差去掉%后的值就是国家规定的电工仪表的精度等级。

我国统一规定的仪表精度等级有0.005，0.02，0.05，0.1，0.2，0.35，0.5，1.0，1.5，2.5，4.0等。其中0.5～4.0级表为常用的工业用仪表。精度通常以圆圈或三角内的数字标注在仪表刻度盘上。数字越小，说明仪表的精确度越高，其测量结果越准确。精确度等级标明了该仪表的最大相对百分误差不能超过的界限。如果某仪表为A级精度，则表明该仪表最大相对百分误差不能超过±A%。在选表和仪表校验后重新定级时应予注意。

对于数字显示仪表的误差表示方式在基本误差的基础上，还应该表示出显示位数的影响。

2. 回差

在相同使用条件下，同一仪表对同一被测变量进行正、反行程测量时（即被测变量从小到大和从大到小全行程范围变化），被测变量从不同方向到达同一数值时，仪表指示值的最大差值称为该表的回差或变差。

回差ε用同一被测参数值下的仪表正反行程指示值的最大差值与仪表量程的百分数表示。即：

$$\varepsilon=\pm\frac{(X_{正}-X_{反})_{max}}{标尺上限-标尺下限}\times 100\% \tag{1-8}$$

回差是反映仪表恒定度的指标。正常仪表的回差应小于其允许误差，否则，应及时检修。回差是由仪表传动机构的间隙、运动部件的摩擦、弹性元件的滞后等原因造成的，由于智能型仪表全电子化，无可动部件，所以这个指标对智能型仪表而言已不重要了。

3. 灵敏度

灵敏度是反映仪表对被测变量变化灵敏程度的指标。当仪表达到稳态时，仪表输出信号变化量$\Delta\alpha$与引起此输出信号变化的输入信号（被测参数）变化量ΔX之比表示灵敏度S。即：

$$S=\frac{\Delta\alpha}{\Delta X}\times 100\% \tag{1-9}$$

仪表的灵敏限是指能够引起仪表指针动作的被测参数的最小变化量。一般仪表灵敏限的数值应不大于仪表所允许的绝对误差的一半。

对同一类仪表，标尺刻度确定后，仪表测量范围越小，灵敏度越高。但灵敏度越高的仪表精度不一定高。

4. 线性度

线性度反映了检测仪表输出量与输入量的实际关系曲线偏离直线的程度。线性度ε_L又称为非线性误差，通常用实际测得的输入-输出曲线（标定曲线）与理论拟合直线之间的最大偏差与测量仪表量程范围之比的百分数来表示。

$$\varepsilon_L=\pm\frac{(X_{标定}-X_{理论})_{max}}{标尺上限-标尺下限}\times 100\% \tag{1-10}$$

5. 稳定性

稳定性是指检测仪表在规定的条件下保持其检测特性恒定不变的能力。通常在不明确影响量时，稳定性是指检测仪表不受时间变化影响的能力。

检测仪表的检测特性随时间的缓慢变化，即输入量不变，但输出量随时间的变化而缓慢变化的现象，称为漂移。产生漂移的主要原因有两个方面：一方面是仪器自身结构参数的变化；另一方面是周围环境的变化对输出的影响，最常见的漂移是温漂。

第三节 技术拓展——现场仪表使用中的防护

石油化工生产具有易燃、易爆、高温、高压和有毒等特点，仪表在这些特殊条件下工作，尤其是现场仪表、连接管线等直接与被测介质接触，受到各种化学介质的侵蚀，必须采用相应的防护措施，才能确保仪表正常运行。

一、防爆问题

1. 仪表防爆的基本原理

爆炸是由于氧化或其他放热反应引起的温度和压力突然升高的化学现象，它具有极大的破坏力。产生爆炸的条件是：

① 存在爆炸性物质；

② 爆炸性物质与空气相混合后，其浓度在爆炸限以内；

③ 存在足以点燃爆炸性混合物的火花、电弧或过热。

2. 爆炸性物质和危险场所的划分

在化工、炼油生产工艺装置中，把爆炸性物质分为矿井甲烷、爆炸性气体和蒸汽、爆炸性粉尘和纤维等三类。根据可能引爆的最小火花能量大小、引燃温度的高低再进行分级分组。

爆炸危险场所划分为气体爆炸危险场所和粉尘爆炸危险场所。

了解上述防爆基本知识在于识别仪表的防爆标志（等级），从而对仪表适用的防护型式、安装区域和可涉及的爆炸性物质一目了然，确保安全正常地使用好各类自动化仪表。

3. 防爆措施

防爆的基本措施是尽可能减少产生爆炸的三个条件同时出现的概率。首选本质安全防爆法，这是最安全可靠的防爆措施。通过人为地消除引爆源，既消除足以引爆的火花，又消除足以引爆的仪表表面温升，达到控制引爆源的目的。本质安全防爆法被允许在最危险场合使用，尤其在炼油、化工行业更被广泛应用。

二、防腐蚀问题

1. 防腐蚀概念

由于化工介质多半有腐蚀性，所以通常把金属材料与外部介质接触而产生化学作用所引起的破坏称为腐蚀。如仪表的一次元件、调节阀等直接与被测介质接触，受到各种腐蚀介质的侵蚀。此外，现场仪表零件及连接管线也会受到腐蚀性气体的腐蚀。因此，为了确保仪表的正常运行，必须采取相应的措施来满足仪表精度和使用寿命的要求。

2. 防腐蚀措施

① 合理选择材料　针对性地选择耐腐蚀金属或非金属材料来制造仪表的零部件，是工业仪表防腐蚀的根本办法。

② 加保护层　在仪表零件或部件上制成保护层，是工业中十分普遍的防腐蚀方法。

③ 采用隔离液　是防止腐蚀介质与仪表直接接触的有效方法。

④ 膜片隔离　利用耐腐蚀的膜片将隔离液或填充液与被测介质加以隔离，实现防腐目的。

⑤ 吹气法　用吹入的空气（或氮气等惰性气体）来隔离被测介质对仪表测量部件的腐

蚀作用。

三、防冻及防热问题

1. 保温对象

① 伴热保温（防冻）对象　当被测介质通过测量管线传送到变送器时，测量管线内的被测介质在周围环境遇到最低温度时可能会发生冻结、凝固，析出结晶，或因温度过低而影响测量的准确性。为此，必须对测量管线和仪表保温箱进行防冻处理。如图 1-3 所示。

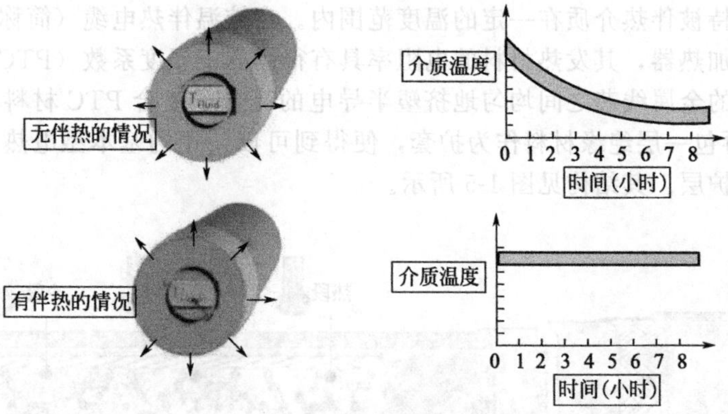

图 1-3　保温对仪表管线的影响

② 绝热保温（防热）对象　当被测介质通过测量管线传送到变送器时，测量管线内的被测介质在较高温度（如阳光直射）下发生汽化，这时就应采取防热或绝热保温。

2. 保温方式

按保温设计要求，仪表管线内介质的温度应在 20～80℃，保温箱内的温度宜保持在 15～20℃。为了补偿伴热仪表管线和容器保温箱所散发损失的热量，大多采用传统的蒸汽或热水伴热。近年来随着电伴热技术的成熟及所具有的独特优点，电伴热将成为蒸汽、热水伴热的新一代保温方法。

(1) 以蒸汽作为传热介质的蒸汽伴热

如图 1-4 所示仪表蒸汽伴热示意图。

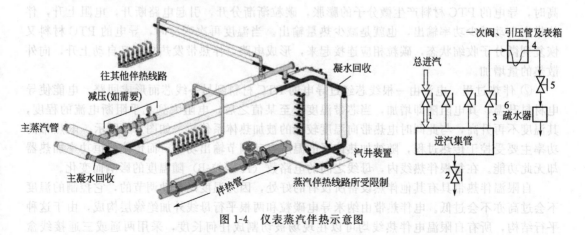

图 1-4　仪表蒸汽伴热示意图

蒸汽走向：系统蒸汽→总进汽→放空（倒淋）→分管线→一次阀→仪表管线→仪表表箱→回水阀→疏水器→回水集管→回水总阀→凝结水系统。

① 在冬季即将来临时，先少开一点仪表蒸汽伴热供给阀，约 10%～30%，供热一至两天让仪表伴热蒸汽预热各保温设备，如伴热管、切断阀、疏水器，让各个法兰均匀受热，避免突然增压，使各连接头和法兰泄漏。

② 然后关闭总蒸汽上水阀，打开上水阀的导淋阀泄压，让高位管缆回水靠静压返回，串入上水伴管，用于排污和利用回水静压返回，冲开疏水器浮球进行疏通、排污；此外，对圆盘式和热静力式疏水器的内部进行疏通、排污。

(2) 以电为能源的电伴热

电伴热原理是在绝热层和被伴热物体之间安装发热元件，发出电热补充输储过程中所散失的热量，以维持被伴热介质在一定的温度范围内。自控温伴热电缆（简称电热带）是唯一的长带状限温电加热器，其发热材料的电阻率具有很高的正温度系数（PTC）。

在两根平行的金属线芯之间均匀地挤塑半导电的高分子复合 PTC 材料（含纳米导电碳粒），在其外面再包一层绝缘材料作为护套，便得到可以使用的基本型电热带，如有必要也可再加屏蔽及防护层。其结构见图 1-5 所示。

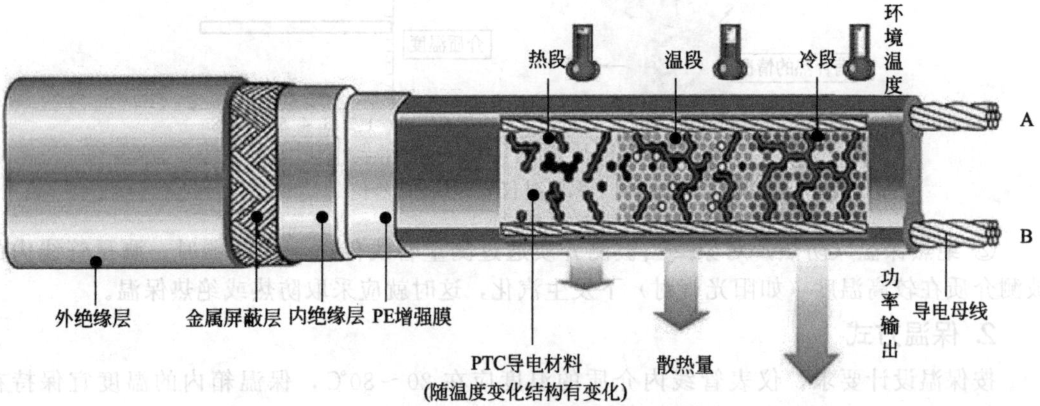

图 1-5 电伴热带结构图

① 伴热原理 将电热带接通电源（注意导电母线芯 AB 间不得连接），当伴热带周围的温度变冷时，高分子复合 PTC 材料产生微分子的收缩而使碳粒连接形成电路（A-碳粒-B），电流经过这些电路，使伴热带发热，伴热带会自动增加功率输出，就是向外散热。当温度升高时，导电的 PTC 材料产生微分子的膨胀，碳粒渐渐分开，引起电路断开，电阻上升，伴热带会自动减少功率输出，也就是减少热量输出。当温度再次变冷时，导电的 PTC 材料又恢复到微分子收缩状态，碳粒相应连接起来，形成电路，伴热带发热功率又自动上升，向外散热的量增加。

② 伴热过程 电流由一根线芯经过导电的 PTC 材料到另一线芯而形成回路。电能使导电材料升温，其电阻随即增加，当芯带温度升至某值之后，电阻大到几乎阻断电流的程度，其温度不再升高，与此同时电热带向温度较低的被加热体系传热。如图 1-6 所示。电热带的功率主要受控于传热过程，随被加热体系的温度自动调节输出功率，而传统的恒功率加热器却无此功能。在每根伴热线内，母线之间的电路数（A-碳粒-B）随温度的影响而变化。

自限温伴热带具有其他伴热设备所没有的好处，因为温度是自动调节的，它控制的温度不会过高亦不会过低。电伴热带由纳米导电碳粒和两根平行母线外加绝缘层构成，由于这种平行结构，所有自限温电伴热线均可以在现场被切割成任何长度，采用两通或三通接线盒连接。

③ 电伴热与蒸汽（热水）伴热相比，具有诸多优势如下：

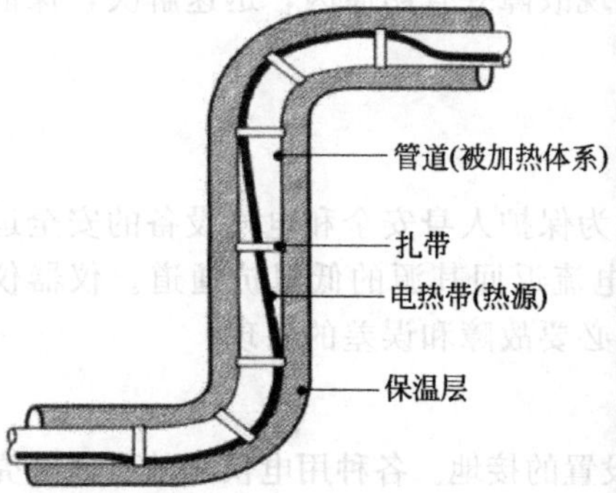

(a) 电伴热带安装传热方式

(b) 电伴热带应用案例

图 1-6 电伴热带安装传热方式

a. 电伴热装置简单、发热均匀、控温准确，能进行远控、遥控，实现自动化管理；
b. 热具有防爆、全天候工作性能，可靠性高，使用寿命长；
c. 电伴热无泄漏，有利于环境保护；
d. 节省钢材，它不需要蒸汽伴热所需的一来一去两趟伴热管路；
e. 节省保温材料；
f. 节约水资源，不像锅炉每天需要大量的水；
g. 电伴热还能解决蒸汽和热水伴热难以解决的问题；
h. 电伴热设计工作量小，施工方便简单，维护工作量小；
i. 效率高，能大大降低能耗。

无论一次性投资，还是年运行费用，电伴热带比蒸汽伴热带都要节省；有的项目电伴热带的一次性投资可能会略高于蒸汽（热水）伴热，但以年运行费用论，通常电伴热运行 1～2 年节省的费用就能收回投资。

电伴热产品可广泛用于石油、化工、电力、医药、机械、食品、船舶等行业的管道、泵体、阀门、槽池和罐体容积的伴热保温、防冻和防凝，是输液管道、储液介质罐体维持工艺温度最先进、最有效的方法。电伴热不但适用于蒸汽伴热的各种场所，而且能解决蒸汽伴热难以解决的问题，如：长输管道的伴热，窄小空间的伴热；无规则外形的设备（如泵）伴热；无蒸汽热源或边远地区管道和设备的伴热；塑料与非金属管道的伴热等。图 1-7 所示为仪表电伴热电源电缆敷设示意图。

电伴热系统在正确安装和操作下，其运行是安全可靠的，使用寿命也较长。但由于安装

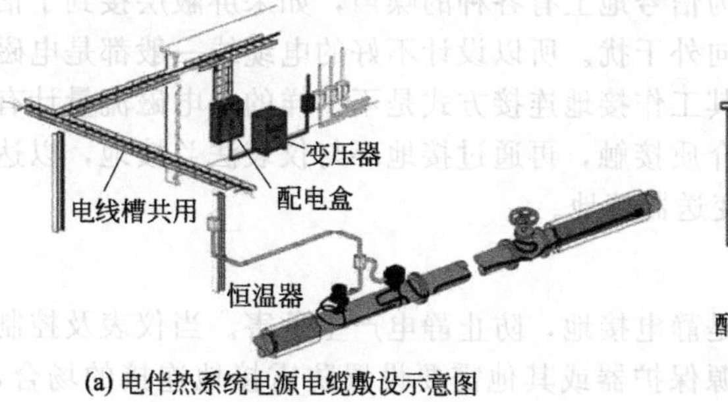

(a) 电伴热系统电源电缆敷设示意图

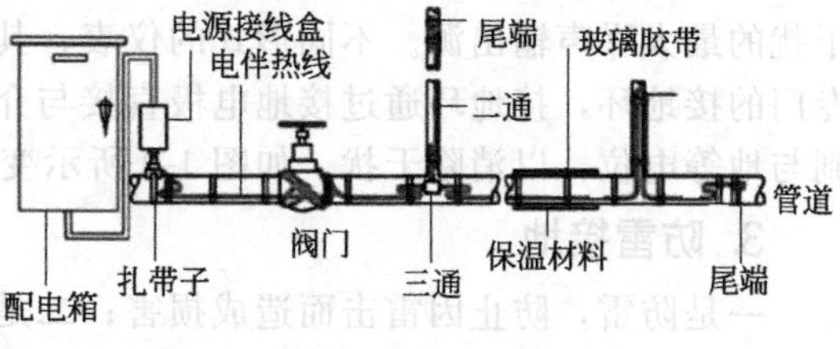

(b) 电伴热线路示意图

图 1-7 仪表电伴热电源电缆敷设示意图

运行维护不当，或运行过程中的工艺设备、管线运行状态或温度等条件的变化，会引起不必要的故障，减少使用寿命。这就要求操作人员要及时发现故障并查明原因，迅速解决，保证电伴热系统安全可靠地运行。

四、现场仪表接地

化工厂仪表和控制系统的“接地”目的：其一，是为保护人身安全和电气设备的安全运行；其二，是为仪表信号的传输和抗干扰。“接地”是电流返回其源的低阻抗通道。仪器仪表安装之后，正确的接地能让自动化和控制系统减少不必要故障和误差的出现。

1. 保护接地

也称为安全接地，是为人身安全和电气设备安全而设置的接地。各种用电仪表的金属外壳及自控设备正常情况不带电的金属部分，由于非正常现象的出现（如绝缘破损等），而有可能使其带有危险电压，对这样的设备均应实施保护接地。保护接地就是给危险电压提供一条通路，使之不经过人体。保护接地汇总板和总接地板合用的接地连接示意如图 1-8 所示。

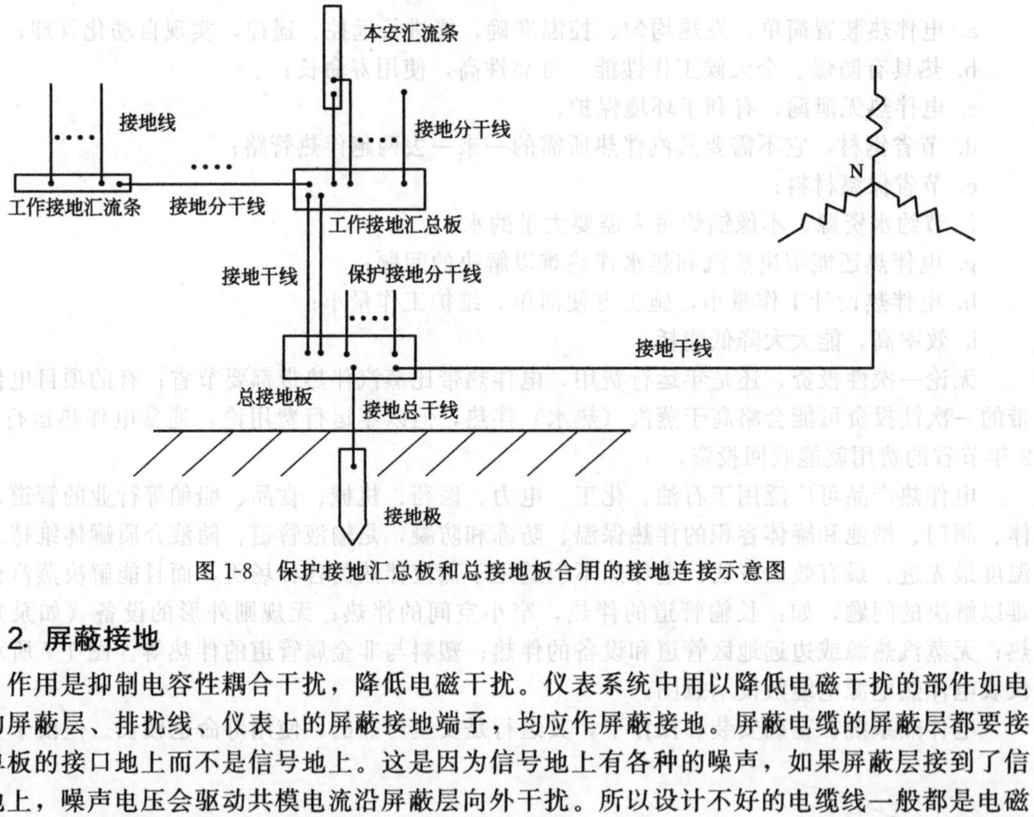

图 1-8 保护接地汇总板和总接地板合用的接地连接示意图

2. 屏蔽接地

作用是抑制电容性耦合干扰，降低电磁干扰。仪表系统中用以降低电磁干扰的部件如电缆的屏蔽层、排扰线、仪表上的屏蔽接地端子，均应作屏蔽接地。屏蔽电缆的屏蔽层都要接到单板的接口地上而不是信号地上。这是因为信号地上有各种的噪声，如果屏蔽层接到了信号地上，噪声电压会驱动共模电流沿屏蔽层向外干扰。所以设计不好的电缆线一般都是电磁干扰的最大噪声输出源。不同形式的仪表，其工作接地连接方式是不一样的。电磁流量计有专门的接地环，接地环通过接地电极直接与介质接触，再通过接地环与仪表法兰接地，以达到与地等电位，以消除干扰。如图 1-9 所示变送器接地。

3. 防雷接地

一是防雷，防止因雷击而造成损害；二是静电接地，防止静电产生危害。当仪表及控制系统的信号线路从室外进入室内后，设有电源保护器或其他需要设置防雷接地连接的场合，应实施防雷接地连接。由于仪表及控制系统为弱电系统，不得与独立避雷装置共用接地装

图 1-9 变送器接地示意图

置，防雷接地应与电气系统防雷接地系统共用，接地电阻不应大于 4Ω。

五、防尘及防震问题

仪表外部的防尘方法是给仪表罩上防护罩或放在密封箱内。为了减少和防止震动对仪表元件及测量精确度等的影响，通常可以采用下列方法：增设缓冲器或节流器、安装橡皮软垫吸收震动、加入阻尼装置、选用耐震的仪表。

回顾与练习

1-1 自动化仪表按功能可以分为几大类？各部分有何作用？

1-2 自动检测系统由哪几部分构成？各部分有何作用？

1-3 什么是测量过程？什么是测量误差？

1-4 误差分成哪几种类型？各有何特点？产生的原因是什么？

1-5 工艺上提出选表要求如下：测量范围为 0～300℃，最大绝对误差不能大于 ±4℃，试选择合适精度的温度表。

1-6 某一温度表的测量范围为 0～300℃，精度为 1.0 级，校验后发现其最大绝对误差为 +4℃，试判断该仪表的精度是否合格。

1-7 被测温度为 400℃，现有量程范围为 500℃、精度为 1.5 级和量程范围为 1000℃、精度为 1.0 级的温度仪表各一块，问选用哪一块仪表进行测量更准确？为什么？

1-8 某台具有线性关系的温度变送器，其测量范围为 0～200℃，变送器的输出为4～20mA。对这台温度变送器进行校验，校验数据如下：

输入信号	标准温度/℃	0	50	100	150	200
输出信号	正行程读数 $X_{正}$/mA	4	8	12.01	16.01	20
	反行程读数 $X_{反}$/mA	4.02	8.10	12.10	16.09	20.01

试根据以上校验数据确定该仪表的精度、回差及线性度。

1-9 什么是仪表的两线制？

1-10 现场仪表的防护有哪些？

第二章
压力检测及仪表

思考与交流

① 压力测量有什么特点？压力测量系统的构成？
② 压力仪表（变送器）有哪些？是如何工作的？
③ 如何进行压力测量仪表的校验？
④ 如何根据工艺要求和压力测量仪表的特性，选用合适的压力测量仪表？

第一节　概　　述

压力是生产过程中的重要参数之一，在生产过程中，所遇到的工艺条件，既有比大气压高几百倍的压力，也有比大气压低很多的真空度，还有工艺设备某两处的压力差等。如高压聚乙烯需要在150MPa的高压条件下聚合；氨的合成需要在32MPa的压力条件下进行；某些精馏或蒸发过程则要在真空条件下操作。化工生产过程中的化学反应操作工艺中，压力既影响物料平衡，又影响反应速度；同时由于设备及工艺管道中具有压力，对设备及人员的安全提出了非常重要的要求。因此，为了保证生产过程始终处于优质、高产、安全、低耗而获得最好的技术经济指标，对压力进行检测和控制有着十分重要的意义。

用于检测压力的仪表称为压力表或压力计，用于检测真空度的仪表常称为真空表或负压计，用于检测设备上某两处压力之差的仪表称为压差计。根据生产工艺的不同要求，测压仪表可对被测压力进行指示、记录、运传、报警、控制等。

一、压力检测的工程概念

1. 工程技术中压力的定义

在工程技术中压力定义为垂直而均匀地作用在单位面积上的力。其数学表达式为：

$$p=\frac{F}{A} \tag{2-1}$$

式中　p——压力，Pa；

F——垂直作用力，N；

A——受力面积，m^2。

2. 压力的表示方法

工程上压力的表示方法如图2-1所示。

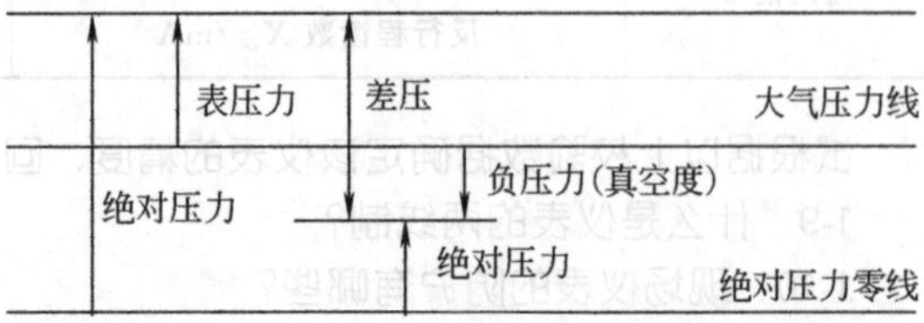

图2-1　压力表示方法

3. 压力的测量单位

压力的单位是牛顿/平方米，称为帕斯卡，简称帕，表示符号为［Pa］，即 1 牛顿的力，垂直作用在 1 平方米的面积上所产生的压力值为 1 帕［Pa］。在实际使用中根据压力测量值的大小还采用千帕［kPa］、兆帕［MPa］、毫帕［mPa］，压力单位换算表见表 2-1。

表 2-1　压力单位换算表

压力单位	工程大气压	毫米汞柱	毫米水柱	物理大气压	帕斯卡
毫米汞柱	1.359×10^{-3}	1	1.3595×10	1.316×10^{-3}	1.332×10^{2}
毫米水柱	10^{-4}	0.73556×10^{-1}	1	0.9678×10^{-4}	0.9087×10
帕斯卡	1.0197×10^{-5}	0.75×10^{-2}	1.0197×10^{-1}	0.9869×10^{-5}	1
工程大气压	1	0.74556×10^{3}	10^{4}	0.9678	0.9807×10^{5}
物理大气压	1.0332	760	1.033×10^{4}	1	1.01325×10^{5}

二、压力标准量值的传递

为了保证压力量值的准确一致，统一全国的压力量值，使压力仪器仪表的量值准确传递和正确使用，而制订的压力计量器具检定系统如图 2-2 所示，此图为 1989 年 9 月 11 日批

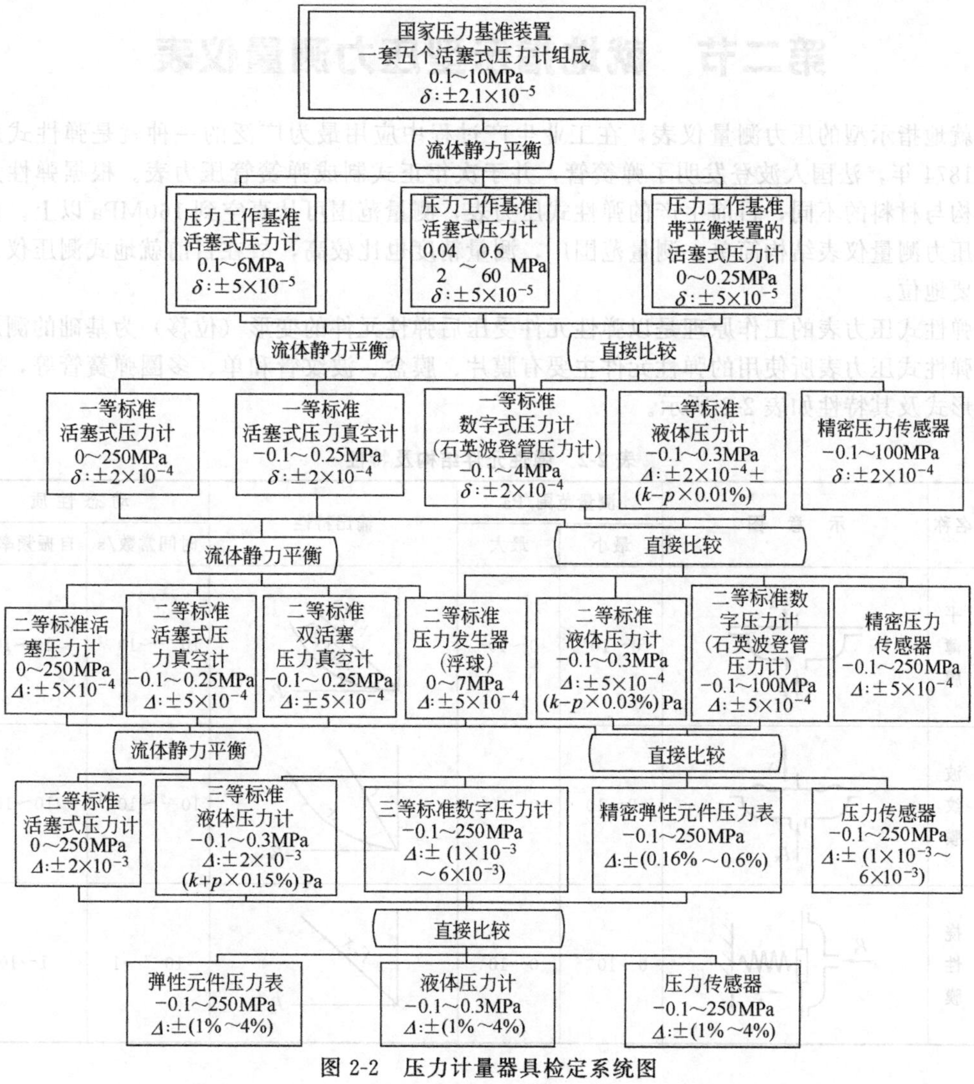

图 2-2　压力计量器具检定系统图

准、1990 年 7 月 1 日执行的压力计量器具检定系统。

三、压力检测仪表的类型

根据生产过程和科学研究的需要，压力检测仪表的品种规格很多，其分类方法也不尽相同，常用的分类方法是按其仪表的工作原理来分。

① 液柱式压力表　依据流体静力学原理进行检测，如 U 型管压力计、单管压力计和斜管压力计等；

② 弹性式压力表　依据弹性元件受力而产生形变的原理进行检测，如弹簧管压力表、膜盒式压力表、膜片式压力表和波纹管式压力表等；

③ 活塞式压力表　该压力计是根据力的平衡原理进行检测的；

④ 电测式压力表　是将被测压力转换成与其相对应的各种电量，而依据电量的大小来实现压力的间接检测，如电容式、电阻式、电感式、应变片式、压电式以及霍尔式等压力表。

另外，根据对被测压力的显示要求分，可分为就地指示压力仪表和远传式压力（压差）检测仪表。

第二节　就地指示型压力测量仪表

就地指示型的压力测量仪表，在工业生产过程中应用最为广泛的一种就是弹性式压力表。1874 年，法国人波登发明了弹簧管，并于次年正式制成弹簧管压力表。根据弹性元件的结构与材料的不同，目前生产的弹性式压力表，测量范围可从真空到 160MPa 以上。由于这种压力测量仪表结构简单、测量范围广，测量精度也比较高，故在目前就地式测压仪表中占主要地位。

弹性式压力表的工作原理是以弹性元件受压后弹性元件的变形（位移）为基础的测压仪表。弹性式压力表所使用的弹性元件主要有膜片、膜盒、波纹管和单、多圈弹簧管等，具体结构形式及其特性如表 2-2 所示。

表 2-2　弹性元件结构及特性

类别	名称	示意图	测量范围/Pa		输出特性	动态性质	
			最小	最大		时间常数/s	自振频率/Hz
薄膜式	平薄膜	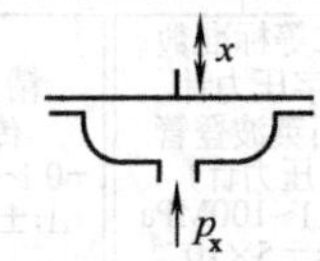	0～10^4	0～10^8	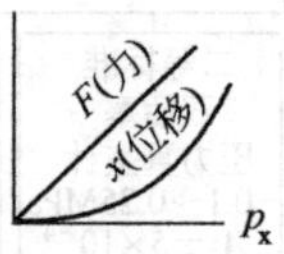	10^{-5}～10^{-2}	10～10^4
	波纹膜	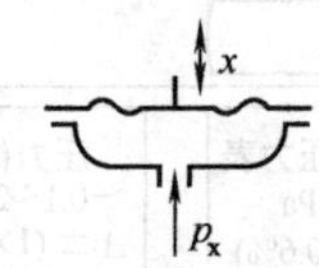	0～10	0～10^6	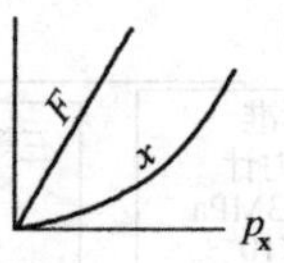	10^{-2}～10^{-1}	10～100
	挠性膜	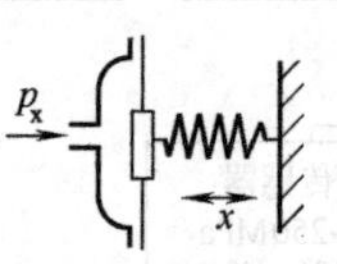	0～10^{-2}	0～10^5	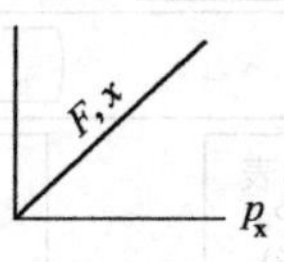	10^{-2}～1	1～100

续表

类别	名称	示意图	测量范围/Pa		输出特性	动态性质	
			最小	最大		时间常数/s	自振频率/Hz
波纹管式	波纹管	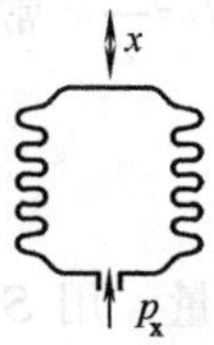	0～10	$0\sim10^6$	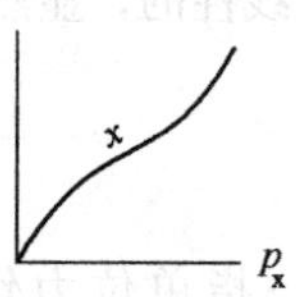	$10^{-2}\sim10^{-1}$	10～100
弹簧管式	单圈弹簧管	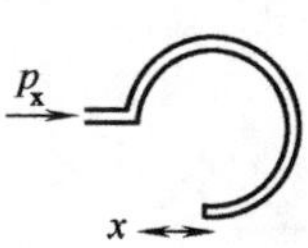	$0\sim10^2$	$0\sim10^9$	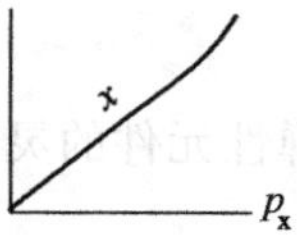	—	100～1000
	多圈弹簧管	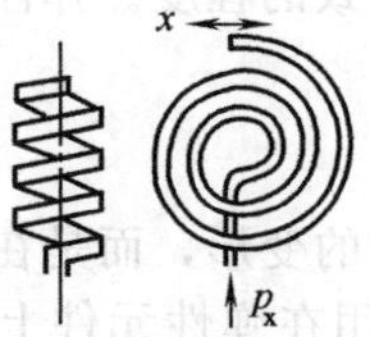	0～10	$0\sim10^8$	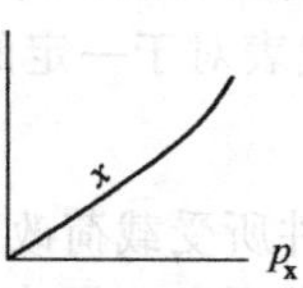		10～100

弹性式压力表结构简单，使用安装方便，工作安全、可靠，价格便宜，适用压力检测范围宽，据弹性元件结构、材料的不同可对生产过程的高、中、低压直到真空度的测量。由于受到弹性元件弹性特性的变化影响，其测量精度不太稳定，需要定期进行校验。

一、弹性元件的基本特性

物体因外力作用而产生变形，如果外力去掉后能够完全恢复其原来的尺寸和形状的变形称为弹性形变，具有这种物理性质的物体称为弹性元件。用于测量的弹性元件称为弹性敏感元件。弹性敏感元件是许多传感器及检测仪表中的基本元件。它往往直接感受被测物理量（如力 F、压力 p）的变化，并将其转换为弹性元件本身的位移 x（或转角 α、应变 ε）输出。

弹性元件的弹性特性是指在虎克定律所规定的弹性范围之内，作用在弹性元件上的外力与相应的形变之间的关系。图 2-3 绘出了弹性元件上的作用力与相应形变之间的关系曲线。该曲线关系可是线性的也可是非线性的。就过程检测中使用的弹性元件的基础特性而言，主要体现在以下四个方面。

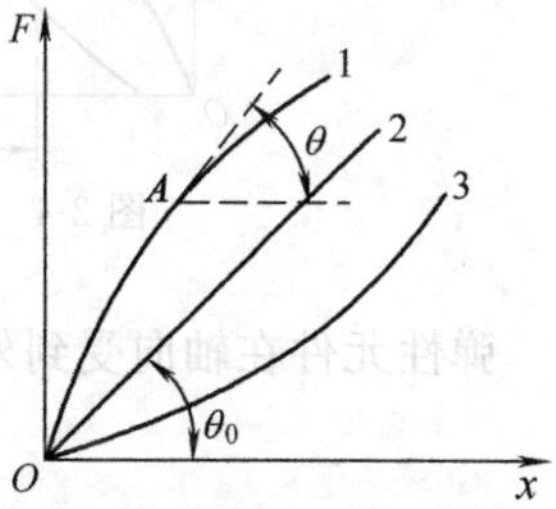

图 2-3　弹性元件特性曲线

1. 刚度

刚度是弹性元件受外力作用下变形大小的量度。其定义是弹性元件单位变形时所需要的力，用 k 表示。其表达式：

$$k=\lim_{\Delta x\to 0}\frac{\Delta F}{\Delta x}=\frac{\mathrm{d}F}{\mathrm{d}x} \tag{2-2}$$

式中　k——弹性元件的刚度；

F——作用在弹性元件上的力；

x——弹性元件产生的变形。

刚度 k 越大，表明弹性元件产生变形所需的外加作用（力、压力）越大，即可测量的输入量值越大。刚度 k 也可以从弹性元件特性曲线上求得：如求图 2-3 曲线上 A 点的刚度，可过 A 点作曲线 1 的切线，该切线与水平夹角的正切即代表该弹性元件在 A 点处的刚度。即 $\tan\theta=\frac{dF}{dx}$，若弹性特性是线性的，显然它的刚度是一个常数，即 $\tan\theta=\frac{F}{x}=$常数。如图 2-3 曲线 2 所示。

2. 灵敏度

灵敏度是刚度的倒数，指单位力作用下弹性元件产生的变形量，用 S 表示，其表达式为：

$$S=\frac{1}{k}=\frac{dx}{dF} \tag{2-3}$$

在测量过程中，希望弹性元件的灵敏度为常数。

3. 弹性滞后

表示弹性元件在压力增加和减少时，弹性元件的变形量不一致的程度。弹性滞后曲线如图 2-4 所示，图中的 Δx 代表对于一定的力 F 的滞后误差。

4. 弹性后效

弹性后效是指弹性元件所受载荷改变后，不是立即完成相应的变形，而是在一定的时间间隔内逐步完成形变的一种现象，即在弹性极限内，当力 F 作用在弹性元件上时，弹性元件的变形由 0 立刻增至 x_1，然后在作用力不变的情况下，继续变形，直到 x_0 为止，反之当作用力变为 0 时，其弹性元件的变形不是立刻变到 0，而是先减至 x_2，然后再逐渐减小到 0，其弹性后效变化曲线如图 2-5 所示。

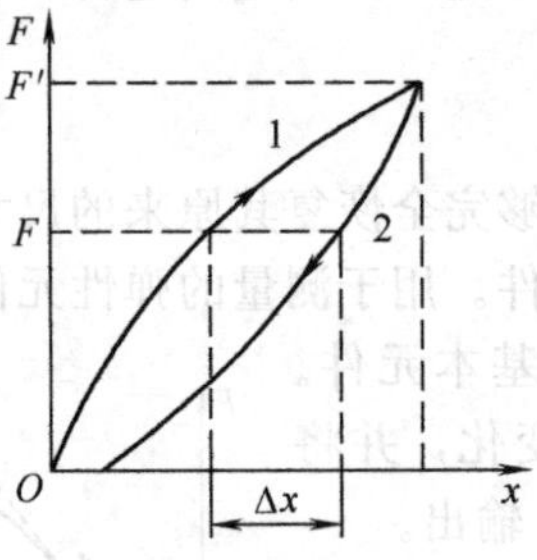

图 2-4 弹性滞后

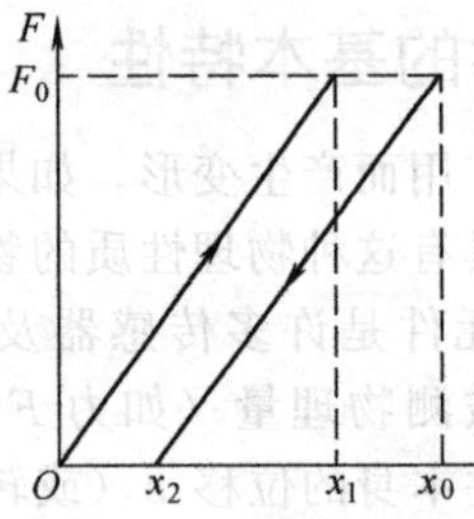

图 2-5 弹性后效

弹性元件在轴向受到外力作用时，就会产生拉伸或压缩位移，即

$$F=kx \tag{2-4}$$

由式(2-1) 得到：

$$x=\frac{F}{k}=\frac{A}{k}p=kp \tag{2-5}$$

由于弹性元件通常是工作在弹性特性的线性范围内，即符合虎克定律，弹性元件的位移与被测压力呈线性关系。因此通过测量弹性元件的位移 x 可知道被测压力 p 的大小。

二、弹簧管压力表

弹簧管压力表根据弹簧管的 k 值不同，可分别测量高、中、低压及真空（负压）。弹簧管压力表的精度等级，工业用表为 1.0～4.0 级，标准表为 0.5～0.25 级。

1. 弹簧管压力表的测压原理

弹簧管是一端封闭并弯成圆弧形的空心管子，其结构如图 2-6 所示。管子的截面呈扁圆形或椭圆形。椭圆的长轴 $2a$ 与图中垂直的弹簧管的中心轴 O 相平行。管子封闭的一端 B 为自由端，即弹簧管位移信号输出端；另一端 A 是固定的，称为工作端，端口是敞开的，是被测压力 p 信号的输入端。γ 为弹簧管中心角的初始值，$\Delta\gamma$ 为中心角的变化量，R、r 是弹簧管的弯曲圆弧外半径和内半径，a、b 是弹簧管椭圆截面的长半轴和短半轴。

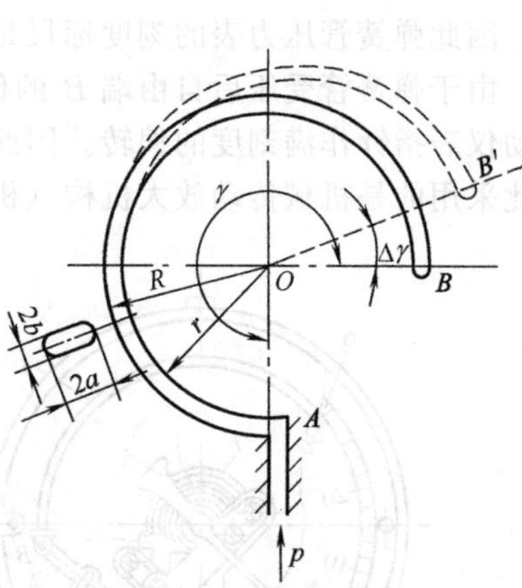

图 2-6　弹簧管结构图

当被测压力 p 通入工作端 A 后，椭圆内截面受到的作用力分别为 $F_a=pA_a$，$F_b=pA_b$。因为 $F_a>F_b$ 在压力的作用下，使椭圆内截面趋向于圆形，即长轴变短，短轴变长。改变了弹簧管的弯曲圆弧外半径和内半径。此时弹簧管的中心角 γ 随之减小 $\Delta\gamma$。而迫使自由端由 B 移动到 B'，见图 2-6 虚线所示。根据弹性变形原理，中心角的相对变化值 $\frac{\Delta\gamma}{\gamma_0}$ 与被测压力 p 有如下函数关系：

$$\frac{\Delta\gamma}{\gamma_0}=p\ \frac{1-\mu}{E}\times\frac{R^2}{bh}\left(1-\frac{b^2}{a^2}\right)\frac{\alpha}{\beta+k^2} \qquad (2\text{-}6)$$

式中　h——管壁厚度；

μ——弹簧管材料的泊松系数；

E——弹簧管材料的弹性模数；

k——弹簧管的几何参数$\left(k=\frac{Rh}{a^2}\right)$；

α，β——与$\frac{a}{b}$比值有关的系数。

由式(2-6) 可知，当弹簧管的结构尺寸材料一定时，$\frac{\Delta\gamma}{\gamma_0}$与 p 成正比。当 $a=b$ 时，则 $\Delta\gamma=0$，表明具有均匀壁厚的等径圆形弹簧管是不能作为压力检测的弹性元件。椭圆截面的短轴 b 越短，中心角的变化量 $\Delta\gamma$ 越大，即在相同的 γ 值之下，弹簧管越扁，灵敏度越高。

上式仅适用于薄壁（$h/b<0.7\sim0.8$）的弹簧管。

2. 单圈弹簧管压力表

单圈弹簧管的压力表（简称弹簧管压力表）的测量范围很广，品种规格较多，除普通弹簧管压力表外，有许多具有特殊用途的压力表，如耐腐蚀的氨用压力表、禁油的氧用压力表、用于报警的电接点压力表等，它们的外形和结构均很相似。

弹簧管压力表主要由测量元件、传动放大机构和显示机构三部分组成。

测量元件是一根弯成圆弧的椭圆或扁圆截面的空心管子。它的一端是封闭的并呈自由状态，并与传动机构拉杆相连；另一端是敞开的且与配用的螺纹接头支持件焊接，固定于仪表壳体上。

传动放大机构包括有拉杆、调整螺钉、扇形齿轮、中心齿轮及游丝，简称为机芯。显示机构包括指针和刻度盘。

以上三个部分结构组成见图 2-7。被测压力由接头 9 通入，迫使弹簧管 1 的自由端 B 向其右上方位移。自由端 B 的位移通过拉杆 2 使扇形齿轮 3 作逆时针偏转，进而带动中心齿轮 4 作顺时针偏转。使与中心齿轮同轴的指针 5 也作顺时针偏转，而在仪表刻度面板 6 的刻度标尺上显示出被测压力的数值。由于自由端 B 的位移与被测压力之间具有一定的比例关系，因此弹簧管压力表的刻度标尺是线性的。

由于弹簧管受压后自由端 B 的位移量很小（一般为 3～8mm），所产生的机械能量难以驱动仪表指针作满刻度的偏转。因此必须将自由端的位移进行放大，以提高仪表的灵敏度。在此采用的是机械传动放大机构（机芯），其原理结构如图 2-8 所示。

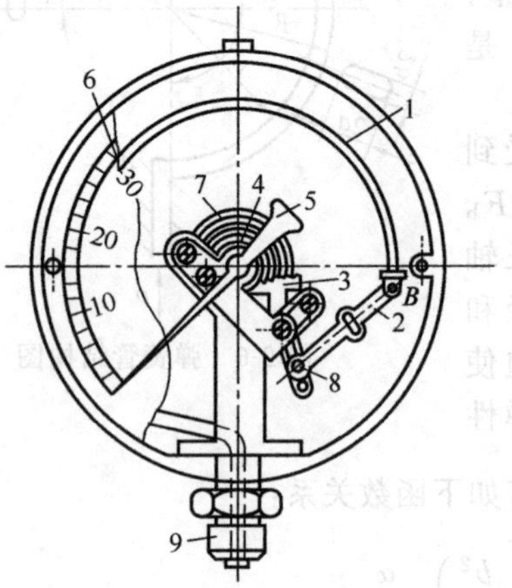

图 2-7　弹簧管压力表结构原理图

1—弹簧管；2—拉杆；3—扇形齿轮；4—中心齿轮；5—指针；6—面板；7—游丝；8—调整螺钉（或滑销）；9—接头

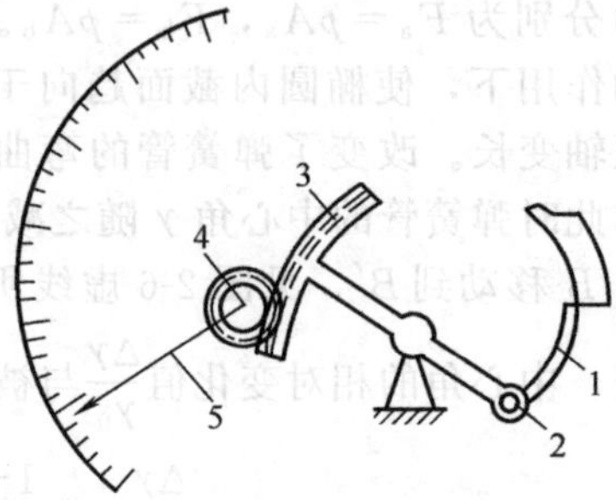

图 2-8　放大指示机构原理图

1—拉杆；2—活销；3—扇形齿轮；4—中心齿轮；5—指针

仪表结构中的游丝是用来克服因机械传动间（扇形齿轮与中心齿轮相互啮合）的间隙而产生的仪表刻度变差。通过改变调整螺钉 8 的位置（即改变机械传动的放大系数）可以实现对压力表量程的调整。

弹簧管的材料是根据被测介质的化学性质和被测压力的高低来决定。当压力 $p<20\text{MPa}$ 时采用磷青铜材料，当压力 $p>20\text{MPa}$ 时采用不锈钢或合金钢材料。当测量氨气压力时必须采用能够耐腐蚀的不锈钢弹簧管；测量乙炔压力时不得用铜质材料弹簧管；测量氧气压力时，则严禁用沾有油脂的工艺管道设备，否则将有爆炸危险。

★看动画视频　说工作过程

弹簧管式压力仪表

电接点式压力仪表

第三节　电远传型压力测量仪表

电测式压力表是利用各种物理效应将压力参数变换为电信号（电阻、电压、电感、电容等）来进行压力测量的。其转换元件可分为两种类型：一类用快速测压元件，利用物体的某一物理性质与压力相关的特性而测量其压力，如压电式、压阻式、压磁式等；一类为敏感元件加传感元件，将被测压力转换成相应的电量，如电阻式、电感式、电容式、霍尔式、应变式、振弦式等。

电测式压力检测仪表一般由敏感元件、传感元件和转换电路三部分组成。其相互关系可用图 2-9 表示。弹性敏感元件是许多传感器及检测仪表中的基本元件。它直接感受被测物理量（如压力 p、差压 Δp）的变化，并将其转换为弹性元件本身的位移 x（或转角 α、应变 ε），通过不同的传感元件转换成电参量，经转换电路输出 4～20mA 的标准信号。通常称为压力（差压）变送器。

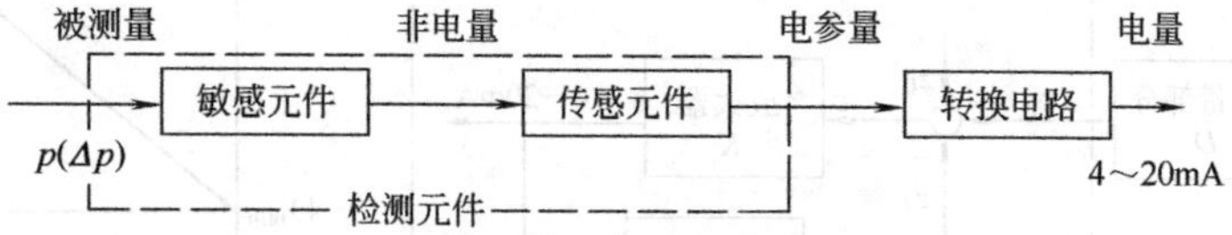

图 2-9　电测式压力检测仪表组成

一、压力（差压）变送器的构成与特性

在工业自动化系统中，能输出标准信号的传感器称为变送器。压力（差压）变送器的输入信号为 p（Δp），输出信号为 4～20mA 的标准电流信号。普通型差压变送器输出信号为模拟量，智能型和现场总线型差压变送器输出信号为数字量。

压力（差压）变送器是应用最广、使用频率最高的检测仪表之一。特别是差压变送器可用于单点压力的测量及设备中两点间压力差的测量，还常应用于液位、密度、流量等变量的测量。测量液位时，依据的是“静压平衡”原理。当容器中介质密度一定时，液体的静压差 Δp 与液位 H 成正比；当检测罐中的液位恒定时，静压差 Δp 与介质密度 ρ 成正比。测量流量时，根据节流原理，依据能量守恒定律和质量守恒定律，得到流体的流量 q_V 与节流件前后的差压 Δp 有单值函数关系，即 $q_V = K\sqrt{\Delta p}$。因此，用差压变送器测出相应的 Δp 值，就可以实现对介质的液位、密度、流量等变量的测量。如图 2-10 所示。

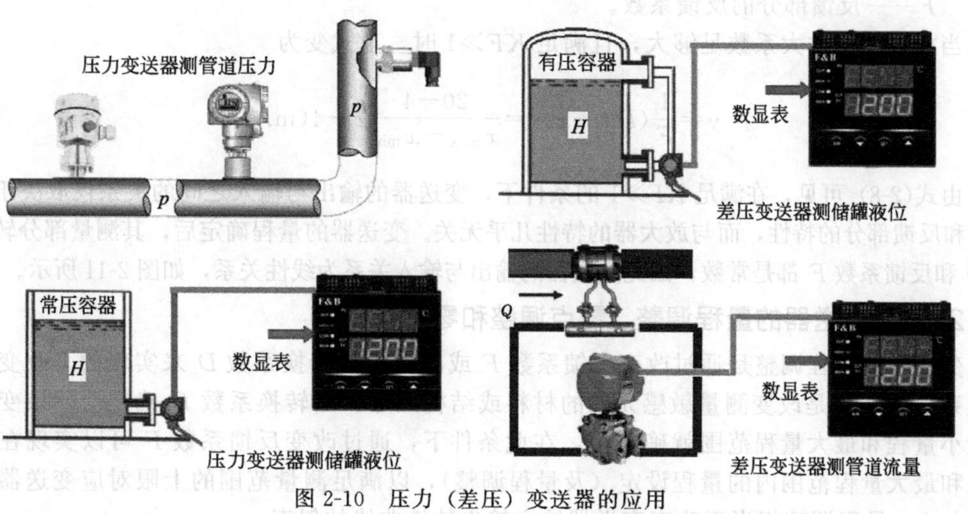

图 2-10　压力（差压）变送器的应用

差压变送器的精度在出厂时就已经确定了，用户可根据需要进行选择，精度越高价格越贵。模拟量输出的差压变送器一般为 0.5～0.2 级，智能型和现场总线型差压变送器通常在 0.2 级及以上。

1. 差压变送器的构成原理

变送器是基于负反馈原理工作的。如图 2-11 所示。变送器主要由测量部分（即输入转换部分）、放大器和反馈部分组成。

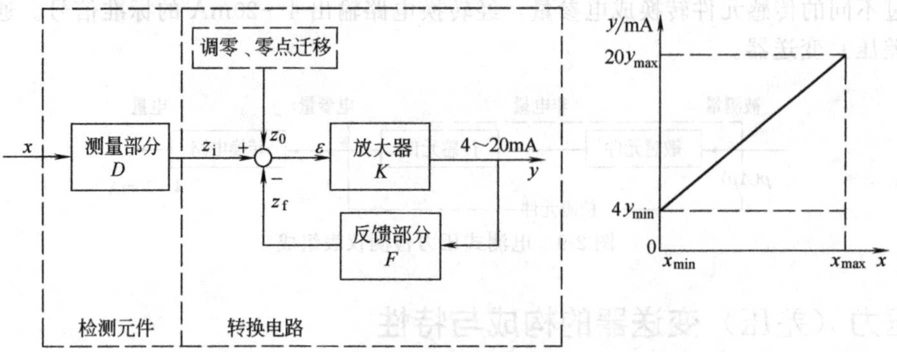

图 2-11 变送器的构成原理框图和输入输出特性

测量部分的作用是检测工艺变量 x，并把变量 x 转换成电信号 z_i 送到放大器的输入端。反馈部分则把变送器的输出信号 y 转换成反馈信号 z_f，输入信号 z_i 与调零信号 z_0 的代数和同反馈信号 z_f 进行比较，其差值 ε 送给放大器进行放大，并转换成标准的电流输出信号 y。

根据负反馈放大器原理，由图 2-11 可以求得整个变送器输出与输入关系为

$$y=\frac{K}{1+KF}(Dx+z_0) \tag{2-7}$$

式中 D——测量部分的转换系数；

K——放大器的放大系数；

F——反馈部分的反馈系数。

当放大器的放大系数足够大，且满足 $KF \gg 1$ 时，上式变为

$$y=\frac{1}{F}(Dx+z_0)=\frac{20-4}{x_{max}-x_{min}}x+4(\text{mA}) \tag{2-8}$$

由式(2-8) 可见，在满足 $KF \gg 1$ 的条件下，变送器的输出与输入之间的关系仅取决于测量部分和反馈部分的特性，而与放大器的特性几乎无关。变送器的量程确定后，其测量部分转换系数 D 和反馈系数 F 都是常数，因此变送器的输出与输入关系为线性关系，如图 2-11 所示。

2. 差压变送器的量程调整、零点调整和零点迁移

变送器的量程调整是通过改变反馈系数 F 或改变测量转换系数 D 来实现的。改变测量转换系数 D，就是改变测量敏感元件的材料或结构尺寸。当转换系数 D 确定后，该变送器的最小量程和最大量程范围就确定了，在此条件下，通过改变反馈系数 F 可以实现在最小量程和最大量程范围内的量程设定（及量程调整），以满足测量范围的上限对应变送器输出的 20mA。量程调整相当于改变变送器输入输出特性曲线的斜率。

变送器的零点调整和零点迁移是通过改变加在放大器输入端的零点调整信号 z_0 来实现的，以使测量范围的下限对应变送器输出的 4mA。变送器经零点迁移后，量程的上下限同时改变，但不改变变送器的量程。当 z_0 为负值时变送器实现正迁移，当 z_0 为正值时变送器实现负迁移。变送器的零点迁移主要应用于静压式液位测量。

3. 差压变送器的外形结构

差压变送器的外形结构如图 2-12 所示。

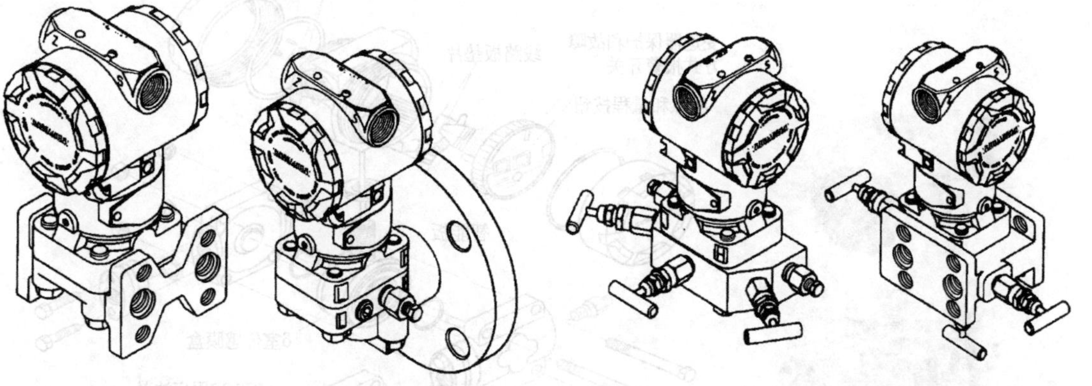

(a) 普通型差压变送器　　(b) 带法兰的变送器　　(c) 带五阀组或三阀组的变送器

图 2-12　变送器的外形图

二、电容式压力（差压）变送器

电容式压力（差压）变送器是美国罗斯蒙特（Rosemount）公司 20 世纪 80 年代开发的产品，在工业生产过程中获得广泛应用。电容式压力（差压）变送器是微位移式变送器，其整体结构无机械传动及调整装置。它以差动电容作为测量敏感元件，并且采取全封闭焊接的固体化结构。具有结构简单、体积小、动态性能好、电容量相对变化大、灵敏度高等优点，其压力测量范围为 0～1.25kPa～42MPa，差压测量范围为 0～1.25kPa～7MPa。电容式压力（差压）变送器为二线制传输仪表。

1. 基本原理

电容式压力（差压）变送器是利用弹性元件受压变形来改变电容器的电容量，从而实现压力（差压）—电容的转换。电容器是由两个金属极板、中间夹一层电介质构成，如图 2-13 所示。若在两极板间加上电压，电极上就储存有电荷。所以电容器实际是一种储存电场能的元件。平板电容器在忽略了其边缘效应时的电容量可用下式表示。

$$C=\frac{\varepsilon A}{d} \qquad (2\text{-}9)$$

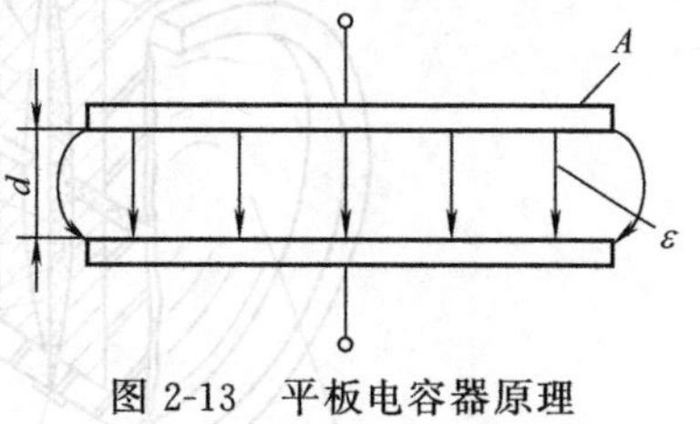

图 2-13　平板电容器原理

式中　ε——电容器极板间介质的介电常数；

A——电容器两极板覆盖的面积；

d——电容器两极板间的距离；

C——电容器的电容量。

由式(2-9) 可知，当 A，d，ε 中的某一项或几项发生变化时，都会引起电容量 C 的相应变化。在实际应用中常使 A、d、ε 三个参数中的两个保持不变，仅改变其中一个变量，以使电容发生变化。人们正是利用这样一个原理来进行仪表的设计和制造的。

2. 电容式压力（差压）变送器的结构及特点

电容压力（差压）变送器由测量和转换两部分组成。测量部分包括有电容膜盒、高低压测量室、法兰组件等，作用是将被测压力（差压）转换成电容量的变化。转换部分由测量电路组件和电气壳体组成，其作用是将电容量转换成标准的4～20mA DC电流或1～5V DC电压的输出。仪表外形及结构分解如图2-14所示。

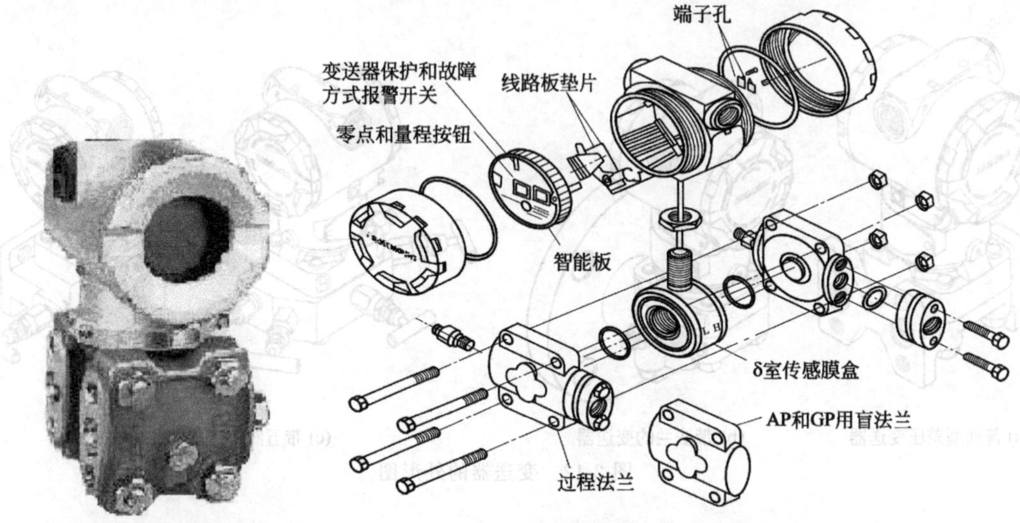

(a) 电容式压力(差压)变送器外形图 (b) 电容式压力(差压)变送器分解图

图 2-14 电容式压力变送器外形及分解图示

(1) 电容膜盒

电容变送器的检测部件是一差动电容膜盒，称为δ室，具体结构如图2-15所示。电容膜盒在结构形式和几何尺寸上有完全相同的两室，每室由玻璃和金属杯体烧结后，磨制成环形凹面，然后镀一层金属薄膜，而构成电容器的固定极板，中心传感膜片焊接在两杯体之间，为电容器的活动极板，它和两侧凹形极板形成高压测量电容 C_H 和低压测量电容 C_L。在杯体外侧焊接隔离膜片，并在膜片内侧的空腔中充满传压介质硅油，以便传递压力（差压）。

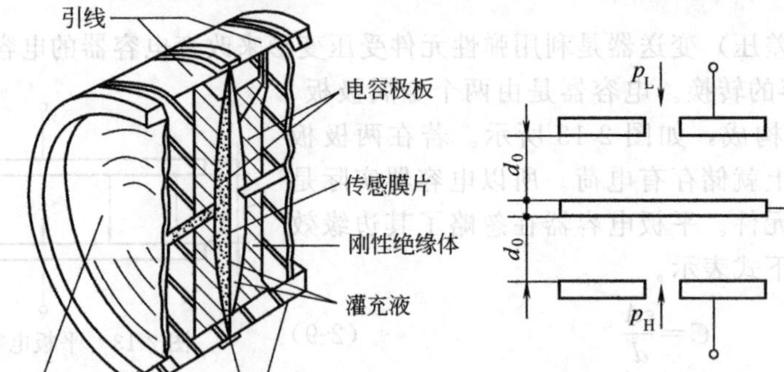

图 2-15 电容膜盒剖面图

工作时，测量压力作用于隔离膜片和填充液，而使中心传感膜片产生位移，从而改变了可动极板与固定极板之间的距离，引起一侧电容增加，另一侧的电容减少，变化的电容量通过引线传给转换电路。

① 压力（差压）—膜片位移的转换（如图2-15）

$$\Delta d_0 = K_1 \Delta p \tag{2-10}$$

式中 Δd_0——测量膜片中心位移；

K_1——比例系数；

Δp——被测差压。

② 膜片位移—电容转换（如图 2-15） 由于电容膜盒中的固定极板凹面直径很大，所以可将电容膜盒看作一平板电容器，其电容与前基本原理式相同，即：

$$C=\frac{\varepsilon A}{d}$$

由式知，电容 C 和极板间距离 d 为倒数关系即非线性关系，但电容膜盒采用的差动电容结构，这样电容和极板距离的变化呈线性关系。

当差压 $\Delta p=0$ 时，中心传感膜片与两侧弧形固定电极极板之间距离相等，设为 d_0。

当差压 $\Delta p\neq 0$ 时，高压侧传感膜片与弧形固定电极极板之间的距离为 $d_0+\Delta d_0$，低压侧传感膜片与弧形固定电极极板之间的距离为 $d_0-\Delta d_0$（Δd_0 为传感膜片的位移），于是便有：

低压侧电容：
$$C_L=\frac{\varepsilon A}{d_0-\Delta d_0}$$

高压侧电容：
$$C_H=\frac{\varepsilon A}{d_0+\Delta d_0}$$

取差动电容：
$$\Delta C=C_L-C_H=\frac{\varepsilon A}{d_0-\Delta d_0}-\frac{\varepsilon A}{d_0+\Delta d_0} \tag{2-11}$$

为减小非线性，取电容之差和电容之和的比值即：

$$\frac{C_L-C_H}{C_L+C_H}=\frac{\dfrac{\varepsilon A}{d_0-\Delta d_0}-\dfrac{\varepsilon A}{d_0+\Delta d_0}}{\dfrac{\varepsilon A}{d_0-\Delta d_0}+\dfrac{\varepsilon A}{d_0+\Delta d_0}}=\frac{\Delta d_0}{d_0} \tag{2-12}$$

令 $\dfrac{1}{d_0}=K_2$ 则有：

$$\frac{C_L-C_H}{C_L+C_H}=K_2\Delta d_0 \tag{2-13}$$

式(2-13) 表明：若变送器测量部分检测的是差动电容的变化，而不是单个电容变化，则电容 C 和位移呈线性关系，将式(2-10) 代入式(2-13) 得：

$$\frac{C_L-C_H}{C_L+C_H}=K_1K_2\Delta p=K\Delta p \tag{2-14}$$

由式(2-14) 知，差动电容的相对变化量 $\dfrac{C_L-C_H}{C_L+C_H}$ 与输入差压成正比，又与介电常数 ε 无关，因而电容式差压变送器的测量过程基本不受温度的影响。

③ 电容膜盒的结构特点

• 结构上全部采用熔焊技术，最少的可动部件，从而保证了仪表的坚固，稳定可靠。

• 测量膜片受压后的位移是靠其电路传到转换部分，而不是靠力平衡式仪表中的杠杆机构传到转换部分。因为没有密封出轴膜片，结构上消除了仪表的静压误差，同时保证了测压部件的强度。避免了膜盒外壳拆装或变送器在现场安装时产生的应力所引起的外壳变形对仪表精度的影响。

• 固定电极设计成球形凹面，提高了仪表的线性度，同时保证了仪表单向过载的保护性，当 δ 室受到单向过载时，测量膜片紧贴在球形的凹面上，从而保证了单向压力时膜片不受损坏。

• 电容膜盒的中心膜片应用了固向张紧技术，使其成为一个有弹力的弹性片，这样可保证初始位置的稳定性，提高了位移和压力的线性，消除了迟滞误差，同时提高了共振频率，提高了仪表的抗振性和抗冲击性。

• 通过改变中心测量膜片的厚度，可以方便地改变仪表的测量范围。因此电容膜盒的通用零部件增多，不同规格的变送器的外形尺寸及结构部件相同，提高了仪表的通用性。

• 电容膜盒全部为对称结构，因而受静压、温度等环境因素影响小，仪表性能稳定。

• 结构虽然简单，但制造工艺复杂，加工难度大。

(2) 转换电路

图 2-16 所示为电容式变送器的测量转换电路的方框图。该转换电路由两部分所组成，即：电容-电流转换电路、电流放大电路。

电容-电流转换部分，包括有电容膜盒、高频振荡器、振荡控制放大器、解调器等，其作用是将差动电容（C_L-C_H/C_L+C_H）比的变化转换成为测量电流 I_x。

电流放大电路的作用是将变送器输入转换部分的输出测量电流 I_x 放大成为变送器的4～20mA 的标准输出电流，这部分包括有：电流控制放大器、功放、限流器、零位和迁移调节、量程调节等。

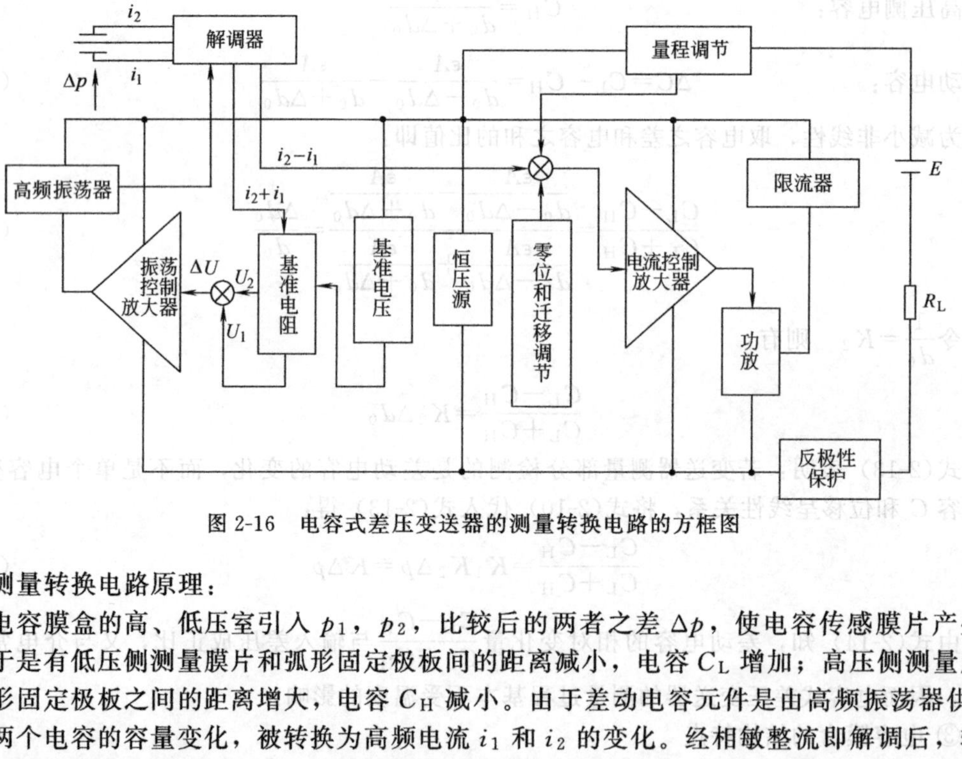

图 2-16 电容式差压变送器的测量转换电路的方框图

测量转换电路原理：

电容膜盒的高、低压室引入 p_1，p_2，比较后的两者之差 Δp，使电容传感膜片产生位移。于是有低压侧测量膜片和弧形固定极板间的距离减小，电容 C_L 增加；高压侧测量膜片和弧形固定极板之间的距离增大，电容 C_H 减小。由于差动电容元件是由高频振荡器供电，因此两个电容的容量变化，被转换为高频电流 i_1 和 i_2 的变化。经相敏整流即解调后，输出两组电流信号：一组为 i_2-i_1，称为差动信号；另一组为 i_2+i_1，称为共模信号。当 C_L 增大，C_H 减小时，流过 C_L 的电流 i_2 增大，而流过 C_H 的电流 i_1 减小。

共模信号 i_2+i_1 经基准电阻流向振荡控制放大器的输入端，在两对标准电阻上产生比较电压 U_1，和基准电压源在这两对标准电阻上产生的分流电压 U_2 相比较，比较后的电压 ΔU 经放大器放大后，作为振荡器的供电。由于电路结构上采用的是由振荡器、解调器、振荡控制放大器组成的深度负反馈电路，所以共模信号 i_2+i_1 保持不变，从而使振荡器的输出电压幅度 V_{PP}、频率 f 和 C_L+C_H 三者乘积，即 $i_2+i_1=V_{PP}f(C_L+C_H)=K$，因此极大地提高了仪表的稳定性。

与被测差压 Δp 成比例变化的 i_2-i_1，经电流控制放大器放大后，作为变送器的 4～20mA DC 输出电流 I_o，同时通过反馈网络转换成与输出电流 I_o 成比例的负反馈电流 I_f，反馈至放大器输入端，以确保差动信号 i_2-i_1 和 I_o 呈线性关系。

通过改变电流的反馈系数，可以进行仪表量程的调节，零位和正负迁移则是调节叠加在电流放大器输入端的可变电流，转换电路中的限流器是不让输出电流超过标准值的规定范围(20mA)。反极性保护是保护电源接反时不致损坏仪表而设置的。

三、扩散硅式压力（差压）变送器

扩散硅式差压变送器应用压阻传感原理进行工作的，其测量转换电路图如图 2-17 所示。采用硅杯压阻传感器为敏感元件，同样具有体积小、重量轻、结构简单和稳定性好的优点，精度也较高。当在半导体材料上施加一作用力时，其电阻率将发生显著的变化，这种现象称为压阻效应。

$$\frac{d\rho}{\rho}=\pi E\varepsilon \qquad (2\text{-}15)$$

式中 π——材料的压阻系数；

E——材料的弹性模数。

由此可得半导体应变片电阻变化率的表达式如下

$$\frac{dR}{R}\approx\pi E\varepsilon=\pi\sigma \qquad (2\text{-}16)$$

式中 ε——半导体材料受力后产生的应变；

σ——半导体材料受到外力作用后产生的应力。

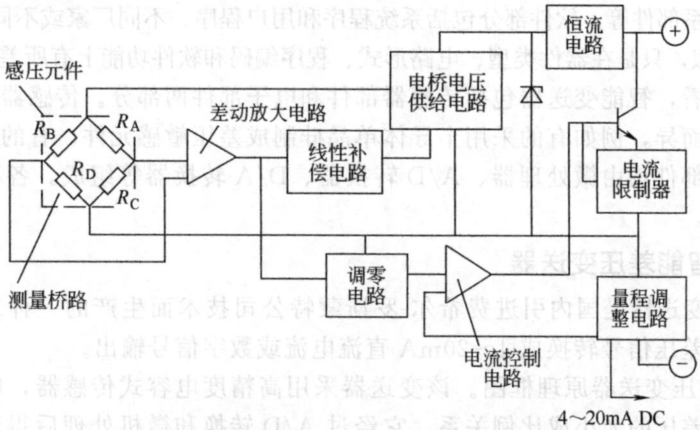

图 2-17 扩散硅式差压变送器的测量转换电路的方框图

如图 2-17 所示，通过扩散杂质使其形成四个阻值相同的扩散电阻，并组成电桥。其中相对两个电阻分别位于检测的高压室与低压室，当膜片受力后，由于半导体的压阻效应，电阻阻值发生变化，使电桥有相应的输出。感压元件是由四小片电阻扩散在一片很薄的单晶硅片上组成一个有源惠斯登电桥，硅片在差压作用下使电桥四个桥臂的电阻产生微小的应变。受高压作用的桥臂电阻 R_B、R_C 的阻值减小，受低压作用的桥臂电阻 R_A、R_D 阻值增大，桥路失去平衡，其输出电压经差动放大电路加以放大。

由于感压元件的压阻特性存在非线性，温度变化也要引起阻值变化，需要进行线性补偿和温度补偿。所以经差动放大电路放大后的桥路输出要与线性补偿电路的输出叠加。然后经零点调整电路去控制电流控制电路，改变输出电流的大小。

量程调整电路需经电流控制电路实现量程的调整。电流限制器用以限制输出在 4～20mA 之间。电桥电压供给电路既给电桥供电，又给线性补偿电路供电。

四、智能变送器

1. 智能变送器的基本概念

为适应现场总线控制系统的要求，近年来出现了采用微处理器和先进传感器技术的智能变送器，有智能温度变送器、智能压力变送器、智能差压变送器等。智能变送器可以输出数字和模拟两种信号，其精度、稳定性和可靠性均比模拟式变送器优越，并且可以通过现场总线网络与上位计算机相连。智能变送器外形及通讯器外形如图 2-18 所示，智能变送器具有以下特点：

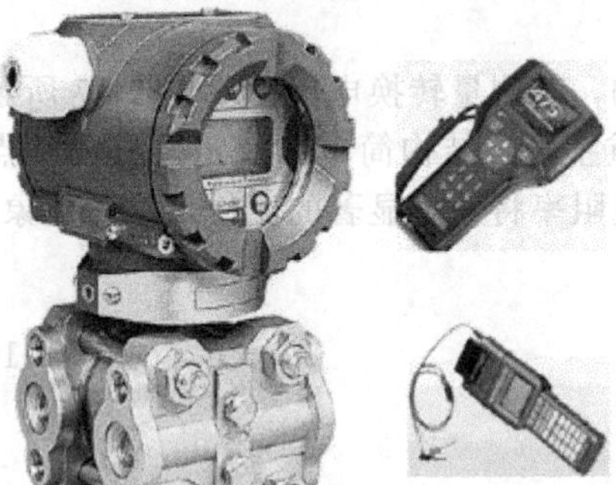

图 2-18 智能变送器外形与通讯器外形

① 测量精度高，基本误差仅为 0.1%，而且性能稳定、可靠；

② 具有较宽的零点迁移范围和较大的量程比；

③ 具有温度、静压补偿功能（差压变送器）和非线性校正能力（温度变送器），以保证仪表精度；

④ 具有数字、模拟两种输出方式，能够实现双向数据通讯；

⑤ 通过现场通讯器能对变送器进行远程组态调零、调量程和自诊断，维护和使用十分方便。

从整体上看，智能变送器由硬件和软件两大部分组成。硬件部分包括微处理器电路、输入输出电路、人-机联系部件等；软件部分包括系统程序和用户程序。不同厂家或不同品种的智能变送器的组成基本相似，只是在器件类型、电路形式、程序编码和软件功能上有所差异。

从电路结构看，智能变送器包括传感器部件和电子部件两部分。传感器部分视变送器的设计原理或功能而异，例如有的采用半导体单晶硅制成差压敏感元件，有的采用电容式传感器。变送器电子部件均由微处理器、A/D 转换器、D/A 转换器等组成。各种产品在电路结构上也各具特色。

2. 电容式智能差压变送器

3051C 差压变送器是国内引进费希尔-罗斯蒙特公司技术而生产的一种二线制智能变送器，它将输入的差压信号转换成 4～20mA 直流电流或数字信号输出。

图 2-19 是差压变送器原理框图。该变送器采用高精度电容式传感器，电容式传感器的输出信号与被测差压的大小成比例关系，它经过 A/D 转换和微机处理后得到一个与输入差压对应的 4～20mA 直流电流或数字信号作为变送器的输出。

传感器组件中的电容室采用激光焊封。机械部件和电子组件同外界隔离，既消除了静压的影响，也保证了电子线路的绝缘性能。同时检测温度值，以补偿热效应，提高测量精度。

变送器的电子部件安装在一块电路板上，使用专用集成电路（ASIC）和表面封装技术。微处理器完成传感器的线性化、温度补偿、数字通信、自诊断等功能，它输出的数字信号叠加在由 D/A 输出的 4～20mA 直流电流信号线上。通过数据设定器或任何支持 HART 通讯协议的上位设备可读出此数字信号。

3051C 变送器的配线如图 2-20 所示。数据设定器可以接在信号回路的任一端点，读取变送器输出数字信号，并对变送器进行组态。对 3051C 变送器的组态可以通过数据设定器或任何支持 HART 通讯协议的上位设备来完成。组态包括两部分：第一部分为变送器操作参数的设定，例如线性或平方根输出、阻尼时间、工程单位的选择；第二部分为变送器的物理和初始信息，例如日期、描述符、标签、法兰材质、隔离膜片材质等。

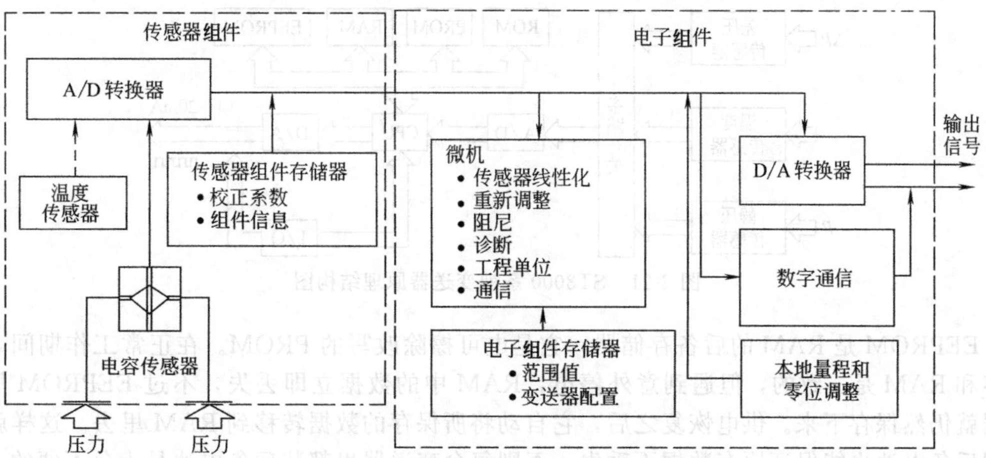

图 2-19 3051C 差压变送器原理框图

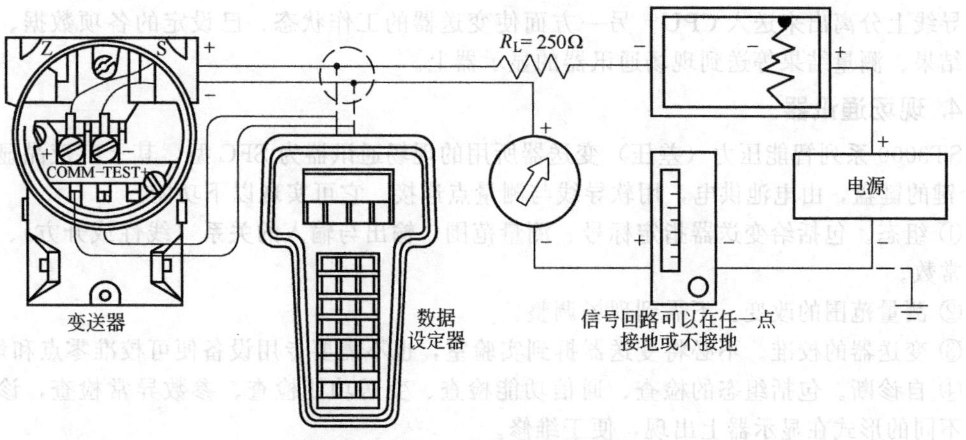

图 2-20 3051C 变送器配线原理图

3. 扩散硅式智能差压变送器

ST3000 系列智能压力（差压）变送器，是根据扩散硅应变电阻原理进行工作的。在硅杯上除制作了感受差压的应变电阻外，还同时制作出感受温度和静压的元件，即把差压、温度、静压三个传感器中的敏感元件，都集成在一起组成带补偿电路的传感器，将差压、温度、静压这三个变量转换成三路电信号，分时采集后送入微处理器。微处理器利用这些数据信息，能产生一个高精确度的、温度、静压特性优异的输出。

ST3000 系列变送器是以各部分易于维护的单元结构来组成的，主要包括测量头、与测量头单配的 PROM 板、带有内装式噪声滤波器、闪电放电避雷器的端子板、通用电子部件等环节。

如图 2-21 所示为 ST3000 系列变送器原理结构图。图中 ROM 里存有微处理器工作的主程序，它是通用的。PROM 里所存内容则根据每台变送器的压力特性、温度特性而有所不同。它是在加工完成之后，经过逐台检验，分别写入各自的 PROM 中，使依照其特性自行修正，保证在材料工艺稍有分散性因素下仍然能获得较高的精确度。此外，传感器所允许的整个工作参数范围内的输入输出特性数据，也都存入 PROM 里，以便用户对量程或测量范围有灵活迁移的余地。

RAM 是微处理器运算过程中必不可少的存储器，它也是通过现场通讯器对变送器进行各项设定的记忆硬件。例如变送器的标号、测量范围、线性或开方输出、阻尼时间常数、零点和量程校准等，一旦经过现场通讯器逐一设定之后，即使把现场通讯器从连接导线上去掉，变送器也应该按照已设定的各项数值工作，这都靠 RAM 把指令存储起来。

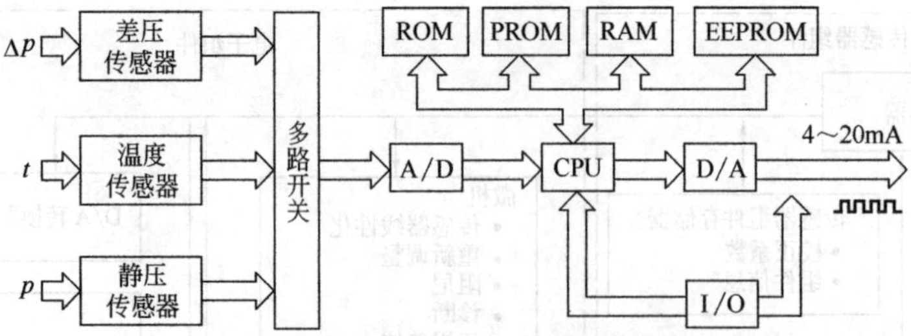

图 2-21　ST3000 系列变送器原理结构图

EEPROM 是 RAM 的后备存储器，它是电可擦除改写的 PROM。在正常工作期间，其内容和 RAM 是一致的，但遇到意外停电，RAM 中的数据立即丢失，不过 EEPROM 里的数据就仍然保存下来。供电恢复之后，它自动将所保存的数据转移到 RAM 里去。这样就不必用后备电池也能保证原有数据不丢失，否则每台变送器里都装后备电池是十分不便的。

数字输入输出接口 I/O 的作用，一方面使来自现场通讯器的脉冲信号能从 4～20mADC 信号导线上分离出来送入 CPU。另一方面使变送器的工作状态、已设定的各项数据、自诊断的结果、测量结果等送到现场通讯器的显示器上。

4. 现场通讯器

ST3000 系列智能压力（差压）变送器所用的现场通讯器为 SFC 型，其上有液晶显示及 32 个键的键盘，由电池供电，用软导线与测量点连接。它可实现以下功能。

① 组态。包括给变送器指定标号、测量范围、输出与输入的关系（线性或开方）、阻尼时间常数。

② 测量范围的改变。不需到现场调整。

③ 变送器的校准。不必将变送器拆到实验室，也不需要专用设备便可校准零点和量程。

④ 自诊断。包括组态的检查、通信功能检查、变送功能检查、参数异常检查，诊断结果以不同的形式在显示器上出现，便于维修。

⑤ 变送器输入/输出显示。以百分数显示当时的输出，以工程单位显示当时的输入。

⑥ 设定恒流输出。这一功能是把变送器改作恒流源使用，可任意在 4～20mA 范围内输出某一直流电流，以便检查其他仪表的功能，这时输出电流恒定不变，与输入差压无关。

智能变送器与现场通信器配合起来，对运行维护带来很大方便。不必往返于各个生产现场，无需攀登塔顶或探身地沟去拆装调整，身在远离危险场所或高温车间便能进行一般的检查和调整。这样，既节省了时间和人力，也保证了维护质量。

微处理器的应用也直接提高了变送器的精确度，主要体现于在 PROM 中存入了针对本变送器特性修正公式，使其能达到 0.1 级的精确度。而且在较大的量程和 50%以上的输出下，平方根输出的精确度也能达到 0.1 级，这在常规差压变送器很难做到。

★看动画视频　说工作过程

电容式压力传感器　　智能压力变送器

第四节　压力检测仪表的使用

压力检测仪表的使用包括压力表的选用、压力表的校验、压力表的安装。

一、压力表的选用

压力表的选用应根据工艺生产的要求和使用环境做出具体的分析，在符合生产过程提出的技术条件下，本着节约的原则，进行仪表的种类、型号、量程精度等级的选择，普通压力表的主要技术指标参见表 2-3。

表 2-3　普通压力表主要技术指标

型号	Y-40	Y-60	Y-100	Y-150	Y-250
公称直径/mm	$\phi40$	$\phi60$	$\phi100$	$\phi150$	$\phi250$
接头螺纹	M10×1	M14×1.5	M20×1.5		
精度等级	2.5		1.5		
测量范围/MPa	0～0.1;0.16;0.25;0.4;0.6;1;1.6;2.5;4;6				0～0.6;1;1.6;2.5;4;6
		0～10;16;25	0～10;16;25;40;60		
	−0.1～0;−0.1～0.06;0.15;0.3;0.5;0.9;1.5;2.4				

1. 压力检测仪表种类和型号的选择

压力检测仪表的种类和型号选择要根据工艺要求、介质性质及现场环境等因素来确定，如仅需就地显示，还是要求远传；仅需指示，还是要求记录；仅需报警，还是要求自动控制；介质的物理、化学性质（如温度、黏度、脏污程度、腐蚀性能、是否易燃、易爆等）如何；现场环境条件（如温度、湿度、有无振动、有无腐蚀性气体、尘埃等），用于测量不同介质压力的弹簧压力表如图 2-22 所示。

弹簧管压力表　　氨用压力表　　禁油的氧用压力表　　电接点压力表

图 2-22　压力表实物图

对于氨、氧、乙炔等介质则应选用专用压力表，如测氨气压力，应选用 YA 型氨用压力表，测量氧气压力时，应选用 YO 型氧用压力表。该表严禁油脂，如果被油沾污时，则需要用注射器向弹簧管内注射四氯化碳或丙酮进行清洗。测乙炔压力时，禁止用铜垫片，否则将会发生爆炸的危险。另外还用不同的颜色来区分测量一些特殊介质的压力表，如：氢气压力表为淡绿色，乙炔压力表为白色，氯气压力表为褐色，燃料气压力表为红色，氨用压力表为黄色，氧用压力表为天蓝色，而测量一些普通介质的压力时，如空气、水、蒸汽、油等介质的压力，则用 Y 型普通弹簧管压力表，其外壳为黑色。在要求报警、联锁和防爆场合，可分别选择电接点信号压力表和各类防爆型压力表，对于压力变量值需要备查的场合，可选用记录式压力表。安装在现场的压力表，一般选表外壳直径为100mm，安装位置较高，照明条件较差时，可选用直径为150mm或200～250mm的压力表。

为了表明压力表具体适用于何种特殊介质的压力测量，压力表的外壳均涂有不同的色标颜色，并且在仪表面板上注明特殊介质的名称，用于测量氧气的压力表还标有“禁油”字样，具体色标颜色与适用测量特殊介质的对应关系，如表2-4所示。

表2-4 特殊介质弹簧管压力表色标

被测介质	色标颜色	被测介质	色标颜色
氧气	天蓝色	乙炔	白色
氢气	深绿色	其他可燃性气体	红色
氨气	黄色	其他惰性气体或液体	黑色
氯气	褐色		

2. 仪表量程的选择

仪表量程的选择应根据被测压力的大小来确定，在测量压力时，为了避免压力表超负荷而遭到破坏，压力表量程的上限应高于工艺生产中可能出现的最大工作压力值。具体选择原则，对于弹性式压力计，在被测压力比较平稳的情况下，压力表量程的上限值应为被测最大工作压力的4/3倍；在测量波动较大的压力时，压力表量程的上限值应为被测最大工作压力的3/2倍。为了保证测量的准确性，所测的压力值不能太接近于仪表量程的下限值，一般被测压力的最小值应不低于测量范围的1/3为宜。按照以上要求计算出的量程，根据产品规格系列值，实取稍大的相邻系列值。

3. 仪表精度的选择

仪表精度的选择主要是根据生产工艺指标中所允许的最大绝对误差来确定。在选用仪表精度等级时，应将计算所得的最大允许误差去掉百分号后，实取稍高的相邻规格值，以满足工艺生产最大绝对误差的要求，但应注意不要选择过高精度的仪表，而造成不必要的浪费。

【例2-1】 某气水分离器的最高工作压力为1.0～1.1MPa，要求测量值的绝对误差小于±0.06MPa，试确定用于测量该分离器内压力的弹簧管压力表的量程和精度。

解： 依压力的波动范围，按稳定压力考虑，故该仪表的量程应为

$$1.1\div\frac{2}{3}=1.65\text{MPa}$$

根据仪表产品量程的系列值，应选用量程为0～2.5MPa的弹簧管压力表

依据生产工艺对测量误差的要求所选压力表的允许误差应小于

$$\frac{\pm0.06}{2.5-0}\times100\%=\pm1.2\%$$

应选用1.0级的仪表。

最终结果应选用0～2.5MPa，1.0级的普通弹簧管压力表来测量分离器内的压力。

二、压力表的安装

压力检测系统是由管道、设备取压口、引压管、压力表及一些附件组成，以上各部件的安装正确与否对压力的测量都有一定的影响。

1. 测压点的选择

测压点是被测对象上引取压力信号的输出端口，选择测压点的原则是要使选取的测压点

能反映被测压力的真实情况，具体选择原则如下。

① 测压点要选在被测介质直线流动的管段上，不得选在管道拐弯、分岔、死角及流束形成涡流的地方。

② 就地安装的压力表在水平管道上的测压点，一般在顶部或侧面。

③ 测量流动介质的压力时，应使测压点与介质流动方向垂直，清除钻孔中的毛刺。

④ 引至变送器的导压管，其水平管道上的测压点方位要求如下：测量液体介质压力时，测压点应选在管道的下部，导压管内不能积存有气体，测量气体介质压力时，测压点应在管道的上部，导压管内不能积存有液体。

2. 导压管的铺设

导压管的铺设应遵循以下原则。

① 导压管的直径、长短要合适，一般内径为6～10mm，长度为3～60m。

② 当被测介质易冷凝或冻结时，必须加保温伴热管线。

③ 水平安装的导压管应有1∶10～1∶20的坡度，坡向应有利于排液（测量气体介质压力时）或排气（测量液体压力时）。

④ 测量气体介质压力时，应优选变送器高于取压点的安装方案，以利于管道内冷凝液的回流，也不必设置分离器；测量液体压力或蒸汽时，应优选变送器低于测压点的安装方案，使测量管不易集气体，也不必另加排气阀，在导压管的最高处应装设集气器；当被测介质可能产生沉淀物析出时，在仪表前的管路上应加装沉降器。

⑤ 测压点到压力表之间应装设切断阀，并靠近测压点的取压口，以便于检查维修。

3. 压力表的安装

① 压力表应安装在能满足仪表使用环境条件，并易观察、易检修的地方。

② 安装地点应尽量避免振动和高温影响，对于蒸汽和其他可凝性热气体以及当介质温度超过60℃时，就地安装的压力表选用带冷凝管的安装方式，如图2-23(a) 所示。

③ 测量有腐蚀性黏度较大易结晶有沉淀物的介质时应优选用隔膜的压力表或远传膜片密封变送器，如图2-23(b) 所示。

④ 压力表的连接处应加装密封垫片，一般低于80℃及2MPa以下时，用石棉纸板或铝片；温度及压力更高时（50MPa以下）应用退火紫铜或铅垫。选用垫片材质时，还要考虑介质的影响。如测量氧气压力时，不能使用浸油垫片、有机化合物垫片；测量乙炔压力时，不能使用铜质垫片，否则将会发生爆炸的危险。

⑤ 当压力表与测压点不在同一水平高度时，需对由此高度所引起的测量误差进行修正，如图2-23(c) 所示。

⑥ 仪表必须垂直安装，当仪表安装在室外时还应加装保护箱。

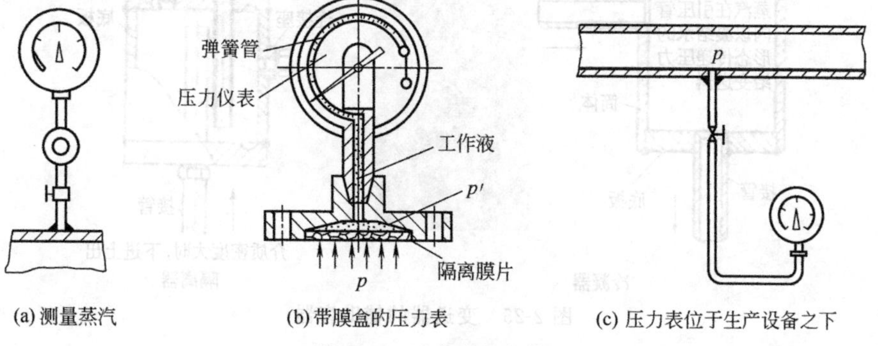

(a) 测量蒸汽　(b) 带膜盒的压力表　(c) 压力表位于生产设备之下

图2-23　压力表的安装

⑦ 测量易液化的气体时，若取压点高于仪表，应选用分离器。测量含粉尘的气体时，应选用除尘器。测量脉动压力时，应选用阻尼器或缓冲器。在使用环境温度接近或低于测量介质的冰点或凝固点时，应采取绝热或伴热措施。

三、压力（差压）变送器的使用与维护

1. 压力（差压）变送器的使用

① 在安装使用压力变送器前应详细阅读产品样本及使用说明书。

② 压力传感器及变送器的外壳一般需接地，信号电缆线不得与动力电缆混合铺设，传感器及变送器周围应避免有强电磁干扰。

③ 安装场所应注意：环境温度、空气条件、冲击和震动、防爆。

④ 压力变送器应垂直于水平面安装；压力变送器测定点与压力变送器安装处在同一水平位置，否则考虑附加高度误差的修正。

⑤ 测量液体压力时，取压口应开在流程管道侧面，以避免沉淀积渣，变送器的安装位置应避免液体的冲击（水锤现象），以免传感器过压损坏。测量气体压力时，取压口应开在流程管道顶端，并且变送器也应安装在流程管道上部，以便积累的液体容易注入流程管道中。测量蒸汽或其他高温介质时，需加接冷凝管（盘管）等冷凝器，不应使变送器的工作温度超过极限。如图 2-24 所示变送器的配管安装，变送器的辅助容器如图 2-25 所示。

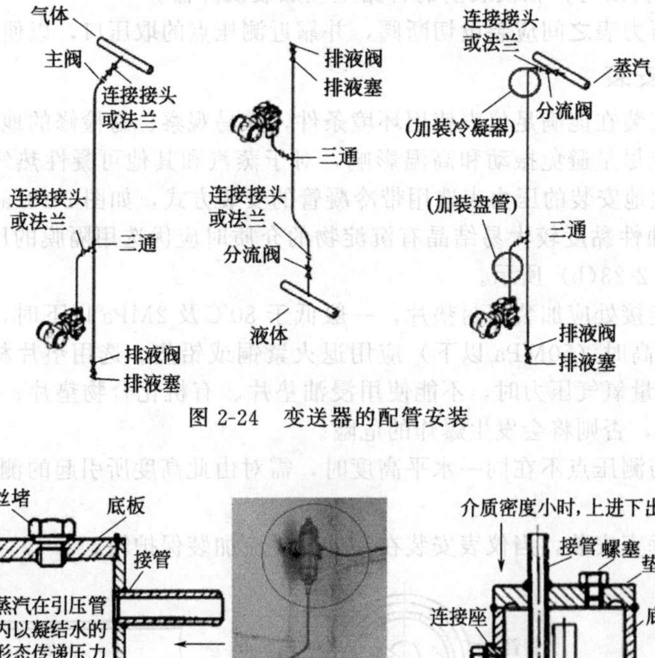

图 2-24 变送器的配管安装

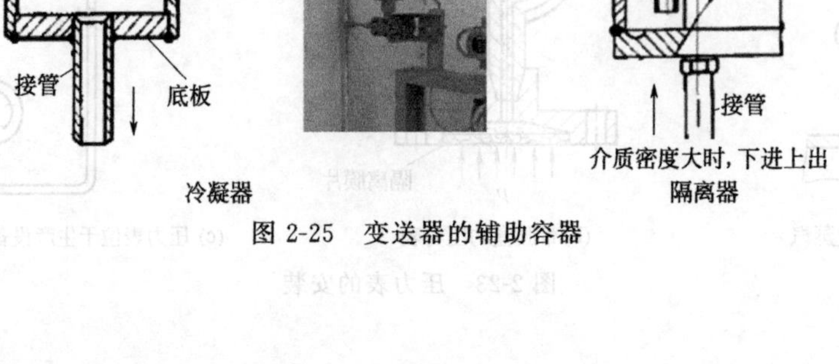

图 2-25 变送器的辅助容器

2. 压力（差压）变送器检修、拆卸和安装

① 观看检查。在就地用毛刷和白布把变送器油渍和灰尘清洁干净，变送器上铭牌应清晰可见。核实变送器的测点名称及测点编号是否与该测点相符。检查变送器端盖密封圈及电缆接头是否齐全。零部件完整无损、无松动；检查管路无堵塞，接口连接紧固。

② 拆回检修。给信号线及接线端子正负端做明确的标记后拆下用电工胶布包好。给变送器、电缆及仪表管挂上三者一致的标识牌，标牌内容明确清晰不褪色。仪表管正负侧也要做上标记。

• 禁止将信号线对地。禁止将信号线正负两极短路。

• 先关闭二次门然后打开排污门；对于三通平衡阀组，应先关闭正压侧再关闭负压侧，然后打开平衡门，最后打开排污阀。如图 2-26 所示。

③ 变送器回装。按标识牌记录回装，端正、牢固；所有螺纹接头必须加旋绕生料带；紫铜垫片为一次性垫片，复装时必须更换；所有接头必须用两把扳手打紧，保证严密可靠；接线正确无误，牢固可靠。

④ 投入运行。打开排污阀排污后关严排污阀，然后打开二次门。对于差压变送器，应先开平衡阀，然后开正压侧，关平衡阀，再开负压侧。最后还要打开排气阀排气，以保证测量值的真实稳定。如图 2-26 所示。

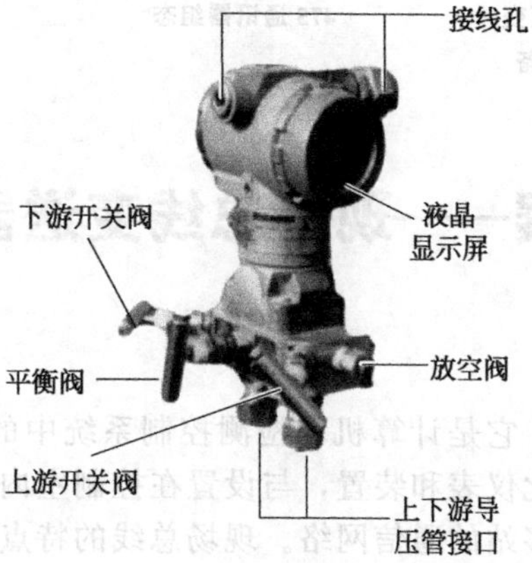

(a) 外观结构

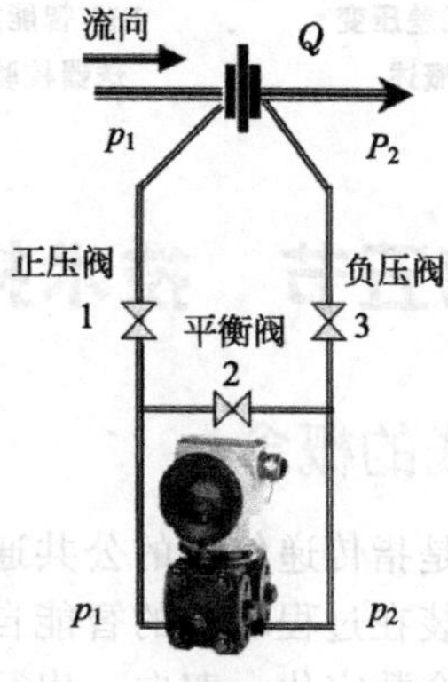

(b) 安装示意

图 2-26 差压变送器三通平衡阀组结构与安装示意图

四、压力表的校验

在仪表使用以前或使用一段时间后，都需要进行检验，看是否符合自身精度，若仪表误差超过规定的精度数值时，应对该仪表进行检修。所谓校验就是将被校压力表和标准压力表加入相同的压力，比较它们的指示数值。在标准表的量程大于等于被校表量程的情况下，所选用的标准表的绝对误差一般应小于被校仪表绝对误差的 1/3，此时标准表的误差可以忽略，标准表的读数就是真实值，当被校仪表对于标准表的基本误差小于被校表的规定误差时，则被校表精度合格。

常用的压力表校验设备是活塞式压力计和压力校验泵，活塞式压力计是利用砝码校验标准压力表，而压力校验泵则是用标准表的比较法来校验工业用压力表。

★看动画视频　说工作过程

活塞式压力仪表

★看视频动作，学操作应用

弹簧管压力表的应用

弹簧管压力表调校前准备工作

弹簧管压力表的校验

弹簧管压力表的调整

EJA 智能式差压变送器的概述

EJA 智能式差压变送器校验的准备

475 通讯器组态

EJA 智能式差压变送器校验

第五节　技术拓展——现场总线变送器

一、现场总线的概念

所谓总线，是指传递信息的公共通路，它是计算机和检测控制系统中的重要组成部分。现场总线是指安装在过程现场的智能自动化仪表和装置，与设置在控制室内的仪表控制设备连接起来的一种全数字化、双向、串行、多站的通信网络。现场总线的特点是：

① 一对导线可连接多台仪表，双向传输多个信号，导线数量减少，成本降低；

② 采用数字传输方式，抗干扰能力强，传输精度高；

③ 控制功能分散到现场仪表或执行器，现场设备间可以实行双向通信，并可构成控制回路；

④ 不同厂家的现场仪表，只要是同类功能，便可进行互换；不同牌子的仪表可以挂接在同一个网络上，它们的组态方法是统一的，故可实行互操作；

⑤ 开放式互联网络，可与同层网络、不同层网络、不同厂家生产的网络互联，网络数据共享。

现场总线打破了传统控制系统的结构形式，见图 2-27。传统模拟系统采用一对一的设备连线，按控制回路分别进行连接。位于现场的测量变送器与位于控制室的控制器之间以及控制器与位于现场的执行器、开关、马达之间均为一对一的物理连接。现场总线由于采用了智能现场设备，能够把原先 DCS 系统中处于控制室的控制模块、各输入、输出模块置入现场设备，加上现场设备具有通信能力，现场的测量变送仪表可以与阀门等执行机构直接传送信号，因而控制系统功能能够不依赖控制室的计算机或控制仪表，直接在现场完成，实现了彻底的分散控制。

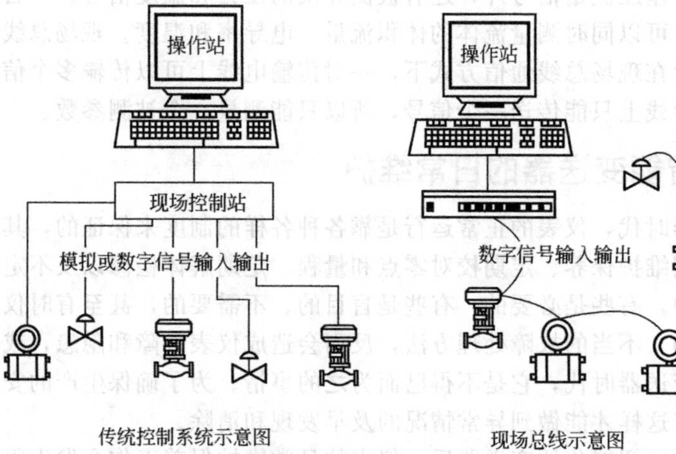

图 2-27 现场总线控制系统与传统控制系统的结构对比

二、现场总线变送器

现场总线变送器是根据现场总线通信协议开发出来的一种变送器，如图 2-28 所示。它是现场总线控制系统的基础。现场总线变送器的特点如下。

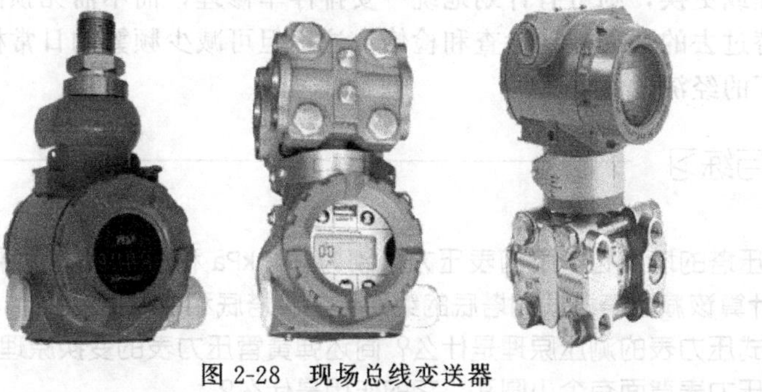

图 2-28 现场总线变送器

① 全数字式 在智能变送器中，由于开发时的条件限制，还保留有模拟信号。但在现场总线变送器中，模拟信号已没有必要，是全数字结构，因此仪表结构简单，精度提高。

② 现场总线通信方式 现场总线变送器是现场总线控制系统的一部分。它的通信标准和现场总线标准是同一个，双向传输、串行，既能和上位机系统通信，又能和现场设备通信，一对导线上可传输多种信息，不同厂家、不同型号的变送器。只要功能类同，就可进行互操、互换。

③ 精度提高 由于采用了全数字的仪表结构和数字传输，所以在系统中不需要 A/D 和 D/A 转换。这样，不但仪表本身的精度提高，而且信号的传输精度也会提高。

④ 功能增强 数字传感器和微处理器相结合，加上按现场总线标准的通信方式。使得变送器的功能大为增强。现场总线变送器已不是传统意义上的变送器，而是同时起着变送、控制和通信的作用，集变送、控制、通信于一身。在系统中，每台变送器都是一个网络节点，它们和操作站、维护管理系统、上位机一样，平等地挂在总线上，共同完成系统的自动化任务。

三、现场总线变送器的多变量测量

现场总线变送器的多变量测量，是指一台变送器带有多个敏感元件，测量多个物理参数。这样，一台变送器就可以当多台变送器用。例如一台带有压力、温度传感元件的差压变送器，它的输出除了差压流量信号外，还有被测介质的压力和温度信号。一台带有温度传感元件的电磁流量计，可以同时测量流体的体积流量、电导率和温度。现场总线变送器之所以有这种功能，是因为在现场总线通信方式下，一对传输电线上可以传输多个信息；而在模拟通信方式下，一对导线上只能传送一个信号，所以只能测量一个被测参数。

四、现场总线智能变送器的日常维护

在模拟式变送器时代，仪表的正常运行是靠各种各样的制度来保证的，其中包括每天必须的巡回检查、定期维护保养、定期校对零点和量程、定期解体检修以及不定期的设备大检查等。在这些工作中，有些是必要的，有些是盲目的、不需要的，甚至有时仪表本来是完好的，由于不当的拆卸、不当的故障处理方法，反而会造成仪表故障和隐患，或使仪表技术性能下降。但在模拟变送器时代，它是不得已而为之的事情。为了确保生产的安全进行，这些制度必须执行，只有这样才能做到异常情况的及早发现和消除。

在采用了现场总线智能化的变送器后，仪表的日常维护保养工作会发生很大变化，由于变送器是智能的，具有自诊断功能和多变量测量功能，因此在现场总线通信方式下，现场智能变送器除了向系统提供过程变量外。还提供设备管理信息，如状态、诊断、组态和校验等信息。这样，现场总线的过程变量和控制变量已不仅是一个数值，而且还含有状态变量，操作人员可不必去现场反复检查，便能从系统上及时发现变送器的故障和错误测量，并能找出故障源和隐患，包括变送器、导管、电源电路等硬故障和组态校验错误等软故障。如发现多台仪表均需修理或更换，则可有计划地统一安排停车修理，而不需无预测地随坏随停，从而使主动检修代替过去的那种被动检查和检修。这不但可减少频繁的日常检查和维护，而且还大大提高了工厂的经济效益。

回顾与练习

2-1 某减压塔的塔顶和塔底的表压力分别为－40kPa 和 300kPa，如果当地大气压力为标准大气压，试计算该减压塔塔顶和塔底的绝对压力及塔底和塔顶的差压。

2-2 弹性式压力表的测压原理是什么？简述弹簧管压力表的变换原理。

2-3 有的压力表背面有个小圆孔，它的作用是什么？

2-4 一些测量特殊介质的压力表，采用哪些不同的颜色加以区别？

2-5 图 2-29(a) 为工艺管道截面图，请在图上标注出液体、气体、蒸汽的引压口位置，并说明原因。

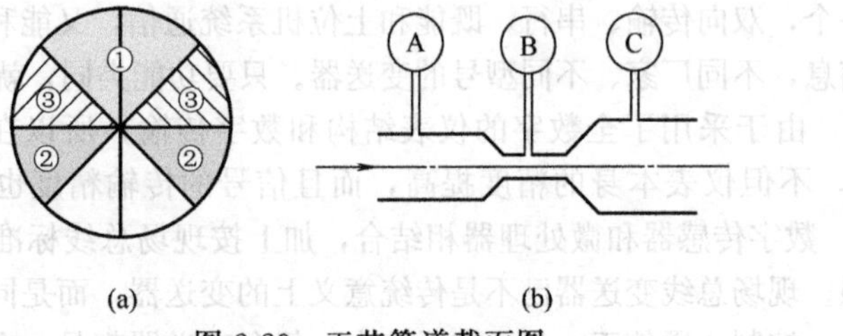

图 2-29 工艺管道截面图

2-6 如图 2-29(b) 所示，在异径管上安装三根细管，分别装上压力表。如果管道中有流体通过，则哪个压力表指示值最高？哪个最低？如果流体不流动，则三个表的指示会怎么样？

2-7 图 2-30 中，取压口的位置哪些选择是对的？为什么？

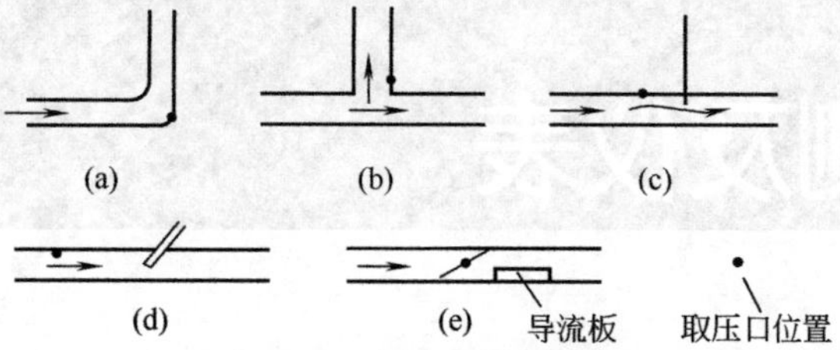

图 2-30 取压口位置选择

2-8 安装压力表时，什么情况下要加装冷凝圈？什么情况下要采用隔离装置？

2-9 电容式压力传感器的基本原理是什么？

2-10 扩散硅式变送器的工作原理是什么？

2-11 什么是智能变送器？

2-12 如果模拟式变送器采用了微处理器，是否就成为了智能变送器？

2-13 说明 3051C 智能变送器的特点。

2-14 什么是变送器的量程比？它有什么作用？是否量程比越大越好？

2-15 现场通讯器（手持通讯器）有什么作用？它是如何与智能变送器连接的？

2-16 手持通讯器和智能变送器的连接如图 2-31 所示，说明对错。

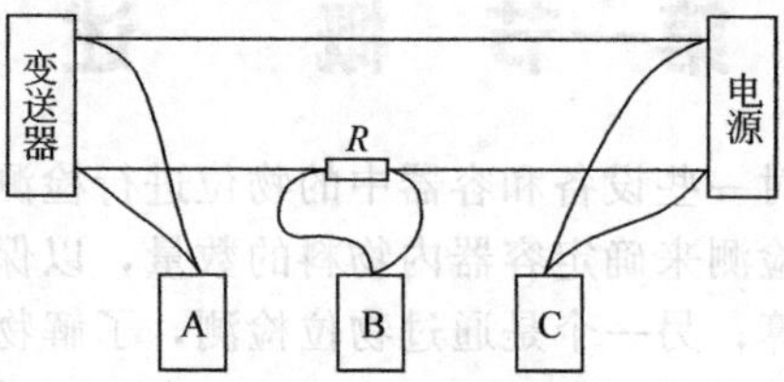

图 2-31 连接图

2-17 什么是现场总线型变送器？它与普通智能变送器有什么区别？

2-18 校验弹簧管压力表时，为什么要用手轻敲表壳？

2-19 现有一标高为 1.5m 的弹簧管压力表测某标高为 7.5m 的蒸汽管道内的压力，仪表指示 0.7MPa，已知，蒸汽冷凝水的密度为 $\rho=966\text{kg/m}^3$，重力加速度为 $g=9.8\text{m/s}^2$，试求蒸汽管道内压力值为多少兆帕？

2-20 选用压力表精度时，为什么要取小于计算所得引用误差的邻近系列值？而检定仪表的精度时，为什么要取大于计算所得引用误差的邻近系列值？

2-21 某空压机的缓冲罐，其工作压力变化范围为 0.9～1.6MPa，工艺要求就地观察罐内压力，且测量误差不得大于罐内压力的 ±5%，试选用一合适的压力表（类型、量程、精度）。

2-22 校验 0～1.6MPa，1.5 级的工业压力表时，应使用下列标准压力表中的哪一块：

A. 0～1.6MPa 0.5 级； B. 0～2.5MPa 0.35 级； C. 0～4.0MPa 0.25 级。

思考与交流

① 工业生产过程中，测量液位的目的有哪些？
② 什么是非接触式测量？相对于接触式测量有什么特点？
③ 哪些方法可以测量液位？
④ 如何根据工艺要求和液位测量仪表的特性，选用合适的液位测量仪表？

第一节　概　　述

在工业生产中，常需要对一些设备和容器中的物位进行检测和控制，人们对物位检测的目的有两个：一是通过物位检测来确定容器内物料的数量，以保证能够连续供应生产中各环节所需的物料或进行经济核算；另一个是通过物位检测，了解物位是否在规定的范围内，以便正常生产，从而保证产品的质量、产量和安全生产。例如，合成氨的生产中，精炼工段，铜洗塔塔底的液位是一个非常重要的参数。当铜液液位过高时，精炼气会有带液的危险，而导致合成塔触媒中毒影响生产。液位过低会失去液封作用，发生高压气体冲入再生系统，造成严重的生产事故。又如，蒸汽锅炉中汽包的液位高度的稳定是保证生产和设备安全的重要参数，若汽包内水位波动过大，一旦停水几十秒就有可能因缺水烧干而发生爆炸的危险，由此可见物位的测量在生产中具有十分重要的意义。

一、物位测量的工程特性

物位测量包括气体-液体间的液位高度、气体-固体与液体-固体间料位高度、液体-液体间界面高度等等，用于检测、控制物位参数的检测装置，称为物位检测仪表。

1. 物位检测的本身特点

① 在常温、常压非高位及非特殊场合，可直接由人用米尺量读物位的高低。

② 由于生产过程中物位的变化多数是比较缓慢的，因此可用测静压的方法来进行物位的检测。

③ 对物位参数的控制和报警，可以利用感知物料的存在与否的方法来实现对物位参数的控制、报警。

2. 物位检测的工艺特点

① 液面通常都是水平的，当液体从液面的上部流入时，会使液面出现波动。

② 在一些生产过程中，液体会逐步浓缩、沸腾，甚至起泡沫（如蒸汽生产中，锅炉汽

包内的虚假液面)。

③ 液体在大型的容器内，可能会出现介质性质分布不均匀，如温度、密度、黏度等。

④ 混合液体的相界面不清晰，有浑浊段等。

⑤ 有些物料，具有腐蚀性、放射性、毒性等。

二、物位检测仪表的类型

检测物位的仪表种类很多，而且随着科学技术的发展和生产过程的需要，还将会不断地出现新的检测方法和检测仪表，下面就当前已经成熟的检测方法和检测仪表予以分类。

① 直读式物位仪表，基于连通器的原理而进行工作的，根据生产工艺压力的不同分为玻璃管式和玻璃板式两种。

② 静压式物位仪表，利用液体或固体物料的堆积对某定点产生压力之原理而工作的，分压力式和差压式两种。

③ 浮力式液位仪表，利用液体对浮于液面上或浸沉于液体中的浮子或浮筒的位置和浮力，随液位变化而改变的原理工作的，分浮标式、浮球式、沉筒式等。

④ 电测式物位仪表，将物位的变化转换成某一电量变化的原理而进行，分电阻式、电容式、电感式等。

⑤ 声波式物位仪表，因物位的变化，会引起声阻抗的变化，声波的遮断和声波反射的距离不同，通过测出这些变化而检测物位，分声波遮断式、声波反射式、声阻抗式。

⑥ 光学式物位仪表，利用物位对光波的遮断和反射原理工作，所利用的光源有普通白炽灯或激光等。

除上述几种外还有核辐射式、微波式、射流式、称重式等。

★看动画视频　说工作过程

液位测量示意

玻管液位计

玻璃板液位计

第二节　接触式液位测量仪表

一、静压式液位检测仪表

不论是固体颗粒和粉料的堆积以及容器中液位的变化，对它的底部或侧面某定点都会产生不同的压力，当被测介质的密度是一常数时，则物位积聚的越高，对其某定点的压力越大。因此，只要检测出某定点的压力大小，即可得知物位的高低。

1. 静压式液位计的检测原理

静压式液位计是通过测量液柱静压的方法对液体物料的液位进行检测，其原理如图 3-1所示，图中 p_A 为密闭容器中 A 点的静压（气相压力），p_B 为 B 点的静压，H 为液柱高度，ρ 为液体密度，g 为重力加速度，根据液体静力学原理可知，A，B 两点的压差为

$$\Delta p = p_B - p_A = H\rho g \quad (3\text{-}1)$$

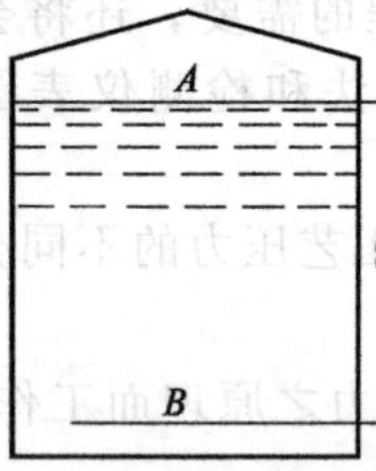

图 3-1 静压式液位计原理

若将图 3-1 改为敞口容器，则 p_A 为大气压，因此式(3-1)可改写为：

$$p = p_B - p_A = H\rho g \quad (3\text{-}2)$$

式中 p——图中 B 点的表压力；

H——容器内的液位；

Δp——容器中上，下部的压力差；

ρ——液体密度；

g——重力加速度。

在检测过程中，当 ρg 为一常数时，则密闭容器中 A，B 两点压差与液位高度 H 成正比；而在敞口容器中则 p 与 H 成正比，就是说只要测出 Δp 或 p 就可知道敞口容器或密闭容器中的液位高度。因此凡是能够测量压力或差压的仪表，均可测量液位。通过测静压来测量容器液位的静压式液位计分为两类，一是测量敞口容器液位的压力式液位计，二是测量密闭容器液位的差压式液位计。

(1) 敞口容器的液位检测

图 3-2 是一敞口容器的液位测量示意图，图中的检测仪表可以用压力表，可以用压力变送器，也可以用差压变送器，当用差压变送器时，其负压室可通大气。

当检测仪表的安装位置与容器内的最低液位在同一水平线上时，压力 p 与液位 H 的关系为：

$$p = H\rho g \quad (3\text{-}3)$$

当检测仪表的安装位置与容器内的最低液位不在同一水平线上，如图 3-2 所示，低于最低液位，此时压力 p 与液位 H 的关系为：

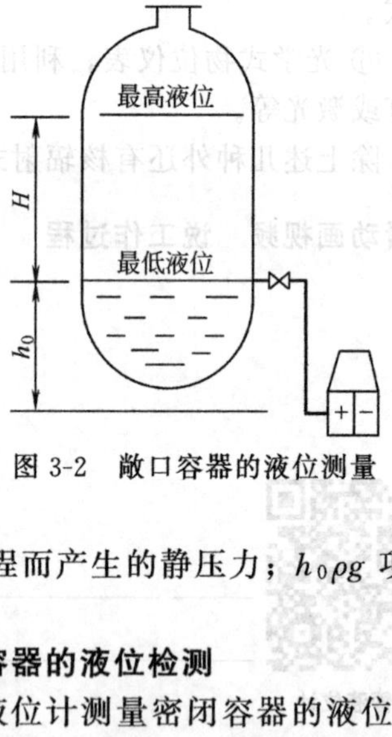

图 3-2 敞口容器的液位测量

$$p = H\rho g + h_0\rho g \quad (3\text{-}4)$$

式中，$H\rho g$ 项表示容器内液面由最低升至最高时液位量程而产生的静压力；$h_0\rho g$ 项表示因检测仪表安装位置低于最低液位而产生的附加静压力。

(2) 密闭容器的液位检测

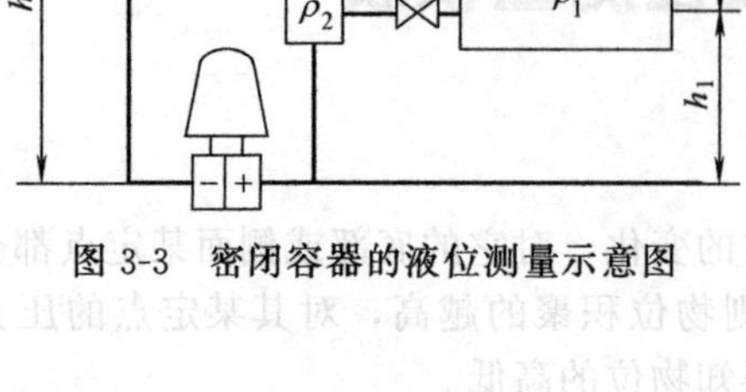

图 3-3 密闭容器的液位测量示意图

用静压式液位计测量密闭容器的液位时，检测仪表的输出除了与液柱的静压力有关外，还与液位上面的气相压力有关。为了消除气相压力对液位检测的影响，往往采用测量差压的方法来测量液位，所用仪表采用差压计或差压变送器，检测系统如图 3-3 所示。容器内液体介质的密度 ρ 为已知，则容器内液位的高度为：

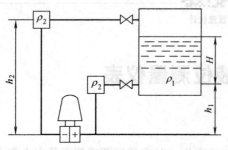

$$H=\frac{\Delta p}{\rho g} \tag{3-5}$$

这样液位的检测转变为压力差的检测，便可知道容器内液位的高低。

2. 差压式液位计的零点迁移

在实际应用中，由于现场安装条件的限制和周围环境的影响，检测仪表不一定与容器内的最低液面在同一水平线上，此系统如图 3-4(b) 所示；由于被测介质是强腐蚀性流体，为了防止腐蚀性液体进入仪表之中，而在其引压管上加装隔离装置，通过隔离液来传递压力信号。该系统如图 3-4(c) 所示。在上述两种情况下，检测仪表接收到的差压信号 Δp 不仅与液位 H 的高低有关，同时还受到一个与被测液位 H 高低无关的固定差压的影响，从而产生测量误差。为了保证检测仪表能够正确地反映液位的变化，需要做零点迁移的调整，迁移分无迁移、正迁移、负迁移三种情况。

(1) 无迁移

无迁移的液位检测系统如图 3-4(a) 所示，检测仪表的正、负压室分别接收来自容器中 A 点和 B 点处的静压作用，且与容器中最低液位在同一水平线上。若已知被测液体的密度为 ρ 时，则有：

正压室压力：$p_+=p_A=H\rho g+p_B$

负压室压力：$p_-=p_B$

正负压室差压：$\Delta p=p_+-p_-=H\rho g$

当液位由 $H=0$ 变化到 $H=H_{max}$ 最高液位时，检测仪表的输入信号 Δp 由 0 变化到最大值，即 $\Delta p_{max}=H_{max}\rho g$，其变化曲线如图 3-5(a) 中曲线 1。因差压变送器输出标准电流 I_0 为 4～20mA，与差压的关系为：

$$I_0=\frac{(20-4)}{\Delta p_{max}-0}\times\Delta p+4=\frac{16}{\Delta p_{max}}\Delta p+4 \tag{3-6}$$

图 3-5(b) 中曲线 1 所示为变送器在无迁移状态下 Δp 与 I_0 的关系。

(2) 正迁移

正迁移液位检测系统如图 3-4(b) 所示，检测仪表的安装位置低于容器最低液面的取压点，且距离为 h_1，据图可得出：

正压室压力：$p_+=p_A+h_1\rho g=H\rho g+p_B+h_1\rho g$

负压室压力：$p_-=p_B$

正负压室差压：$\Delta p=p_+-p_-=H\rho g+h_1\rho g$

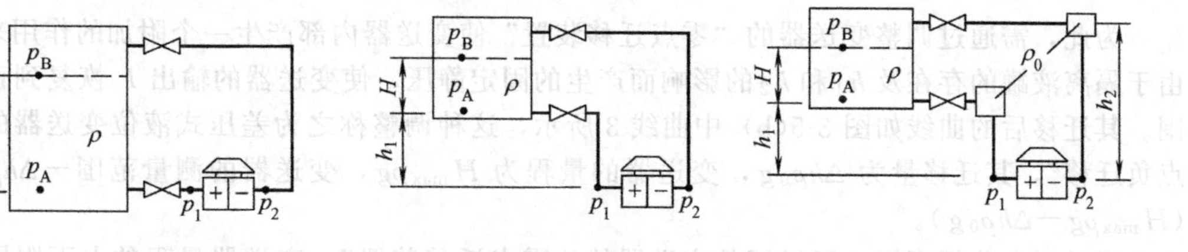

(a) $\Delta p=H\rho g$　　(b) $\Delta p=H\rho g+h_1\rho g$　　(c) $\Delta p=H\rho g-\Delta h\rho_0 g$

图 3-4 差压式液位计的应用

当液位由 $H=0$ 变化到 $H=H_{max}$ 最高液位时，变送器接收到的静压差由 $\Delta p=h_1\rho g$ 增加至 $\Delta p_{max}=H_{max}\rho g+h_1\rho g$。其变化曲线如图 3-5(a) 中曲线 2 所示。由前式(3-6) 可得，变送器输出的 I_0 最小值大于 4mA，最大值大于 20mA。信号标准规定变送器的输出电流是不能高于 20mA 的，同时当 $H=0$ 时变送器输出 I_0 最小值不等于 4mA。这样将给显示、控制带来错误信息，而造成变送器无法正常工作。

为此，需通过调整变送器的“零点迁移装置”使变送器内部产生一个附加的作用来平衡由于h_1的存在而产生的固定静压，而使变送器的输出I_0恢复到正常范围，即

Δp=最小值时，变送器输出$I_0=4\text{mA}$，对应$H=0$。

Δp=最大值时，变送器输出$I_0=20\text{mA}$，对应$H=H_{max}$，其迁移后的曲线如图3-5(b)中曲线2所示，这种调整称之为差压式液位变送器的“零点正迁移”，其迁移量为$h_1\rho g$，变送器的量程为$H_{max}\rho g$，变送器的测量范围为$h_1\rho g\sim(h_1\rho g+H_{max}\rho g)$。

(3) 负迁移

图3-4(c)所示为具有负迁移的液位检测系统，图示系统为了防止容器中的腐蚀性介质进入变送器，给仪表造成腐蚀。在变送器的正、负取压管上分别装有隔离罐，内充隔离液，且密度为ρ_0，并设ρ_0大于ρ，此时可得出：

正压室压力：$p_+=H\rho g+h_1\rho_0 g+p_B$

负压室压力：$p_-=p_B+h_2\rho g$

正负压室差压：$\Delta p=p_+-p_-=H\rho g+h_1\rho_0 g-h_2\rho_0 g=H\rho g+(h_1-h_2)\rho_0 g$

由于设$h_1<h_2$，并设$\Delta h=h_2-h_1$，所以$\Delta p=H\rho g-\Delta h\rho_0 g$。

当容器内液位由$H=0$变化到$H=H_{max}$时，变送器的输入静压差由$-\Delta h\rho_0 g$变化到$\Delta p=H\rho g-\Delta h\rho_0 g$，其变化曲线如图3-5(a)中曲线3所示。由前式(3-6)可得，变送器输出的I_0最小值小于4mA，最大值I_0小于20mA。而信号标准规定变送器的输出电流不能低于4mA，所以，此时变送器将无法正常工作。

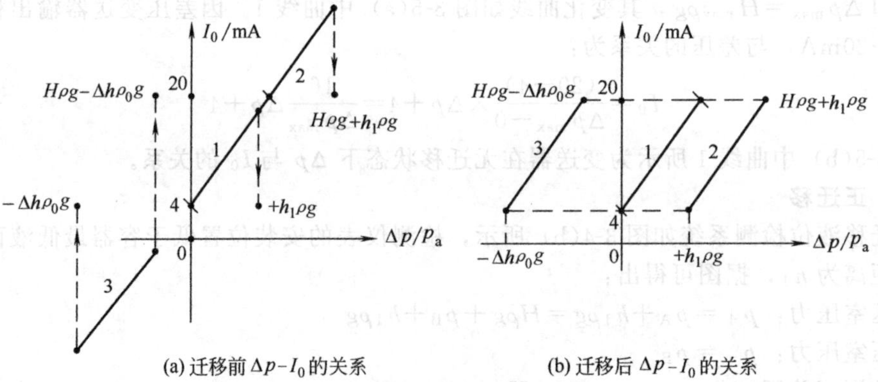

图3-5 变送器迁移原理示意图

为此，需通过调整变送器的“零点迁移装置”使变送器内部产生一个附加的作用来平衡由于隔离液罐的存在及h_1和h_2的影响而产生的固定静压，使变送器的输出I_0恢复到正常范围。其迁移后的曲线如图3-5(b)中曲线3所示，这种调整称之为差压式液位变送器的“零点负迁移”，其迁移量为$\Delta h\rho_0 g$，变送器的量程为$H_{max}\rho g$，变送器的测量范围$-\Delta h\rho_0 g\sim(H_{max}\rho g-\Delta h\rho_0 g)$。

通过以上分析可知，通过调整变送器的“零点迁移装置”，变送器量程的上下限同时改变，而变送的量程大小不变，即特性曲线的斜率不变。进行相应的迁移调整后达到了使液位变送器的输出正确反映液位变化的目的。

结论：当$H=0$时

若变送器感受到的$\Delta p=0$，则不需要迁移；

若变送器感受到的$\Delta p>0$，则需要正迁移；

若变送器感受到的$\Delta p<0$，则需要负迁移。

在用差压变送器进行液位检测时，差压变送器均有明确说明其结构特点，有无迁移功能。在使用中除知其规格型号外，还要看是否带有迁移功能。在国产的差压变送器的背面标注符号 A 记号的表示该变送器具有正迁移功能，标注符号 B 记号的表示该变送器具有负迁移功能，并标注有迁移量大小。

采用普通的差压式变送器检测液位，一般是用导压管与被测对象相连，被测介质直接通过导压管进入变送器的正负压室。当被测介质黏性很大、容易沉淀、结晶或腐蚀性很强的情况下，就极易引起导压管的堵塞或仪表的腐蚀。为此，可使用法兰式差压液位变送器来进行正常的液位测量。如图 3-6 所示。

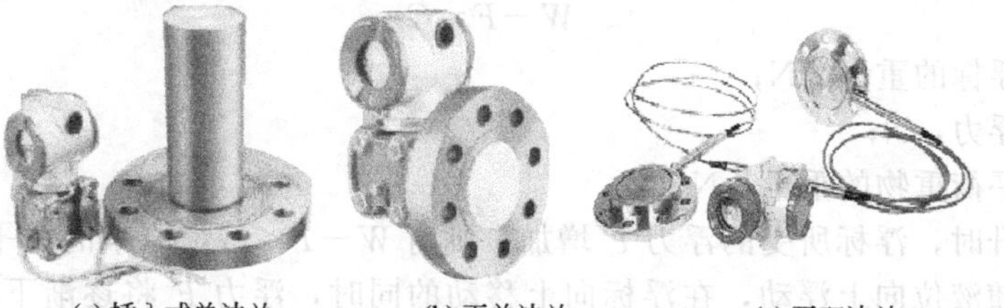

(a) 插入式单法兰　(b) 平单法兰　(c) 平双法兰

图 3-6　法兰式差压变送器

被测介质有大量沉淀或结晶析出，致使容器壁上有较厚的结晶或沉淀，宜采用插入式法兰，如图 3-6(a)。检测介质黏度大、易结晶、沉淀或聚合引起堵塞的场合，用平单法兰，如图 3-6(b)。当被测介质腐蚀性较强，而负压室又无法选用合适的隔离液时，可用双法兰式差压变送器，如图 3-6(c)。对于强腐蚀的被测介质，可用氟塑料薄膜粘贴在金属膜表面上防腐。

★看动画视频　说工作过程

吹气式液位测量装置

差压式液位计 无迁移

差压式液位计 正迁移

差压式液位计 负迁移

二、浮力式液位检测仪表

应用浮力原理检测物位，是利用漂浮于液面上的浮标或浸沉于液体中的浮筒，对液位进行测量的；当液位变化时，前者产生相应的位移，而所受到的浮力维持不变；后者则发生浮力的变化，因此只要检测出浮标的位移，或浮筒所受到的浮力的变化，就可测知液位的高低。

据上述可知，浮力式液位检测仪表可分为两种，一种是恒浮力式液位计，属于此种液位计的，有浮标式、浮球式等。它们的检测元件（浮标或浮球）随液位的变化而上下浮动。通过测出检测元件（浮标或浮球）随液面变化产生的位移量而进行液位检测的。另一种是变浮力式液位计，属于此种液位计的有浮筒式液位计，其检测元件（浮筒）浸没在液体之中。液位变化时，其检测元件（浮筒）因浸没在液体中的深度不同，而受到不同的浮力，通过检测浮筒所受浮力的变化而进行液位的检测。

浮力式液位计的特点是结构简单、造价低廉、工作可靠、不易受外界环境的影响，维修较简便，因此在工业生产中得到广泛的应用。但因大多数仪表有可动部件，故易发生磨损、腐蚀等，甚至使机械部分卡死等现象，因此在使用中应充分引起注意。

1. 恒浮力式液位检测仪表

(1) 浮标式液位计

图 3-7 所示为浮标式液位计的原理示意图，浮标为一空心的金属或非金属的盒子，将浮标用绳索连接并悬挂在定滑轮上，绳索的另一端挂有平衡重物，当液位不变时，浮标的重力与浮标所受液体的浮力之差和平衡重物的重力相平衡时，其平衡关系式为：

$$W-F=G \tag{3-7}$$

式中 W——浮标的重量，N；

F——浮力，N；

G——平衡重物的重量，N。

当液位上升时，浮标所受的浮力 F 增加，则有 $W-F<G$，原来的力平衡关系被破坏。浮标沿着导轨随液位向上浮动，在浮标向上移动的同时，浮力 F 将逐渐下降，$W-F$ 将逐渐增加，直到 $W-F$ 重新等于 G 时，浮标便停留在新的液面位置上，反之亦然。从而实现了浮标对液位的自动跟踪。由于式(3-7) 中浮标的重量 W 和平衡重物的重量 G 均为常数，因此浮标停留在任意高度的液面上时，浮力 F 值都不变，故称此法为恒浮力法。

此种测量方法简单，多数用于敞口容器中液位的检测，也可以用于密闭容器中液位的检测，通过磁性连接的方式将浮子随液位变化产生的位移传递出去，其检测系统如图 3-8 所示。浮标式液位计的缺点是，由于滑轮与轴承之间存在着机械摩擦，悬挂钢丝受热拉长及齿轮间隙等因素，将影响其测量精度。

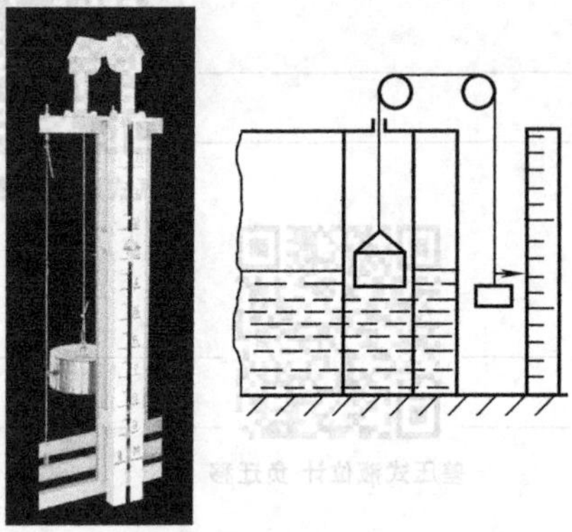

图 3-7 浮标式液位计原理图

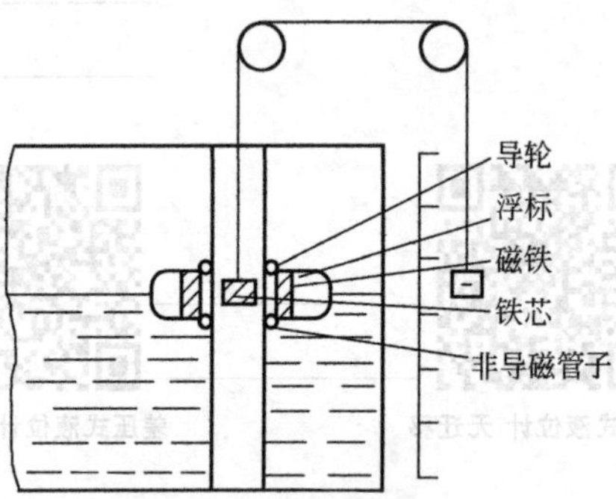

图 3-8 密闭式浮标式液位计

(2) 浮球式液位计

对于温度、黏度较高，而压力不太高的密闭容器内的液体介质的液位检测时，一般可采用浮球式液位计，其检测系统如图 3-9 所示。检测元件浮球 1 由铜或不锈钢材料制成，通过连杆 2 与转轴 3 相连，转轴 3 的另一端与容器外侧杠杆 5 相接，杠杆上加装平衡锤 4，从而组成了以转轴 3 为支点的杠杆、角转动系统，而进行其液位的检测。系统一般要求，在浮球的一半浸入液体时，实现系统的力矩平衡。这是因为，此时液位变化 Δh 所引起的浮力变化最大，则浮球位置变化最灵敏，从而提高了仪表的灵敏度。

当液位升高或降低时，系统的力矩平衡将被破坏，因而浮球也要随之升高或降低，直至达到新的平衡。若在转轴 3 的外端装一指针，如图 3-9(a) 所示，便可从输出的角位移中知

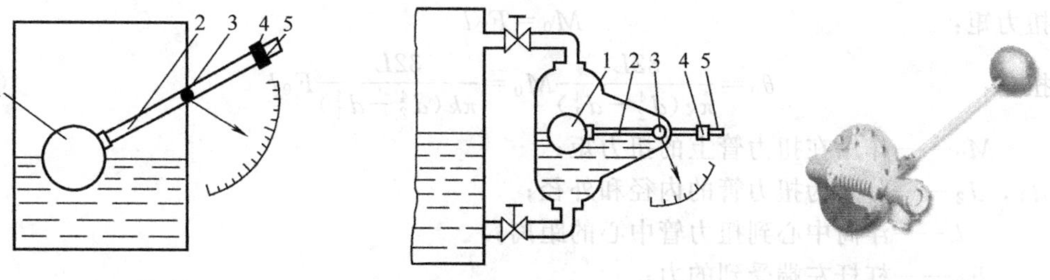

(a) 内浮式　　(b) 外浮式　　(c) 浮球式液位计

图 3-9　浮球式液位计示意图

1—浮球；2—连杆；3—转轴；4—平衡锤；5—杠杆

道液位的高低。

浮球式液位计，可将其检测元件浮球直接装在容器内部（内浮球式），如图 3-9(a) 所示。当容器直径很小时，可根据连通原理，在容器外侧设置一浮球室与容器相连通（外浮球式)，如图 3-9(b) 所示。外浮球式结构，其特点是便于维修，但不适用于黏稠或易结晶、易凝固的液体的检测，而内浮球式液位计则不受其影响。

由于浮球式液位计的结构与浮标式液位计的结构相比较要复杂，需要用轴、轴套、填料密封等构件组成，这样才能达到既保证密封，又能将浮球的位移传递出去。因此在进行安装检修时应充分考虑摩擦、润滑以及介质对仪表各部件的腐蚀等问题。否则将会给测量造成很大的误差。另外，应特别提出的是，浮球杠杆转动轴等各部件的连接应该做到既牢固又灵活，以免日久天长，发生浮球脱落酿成严重事故。

在使用时应该经常检查并清理浮球表面上的沉淀物或结晶的物质，当无法进行清理时，则需重新调其平衡锤的位置，对腐蚀性介质测量时必须注意检测元件的防腐处理，并定期进行检查，以保证必要的测量精度。

2. 变浮力式液位检测仪表

当物体被液体浸没的体积不同时，所受的浮力也不同，因此，可以根据物体所受浮力的大小来测得物体被浸没的高度（液位），故称为变浮力式液位计。浮筒式液位计正是根据这一原理而制成的液位检测仪表，它主要由变送器和显示仪表两部分组成。液位计因不用轴、轴套、填料等进行密封，故它能测量较高压力的液体介质的液位，最高可达 32MPa。检测元件浮筒的长度决定了仪表的量程，一般为 300～2000mm。

浮筒式液位计由液位传感器和转换器构成。

液位传感器的检测元件，是一沉浸于液体之中的浮筒，一般是用不锈钢制成的空心长圆柱体，被垂直地悬挂在被测介质之中，测量过程中位移极小，不漂浮在液体表面上，故也称为沉筒。浮筒在液体中的浮力是用扭力管的扭力来平衡的。

图 3-10 所示，检测元件浮筒 1 垂直地悬挂在杠杆 2 的一端，杠杆 2 的另一端与扭力管 3，芯轴 4 的一端垂直固接在一起。扭力管的另一端通过法兰固定在仪表外壳 5 上。芯轴 4 的另一端呈自由状态作为传感器的输出，它的输出信号是机械角位移 θ。

当液位为零时，即浮筒浸入液体中的深度为零，浮筒的全部重量 W 作用在杠杆上，此时扭力管上的扭力矩最大，同时产生的扭角最大，一般为 7°左右，即：

作用在杠杆的力：　$F_0=W$　(3-8)

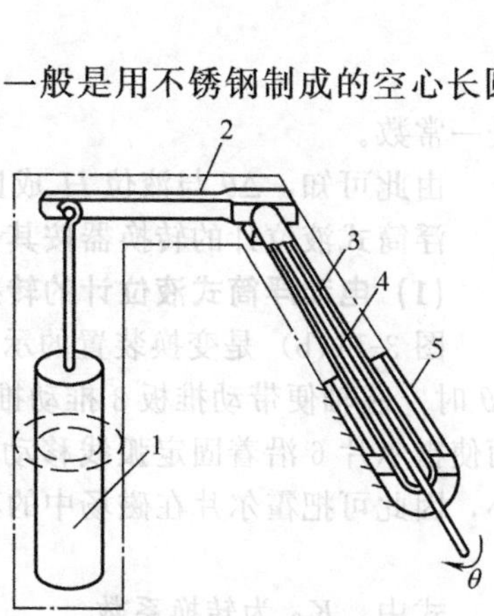

图 3-10　浮筒液位计原理

1—浮筒；2—杠杆；3—扭力管；4—芯轴；5—外壳

扭力矩： $$M_0=F_0l \tag{3-9}$$

扭角： $$\theta_0=\frac{32L}{\pi k(d_2^4-d_1^4)}M_0=\frac{32L}{\pi k(d_2^4-d_1^4)}F_0l \tag{3-10}$$

式中 M_0——作用在扭力管上的扭力矩；

d_1，d_2——分别为扭力管的内径和外径；

l——浮筒中心到扭力管中心的距离；

F_0——杠杆左端受到的力；

k——扭力管的横向弹性系数；

L——扭力管的长度。

当液面上升，高于浮筒的下端，上升液位为 H 时，作用在杠杆上的力变为浮筒的重量 W 与浮筒所受浮力之间的差值。随着液位的逐渐升高，扭力矩逐渐减小，扭力管输出扭角也相应减小，当在最高液位时，扭角最小，一般为2°，即：

作用在杠杆的力： $$F_1=W-A(H-X)\rho g \tag{3-11}$$

由于：X 是正比于 H，所以式中：$X=kH$，故式(3-11) 可改写为：

$$F_1=W-AH(1-k)\rho g \tag{3-12}$$

扭力矩： $$M_1=F_1l$$

扭角： $$\theta_1=\frac{32L}{\pi k(d_2^4-d_1^4)}M_1=\frac{32L}{\pi k(d_2^4-d_1^4)}F_1l \tag{3-13}$$

用式(3-13) 减去式(3-10) 得：

$$\theta_1-\theta_0=\frac{32L(F_1-F_0)}{\pi k(d_2^4-d_1^4)}l$$

$$\Delta\theta=\frac{32L\Delta F}{\pi k(d_2^4-d_1^4)}l \tag{3-14}$$

式中，$\Delta\theta$ 为液位从零升高到 H 时扭力管的扭角变化量；ΔF 为液位从零升高到 H 时浮筒所受浮力变化量。

因为：$F_1-F_0=W-AH(1-k)\rho g-W$

所以：$\Delta F=-A(1-k)\rho gH$ 将其代入式(3-14)

可得： $$\Delta\theta=-\frac{32LlA(1-k)\rho g}{\pi k(d_2^4-d_1^4)}H=-K_1H \tag{3-15}$$

式中，K_1 为转换系数，当所测液体介质不变时，即 ρg 不变时

$$K_1=\frac{32LlA(1-k)\rho g}{\pi k(d_2^4-d_1^4)}$$

是一常数。

由此可知，$\Delta\theta$ 与液位 H 成比例关系。式中负号说明，液位变化越高，则扭角越小。

浮筒式液位计的转换器按其传输信号的不同，可分为两类，即气动式和电动式。

(1) 电动浮筒式液位计的转换器

图 3-11(b) 是变换装置的示意图。在扭力管的芯轴上固定一个推板 3，当芯轴转角变化 $\Delta\theta$ 时，芯轴便带动推板 3 推动推杆 4，并使支撑件 5 转动一个与液位 H 相对应的一个角度。而使霍尔片 6 沿着固定弧线移动。由于芯轴在液位变化的全量程范围内输出的角位移量很小，因此可把霍尔片在磁场中的移动视为一直线位移 Δx，即：

$$\Delta x=K_2\Delta\theta \tag{3-16}$$

式中，K_2 为转换系数。

由于霍尔片所处的磁场是一个磁感应强度 B 与位移 x 成比例的线性磁场，其原理如图 3-11(c) 所示，因此霍尔片的输出电势 V_H 与其位移 Δx 呈线性关系，即：

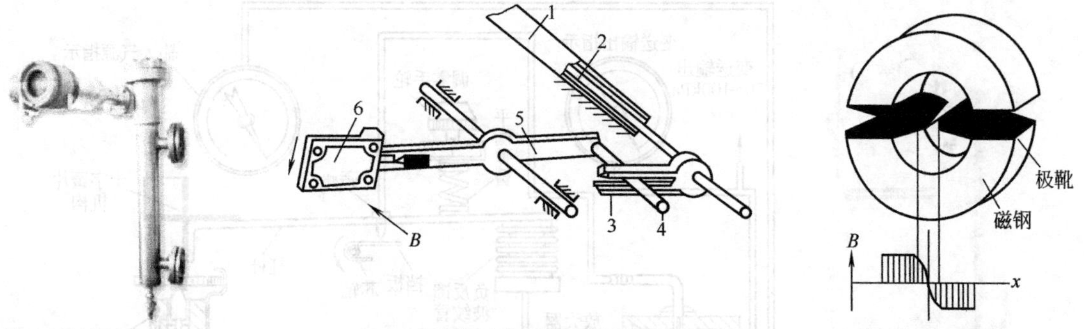

(a) 电动浮筒液位计　　(b) 霍尔变换装置示意图　　(c) 霍尔片磁场示意图

1—扭力管；2—芯轴；3—推板；
4—推杆；5—支撑件；6—霍尔片

图 3-11　电动浮筒液位计

$$V_H = K_3 \Delta x \tag{3-17}$$

式中，K_3 为转换系数。

在仪表量程范围内，位移 Δx 约为 1.5mm，输出电势 V_H 约为 10mV DC。

毫伏-毫安转换器将霍尔输出电势 V_H 转换成 4～20mA 的标准电流信号。以便与其他控制仪表、显示仪表等配套使用，其转换原理如图 3-12 所示。图中放大器包括调制、交流放大、整流和功率放大等部分。霍尔变送器的输出电势与反馈电压 U_B 比较后，将其差值调制成交流信号并经交流放大、整流和功率放大后，输出一标准的 4～20mA 的直流电流信号。

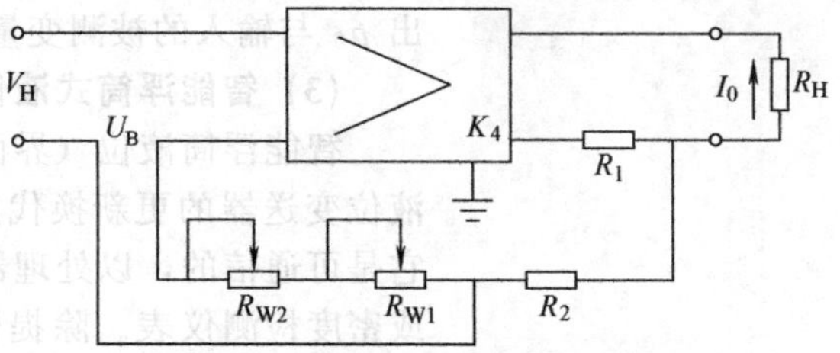

图 3-12　毫伏-毫安转换器原理图

由图 3-12 中可知，放大器的输出和输入的关系为：

$$I_0(R_H + R_1) = K_4(V_H - U_B)$$

$$I_0 = \frac{K_4}{R_H + R_1}(V_H - U_B)$$

式中，K_4 为转换器的开环放大倍数。

式中的反馈电压：

$$U_B = I_0 R_1 \frac{R_{W1} + R_{W2}}{R_2 + R_{W1} + R_{W2}} = K_5 R_0$$

式中，K_5 为反馈系数，$K_5 = R_1 \dfrac{R_{W1} + R_{W2}}{R_2 + R_{W1} + R_{W2}}$。

电路图中的电位器 R_{W1}，R_{W2} 可用来修正介质的密度，改变仪表的量程和调节仪表的满度值。

(2) 气动浮筒式液位计的转换器

气动转换器与电动式的区别在于，扭力管芯轴转角 $\Delta\theta$ 的运动传给挡板以控制喷嘴，并输出气动标准信号。如图 3-13 所示。

气动仪表是自动化仪表中的一个重要类型，特别适用于防爆要求严格的炼油化工等工业部门。能源是压力稳定干净的压缩空气。其传输信号为 20～100kPa，气动仪表的核心部分

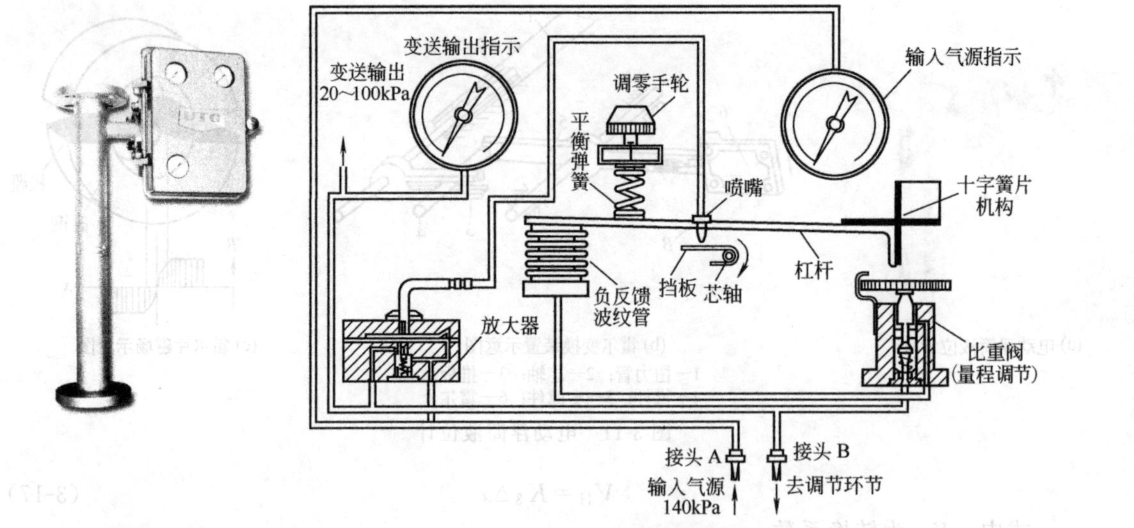

(a) 气动浮筒式液位计　　(b) 转换器原理图

图 3-13　气动浮筒式液位计

为喷嘴挡板机构、气动放大器、杠杆机构。喷嘴挡板机构将检测环节输出的微位移 δ 转换成喷嘴背压 p_B 变化，经气动放大器将较小的 p_B 变化放大为 20～100kPa 的 p_0 输出，同时，p_0 通过负反馈波纹管作用到杠杆机构上，与检测信号在杠杆上达到力矩平衡，使仪表的输出 p_0 与输入的被测变量一一对应。

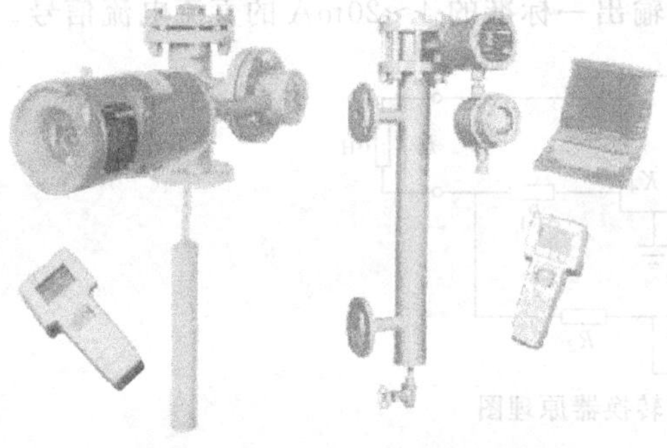
(a) 顶置式　　(b) 侧置式

图 3-14　智能沉筒式液位变送器

(3) 智能浮筒式液位计

智能浮筒液位（界面）变送器是电动浮筒液位变送器的更新换代产品，如图 3-14 所示。它是可通信的，以处理器为基础的液位、界面或密度检测仪表。除提供 4～20mA 电流信号外，还叠加了符合通信协议的数字信号，可很方便地使用手操器，获得来自过程、仪表或传感的信息，可查询、组态、标定或测试智能液位（界面）变送器。利用通信协议，来自现场的信息可下载到控制系统中，按单个回路的信息接收。

★看动画视频　说工作过程

磁浮子液位计　　浮筒液位计

恒浮力式液位计　　浮子杠杆液位计　　浮子钢带液位计

第三节 非接触式物位测量仪表

一、超声波液位计

声波是一种机械波，是机械振动在介质中的传播过程，当振动频率在 10～10000Hz 时可以引起人的听觉，称为闻声波；更低频率的机械波称为次声波；20Hz 以上频率的机械波称为超声波，作为物位检测的，一般应用在 20Hz 以上频率的超声波段内。

1. 检测原理

超声波用于物位检测，主要利用它的以下几个性质。

① 超声波能以各种传播模式(纵波、横波、表面波等) 在气体、液体及固体中传播，也可以在光不能通过的金属、生物中传播，是探测物质内部的有效手段。

② 声波在介质中传播时会被吸收而衰减，气体吸收最强而衰减最大，液体其次，固体吸收最小而衰减最小，因此对于一给定强度的声波，在气体中传播的距离会明显比在液体和固体中传播的距离短。声波在介质中传播时衰减的程度还与声波的频率有关，频率越高，声波的衰减也就越大，因此超声波比其他声波在传播时的衰减更明显。

③ 声波传播时方向性随声波的频率升高而变强，发射的声束也越尖锐，超声波可近似为直线传播，具有很好的方向性。

④ 当声波由一种介质向另一种介质传播时，因为两种介质的密度不同和声波在其中传播的速度也不同，在分界面上声波会产生反射和折射，在声波垂直入射时，如果两种介质的声阻抗相差悬殊，声波几乎全部被反射。如声波从液体或固体传播到气体，或由气体传播到液体或固体时。如图 3-15 所示。

声波式物位检测方法就是利用声波的这种特性，通过测量声波从发射至接收到物位界面所反射的回波的时间间隔来确定物位的高低。图 3-16 是用超声波检测物位的原理图。图中超声波发射器被置于容器底部，当它向液面发射短促的脉冲时，在液面处产生反射，回波被超声接收器接收。若超声发生器和接收器（图中探头）到液面的距离为 H，声波在液体中的传播速度为 u，则有如下简单关系：

$$H=\frac{1}{2}ut \tag{3-18}$$

式中，t 为超声脉冲从发射到接收所经过的时间，当超声波的传播速度 u 为已知时，利用上式便可求得物位的量值。

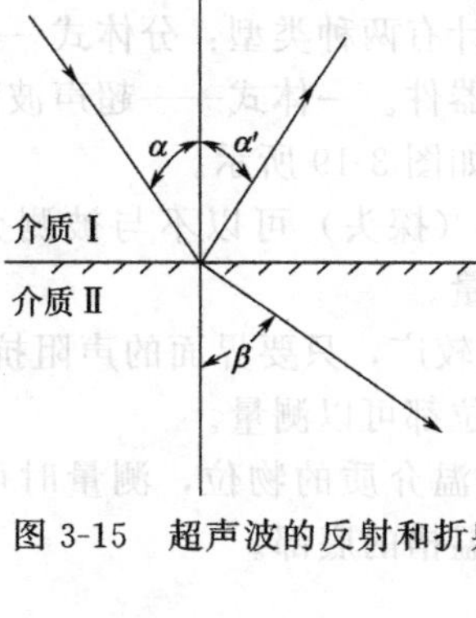

图 3-15　超声波的反射和折射

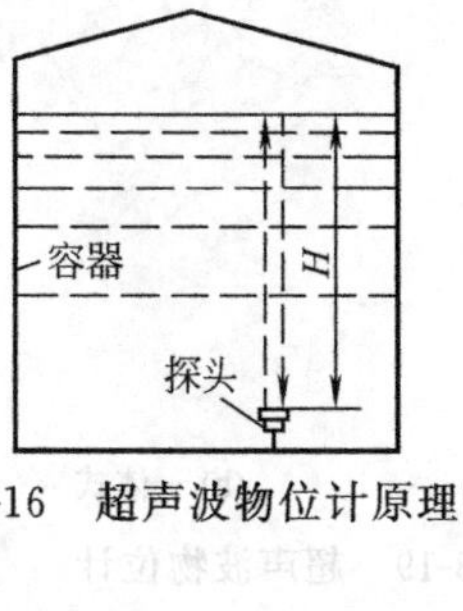

图 3-16　超声波物位计原理图

2. 超声波换能器

超声波换能器又称探头，它是实现超声波的发射和接收的器件，目前应用最广泛的换能器是电-声换能器。常见的是压电晶体换能器，其原理如图 3-17 所示。它是根据“压电效应”和“逆压电效应”原理实现电能-超声能的相互转换。当外力作用于晶体端面时，在其相对的两个面上便产生异性电荷。用导线将两端面上的电极连接起来，就会有电流流过。当外力消失时，被中和的电荷又会立即分开，形成与原来方向相反的电流。若作用于晶体端面上的外力是交变的，这样，一压一松就可以产生交变电场。反之，将交变电压加在晶体端面的电极上，便会沿着晶体厚度方向产生与所加交变电压同频率的机械振动，向附近介质发射声波。

换能器的核心是压电晶体片，根据不同的需要，压电晶体片的振动方式有很多，如薄片的厚度振动，纵片的长度振动，横片的长度振动，圆片的径向振动，圆管的厚度、长度、径向和扭转振动，弯曲振动等。其中以薄片厚度振动用得最多。由于压电晶体本身较脆，并因各种绝缘、密封、防腐蚀、阻抗匹配及防护不良环境要求，压电元件往往装在一壳体之内而构成探头。超声波换能器的探头常用结构如图 3-18 所示。该换能器探头结构，其振动频率在几百千赫以上，采用厚度振动的压电晶体片。

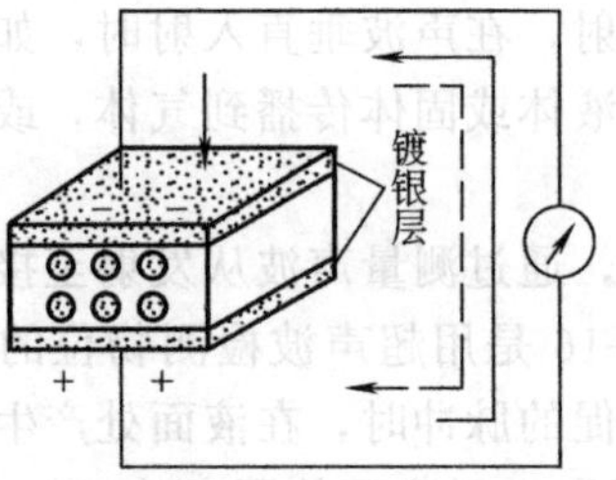

图 3-17 换能器（探头）工作原理示意图

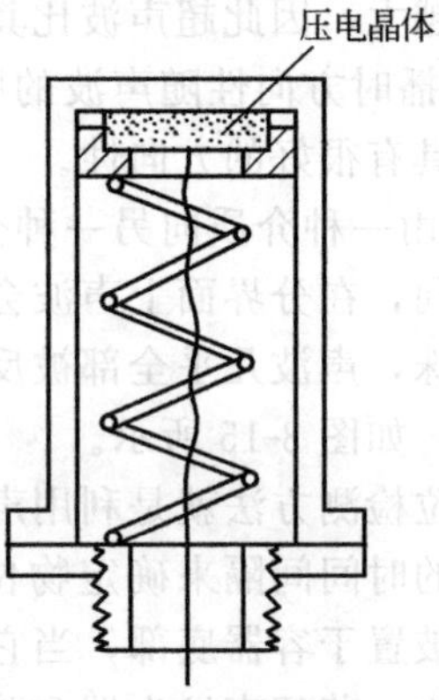

图 3-18 探头结构图

根据检测原理知道，利用声速特性，采用回声测距的方法，测量的准确性关键在于声速 u。由于声波在介质中的传播速度与介质的密度有关，而密度是温度和压力的函数，因此，当温度和压力发生变化时，声速也要发生变化，而且影响比较大，使得距离无法测准。所以在实际测量中，必须对声速进行校正，以保证测量精度。

3. 超声波法测量物位的特点

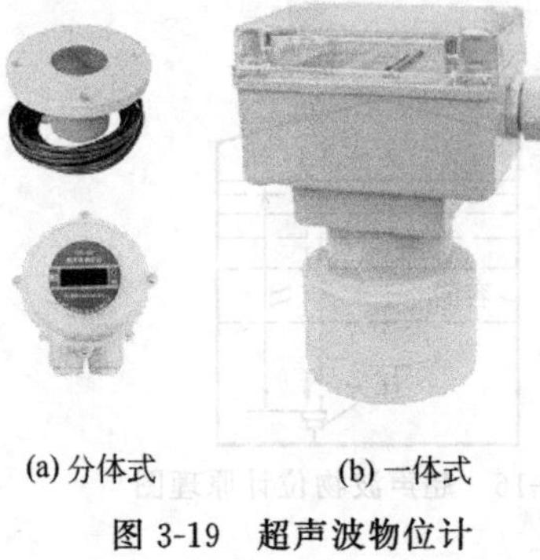
(a) 分体式 (b) 一体式

图 3-19 超声波物位计

超声波物位计有两种类型：分体式——超声波的发射和接收为两个器件。一体式——超声波的发射和接收为同一个器件。如图 3-19 所示。

① 检测元件（探头）可以不与被测介质接触，即可做到非接触测量。

② 可测范围较广，只要界面的声阻抗不同，液体、粉末、块体的物位都可以测量。

③ 可测量低温介质的物位，测量时可将发射器和接收器安装在低温槽的底部。

④ 由于此法构成的仪表没有可动部件，而且探头的压电晶片振幅很小，所以仪表使用寿命长。

⑤ 缺点是探头本身不能承受高温，声速受介质的温度、压力影响，有些介质对声波吸收能力很强，此法受到一定的限制。另外电路复杂，造价较高。

二、雷达物位计

物位是工业生产过程中重要的测量参数之一，非接触式测量方法是近些年测量物位的主要方法。较成熟的非接触测量技术有超声波技术和核辐射技术，核辐射物位计因有放射源，应用需特别批准，故只用于其他方法不能解决的场合，应用受到限制。超声波技术近年来发展较快，价格也有所降低，是目前应用最广泛的非接触式测量方法，但超声波必须借助媒质传播，在物位测量中通常以空气作传播媒质，而气相媒质的温度、湿度、组分等的变化都会影响超声波传播速度，故测量时需要进行补偿。

1998 年，在过程检测领域出现了高性能、低价格的微波物位计（雷达物位计）。微波的传播则不受上述因素影响，特别是在化工、石化等过程工业领域，由于被测物位介质普遍存在高温、高压、腐蚀、挥发、冷凝等复杂工况，而且有防爆要求，故比起超声波物位计，它更有优势。近年来超高频半导体器件技术的发展，低价、高性能的微波物位计（雷达物位计）的推出，使其能以较低的价格用于过程检测。

对于大型储罐中，存储易凝结、悬浊液、黏稠及具有腐蚀性的液体的液位测量时，适于采用雷达液位计。它的特点是：无位移、无传动部件、非接触式测量，不受温度、压力、蒸汽、气雾和粉尘的限制；同时雷达液位计没有测量盲区，液位测量误差仅为 0.1～1.0mm，分辨率达 1～20mm。既可用于工业测量，也可用于计量。图 3-20 所示为雷达液位计。

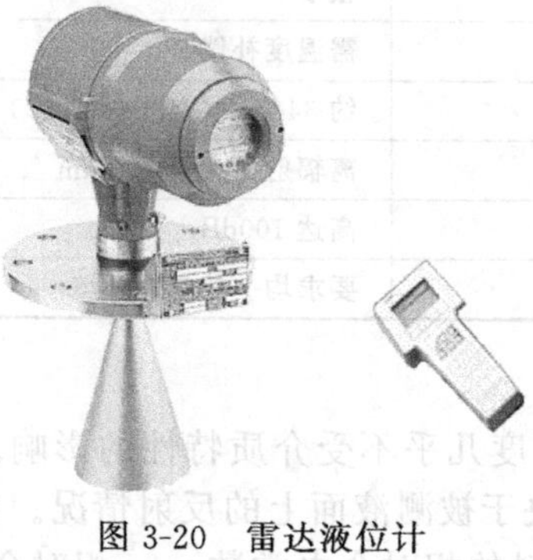

图 3-20 雷达液位计

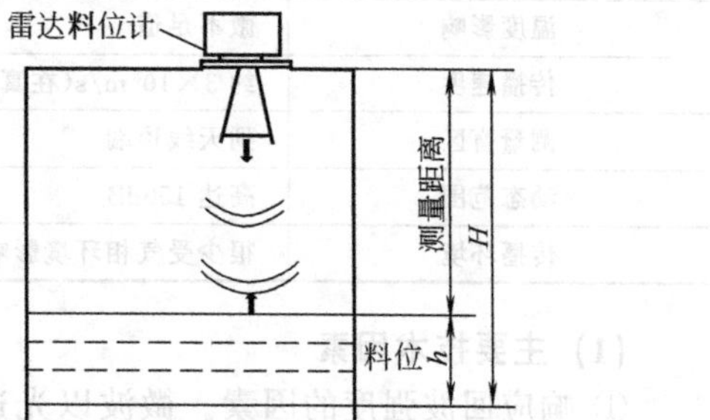

图 3-21 雷达液位计工作的基本原理

1. 测量原理

各种物体发射的自然辐射的频率遍布整个电磁波谱。通常将波长在 0.001～1m、频率从 300MHz～3000GHz 范围内的电磁波称为微波。微波既具有电磁波的特性，又与普通的无线电波及光波不同。其特点如下。

① 定向传播。利用这一特点，通过方向性较强的天线，可将微波定向传输到空间。

② 准光学特性。具有与光波近似的特性，即从一种媒介进入到另一种媒介时，将产生折射与反射。介质导电性越好或介电常数越大，回波信号的反射效果越好。遇到金属平面时，将发生全反射，其绕射能力差。

③ 传输特性好。传播速度相当于光速，可以穿透空间云层、雾和小雨，受粉尘、烟雾、强光等干扰源的影响小。对环境遥感和军事应用十分有利。

④ 介质对微波的吸收与介电常数成正比例，水对微波的吸收作用最强。

雷达液位计采用高频振荡器作为微波发生器，发生器产生的微波用波导管引到辐射天线，并向下射出。当微波遇到障碍物，例如液面时，部分被吸收，部分被反射回来。通过测量发射波与液位反射波之间某种参数关系来实现大型储罐中液位的测量。频率越高，发射角越小，单位面积上能量（磁通量或场强）越大，波的衰减越小，雷达料位计的测量效果越好。

雷达式料位计主要由发射和接收装置、信号处理器、天线、操作面板、显示、故障报警等几部分组成。发射—反射—接收是雷达式料位计工作的基本原理。如图 3-21 所示。

雷达传感器的天线以波束的形式发射最小 5.8GHz 的雷达信号。反射回来的信号仍由天线接收，雷达脉冲信号从发射到接收的运行时间与传感器到介质表面的距离以及物位成比例，即

$$h = H - ut/2 \tag{3-19}$$

式中 h——料位；

H——槽高；

u——微波速度；

t——雷达波发射到接收的间隔时间。

2. 应用特点

微波和超声波都是采取向被测目标发射波并接收目标反射波来计算距离、测量物位的，因此都需要一个波发生器及一个波接收器，具体的差别如表 3-1 所示。

表 3-1 微波和超声波的差别

项目	微　波	超　声　波
波类型	电磁波	机械波
反射特性	在不同介电常数的界面上反射	在不同声阻抗率介质的界面上反射
压力影响	微不足道	很小
温度影响	微不足道	需温度补偿
传播速度	约 3×10^8m/s(在真空中)	约 344m/s(空气中,20℃)
测量盲区	到天线顶端	离辐射面大于 250mm
动态范围	高达 150dB	高达 100dB
传播环境	很少受气相环境影响	要求均一的气体环境

(1) 主要技术因素

① 响应回波强度的因素。微波以光速传播，速度几乎不受介质特性的影响。传播衰减也很小，约 0.2dB/km。回波信号强弱很大程度取决于被测液面上的反射情况。在被测液面上的反射率除了面积及形状因素外，主要取决于物料的相对介电常数 ε_r。相对介电常数高，反射率也高，得到的回波强度高。对于普及型的雷达液位计，通常要求被测物料介电常数 $\varepsilon_r>4$，对于更低介电常数的物料，要求增设波导管来增强回波信号，或选用较复杂的雷达，通常的测量下限是 $\varepsilon_r>20$。

② 数据和信息的传送。对于高精度雷达，通常提供 R5-232/485 通信接口和计算机直接通信。对于目前大量使用的普及型雷达，则提供传统的 4～20mA DC 模拟信号来代表物位、距离或体积。一般还在其上叠加 HART 数字信号，或提供各种协议的现场总线数字通信。

③ 对人体健康的影响。微波辐射会引起人和动物的损伤，这是众所周知的。一般对外泄漏的微波的功率密度通常限制在 1～10mW/cm²，不会对人体健康造成损伤，而物位测量中雷达系统功率密度约为 0.125mW/cm²，低于临界限制值，所以雷达物位计不会有这方面的问题。

(2) 主要优势性能

由于雷达液位计采用了先进的回波处理和数据处理技术，加上雷达波本身频率高、穿透性

能好的特点，所以，雷达液位计具有比接触式液位计和同类非接触液位计更加优良的性能。

① 可在恶劣条件下连续准确地测量。

② 操作简单，调试方便。

③ 准确安全且节省能源。

④ 无需维修且可靠性强。

⑤ 几乎可以测量所有介质。

3. 安装应注意的问题

① 当测量液态物料时，传感器的轴线和介质表面保持垂直；当测量固态物料时，由于固体介质会有一个堆角，传感器要倾斜一定的角度。

② 尽量避免在发射角内有造成假反射的装置。特别要避免在距离天线最近的 1/3 锥形发射区内有障碍装置（因为障碍装置越近，虚假反射信号越强）。若实在避免不了，建议用一个折射板将过强的虚假反射信号折射走。这样可以减小假回波的能量密度，使传感器较容易地将虚假信号滤出。

③ 要避开进料口，以免产生虚假反射。

④ 传感器不要安装在拱形罐的中心处（否则传感器收到的虚假回波会增强），也不能距离罐壁很近安装，最佳安装位置在容器半径的 1/2 处。

⑤ 要避免安装在有很强涡流的地方。如由于搅拌或很强的化学反应等，建议采用导波管或旁通管测量。

⑥ 若传感器安装在接管上，天线必须从接管伸出来。喇叭口天线伸出接管至少 10mm。棒式天线接管长度最大 100mm 或 250mm。接管直径最小 250mm。可以采取加大接管直径的方法，以减少由于接管产生的干扰回波。

⑦ 关于导波管天线：导波管内壁一定要光滑，下面开口的导波管必须达到需要的最低液位，这样才能在管道中进行测量。传感器的类型牌要对准导波管开孔的轴线。若被测介电常数小于 4，需在导波管末端安装反射板，或将导波管末端弯成一个弯度，将容器底的反射回波折射走。

★看动画视频　说工作过程

雷达物位计

超声波测量液位原理

空气传导型超声波发生，接收器的结构

第四节　物位检测系统的仪表应用

一、物位仪表的选用

物位仪表的选择应在深入了解工艺条件、被测介质的性质、测量控制系统要求的前提下，根据物位仪表自身的特性进行合理的选配。

根据仪表的应用范围，液面和界面测量应优选差压式仪表、浮筒式仪表和浮子式仪表。当不满足要求时，可选用电容式、辐射式等仪表。

仪表的结构形式和材质，应根据被测介质的特性来选择。主要考虑的因素为压力、温度、腐蚀性、导电性；是否存在聚合、黏稠、沉淀、结晶、结膜、气化、起泡等现象；密度和黏度变化；液体中含悬浮物的多少；液面扰动的程度以及固体物料的粒度。

仪表的显示方式和功能，应根据工艺操作及系统组成的要求确定。当要求信号传输时，可选择具有模拟信号输出功能或数字信号输出功能的仪表。

仪表量程应根据工艺对象的实际需要显示的范围或实际变化范围确定。除供容积计量用的物位仪表外，一般应使正常物位处于仪表量程的50%左右。

仪表计量单位如为m和mm时，显示方式为直读物位高度值的方式。如计量单位为%时，显示方式为0～100%线性相对满量程高度形式。

仪表精度应根据工艺要求选择，但供容积计量用的物位仪表，其精度等级应在0.5级以上。

物位仪表选型可参见表3-2。

表3-2 物位仪表的性能比较表

检测方式及名称		直读式		浮力式			差压式				电学式		
		玻璃管式液位计	玻璃板式液位计	浮子式液位计	浮球式液位计	浮筒式液位计	压力液位计	吹气式液位计	差压式液位计	油罐称重仪	电阻式物位计	电容式物位计	电感式物位计
检测元件	测量范围/m	<1.5	<3	20		2.5			20			2.5～30	
	测量精度				±1.5%	±1%			±1%	±0.1%	±10mm	±2%	
	可动部分	无	无	有	有	有	无	无	无	有	无	无	无
	与介质接触与否	接	接	接	接	接	接,不	接	接	接	接	接	接,不
输出方式	连续测量或定点控制	连续	连续	连续	连续定点	连续	连续	连续	连续	连续	定点	连续定点	定点
	操作条件	就地目视	就地目视	远传计数	报警	指示报警调节	远传显示调节		远传指示记录调节	远传数字显示	报警调节	指示	报警调节
被测对象	所测物位(液位、料面、界面)	液	液	液	液界	液界	液料	液	液界	液	液料	液料界	液
	工作压力/kPa	<1600	<4000	常压	1600	32000	常压	常压				32000	<6400
	介质工作温度/℃	100～150	100～150		<150	<200			−20～200			−200～200	
	防爆要求(本质安全,隔爆,不接触介质)	本质安全	本质安全	可隔爆	本质安全,隔爆	有隔爆	可隔爆	本质安全	气动防爆	可隔爆			
	对黏性介质(结晶悬浮物)						法兰式可用		法兰式可用	钟盖引压可用			
	对多泡沫沸腾介质测量				适用	适用	适用	适用	适用	适用			

续表

检测方式及名称		声学式				核辐射式			其他形式					
		气介式超声波物位计	液介式超声波液位计	固介式超声波物位计	超声波物位信号器	核辐射物位计	核辐射物位计信号器	中子物位计	射流物位计	激光物位计	微波物位计	振动式物位计	重锤式料位测重仪	旋转翼板物位信号器
检测元件	测量范围/m	30	10			15							30	
	测量精度	±3%	±5 mm		±2 mm	±2%	±2.5 mm							±2.5 mm
	可动部分	无	无	无	无	无	无		无	无	无	有	有	有
	与介质接触与否	不	接,不	接	不	不	不	不	接	不	不	接	接	接
输出方式	连续测量或定点控制	连续	连续	连续	定点	连续	定点		定点	定点	定点	定点	连续	定点
	操作条件	数字显示	数字显示			要防护远传指示	要防护远传调节	要防护	调节报警	调节报警				
被测对象	所测物位(液位、料面、界面)	液料	液界	液	液料	液料	液料		液	液料	液料	液料	液界	料
	工作压力/kPa									常压		常压	常压	常压
	介质工作温度/℃	200		高温			1000			不接触1500				
	防爆要求(本质安全,隔爆,不接触介质)					不接触介质	不接触介质		本质安全	不接触介质				
	对黏性介质(结晶悬浮物)	适用	适用	适用	适用	适用	适用	适用	适用	适用				
	对多泡沫沸腾介质测量			适用	适用	适用	适用							

二、油罐的液位测量

在石油、化工企业，有许多大型油罐，由于高度和直径都很大，即使液位变化很小，如1～2mm，其质量也会改变几百公斤甚至几吨，油罐液位的测量不同于生产过程中的一般液位测量，因为它是油品储运管理和计算储量的重要依据，所以测量精度要求很高，一般的液位测量仪表很难满足要求。

另外，油类产品的密度会随着温度的变化发生较大的变化，而大型储油罐由于体积很大，各处温度呈不均匀分布，即使液位测得很准确，也反映不出储油罐中真实的质量储量。而利用称重式油罐计量仪或静压式油罐测量系统就能解决上述问题。

1. 称重式油罐计量仪

称重式油罐计量仪是利用压差来进行液位测量。其工作原理如图 3-22(a) 所示。储罐底部压力 p_2 与储罐顶部压力 p_1 分别引至位于杠杆同一位置，且有效面积相等的上、下两个波纹管中，由压差产生的作用力作用在杠杆系统上，使杠杆失去平衡，发生偏转，从而改变了杠杆与发讯器检测线圈间的距离。发讯器发出信号，经控制器接通电机线路，使可逆电机旋转，可逆电机通过丝杠带动砝码移动。当压差的作用力矩与砝码的反作用力矩相等时，杠杆系统达到平衡，电机停止转动。

由于砝码移动距离与丝杠转动圈数成正比，丝杠转动时，经减速带动编码盘转动，编码

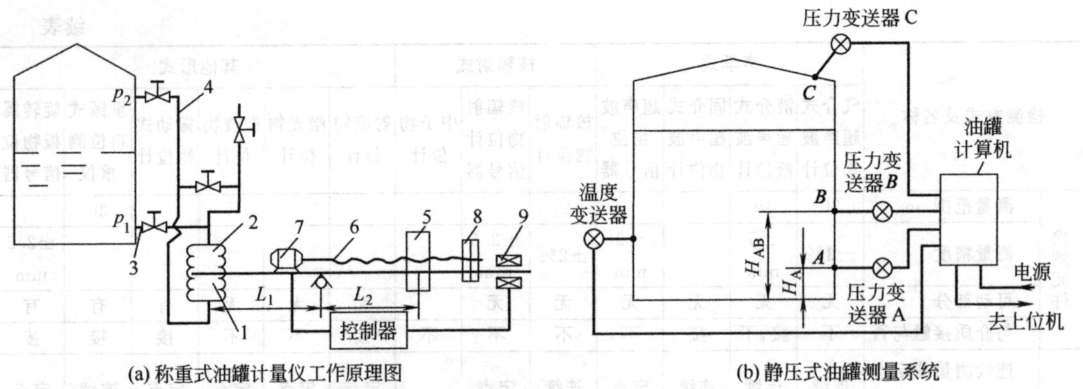

(a) 称重式油罐计量仪工作原理图

1—下波纹管；2—上波纹管；3—液相引压管；4—气相引压管；
5—砝码；6—丝杠；7—可逆电机；8—编码盘；9—发讯器

(b) 静压式油罐测量系统

图 3-22 大型油罐计量

盘发出编码讯号至显示仪表，经译码和逻辑运算后可用数字显示出来。由于称重式油罐计量仪按自动平衡原理工作，所以精度和灵敏度较高。

2. 静压式油罐液位计

静压式油罐液位计是专门为测量油罐液位而设计的一个系统，由 2 台或 3 台高精度压力变送器、1～3 台温度变送器，配以计算机系统组成。压力变送器的精度可达±0.02%。静压式油罐液位测量系统除了能测出油罐液位外，还可以测出油品密度和油品储量。测量精度约为±0.1%。

图 3-22(b) 是静压式油罐测量系统组成图。图中只画了一个油罐的测量，整个系统可连接 1～30 个这样的油罐。图中压力变送器 A 和 B 用于测量介质的密度，压力变送器 A 和 C 用于测量介质的液位和储量。整个油罐内的温度上下温度不同，则介质的密度也会不同，所以需引入温度这个参数，以供计算机进行补偿运算。图中只画了一台温度变送器，实际上可有多个测温点。

根据下列关系式，计算机可以输出罐内油品的质量 M、密度 ρ、体积 V 和液位 L。

$$M=\frac{p_A-p_C}{g}A(\text{kg}) \tag{3-20}$$

$$\rho=(p_A-p_B)/H_{AB}g \quad (\text{kg/m}^3) \tag{3-21}$$

$$V=M/\rho(\text{m}^3) \tag{3-22}$$

$$L=(p_A-p_C)/\rho g+H_A \quad (\text{m}) \tag{3-23}$$

式中 p_A，p_B，p_C——分别为 A 点、B 点和 C 点的压力，Pa；

H_A——罐底到 A 点的距离，m；

H_{AB}——AB 两点的距离，m；

A——油罐截面积，m^2；

g——重力加速度，m/s^2。

★看动画视频 说工作过程

电容式油量表原理

第五节 技术拓展——光电检测技术

光电式检测具有非接触、响应快、性能可靠等特点，因此在工业自动化装置中获得广泛应用。它可用于检测直接引起光量变化的非电量，如光强、光照度、辐射测温、气体成分分析等；也可用来检测能转换成光量变化的其他非电量，以及物体的形状、工作状态的识别、计数等。

光电式检测的基本工作类型如图 3-23 所示。仪表的基本组成环节包括光学系统、检测环节、信号处理电路等。其中光学系统由光源、光处理环节、光电器件组成。

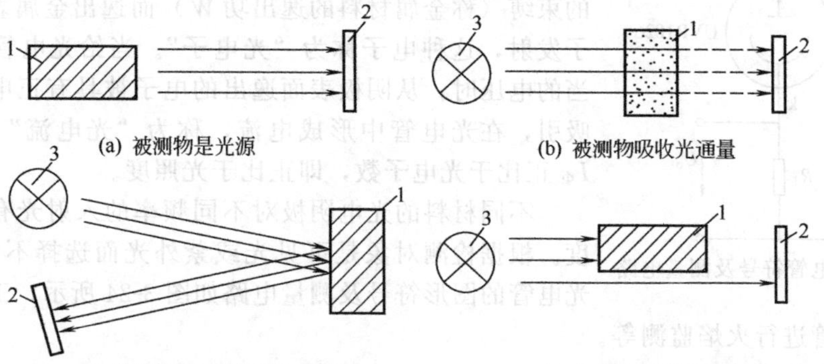

图 3-23 光电式检测仪表的几种工作形式

1—被测物；2—光电元件；3—恒光源

光电式检测仪表是以光电器件作为转换元件的检测仪表。它的理论基础是光电效应。用光照射某一物体，可以看作物体受到一连串能量为 hf（h 为普朗克常数，f 为入射光的频率）的光子的轰击，组成该物体的材料吸收光子能量而发生相应电效应的物理现象称为光电效应。

在光线的作用下能使电子逸出物体表面的现象称为外光电效应，基于外光电效应的光电元件有光电管、光电倍增管、光电摄像管等。在光线的作用下，物体产生一定方向电动势的现象称为光生伏特效应，基于光生伏特效应的光电元件有光电池等。在光线的作用下能使物体的电阻率改变的现象称为内光电效应，基于内光电效应的光电元件有光敏电阻、光敏二极管、光敏三极管及光敏晶闸管等。

一、光源

除了本身能发光的被测物体外，光电检测仪表用的光源的种类很多，按照光的相干性可以分为两大类：相干光源和非相干光源。激光器为相干光源，白炽光源和发光二极管为非相干光源。

① 白炽光源。白炽光源通常为钨丝灯泡，辐射光是从通有电流的钨丝发出来的。白炽灯光源的优点是价廉、容易获得、使用方便，可用作某些传感器的光源。但因其辐射密度小，故只能与光纤束和粗芯阶跃光纤配合使用。其缺点是稳定性较差、寿命短（通常只有几百小时）。

② 发光二极管。发光二极管是一种冷光源，是固态 PN 结器件，加正向电流时发光。它是直接把电能转换成光能的器件，没有热转换的过程，其发光机制是电致发光，辐射波长在可见光或红外光区。由于其发光面积很小，故可视为点光源。

③ 激光光源。除具有普通光源的特性外，激光具有高方向性、高亮度、高单色性、高相干性的特点。

二、光电器件

1. 光电管及光电倍增管

（1）光电管

将金属阳极 A 和阴极 K 封装在一个石英玻璃壳体内，就构成了光电管。当入射光 Φ 照射在阳极板上时，光子的能量传递给阴极表面的电子，当电子获得的能量 hf 足够大时，电子就可以克服金属表面对它的束缚（称金属材料的逸出功 W）而逸出金属表面，形成电子发射，这种电子称为“光电子”。当给光电管阳极加上适当的电压时，从阴极表面逸出的电子被具有正电压的阳极所吸引，在光电管中形成电流，称为“光电流”I_Φ。光电流 I_Φ 正比于光电子数，即正比于光照度。

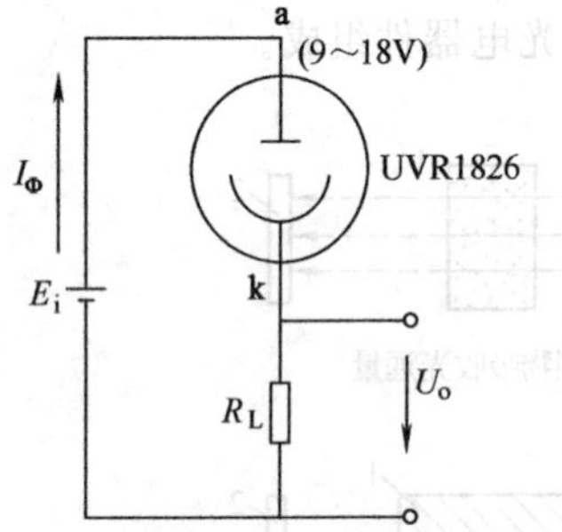

图 3-24　光电管符号及测量电路

不同材料的光电阴极对不同频率的入射光有不同的灵敏度。根据检测对象是可见光或紫外光而选择不同的光电管。光电管的图形符号及测量电路如图 3-24 所示。工业检测中多用紫外光电管进行火焰监测等。

（2）光电倍增管

为了提高光电管的灵敏度，在光电管的阴极与阳极之间（光电子飞越的路程上）安装若干个倍增极 D_1、D_2、D_3…，就成了光电倍增管，如图 3-25 所示。倍增极就是二次电子发射体。一般安装的个数可达 11～14 个。所以光电倍增管是光电阴极和二次发射体的组合体。

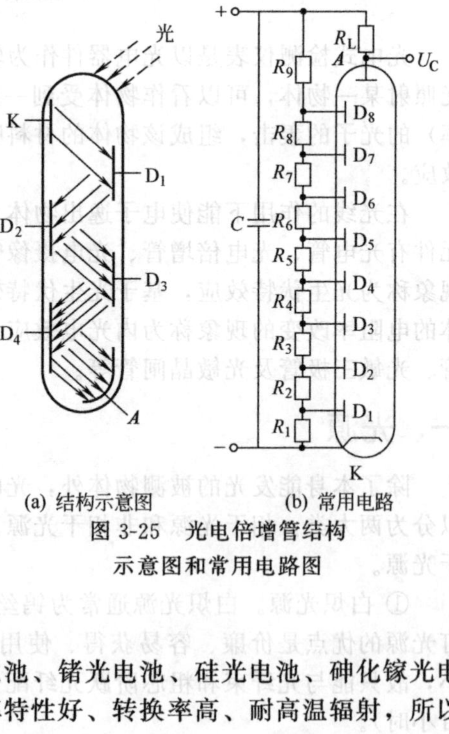

(a) 结构示意图　(b) 常用电路

图 3-25　光电倍增管结构示意图和常用电路图

2. 半导体光敏元件

（1）光电池

光电池是一种直接将光能转换为电能的光电器件。光电池在有光线作用下实质就是电源，电路中有了这种器件就不需要外加电源。

光电池的工作原理是基于“光生伏特效应”。它实质上是一个大面积的 PN 结，通常以 N 型衬底上制造一薄层 P 型层作为光照敏感面。光照射到 PN 结的 P 型面，若光子能量大于半导体材料的禁带宽度，那么 P 型区每吸收一个光子就产生一对自由电子和空穴，电子空穴对从表面向内迅速扩散，在结电场的作用下，最后建立一个与光照强度有关的电动势。图 3-26 为工作原理图。

光电池的种类很多，有硒光电池、氧化亚铜光电池、锗光电池、硅光电池、砷化镓光电池。其中硅光电池由于性能稳定、光谱范围宽、频率特性好、转换率高、耐高温辐射，所以常用于太阳能转换，即称为太阳能电池。

（2）光敏电阻

光敏电阻是用半导体材料制成的没有极性的电阻器件。它是根据内光电效应进行工作

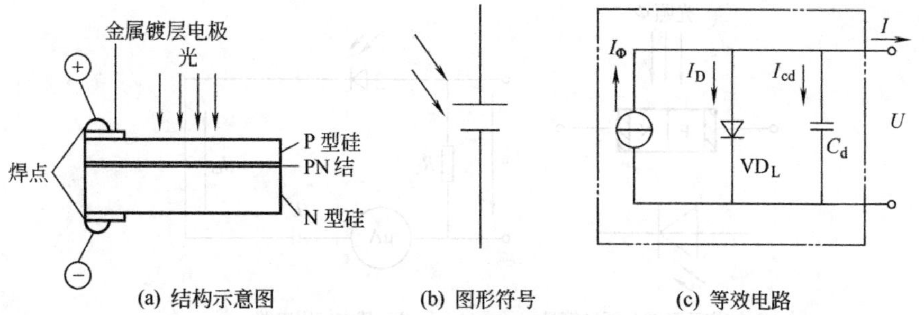

(a) 结构示意图　(b) 图形符号　(c) 等效电路

图 3-26　硅光电池

的，结构也很简单，由于内光电效应只限于光照的物体表面薄层，因此把掺杂的半导体薄膜（光导体）沉积在绝缘基底上，再从两端引出两个电极就成了光敏电阻。为了获得较高的灵敏度，电极一般采用梳状图案，如图 3-27(a) 所示。一般的光导材料怕潮湿，因而光敏电阻的芯常用带有透光窗的金属壳密封起来，如图 3-27(b) 所示。为了改善散热条件，有的还充有氢气。

光敏电阻上可以加直流电压，也可加交流电压。例如将它接在图 3-28 电路中，当无光照射时，半导体原子中的价电子处于稳定（束缚）状态。当有适当波长范围内的光线照射时，原子中的价电子吸收光子能量 hf 后，被激发出来成为自由电子，同时在原来的位置上产生空穴，它们都能参加导电，这样就增加了半导体的电导率，因而半导体的阻值变小，电路中电流也就增加，根据电流表测出的电流值的变化，即可推算出照射光强的大小。

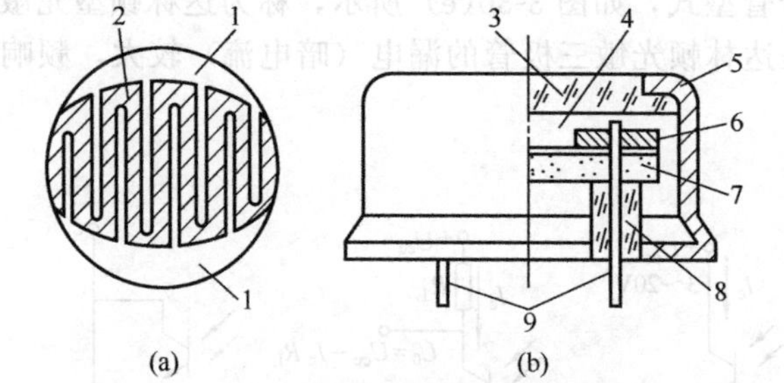

图 3-27　光敏电阻电极图案和结构

1—梳状电极；2—光导体；3—玻璃窗；4—光导薄层；5—金属外壳；6—电极；7—绝缘衬底；8—黑色绝缘玻璃；9—引线

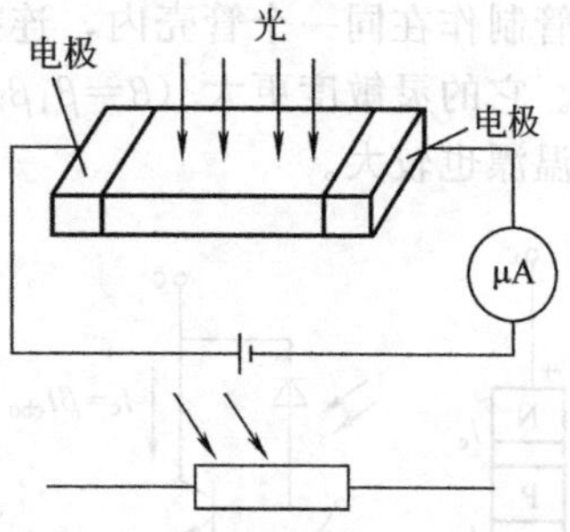

图 3-28　光敏电阻工作示意图

(3) 光敏二极管（光电二极管）

光敏二极管的材料和结构与普通半导体二极管类似，它的管芯是一个具有光敏特性的 PN 结，封装在透明玻璃壳内。PN 结装在管顶部，再上面有一个透镜制成的窗口，以便使入射光集中在 PN 结的敏感面上。

普通的半导体二极管加反向电压时，其中的电流称反向饱和漏电流。它是由少数载流子的漂移运动形成的。将光敏二极管也加反向电压，如图 3-29(b) 所示，当无光照射时，与普通二极管一样，电路中也仅有很小的反向饱和漏电流，一般为 10^{-8}～10^{-9} A，称暗电流，此时相当于光敏二极管截止；当有光照射时，PN 结附近受光子的轰击，半导体内被束缚的价电子吸收光子能被激发产生电子和空穴对。这些载流子的数目对多数载流子影响不大，但对 P 区和 N 区的少数载流子来说就很可观了，使少数载流子浓度大大地提高，在反向电压作用下，反向饱和漏电流大大增加，形成光电流，这时相当于光敏二极管导通。这表明 PN

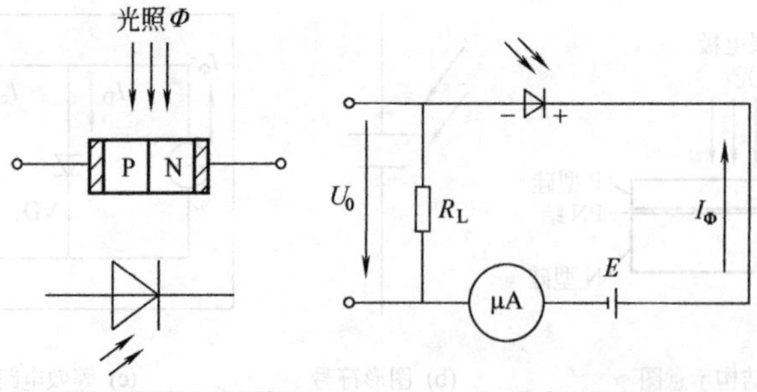

(a) 结构示意图及图形符号　(b) 基本应用电路

图 3-29　光敏二极管

结的特性具有光电转换功能，故光敏二极管又称光电二极管。

(4) 光敏三极管

光敏三极管有两个PN结，从而可以获得电流增益。它的结构、等效电路、图形符号及应用电路分别如图 3-30(a)、图 3-30(b)、图 3-30(c)、图 3-30(d) 所示。光线通过透明窗口落在集电结上，当电路按图 3-30(d) 连接时，集电结反偏，发射结正偏。与光敏二极管相似，入射光在集电结附近产生电子-空穴对，电子受集电结电场的吸引流向集电区，基区中留下的空穴构成“纯正电荷”，使基区电压升高，致使电子从发射区流向基区，由于基区很薄，所以只有一小部分从发射区来的电子与基区的空穴结合，而大部分的电子穿越基区流向集电区，这一段过程与普通三极管的放大作用相似。集电极电流 I_C 是原始光电流的 β 倍，因此光敏三极管比光敏二极管灵敏度高许多倍。有时生产厂家还将光敏三极管与另一只普通三极管制作在同一个管壳内，连接成复合管型式，如图 3-30(e) 所示，称为达林顿型光敏三极管。它的灵敏度更大（$\beta=\beta_1\beta_2$）。但是达林顿光敏三极管的漏电（暗电流）较大，频响较差，温漂也较大。

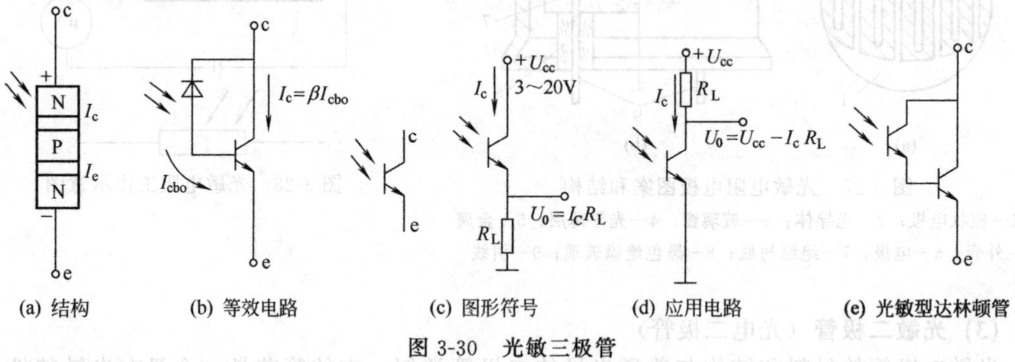

(a) 结构　(b) 等效电路　(c) 图形符号　(d) 应用电路　(e) 光敏型达林顿管

图 3-30　光敏三极管

3. 光电耦合器

将发光器件与光敏元件集成在一起便可构成光电耦合器件，如图 3-31 为其结构示意图。图 3-31(a) 为窄缝透射式，可用于片状遮挡物体的位置检测，或码盘、转速测量中；图 3-31(b) 为反射式，可用于反光体的位置检测，对被测物不限制厚度；图 3-31(c) 为全封闭式，用于电路的隔离。除第三种封装形式为不受环境光干扰的电子器件外，第一、二种本身就可作为传感器使用。若必须严格防止环境光干扰，透射式和反射式都可选红外波段的发光元件和光敏元件。

一般来说，目前常用的光耦合器里的发光元件多半是发光二极管，而光敏元件多为光敏二极管和光敏三极管，少数采用光敏达林顿管或光敏晶闸管。封装形式除双列直插式外，还

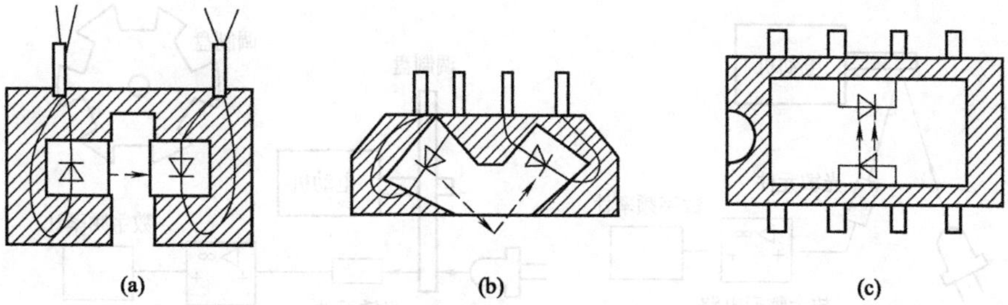

图 3-31 光耦合器典型结构

有金属壳体封装及大尺寸的块状器件。

三、技术应用

1. 火焰探测报警器

图 3-32 是采用硫化铅光敏电阻为探测元件的火焰探测器电路图。硫化铅光敏电阻的暗电阻为 1MΩ，亮电阻为 0.2MΩ（光照度 0.01W/m^2 下测试），峰值响应波长为 2.2μm。硫化铅光敏电阻处于 VT_1 管组成的恒压偏置电路，其偏置电压约为 6V，电流约为 6μA。VT_2 管集电极电阻两端并联 68μF 的电容，可以抑制 100Hz 以上的高频，使其成为只有几十赫兹的窄带放大器。VT_2、VT_3 构成二级负反馈互补放大器，火焰的闪动信号经二级放大后送给中心控制站进行报警处理。采用恒压偏置电路是为了在更换光敏电阻或长时间使用后，器件阻值的变化不至于影响输出信号的幅度，保证火焰报警器能长期稳定地工作。

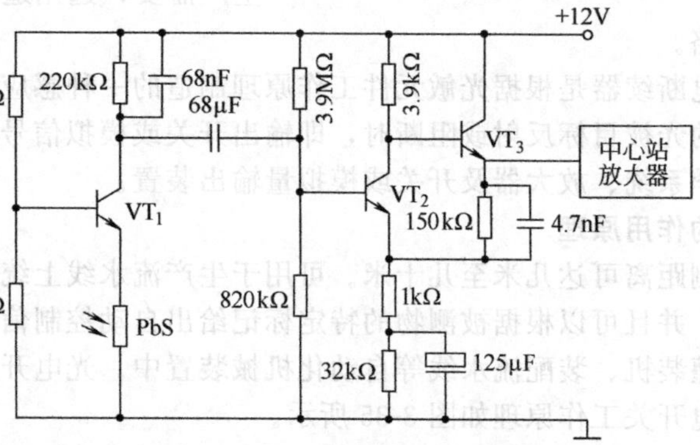

图 3-32 火焰探测报警器电路图

2. 光电式数字转速表

如图 3-33(a) 所示，在电动机的转轴上涂上黑白相间的两色条纹，当电动机轴转动时，反光与不反光交替出现，所以光敏元件间断的接收光的反射信号，输出电脉冲。再经过放大整形电路，输出整齐的方波信号，由数字频率计测出电动机的转速。图 3-33(b) 是在电动机轴上固定一个调制盘，当电动机转轴转动时将发光二极管发出的恒定光调制成随时间变化的调制光。同样经光敏元件接收，放大整形电路整形，输出整齐的脉冲信号，转速可由该脉冲信号的频率来测定。

每分钟的转速 n 与频率 f 的关系为 $n=\dfrac{60f}{N}$

式中，N 为孔数或黑白条纹数目。

光电脉冲放大整形电路如图 3-34 所示。当有光照时，光敏二极管产生光电流，使 RP_2

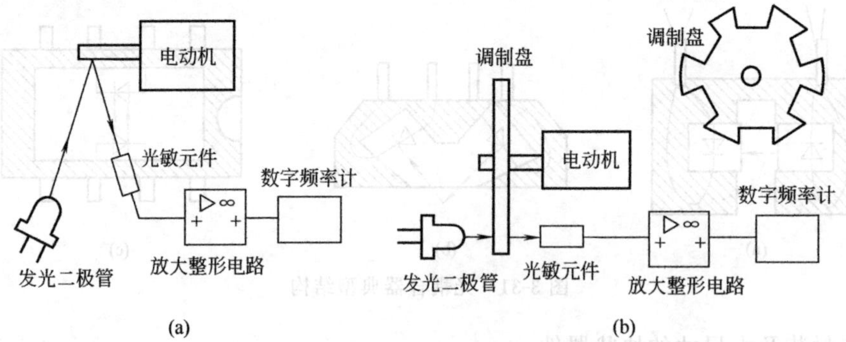

图 3-33 光电式数字转速表工作原理图

上压降增大到晶体管 VT_1 导通，作用到由 VT_2 和 VT_3 组成的射极耦合触发器，使其输出 U_0 为高电位。反之，U_0 为低电位。该脉冲信号 U_0 可送到频率计进行测量。

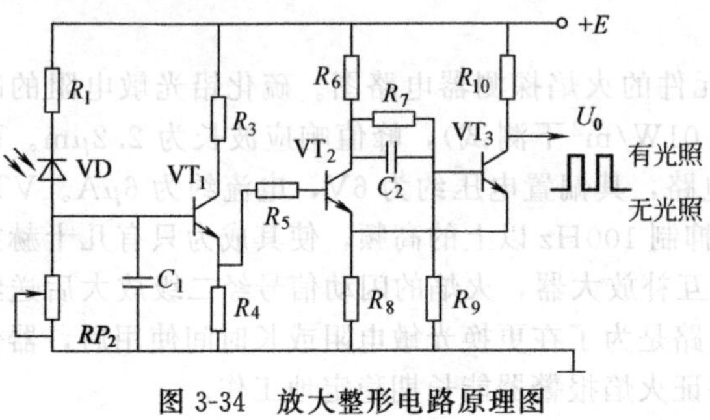

图 3-34 放大整形电路原理图

3. 光电开关与光电断续器

光电开关与光电断续器都是用来检测物体的靠近、通过等状态的光电传感器。近年来，随着生产自动化、机电一体化的发展，光电开关及光电断续器已发展成系列产品，其品种及规格日增，用户可根据生产需要，选用适当规格的产品，而不必自行设计光路和电路。

光电开关与光电断续器是根据光敏元件工作原理制造的一种感应其接收光强度变化的电子器件。当它发出的光被目标反射或阻断时，即输出开关或模拟信号。它包含调制光源、光敏元件等组成的光学系统、放大器及开关或模拟量输出装置。

(1) 光电开关的作用原理

光电开关的检测距离可达几米至几十米。可用于生产流水线上统计产量、检测装配件到位与否及装配质量，并且可以根据被测物的特定标记给出自动控制信号。它已广泛地应用于自动包装机、自动灌装机、装配流水线等自动化机械装置中。光电开关还广泛应用于红外线防盗网的建立。光电开关工作原理如图 3-35 所示。

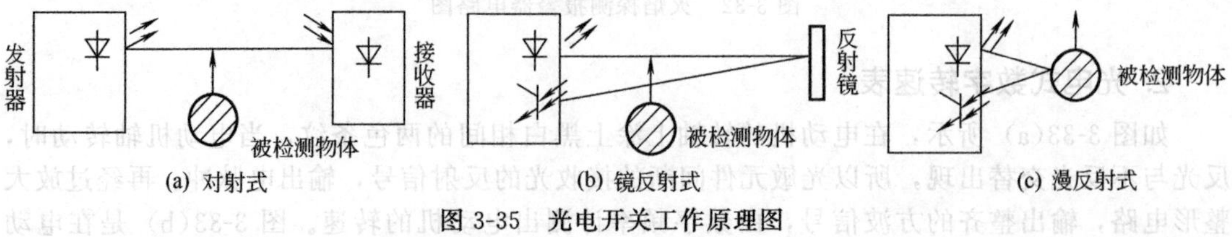

图 3-35 光电开关工作原理图

① 对射式光电开关，由独立且相对放置的发射器和接收器组成。当被测物体通过发射器和接收器之间并阻断光线时，即输出信号。它是效率最高、最可靠的检测模式。容易克服透镜污染、瞄准不精确等困难，实现长距离检测。特别适合不透明物体的检测。检测距离可达几十米。

② 镜反射式光电开关，集发射器和接收器于一体。发射器发出的光经反射镜返回接收器，目标通过并阻断光线时，即输出信号。它的检测距离较远，特别适合检测大物体。带有

偏光器的镜反射式光电开关，能够区分目标的反射光和反射板反射回的光。检测距离可达几米。

③ 漫反射式光电开关，集发射器和接收器于一体，当发射光被通过的目标反射回接收器时，即输出信号。其检测距离与目标表面反射率有直接关系。当目标表面光亮或透明时，漫射式是首选的检测模式。部分漫反射式光电开关没有透镜，检测距离只有 10cm 左右，但检测表面光亮或透明目标时非常可靠。

（2）光电断续器的作用原理

从原理上讲，光电开关及光电断续器没有太大的差别，都是由红外线发射元件与光敏接收元件组成，只是光电断续器是整体结构，其光电发射、接收器做在体积很小的同一塑料壳体中，所以两者能可靠地对准，为安装和使用提供了方便，其检测距离只有几毫米至几十毫米，它广泛应用于自动控制系统、生产流水线、机电一体化设备、办公设备和家用电器中。其应用实例如图 3-36 所示，各种光电检测器的性能见表 3-3。

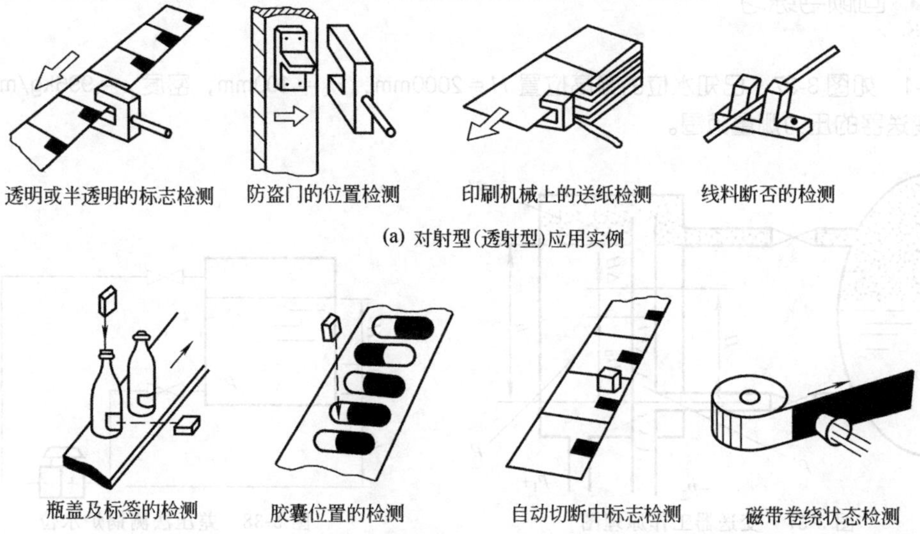

(a) 对射型(透射型)应用实例

(b) 反射型应用实例

图 3-36　光电断续器应用实例

表 3-3　各种光电检测器的性能

光检测器	功率范围	波段	量子效率	响应频率	暗电流
光电二极管 (PIN)	受闪烁噪声限制，一般 $P>100$nW	0.4～1.6μm 视材料而定	60%～90%以上，视材料而定	>16Hz	Si-PIN 100pA～1μA Ge-PIN 1μA～10μA
微型组件 (PIN-FET)	受热噪声限制，一般 $P<100$nW	0.8～0.9μm 最好在 1.3～1.5μm	超过 50%	>1GHz	
雪崩光电二极管(APD)	增益为 10～100 时，$P<100$nW	0.8～0.9μm，也可用于 1.3～1.5μm	90%以上	>1GHz	Si-APD 500pA～5μA Ge-APD 5nA～5μA
光电倍增管 (PMT)	能检测 10^{-19} W，通常功率<1nW 功率，过高会损坏阴极	0.1～1.0μm	<50%	100MHz	

★看动画视频 说工作过程

光电传感器的几种形式

光电开关的类型及应用

光电式转速表

光电式浊度计

回顾与练习

3-1 如图 3-37，已知水位的最高位置 $H=2000\text{mm}$，$H_0=100\text{mm}$，密度 $\rho=996\text{kg/m}^3$. 试确定变送器的压力测量范围。

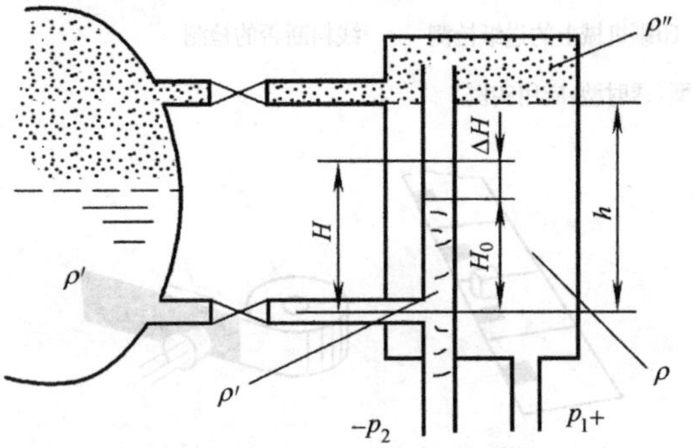

图 3-37 变送器工作原理图

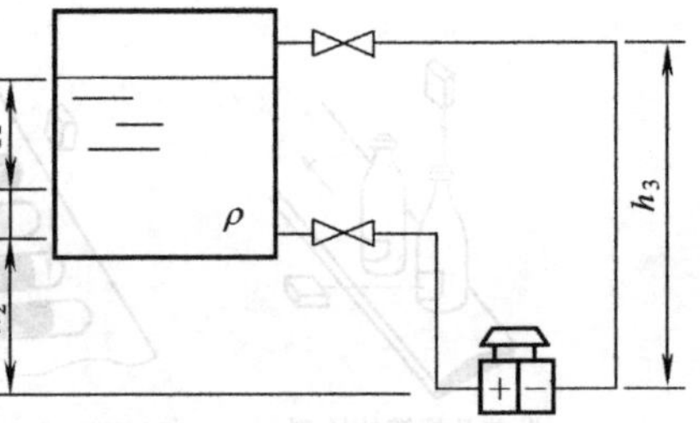

图 3-38 差压法测锅炉水位

3-2 如图 3-38 所示的带平衡容器的差压法测锅炉水位。在锅炉正常运行时：(1) 怎样连接才能使差压变送器的输出信号与水位成正比？(2) 差压变送器需要进行什么迁移？迁移量是多少？(3) 迁移后测量范围？量程？

3-3 如图 3-38 所示的液位系统，当用差压法测量时，其量程和迁移量是多少？应做何种迁移？测量范围？已知 $\rho=1200\text{kg/m}^3$，$H=1.5\text{m}$，$h_1=0.5\text{m}$，$h_2=1.2\text{m}$，$h_3=3.4\text{m}$。

3-4 利用差压变送器测液位时，为什么要进行零点迁移？如何实现迁移？其实质是什么？

3-5 恒浮力式液位计与变浮力式液位计测量原理的异同点？

3-6 带有钢丝绳或杠杆带浮子的液位计各有什么特点？当液体密度变化后，对它们各有什么影响？

3-7 用水校法校验浮筒液位变送器，被测介质密度为 850kg/m^3，输出信号为 4～20mA，当输出为 20%、40%、60%、80%、100%时，浮筒应被水淹没的高度（$\rho_{水}=1000\text{kg/m}^3$）。

3-8 用一气动浮筒液位计来测量界面高度，其浮筒长度 $L=800\text{mm}$，被测液体的密度分别是 $\rho_1=1.2\text{g/cm}^3$ 和 $\rho_2=0.8\text{g/cm}^3$。当输出为 20%、40%、60%、80%、100%时，浮筒应被水淹没的高度（$\rho_{水}=1000\text{kg/m}^3$）。

3-9　浮筒液位计的校验方法有哪两种？现场采用哪种？在检修期间可采用哪种？

3-10　什么是超声波物位计？它有什么特点？

3-11　什么是雷达液位计？它有什么特点？

3-12　用于液位测量时，法兰式差压变送器与普通差压变送器相比有什么优缺点？

3-13　采用差压式仪表进行液面和界面测量时如何选型？

3-14　物位仪表选择时要有什么要求？

3-15　指出图 3-39 所示水位测量系统连接的不正确之处。

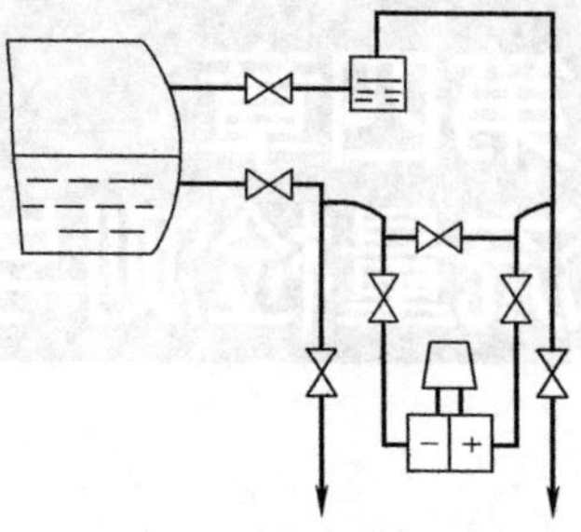

图 3-39　水位测量系统

3-16　如图 3-40 所示，双法兰变送器测量容器液位时有三种安装位置，说明：①三种位置时的量程和迁移量是否一样？②变送器的工作压力是否一样？③哪一种安装位置最合适？

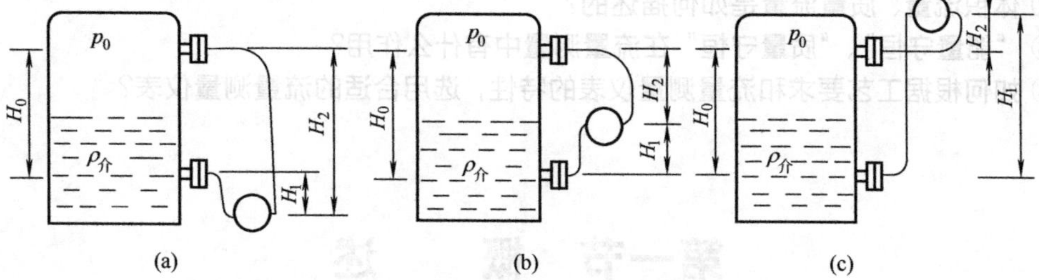

图 3-40　双法兰变送器测量容器液位

3-17　什么是光电效应？它有哪些类型？

3-18　光电器件有哪几种类型？各有何特点？

3-19　带光电耦合器的开关量输入电路如图 3-41 所示。当开关 S 闭合时，说明光电耦合器及发光二极管 LED_2 的工作状态。

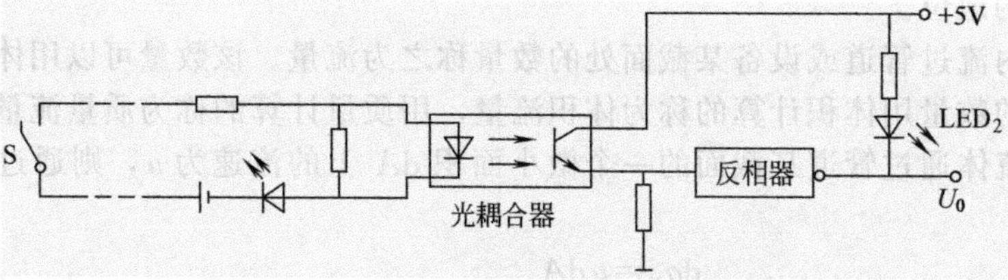

图 3-41　带光电耦合器的开关量输入电路

流量检测与仪表

思考与交流

① 瞬时流量与累计流量是如何表达的?
② 体积流量、质量流量是如何描述的?
③ “能量守恒”、“质量守恒”在流量测量中有什么作用?
④ 如何根据工艺要求和流量测量仪表的特性，选用合适的流量测量仪表?

第一节　概　　述

一、流量检测的工程知识

流量检测仪表是过程控制装置中的重要仪表之一，它被广泛应用于石油化工、冶金电力、交通建筑、食品医药、农业环保及人民日常生活等国民经济的各个领域，是发展工农业生产、节约能源、改进产品质量、科学进步发展、提高经济效益和管理水平的重要工具，在国民经济中占有重要的地位。

流体在单位时间内流过管道或设备某截面处的数量称之为流量。该数量可以用体积或质量来表示。流体流过的数量用体积计算的称为体积流量，用质量计算的称为质量流量。

体积流量　如果流体通过管道某截面的一个微小面积 dA 上的流速为 u，则通过此微小面积的体积流量为

$$\mathrm{d}q_{\mathrm{v}}=u\,\mathrm{d}A \tag{4-1}$$

通过管道全面积的体积流量为

$$q_{\mathrm{v}}=\int_A \mathrm{d}q_{\mathrm{v}}=\int_A u\,\mathrm{d}A \tag{4-2}$$

平均体积流量为

$$q_{\mathrm{v}}=uA \tag{4-3}$$

体积流量单位：m^3/s 或 m^3/h、L/min。

质量流量　如果流体的密度为 ρ，则有质量流量

$$q_{\mathrm{m}}=\rho q_{\mathrm{v}} \tag{4-4}$$

质量流量的单位：kg/s 或 kg/h。

若要求取某一段时间内流经管道的总体积和质量，则可由对时间的积分进行累加，即：

$$V=\int_T q_{\mathrm{v}}\,\mathrm{d}_t \tag{4-5}$$

$$M=\int_t q_{\mathrm{m}}\mathrm{d}_t \tag{4-6}$$

当流体的流速稳定和密度不变时，总体积流量和总质量流量则为：

$$V=q_{\mathrm{v}}T \tag{4-7}$$

$$M=\rho V \tag{4-8}$$

流体总量单位：m^3，kg，t（吨）。

二、流量检测仪表的类型

流量检测仪表分为三大类。

① 速度式流量仪表　以测量流体在管道中的流速 u 作为测量的依据。属于这类的流量仪表有：差压式流量计、转子流量计、涡轮流量计、电磁流量计、漩涡流量计、超声波流量计、流体振动式流量计等。

② 容积式流量仪表　以单位时间内所排出的流体固定容积 V 的数目作为测量的依据。属于这类的测量仪表有：椭圆齿轮流量计、腰轮流量计、刮板式流量计、旋转活塞式流量计。

③ 质量式流量仪表　测量所流过的流体的质量 M，包括直接式和补偿式。属于这类的仪表是：差压式质量流量计、微动质量流量计、体积流量表和密度计组合式质量测量系统、温度压力补偿式质量测量系统。

第二节　速度式流量测量仪表

一、差压式流量检测仪表

差压式流量检测仪表，是根据节流原理来测量流量的仪表。它由三部分组成：将被测量值转换成差压值的节流装置；信号的传输环节；用来检测差压并转换成 4～20mA 标准电流信号的差压计或差压变送器。差压式流量计的输出信号通过显示仪表指示出瞬时流量、通过积算器进行流量的计量、通过控制装置对流量进行控制。其组成如图 4-1 所示。

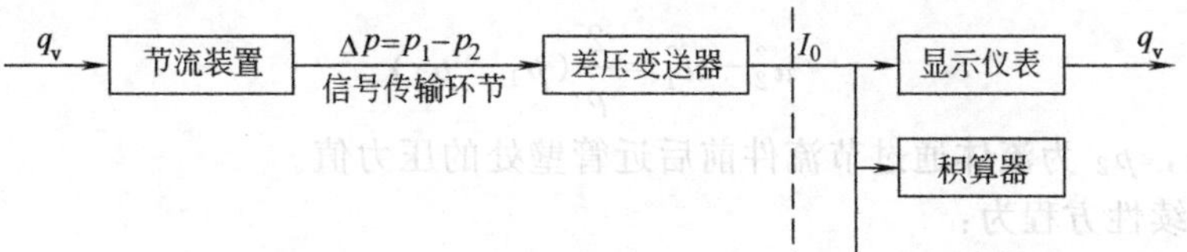

图 4-1　差压式流量计组成示意图

差压式流量计是一种发展较早、研究比较成熟且比较完善的流量检测仪表，目前已系列化、通用化及标准化，是工业过程检测气体、蒸汽、液体流量最常用的一种流量检测仪表。据统计在世界范围内使用量达 50%～60%。工业中常用的孔板、喷嘴和文丘里管三种节流装置称为“标准节流装置”。目前我国使用的标准为 GB/T 2624—93《流量测量节流装置用孔板，喷嘴和文丘里管测量充满圆管的流体流量》，同时等效于国际标准 ISO 5167—(91) 标准。

除上述标准化的节流装置以外，还有一些非标准化的节流装置，如 1/4 圆喷嘴、双重孔板、圆缺孔板等。标准节流装置与非标准化的节流装置的区别在于：标准节流装置是按照标准文件设计、制造、安装和使用，无需经实流校准即确定其流量值并估算流量测量误差；而非标准化的节流装置是成熟度较差，尚未列入标准文件中的检测件，须经实流校准方可确定其流量值并估算流量测量误差。

1. 流量检测原理

(1) 节流原理

如图 4-2 所示，充满管道的流体，当它流经管道内的节流件时，流束将在节流件处形成局部收缩，因而使流速增加，静压力降低，于是在节流件前后产生压差，流体流量越大，产生的压差越大。这样可依据压差来反映流量的大小。这种检测方法是以流体流动的连续性方程（质量守恒定律）和柏努利方程（能量守恒定律）为基础的，其差压的大小除与流量有关外，还与其他许多因素有关，如节流装置形式和管道内流体的物理性质（密度，黏度）不同时，在同样大小的流量下产生的压差也是不同的。

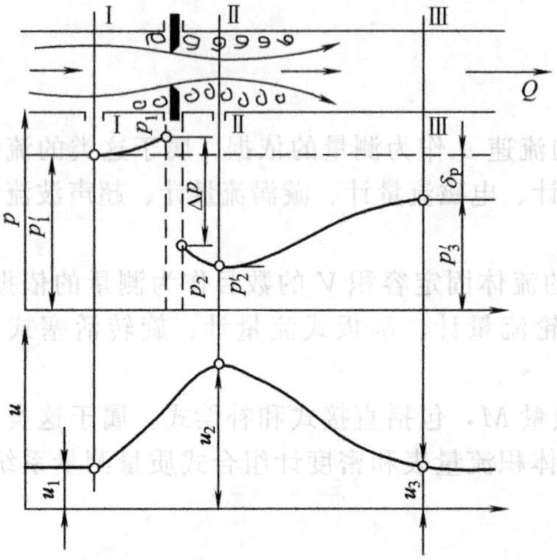

图 4-2 节流件附近的流速和压力的分布

(2) 流量基本方程式

流量基本方程式是以流体力学中的连续性方程和柏努利方程为依据联立推出的。

设图 4-2 所示的水平管道中有连续稳定流动的理想流体。在截面Ⅰ—Ⅰ到Ⅱ—Ⅱ截面之间没有能量损失，且在截面Ⅰ—Ⅰ到Ⅱ—Ⅱ截面处的流速、流体密度和静压力分别为 u_1，u_2，ρ_1，ρ_2，p'_1，p'_2。由此可写出两截面上流体的柏努利方程为：

$$\frac{p'_1}{\rho_1}+\frac{u_1^2}{2}=\frac{p'_2}{\rho_2}+\frac{u_2^2}{2} \tag{4-9}$$

因流体为理想流体，故可认为通过节流件前后的流体密度不变，即 $\rho_1=\rho_2=\rho$。又因为图中的 p'_1、p'_2 测量比较困难，故用 p_1、p_2 来分别代替 p'_1，p'_2。这样处理后，式(4-9) 可改写为：

$$u_2^2-u_1^2=\frac{2}{\rho}(p_1-p_2) \tag{4-10}$$

式中，p_1，p_2 为流体通过节流件前后近管壁处的压力值。

流体的连续性方程为：

$$Au_1\rho_1=au_2\rho_2 \tag{4-11}$$

式中 A——Ⅰ—Ⅰ截面处的管道截面积，$A=\frac{\pi}{4}D^2$（D 为管道直径）；

a——Ⅱ—Ⅱ截面处的流束截面积，$a=\frac{\pi}{4}d^2$（d 为节流件的开孔直径）；

令：$\frac{d}{D}=\beta$，故式(4-11) 可改写成：

$$u_1=u_2\frac{a}{A}=u_2\beta^2 \tag{4-12}$$

将式(4-12) 代入式(4-10) 中得：

$$u_2^2-(u_2\beta^2)^2=\frac{2}{\rho}(p_1-p_2)$$

整理：
$$u_2^2(1-\beta^4)=\frac{2}{\rho}(p_1-p_2)$$

所以：
$$u_2=\frac{1}{\sqrt{1-\beta^4}}\sqrt{\frac{2}{\rho}(p_1-p_2)} \tag{4-13}$$

根据质量流量定义，可得出 q_m 与差压 Δp 之间的流量方程式，即：

$$q_m=au_2\rho=\frac{a}{\sqrt{1-\beta^4}}\sqrt{\frac{2}{\rho}\rho^2(p_1-p_2)}=\frac{1}{\sqrt{1-\beta^4}}\frac{\pi d^2}{4}\sqrt{2\rho\Delta p} \tag{4-14}$$

根据体积流量定义，可得出 q_v 与差压 Δp 之间的流量方程式，即：

$$q_v=au_2=\frac{a}{\sqrt{1-\beta^4}}\sqrt{\frac{2}{\rho}(p_1-p_2)}=\frac{1}{\sqrt{1-\beta^4}}\frac{\pi d^2}{4}\sqrt{\frac{2}{\rho}\Delta p} \tag{4-15}$$

以上式(4-14)、式(4-15) 两式为流量与差压之间的理论流量方程式，它是在前一系列的假定条件下推出的。而实际流体因有黏性，在流经节流件时必然会有压力损失；又因用 p_1、p_2 和节流件开孔直径来代替柏努力方程式中的 p_1'、p_2' 及Ⅱ—Ⅱ截面处流束直径，故实际流体的流量要比按此式计算的流量值要小。考虑以上因素，需引入相关的系数以对其进行修正，从而得到实际流体的流量方程式，即：

$$q_m=\frac{c}{\sqrt{1-\beta^4}}\varepsilon\frac{\pi d^2}{4}\sqrt{2\rho\Delta p} \tag{4-16}$$

或

$$q_m=\frac{c}{\sqrt{1-\beta^4}}\varepsilon\frac{\pi}{4}\beta^2D^2\sqrt{2\rho\Delta p}$$

$$q_v=\frac{c}{\sqrt{1-\beta^4}}\varepsilon\frac{\pi d^2}{4}\sqrt{\frac{2}{\rho}\Delta p} \tag{4-17}$$

或

$$q_v=\frac{c}{\sqrt{1-\beta^4}}\varepsilon\frac{\pi}{4}\beta^2D^2\sqrt{\frac{2}{\rho}\Delta p}$$

式中 q_m——质量流量，kg/s；
q_v——体积流量，m^3/s；
c——流出系数；
ε——气体的可膨胀性系数；
d——工作状态的孔板节流孔直径，m；
D——工作状态的管道直径，m；
β——直径比，$\beta=\frac{d}{D}$；
ρ——被测流体工作状态下的密度，kg/m^3；
Δp——差压计输入的差压值，Pa。

式(4-16) 和式(4-17) 称为差压式流量计的实际流量方程式。表明在流量测量过程中，流体的流量 q_m（q_v）与差压 Δp 之间成开方关系，即可简单表达为：

$$q_m(q_v)=K\sqrt{\Delta p}$$

2. 标准节流装置

节流装置通常包括三个环节：节流元件、取压装置以及前后相连的直管段配管。节流元件的几何形状有孔板、喷嘴及文丘里管等；根据取压方式的不同，分有角接取压装置、法兰取压装置等。

节流装置是差压式流量计的核心装置，组成如图 4-3 所示。

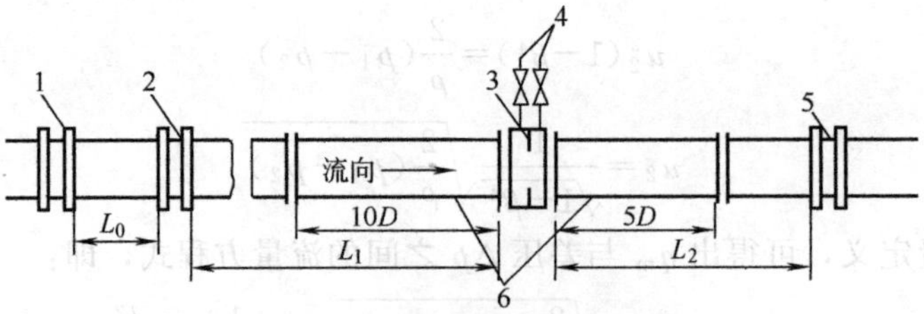

图 4-3 标准节流装置的组成

1,2—节流件上游侧第二、第一局部阻力件；3—节流件和取压装置；4—差压信号管路；5—节流件下游侧第一个局部阻力件；6—节流件前后的测量管；L_0—上游侧两个局部阻力件之间的直管段；L_1，L_2—节流件上、下游侧的直管段

国家标准 GB/T 2624—93 规定：标准节流装置中的节流件为孔板、喷嘴和文丘里管；取压方式为角接取压法、法兰取压法、径距取压法（D 和 $D/2$ 取压法）；运用条件为：流体必须是充满圆管和节流装置，流体通过测量段的流动必须是亚音速、稳定的、仅随时间缓慢变化的，流体必须是单相流体；工艺管道公称直径在 50～1200mm 之间，管道雷诺数高 3150。

节流装置结构特征及适用特性如表 4-1 所示。

表 4-1 常用节流装置结构特征及适用性

类别	序号	名 称	结构特征	适用范围	其他特点	标准或文献
孔板类	1	角接取压标准孔板	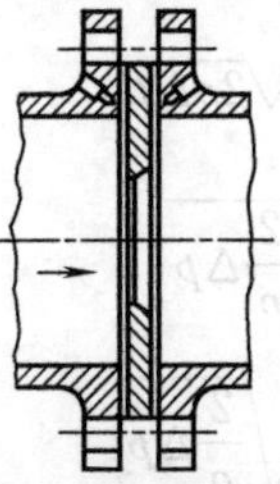	$50<D<1000$mm， $5000<Re_D<10^7$ $0.23\le\beta\le0.8$； 有成熟 α 值， 误差 0.6%～0.8%	可测一般洁净液体、气体、蒸汽；压损（0.45～0.92）Δp；相对于喷嘴、文丘里管等节流件易加工；可测量程比为 1∶3	ISO 5167 GB/T 2624A SME 等
	2	法兰取压标准孔板	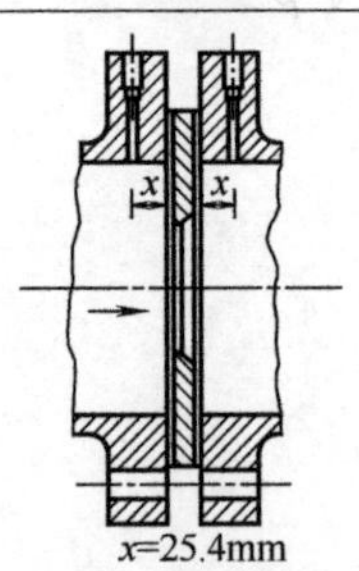 x=25.4mm	$50<D<760$mm， $8000<Re_D<10^7$ $0.20<\beta<0.75$； 有成熟 α 值， 误差 0.6%～0.8%		
	3	角接取压锥形入口孔板	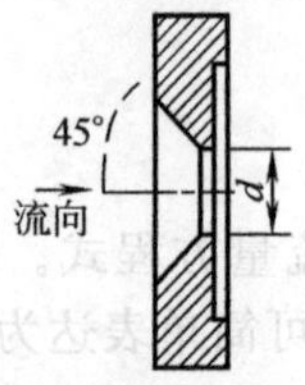 	25mm$<D$，$d>$6mm $2500<Re_D<2\times10^5$， $0.1<\beta<0.316$； 有较成熟 C 值， 误差 2%	可测燃油流量	BS 1042、 GB/T 2624， 检定规程号 JJG 621—89
	4	角接取压圆缺孔板	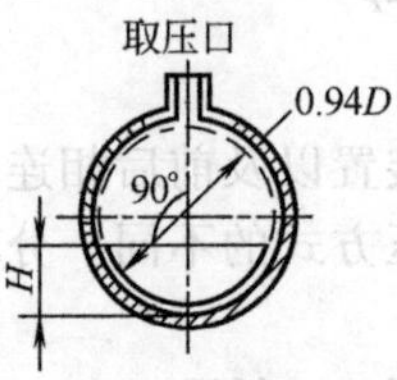 	$50<D<500$mm， $5000<Re_D<2\times10^6$ $0.3<\beta<0.8$； 有成熟 α 值， 误差$(1.2+3\beta^4)$%	可测脏污介质和两相流，压损大；加工相对于喷嘴、文丘里管等节流件较易；可测量程比为 1∶3	VDI/VDE 2041 等

续表

类别	序号	名 称	结构特征	适用范围	其他特点	标准或文献
喷嘴类	5	标准喷嘴 ISA 1932	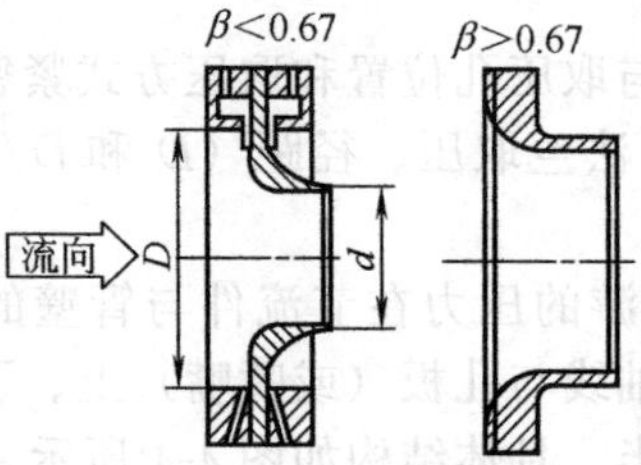	50<D<500mm， $2\times10^4<Re_D<2\times10^6$ 0.3<β<0.8 有成熟 α 值， 误差 0.8%～1.2%	压损较孔板小，比流量管类大；加工较孔板难；可测流量比为 1∶3	GB/T 2624 ISO 5167 等
流量管类	6	经典文丘里管	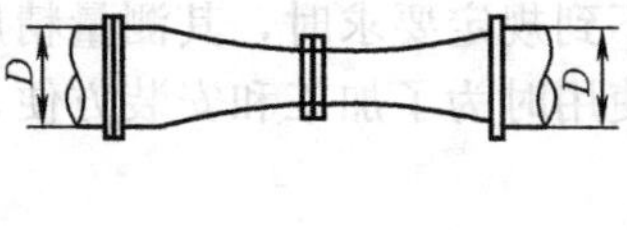	1. 具有粗铸收缩管段 100<D<800mm $2\times10^5<Re_D<2\times10^6$ 0.3<β<0.75 C=0.984，误差 0.7% 2. 具有机加工收缩段 50<D<250mm， $2\times10^5<Re_D<10^6$ 0.4<β<0.75 C=0.995，误差 1%	压损小（0.15～0.29）Δp；加工较难	ISO 5167 等

(1) 节流元件

① 标准孔板　它是用不锈钢或其他金属材料制造的薄板，它具有圆形开孔并与管道同心，其直角入口边缘非常锐利，且相对于开孔轴线是旋转对称的。上游端面 A 应是平的，连接孔板表面上任意两点的直线与垂直于轴线的平面之间的斜度应小于 0.5%。必须在节流装置明显部位设有流向标志。在安装后应看到该标志，以保证孔板相对于流体流动方向安装正确。下游端面 B 应与 A 面平行，技术要求可通过目测检查判断。孔板的开孔直径是重要的尺寸，应通过实测得到，其值为圆周上等角距测量 4 个直径的平均值。且单一测量值与平均值之差应小于±0.05%，同时要求 d 均应大于等于 12.5mm，β 值在 0.20～0.75 范围内。孔板的厚度 E、节流孔的厚度 e 按要求加工制作，应用范围 50mm≤D≤1000mm，20≤β≤0.75。

② 标准喷嘴　它是一个以管道喉部开孔轴线为中心线的旋转对称体。由两个圆弧曲面构成的收缩部分及与之相接的圆筒形喉部所组成，包括 ISA1932 喷嘴和长径喷嘴。标准喷嘴可用多种材质制造，压力损失比孔板小，可用于测量温度和压力较高的蒸汽、气体流量。但它的价格比孔板高，应用范围 50mm≤D≤800mm，0.20≤β≤0.75。

③ 经典文丘里管　它是由入口圆筒段 A、圆锥收缩段 B、圆筒形喉部 C 和圆锥扩散段 E 组成。文丘里管的内表面是一个对称旋转轴线的旋转表面，该轴线与管道轴线同轴，并且收缩段 B 和喉部 C 同轴。可通过目测检查，认为是同轴即可。进行流量检测时，压力损失比孔板和喷嘴都小很多。可测量悬浮颗粒的液体，较适用于大流量的流体测量，但由于加工制作复杂，故价格昂贵。应用范围 100mm≤D≤800mm，30≤β≤0.75。

由节流件的结构可见，当流体流经孔板时，由于孔板的入口是直角边缘，所以流体突然收缩和扩大，涡流强，产生的压头损失大。而喷嘴的结构做成在流体流入的那一面是特殊型曲面和一段很短的圆柱形管段，这样可以使流体在一定的型面引导下，在喷嘴内得以收缩，减小了涡流区，从而压头损失降低。而文丘里管加了一段扩散管，这样流体从收缩到扩大都有一窍不通的型面引导，使产生的涡流更小。

在相同的走径比 β 下，孔板的压损比喷嘴约大 4%～20%，而比文丘里管则要大 3～6

倍。当管径和差压相同时，文丘里管的流出系数 C 最大，因而流量也最大，喷嘴次之，孔板的流量最小。

(2) 取压装置

由节流件检测出的流量转换成差压，其值与取压孔位置和取压方式紧密相关。标准节流装置中的取压方式(装置) 有三种：角接取压、法兰取压、径距（D 和 $D/2$）取压。取压口的位置表征了节流件的取压方式。

① 角接取压　角接取压就是节流件上、下游的压力在节流件与管壁的夹角处取出。对取压位置的具体规定是：上、下游侧取压孔的轴线与孔板（或喷嘴）上、下游侧端面的距离分别等于取压孔径的一半或取压环隙宽度的一半。具体结构如图 4-4 所示。由图中知，角接取压装置有两种结构形式，即上半部为环室取压结构，下半部为单独钻孔取压结构。两种结构的特点：环室取压结构，压力取出口的面积比较广阔，便于测量平均压差，有利于提高其测量精度，并可缩短上游侧的直管段长度，扩大了值的应用范围。缺点是加工制造和安装要求严格，当由于加工和现场安装条件的限制达不到规定要求时，其测量精度将难以保证。而单独钻孔取压则不存在上述问题，所以在现场使用时为了加工和安装方便，有时不用环室取压而用单独钻孔取压，特别是对大口径管道。

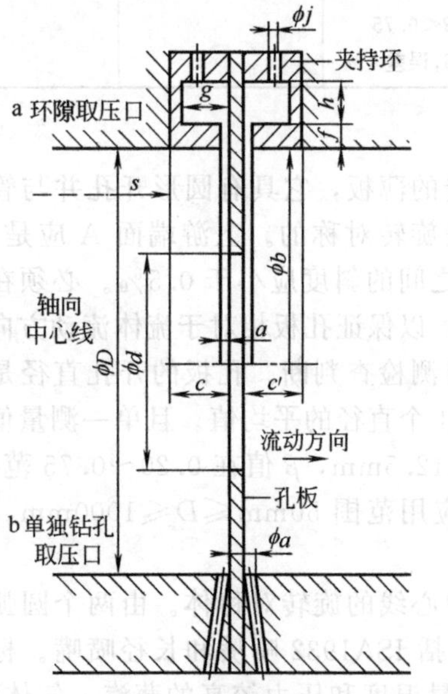

图 4-4　角接取压

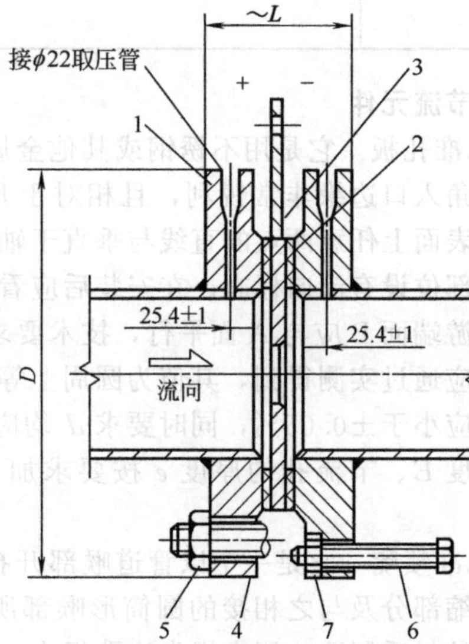

图 4-5　标准孔板法兰取压法装配图

1—取压法兰；2—垫片；3—孔板；
4—头螺栓；5，7—螺母；6—顶丝

② 法兰取压　就是节流件上、下游的压力，分别在距孔板（喷嘴）两侧端面 25.4mm 处取出，该装置是一设有取压孔的专用法兰，其结构如图 4-5 所示。

此种取压方式的优点是，安装方便，不易泄漏。缺点是，因取压口之间的距离较大，管道内壁粗糙度的改变会影响其测量精度；需用仪表专用法兰，厚度较大，消耗金属材料较多。

③ 测量管　节流装置应安装在两段有恒定的横截面积的圆筒形的直管道之间，该测量管作为标准节流装置的部分。直管段的长度随阻力件的形式、节流件的几何形状和直径比 β 值的不同而异。在设计时，最短直管段长度可由标准中有关的表格中查取，具体取值如表 4-2 所示。

表 4-2 孔板、喷嘴和文丘里喷嘴所要求的最短直管段长度 mm

直径比 $\beta\leqslant$	节流件上游侧阻流件形式和最短直管段长度							节流件下游最短直管段长度（包括在本表中的所有阻流件）
	单个90°弯头或三通（流体仅从一个支管流出）	在同一平面上的两个或多个 90°弯头	在不同平面上的两个或多个 90°弯头	渐缩管（在1.5D 至 3D 的长度内由2D 变为D）	渐扩管（在1D 至 2D 的长度内由0.5D 变为D）	球型阀全开	全孔球阀或闸阀全开	
0.20	10(6)	14(7)	34(17)	5	16(8)	18(9)	12(6)	4(2)
0.25	10(6)	14(7)	34(17)	5	16(8)	18(9)	12(6)	4(2)
0.30	10(6)	16(8)	34(17)	5	16(8)	18(9)	12(6)	5(2.5)
0.35	12(6)	16(8)	36(18)	5	16(8)	18(9)	12(6)	5(2.5)
0.40	14(7)	18(9)	36(18)	5	16(8)	20(10)	12(6)	6(3)
0.45	14(7)	18(9)	38(19)	5	17(9)	20(10)	12(6)	6(3)
0.50	14(7)	20(10)	40(20)	6(5)	18(9)	22(11)	12(6)	6(3)
0.55	16(8)	22(11)	44(22)	8(5)	20(10)	24(12)	14(7)	6(3)
0.60	18(9)	26(13)	48(24)	9(5)	22(11)	26(13)	14(7)	7(3.5)
0.65	22(11)	32(16)	54(27)	11(6)	25(13)	28(14)	16(8)	7(3.5)
0.70	28(14)	36(18)	62(31)	14(7)	30(15)	32(16)	20(10)	7(3.5)
0.75	36(18)	42(21)	70(35)	22(11)	38(19)	36(18)	24(12)	8(4)
0.80	46(23)	50(25)	80(40)	30(15)	54(27)	44(22)	30(15)	8(4)

	阻流件	上游侧最短直管段长度
对于所有的直径比 β	直径比≥0.5 的对称骤缩异径管	30(15)
	直径≤0.03D 的温度计套管和插孔	5(3)
	直径在 0.03D～0.13D 之间的温度计套管和插孔	20(10)

注：1. 表中所列为位于节流件上游或下游的各种阻流件与节流件之间所需要的最短直管段长度。

2. 不带括号的值为“零附加不确定度”的值。

3. 带括号的值为“0.5%附加不确定度”的值。

4. 直管段长度均以直径 D 的倍数表示，它应从节流件上游侧端面量起。

④ 标准节流装置的使用条件　由于标准节流装置的数据和图表都是在一定的技术条件下，用实验的方法得到的，因此为了使标准节流装置在实际应用时，能重现实验时的规律，以保证足够的测量精度，所以在使用时，必须满足以下的技术条件。

- 流体必须充满整个管道，并连续流动。
- 流体的流动在管道内应是稳定的，在同一点上的流速和压力不能有急剧变化。
- 被测介质应是单相的，并且当它流经节流装置时也保持其相态不变，如：液体不蒸发，过热蒸汽不冷凝。
- 流体在流进节流件以前，其流束必须与管道轴线平行，不得有旋转流。
- 流体流动工况应该是紊流，雷诺数需在一定范围内。
- 节流装置前，必须有足够长的直管段。

3. 差压式流量计的线性化处理及温度压力的补偿

由于差压式流量计的输入 q_v 与输出 Δp 是开方的关系，且检测转换的过程与被测介质的密度、工作温度、工作压力等有直接的关系，为此必须对差压式流量计的输出变量 Δp 进行线性化处理及温度压力的补偿。

(1) 线性化处理

在差压式流量计的输出端配接一个“开方”运算环节，使流量检测系统的输出信号 I_0' 与输入信号 q_v 呈线性关系。如图 4-6 所示。

(2) 差压式流量计的温度压力补偿

① 介质为不可压缩的液体，工作温度变化不大，液体的密度为

$$\rho=\rho_0[1+\beta(T_0-T)] \tag{4-18}$$

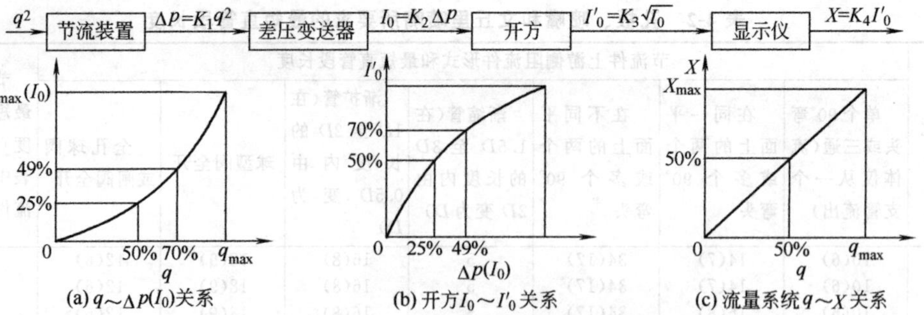

图 4-6 带开方运算环节的差压式流量检测系统

则温度补偿关系为

$$q_v=K\sqrt{\frac{\Delta p}{\rho}}=K\sqrt{\frac{\Delta p}{\rho_0\left[1+\beta\ (T_0-T)\ \right]}} \tag{4-19}$$

$$q_m=K\sqrt{\Delta p\rho}=K\sqrt{\Delta p\rho_0\left[1+\beta(T_0-T)\right]} \tag{4-20}$$

② 介质为较低压力的气体流量时，服从理想气体状态方程式，气体的密度为

$$\rho=\rho_0\frac{pT_0}{p_0T}=K_0\frac{p}{T} \tag{4-21}$$

则温度压力补偿关系为

$$q_v=K\sqrt{\Delta p\frac{T}{pK_0}}=K_1\sqrt{\Delta p\frac{T}{p}} \tag{4-22}$$

$$q_m=K\sqrt{\Delta p\frac{pK_0}{T}}=K_1\sqrt{\Delta p\frac{p}{T}} \tag{4-23}$$

③ 温度压力补偿的实现

- 采用带温度压力补偿的差压式流量检测系统，如图 4-7 所示。

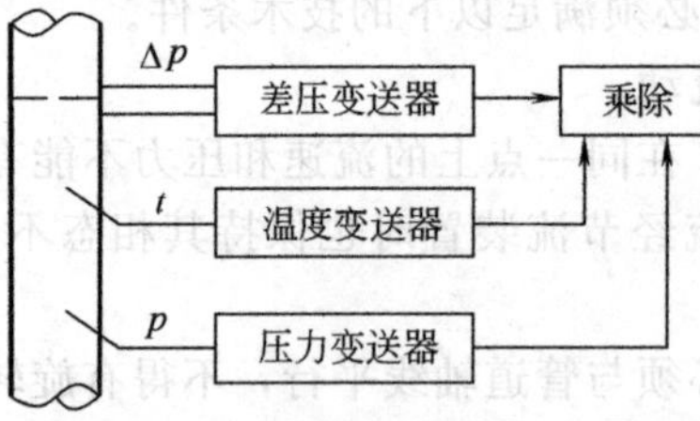

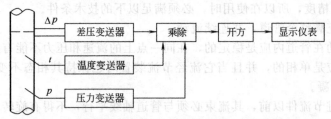

图 4-7 采用带温度压力补偿的差压式流量检测系统

- 采用带温度压力补偿的智能差压变送器的流量检测系统，如图 4-8 所示。

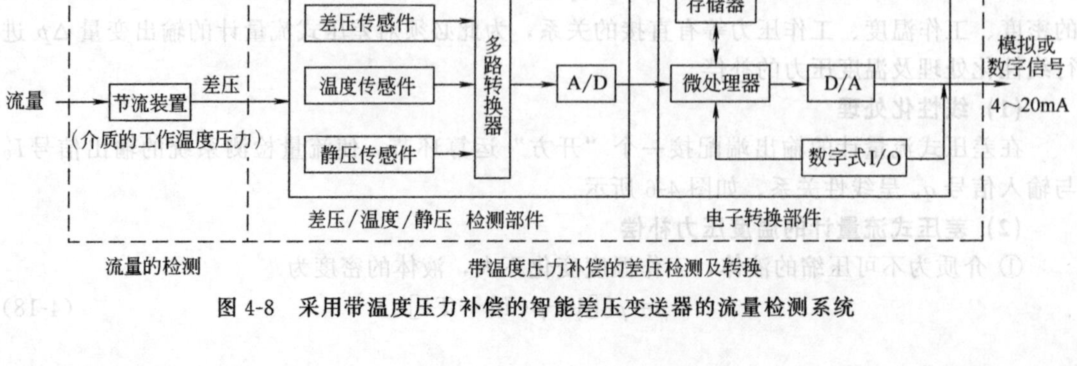

图 4-8 采用带温度压力补偿的智能差压变送器的流量检测系统

★看动画视频　说工作过程

阿牛巴流量计

流量-节流原理

差压式流量计

二、转子流量计

转子流量计又称浮子流量计，是一种发展历史悠久、应用广泛的流量检测仪表，特别适宜于测量管径 50mm 以下管道内的流体流量。其压力损失小且稳定、反应灵敏、量程较宽、示值清晰、结构简单、价格便宜、使用维护方便，还可测量腐蚀性介质的流量。但其测量精度受被测介质的温度、密度和黏度的影响，刻度近似线性。目前国内流量测量中约有 15% 使用转子流量计。

1. 转子流量计工作原理

转子流量计是根据浮力原理和力平衡原理而设计的。转子流量计的原理图如图 4-9 所示。它是由一段向上扩大的圆锥形管子和垂直放置于锥形管中的转子组成。转子的密度大于被测介质密度，且能随被测介质流量大小上下浮动。流体由下方进入，通过转子与锥形管之间的圆环形空隙，从上方流出。这里的转子就是一个节流元件，环形空隙的面积就相当于流体流通面积 A_0。由节流原理可知，流体流经环形空隙时，因流通面积 A_0 突然变小，流体受到了转子的节流作用，于是在转子前后的流体产生压力差 $\Delta p=p_1-p_2$。在差压 Δp 的作用下，转子受到一个向上推力 F_1 的作用而向上运动。随着转子的上移，转子与锥形管间的环形流通面积增大，流体流速减小，转子受到的向上推力 F_1 的作用减弱，直到转子在流体中的重力 W 与流体作用在转子上的推力 F_1 相等时，转子停留在锥形管中某一高度上，维持力平衡。当流体的流量增大或减小时，转子将上移或下移到新的位置，继续保持力的平衡，即转子悬浮的高度与被测流量的大小成对应关系。当转子稳定在某一高度 h 时，转子所受到的作用力达到平衡，即：

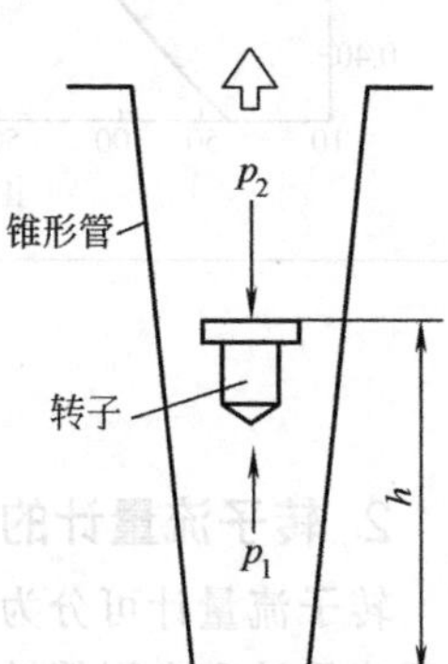

图 4-9　转子流量计原理图

$$V_f(\rho_f-\rho)g=(p_1-p_2)\cdot A_f \tag{4-24}$$

式中　V_f——转子的体积；

ρ_f——转子的密度；

A_f——转子的最大截面；

ρ——被测介质的密度；

p_1-p_2——转子前后的静压差。

当被测流体的流量发生变化时转子的稳定高度将随之改变。流量不同，转子的平衡位置不同，流通截面积也不同。因而可根据流通面积的大小（转子在锥形管中的高低）来显示流量大小。可用下式表示：

$$q_V = uA = hC\sqrt{\frac{\Delta p}{\rho}} = hC\sqrt{\frac{V_f(\rho_f-\rho)}{\rho A_f}} \tag{4-25}$$

$$q_m = uA\rho = hC\sqrt{\rho\Delta p} = hC\sqrt{\frac{V(\rho_f-\rho)\rho}{A_f}} \tag{4-26}$$

式中 C——流出系数；

h——转子的高度。

流出系数 C 值是一个多因素相关的量，即 $C=f$（转子形状，ρ，μ，v，R_e）。对于一定形状的转子来讲，C 仅是雷诺数 R_e 的函数，即 $C=f(R_e)$，转子的几何形状不同，C 与 R_e 之间的关系各不相同。流出系数与雷诺数的关系如图 4-10 所示。图中知：对于一定形状的转子，只要雷诺数大于某一界限雷诺数时，流出系数就趋于一个常数。图中：

① 为旋转式转子，界限雷诺数 $R_{ek}=6000$

② 为圆盘式转子，界限雷诺数 $R_{ek}=300$

③ 为板式转子，界限雷诺数 $R_{ek}=40$

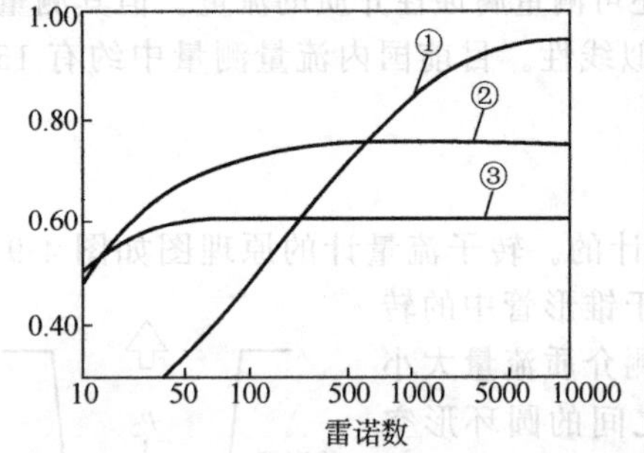

浮子形状	特征
 ①	流出系数大，但易受黏度影响，发生变化
 ②	比①的流出系数小，但不易受黏度影响
 ③	直至很低的雷诺数范围内，流出系数都很稳定，但流出系数比②还小

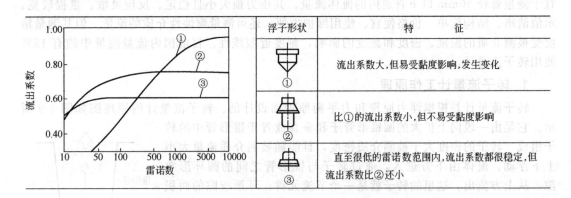

图 4-10 流出系数 C 与雷诺数 R_e 的关系图

2. 转子流量计的类型及结构

转子流量计可分为就地指示型转子流量计和远传转子流量计两类。就地指示型有玻璃管转子流量计和金属管转子流量计。而远传转子流量计又称转子流量变送器。

(1) 玻璃管转子流量计

玻璃管转子流量计分 LF 型和 LZB 型，它们一般由支撑连接、锥形管、转子（浮子）等部分组成。

① 支撑连接部分　根据流量计的口径和型号不同有三种形式。

• 法兰连接：该连接方式如图 4-11(a)（b）所示，它是由带法兰的基座、内衬密封垫、支撑压盖等组成。

• 螺纹连接：该连接方式如图 4-11(c) 所示，它是由螺纹的基座、支撑、接头、护板等组成。

• 软管连接：该连接方式如图 4-11(d) 所示，它是由管接头、外压螺母、护板或保护管等组成。

基座的材料一般为不锈钢、铸铁、碳钢、胶木、塑料等，可根据使用情况加以选用。

② 锥形管　一般用高硼硬质玻璃制成，也有采用有机玻璃的。锥形管的锥度根据流量大小而定，一般为 1∶20～1∶200 范围内。锥形管外刻有百分数或流量刻度线，锥形管的使

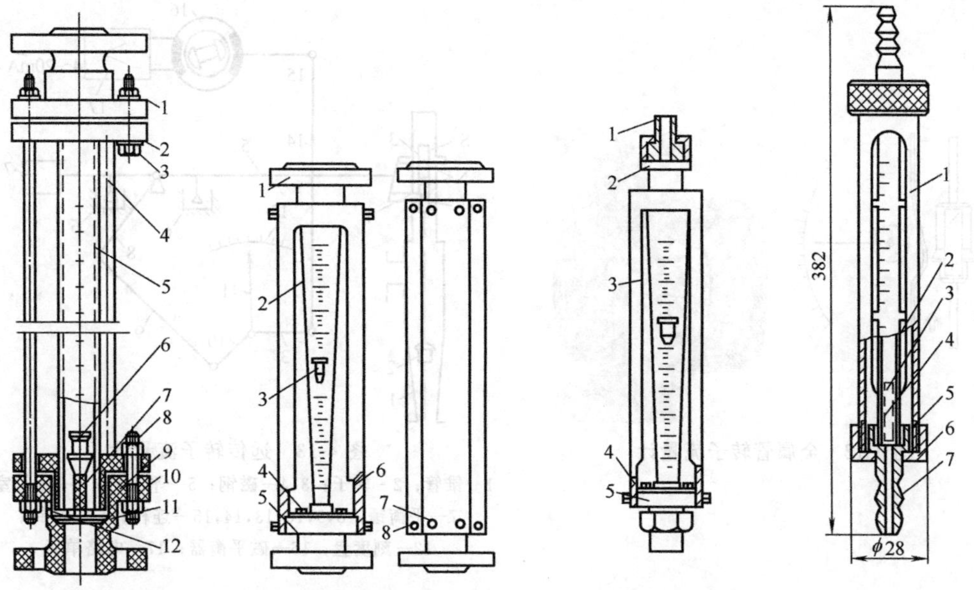

(a) LF-16～40
1,12—螺母；2—垫圈；3—螺栓；4—支柱；5—锥形管；6—浮子；7—压垫盖；8—止挡；9,11—密封垫圈；10—基座

(b) LZB-15～100
1—法兰；2—护板；3—压垫盖；4—螺栓；5—基座；6—支撑；7—支撑紧固螺钉；8—护板紧固螺丝

(c) LZB-4～40
1—接管；2—螺母；3—护板；4—支撑；5—基座

(d) LF-6-1
1—保护管；2—锥形管；3—浮子；4—锥形弹簧；5—密封垫；6—螺帽；7—软管接头

图 4-11 就地转子流量计结构

用压力为 2000kPa 以下，温度为－20～120℃之间。

锥形管的长度、锥度和口径相同时，相互可以更换，更换后，由于制造时的误差，可能使流量计的示值有所变化，但若工艺要求不高时，关系不大；若工艺要求高时，则应重新进行标定。

③ 转子（浮子） 常见的转子形状有三种，如图 4-10 所示。图中①型大都使用在气体小流量且流出系数比较小的地方。为使转子稳定在锥形管的中心，可在转子上部边沿开些斜槽。②型大都应用在液体大流量且流出系数比较大的地方。对于大流量的流量计，为了使转子能稳定在锥管的中心，一般都设有中心导杆。③型应用较少，其特点是流体黏度变化对流量指示影响较小。

转子的材料一般用铝、铅、不锈钢、钢、硬胶木、玻璃、有机玻璃等制成，在使用时可根据流体的化学性质加以选用。

(2) 金属管转子流量计

金属管转子流量计在高温、高压状态下用于易腐蚀、易燃烧及对人体和环境有害液体流量的检测。流量计的测量管道采用耐腐蚀的不锈钢材料制作，和法兰形成整体的组合体，如图 4-12 所示。仪表采用磁感应显示系统。在转子中镶嵌一块磁铁，它的高度位置变化通过磁感应带动显示系统的指针运动，从而实现流量的检测与显示。

(3) 远传转子流量计

远传转子流量计主要由流量变送及电动转换两部分组成，如图 4-13 所示。当流体流过锥形管时，浮子上升，其位移通过磁钢 3、4 的耦合传出，经 8、9、10 第一套四连杆机构，转换成线性的转角，由指针 11 在刻度盘上指示出流量值。同时，再经 13、14、15 第二套四连杆机构将指针的位移转换成为永久磁钢的转动。磁平衡器 16 将永久磁钢的转角转换为电路单元 17 的输入，并通过放大器输出相应的 4～20mA 电流。

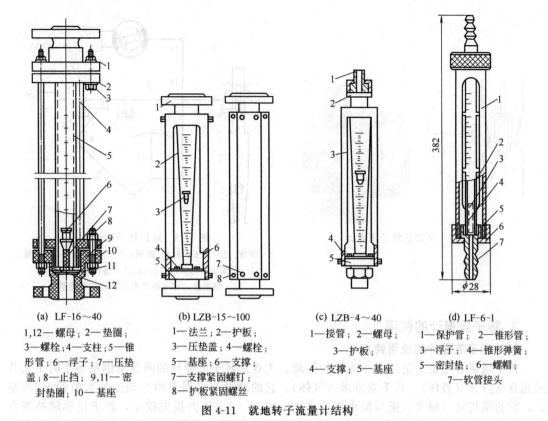

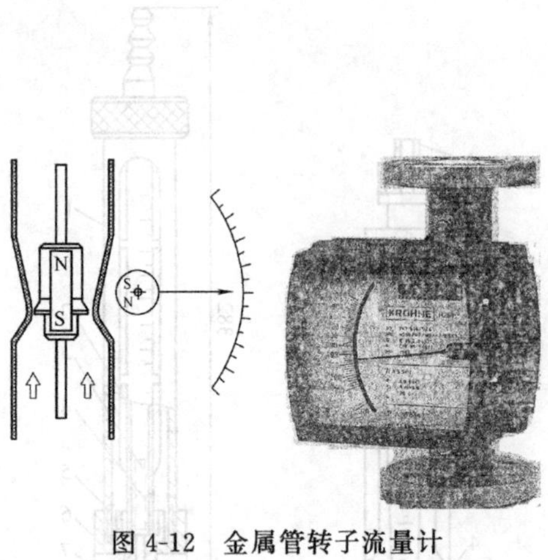

图 4-12 金属管转子流量计

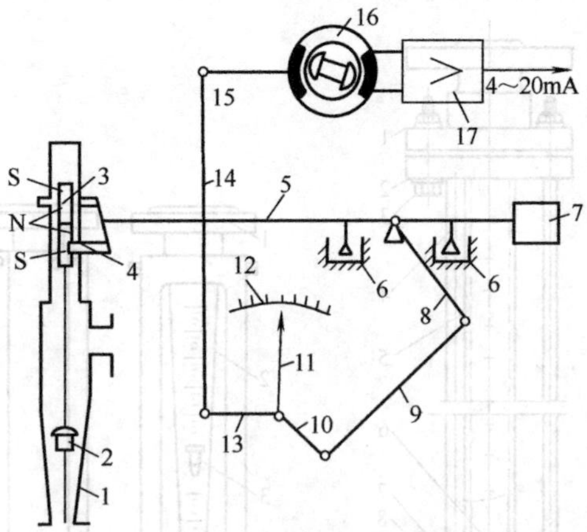

图 4-13 远传转子流量计

1—锥管；2—转子；3,4—磁钢；5—平衡杆；6—阻尼室；7—平衡锤；8,9,10,13,14,15—连杆；11—指针；12—刻度盘；16—磁平衡器；17—电路单元

3. 转子流量计的使用

(1) 转子流量计的使用特点

转子流量计主要是适用于小流量的检测，工业用转子流量计的测量范围从每小时十几升到几百立方米（液体）、几千立方米（气体）。它的测量基本误差约为刻度最大值的±2%左右，它的量程比（最大流量与最小流量之比）为 10∶1。压力损失较小，转子位移随被测介质流量的变化反应比较灵敏。另外，转子流量计与测量工艺管道应垂直安装，不允许有倾斜。流体的流向应由下而上，不得接反。

转子流量计中的检测元件转子对沾污比较敏感，若粘有污垢或介质结晶析出，都会使转子的重力 W、浮力 F、环形流通截面 A_0 发生变化，而影响到转子沿锥形管轴线做上下垂直运动而造成测量误差，因此转子流量计不宜用来测量脏污的介质。

(2) 转子流量计刻度示值的修正

转子流量计是一种非标准化的流量检测仪表，在大多数的情况下需个别地按照实际被测流体的性质进行刻度标定。刻度标尺通常都刻成流量单位（kg/s，m^3/h）。转子流量计可以检测多种气体、液体及蒸汽的流量。但仪表制造厂为了便于成批生产，在进行仪表刻度时，规定了刻度时的标准状态和刻度介质。标准刻度状态为：压力 0.1013MPa，温度 20℃。凡是用于测量液体介质的，其刻度介质用水；凡是用于测量气体介质的，其刻度介质用空气。每台流量计出厂时都附有两张在标准状态下流量 q 与转子上升高度 h 的关系曲线图。其中一张是 $q_{水}$ 与 h 的关系曲线图，另一张是 $q_{空气}$ 与 h 的关系曲线图。但在实际应用时，由于被测介质的变化（非水、非空气）和工作状态（温度、压力）不同，使转子流量计的指示值和被测介质的实际流量值之间存在一定差别。因此，在实际应用中必须根据被测介质的性质（密度、温度、压力等）参数对流量指示值进行修正。

① 液体介质的修正

如果被测介质的黏度与水的黏度相差不大时，即认为两种介质的流动特性是相似的，这时只需进行密度的修正。

$$\frac{q_{v液}}{q_{v水}}=\sqrt{\frac{(\rho_f-\rho_{液})\rho_{水}}{(\rho_f-\rho_{水})\rho_{液}}}=K_\rho \tag{4-27}$$

式中 K_ρ——标定介质水与实际液体的体积流量的密度修正系数。

由此可得出被测流体的实际流量值的修正公式为：

$$q_{\text{v液}}=K_{\rho}q_{\text{v水}} \tag{4-28}$$

② 气体介质的修正

如果气体的工作压力和温度与标定介质相同，则

$$\frac{q_{\text{v气}}}{q_{\text{v空}}}=\sqrt{\frac{\rho_{空}}{\rho_{气}}}=K'_{\rho} \tag{4-29}$$

式中 K'_{ρ}——气体体积流量密度修正系数。

如果气体介质温度、压力与标定介质不相同，则

$$\frac{q_{\text{v气}}}{q_{\text{v空}}}=\sqrt{\frac{\rho_{空}\ p_{空}\ T_{气}}{\rho_{气}\ p_{气}\ T_{空}}} \tag{4-30}$$

式中 $q_{\text{v空}}$——出厂标定时空气的体积流量，m^3/h；

$q_{\text{v气}}$——被测气体在工作状态下的体积流量，m^3/h；

$\rho_{空}$——标准状态下空气的密度（$\rho_{空}=1.295kg/m^3$）；

$\rho_{气}$——被测气体在标准状态下的密度 kg/m^3；

$p_{气}$，$T_{气}$——被测气体在工作状态下的绝对压力和绝对温度；

$p_{空}$，$T_{空}$——标准状态下的绝对压力（$p=0.1MPa$）和绝对温度（$T=293k$）。

(3) 转子流量计的量程修改

对于形状和体积相同、材质不同的转子，当其密度增加后，转子流量计的量程将扩大。反之，则缩小。转子密度改变后，需重新对仪表进行标定，根据流量方程式可推出量程改制后的修正公式，即

$$\frac{q'_{\text{v}}}{q_{\text{v}}}=\sqrt{\frac{\rho'_{\text{f}}-\rho}{\rho_{\text{f}}-\rho}}=K \tag{4-31}$$

式中 ρ_{f}，ρ'_{f}——改量程前和改量程后转子的密度；

ρ——被测介质的密度；

K——修正系数。

★看动画视频 说工作过程

转子式流量计

气远转子流量计

电远传转子流量计

三、电磁流量计

电磁流量计是根据法拉第电磁感应原理而工作的流量检测仪表。它能够测量具有一定电导率的液体或液固两相介质的体积流量，如酸、碱、盐等溶液；泥浆、矿浆、纸浆、药浆、糖浆、果浆及血液等的体积流量。目前在线使用的大口径流量计大多为电磁流量计，其准确度一般都可达 0.5 级。

电磁流量计是由传感变送器、信号转换器两部分组成。传感变送器是将流体流量的变化变换成感应电势的变化，信号转换器是将微弱的感应电势放大并转换成 4～20mA 的标准信号输出，以实现流量的远传、指示、记录、积算或调节。

1. 工作原理

图 4-14 为电磁流量计的工作原理图，当导电流体以平均流速 u(m/s) 通过内径为 D (m) 的管子时，由于有磁通密度为 B(T) 的均匀磁场的作用，因而导电流体流过时要切割磁力线，在与磁场及流动方向垂直的方向上产生感应电势 E(V)。

$$E=uDB(\mathrm{V}) \tag{4-32}$$

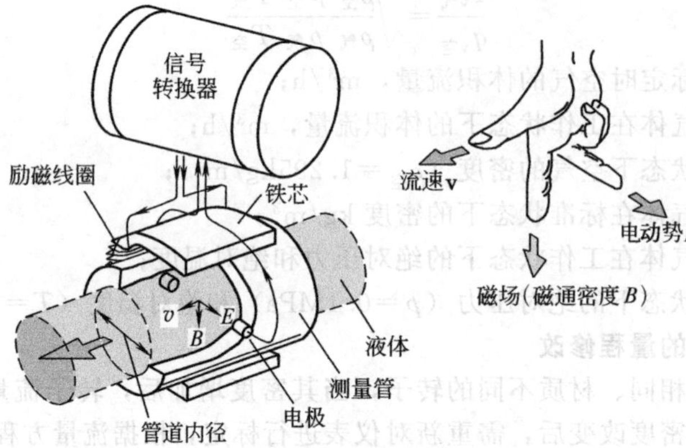

图 4-14 电磁流量计的工作原理

根据体积流量的定义得：

$$q_v=uA=u\ \frac{\pi}{4}D^2=E\ \frac{1}{BD}\frac{\pi}{4}D^2=\frac{\pi ED}{4B}(\mathrm{m^3/h}) \tag{4-33}$$

由此电势可表示为：

$$E=\frac{4B}{\pi D}q_v=K\cdot q_v(\mathrm{V}) \tag{4-34}$$

由式(4-33) 中可知，流体在管道中的体积流量与感应电势成正比。

2. 电磁流量计的类型

电磁流量计的类型，根据分类方法的不同其类型也有所不同。按电磁场产生方式分直流励磁、交流励磁、低频矩形波励磁、双频率励磁方式等；按输出信号连接和励磁连线制式分有四线制、二线制；按用途分有通用型、防爆型、卫生型、耐浸水型、潜水型等；按传感器与变送器的组装方式可分为分离型和一体型两大类。

(1) 分离型

分离型是最普遍的应用形式，如图 4-15 所示，传感器接入管道，转换器安装于仪表室或人们易于接近的传感器附近，两者之间相距数十到数百米，为防止外界噪声的侵入，信号电缆通常采用双层屏蔽。当测量电导率较低的液体且安装距离超过 30m 时，为防止电缆分布电容造成信号衰减，其内层屏蔽要求接上与芯线同电位低阻抗源的屏蔽驱动。分离型的转换器可远离现场的恶劣环境，电子部件检查、调整和参数设定都比较方便。

(2) 一体型

传感器和转换器组装在一起直接输出直流电流（或频率）标准信号，实际上成为电磁流量变送器。一体型电磁流量计缩短了传感器和转换器二者之间信号线和励磁线的连接长度，并使之没有外接，而是隐蔽在仪表内部，从而减少了信号的衰减和空间电磁波噪声的侵入。

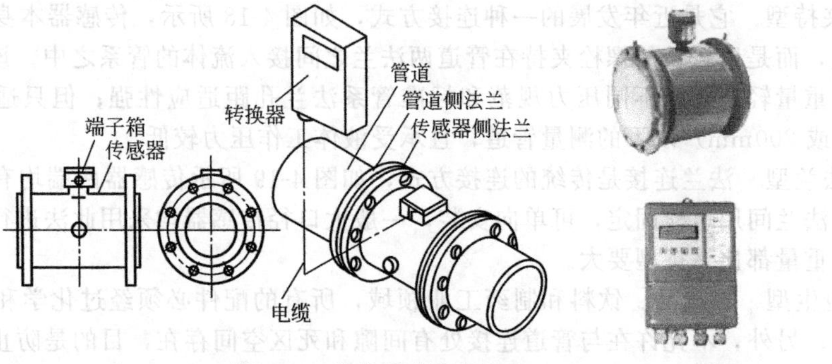

图 4-15 分离型法兰连接式

具体结构如图 4-16 所示。同样测量电路与分离型相比可测较低电导率的液体，取消了信号线和励磁线的布线，简化了电气连线，仪表价格和安装费用均相对降低，多用于小管径仪表。随着二线制仪表的发展，一体型电磁流量计将会有较快的发展，但如果由于管道布置限制，安装在不易接近的场所，则给维护带来不便，此外，由于转换器电子部件装于管道上，将受到流体温度和管部振动的较大限制。

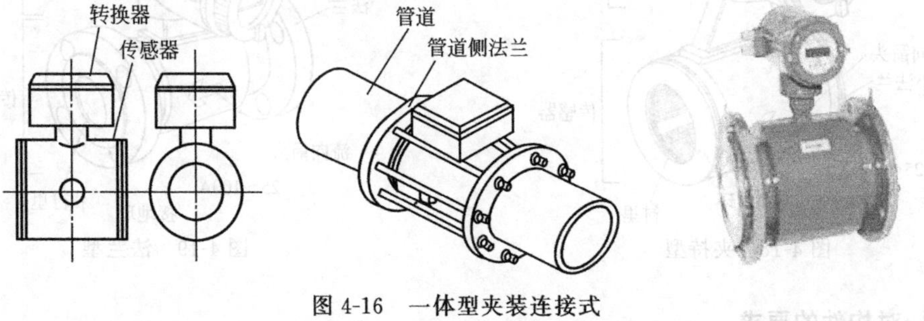

图 4-16 一体型夹装连接式

一体型电磁流量计采用双频率励磁方式，其结构是在测量管内形成两个频率分量的电磁场，即高频励磁和低频励磁。高频励磁不受流体噪声干扰影响，低频励磁具有极好的零点稳定性，工作时把从高低频率中定时检测到的各分量信号进行计算，便可产生一个流量信号，测量原理如图 4-17 所示。

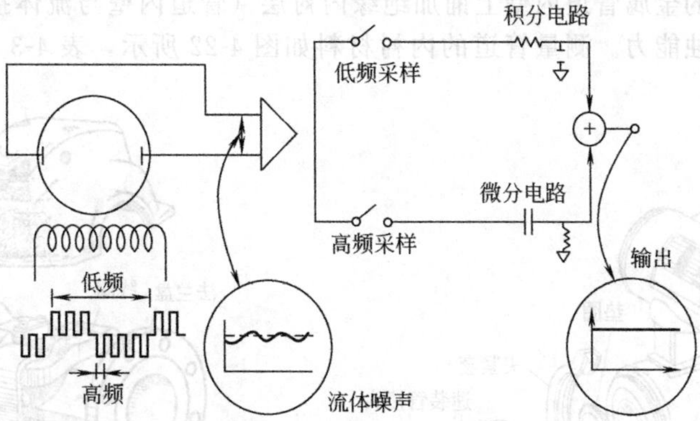

图 4-17 测量原理示意图

3. 电磁流量计的结构及对构件要求

(1) 电磁流量计的结构型式

一体式电磁流量计的结构有三种型式，即夹持型、法兰型和卫生型。

① 夹持型 它是近年发展的一种连接方式，如图4-18所示，传感器本身没有与管道对接的法兰，而是以较长的螺栓夹持在管道两法兰之间接入流体的管系之中。该形式的传感器体积小、重量轻，对于不同压力规范和标准管系法兰孔距适应性强；但只适用于较小管径（100mm或200mm）以下的测量管道，且承受液体工作压力较低。

② 法兰型 法兰连接是传统的连接方式，如图4-19所示传感器两端均有连接法兰，与流体管道法兰间用螺栓固定，可单向安装，一般大口径传感器均采用此法进行安装，流量计的体积和重量都比夹持型要大。

③ 卫生型 在食品、饮料和制药工业领域，所有的配件必须经过化学和热蒸汽方法净化和灭菌；另外，不允许在与管道连接处有间隙和死区空间存在，目的是防止在这些空间滋生细菌，因此需采用特殊的密封连接方式，具体结构如图4-20所示。在此所应用的材料不允许对被测流体放射出其他物质元素，也就是说必须适用于商品要求。

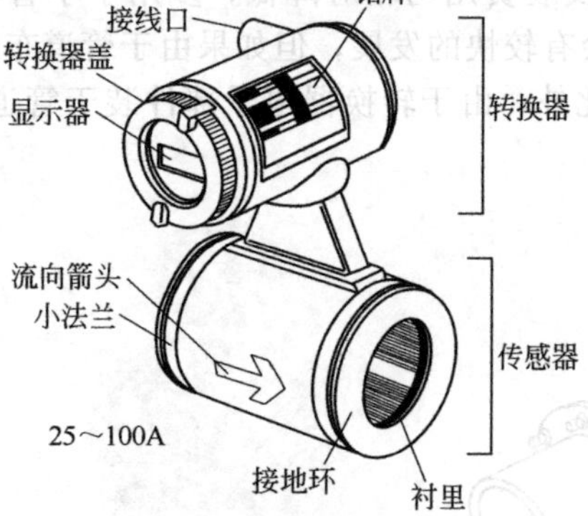

图4-18 夹持型

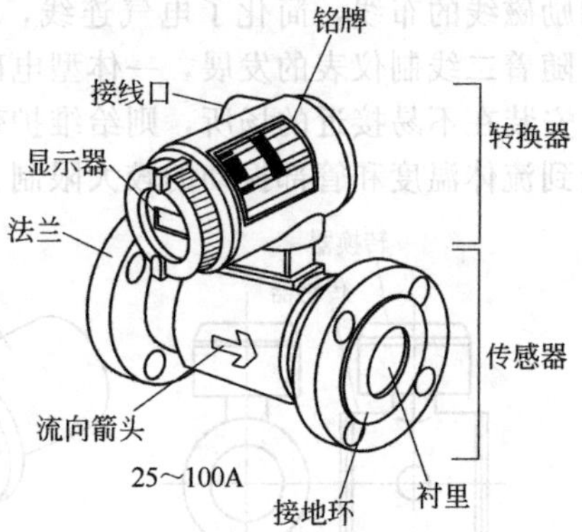

图4-19 法兰型

(2) 对构件的要求

电磁流量计的结构主要由测量导管、测量电极、励磁线圈和转换变送器组成，如图4-21所示。

① 测量导管 磁场必须透过管壁穿向流体。这里测量管道仅允许采用非导磁材料制作。被测流体感应出的电压不允许与导电的管壁形成短路，这就需要测量管道采用绝缘材料制作，或者在非导磁的金属管道内壁上铺加绝缘内衬层（管道内壁与流体接触），内衬材料必须具有足够的抗腐蚀能力。测量管道的内衬材料如图4-22所示，表4-3给出了各种测量管道内衬材料的性能。

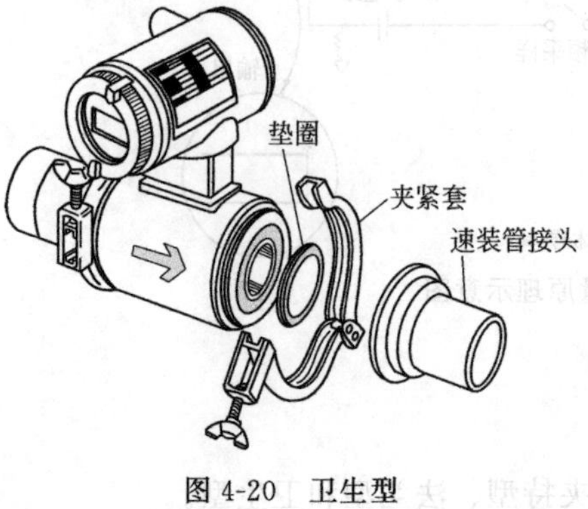

图4-20 卫生型

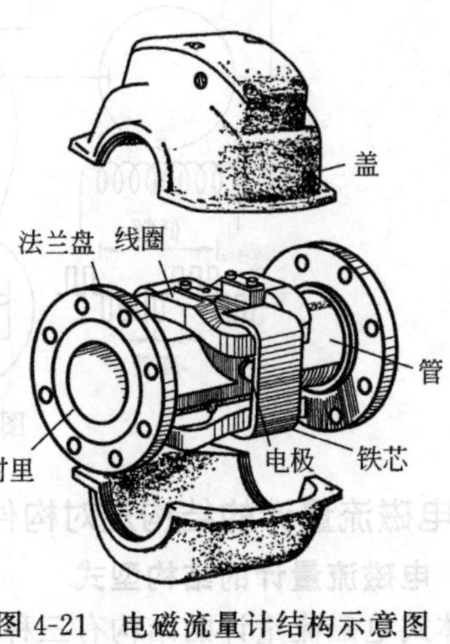

图4-21 电磁流量计结构示意图

橡胶衬里示意图

PO衬里示意图

四氟衬里示意图

图 4-22 测量管道的内衬材料

表 4-3 测量管道内衬材料的性能

材料	最大流体温度/℃	抗化学危害	抗磨损强度	在压力和温度条件下的变形	*DN* 的范围/mm	抗真空强度
氟化塑料(如聚四氟乙烯和PFA)	180	从热碱到热和高溶度酸	根据材料结构从差到好	根据材料结构从强到很小	2～600	根据材料结构从弱到很小
有不锈钢加固层的PFA	180	从热碱到热和高溶度酸	好	很小	2.5～150	很好
乙烯-聚四氟乙烯共聚物	120	从热碱到热酸	很好	很小	200～600	很好
硬橡胶	90	低溶度溶液	差	非常小	25～3000	相对较好
有不锈钢加固层的聚丙烯	90	低溶度溶液	好	很小	25～150	很好
软橡胶氯丁橡胶	60	低溶度溶液	好	很小	25～3000	相对较好
聚氨酯	60	低溶度溶液	极好	很小	50～1600	好
铝/氧化锆陶瓷	180	从温热碱(中等溶度)到 100℃ 高溶度酸	最易磨损的材料	实际无变形(在小 *DN* 时高的长时间稳定性)	2.5～250	极好的真空强度

② 测量电极 它直接与被测流体接触，因此采用的材料必须具有足够的耐腐蚀能力，并保证在与被测流体接触时具有良好的导电性能。最常用的电极材料是不锈钢、铬镍合金，其次是铂、铝、钛和锆金属。在陶瓷测量管道的流量计中采用陶瓷金属混合材料制作的电极。具体结构如图 4-23 所示，测量电极材料的选择决定了电磁流量计的测量性能。

对于极低导电率的被测流体或在管壁上导电能力差的沉积绝缘物，将影响测量的正常进行。这时可采用由电容耦合获取感应电压信号的电磁流量计，这种电极是在内衬或非导电管道内安装一套大面积电容极板，具体结构如图 4-24 所示。

采用电容电极的优点有：

• 被测流体的最小导电率可为 0.05μs/cm（电磁流量计生产厂商建议的导电率为 0.3μs/cm)。
• 测量管道内壁上有绝缘沉淀物时不会引起测量故障。
• 不需要选择与被测流体要求相关的电极材料。

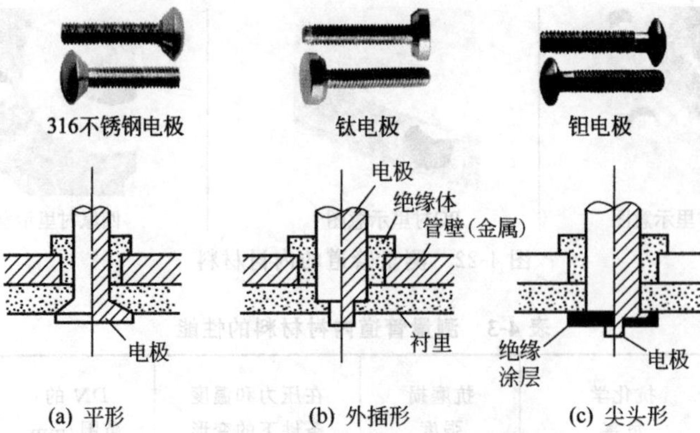

(a) 平形　(b) 外插形　(c) 尖头形

图 4-23　测量电极的外形与安装

• 在测量不均匀的流体时能平稳显示流量值。

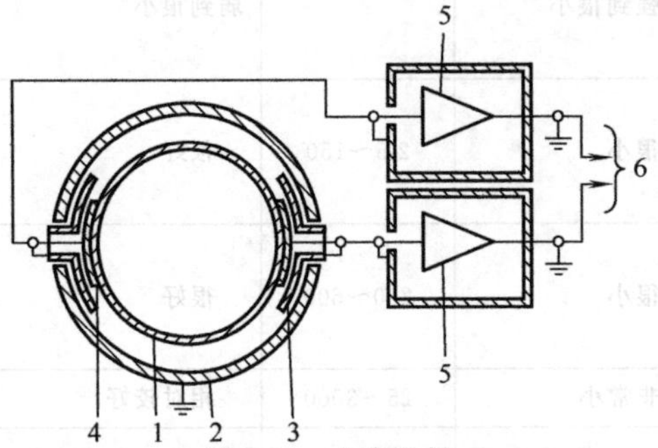

图 4-24　电容电极

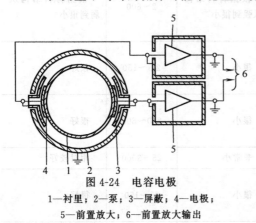

1—衬里；2—泵；3—屏蔽；4—电极；5—前置放大；6—前置放大输出

③ 励磁线圈　在管道上电磁线圈的安装与电极轴相垂直，该线圈由变送器提供供电电流，并产生方波磁场，磁场形式（测量管道中磁场强度和空间的分布）受电磁流量计显示器线性度和流速分布的影响，电磁线圈由电磁流量计的外壳保护。

④ 转换变送器　它的主要任务是把感应电压信号 E 变换成 4～20mA 的标准电流信号。感应电压信号只有微伏量级到毫伏量级，因此转换变送器的主要功能有放大、转换、滤波、标定等。

• 电压信号放大。变送器的输入放大器必须具有很高的输入阻抗，以防止电极的内阻对测量精度的影响；

• 把放大的电压信号转换成数字量；

• 电压信号滤波，消除大于 1/10 流量信号的干扰电压；

• 标定相应的工作参数包括测量传感器标称值、测量范围终值和毫伏级电压输出量程等；

• 把标定的数字量转换成过程所需的标准输出信号，如模拟量输出信号采用 4～20mA 信号或把体积单位换算成脉冲计数信号，并通过计算机接口直接向过程控制系统传送；

• 输出数据；

• 在现场显示器上显示流量值和累计值；

• 在方波磁场的电磁流量计中变送器兼有供电的功能。

4. 电磁流量计的选用、安装及特点

(1) 电磁流量计的选用原则

仪表量程与测量管径的选择：正常流量超过仪表满量程的一半；流速一般选择在 2～4m/s。当测量含有固体颗粒的介质时，考虑到磨损，宜选用流速小于或等于 3m/s；较易粘附的介质，流速应大于或等于 2m/s。流速确定后，根据 $q=\frac{\pi}{4}D^2u$ 来确定测量管径。仪表工作压力应低于流量计规定的耐压值。工作温度应根据流量计内衬的要求温度加以选择。根

据流体介质的性质，选择不同的内衬和电极材料。

(2) 电磁流量计的安装

① 传感器应安装在避免直接日晒雨淋的环境中；避免过高的环境温度；避免强烈的震动；避免安装在强电磁场设备附近；避免有腐蚀性气体的场合；便于维修。

② 转换器的安装环境一般来讲温度－10～45℃，相对湿度小于或等于85%，无强烈震动，无腐蚀性气体，与传感器的距离不宜超过30m。

③ 测量管道要求流量计的上游侧应有足够长的直管道，以消除流体的不对称性。

④ 测量液固两相介质时转换器宜垂直安装，防止两相分离，且使固体分布均匀，衬里磨损也均匀，垂直安装时，流向应自下而上，确保传感器中充满介质。

(3) 电磁流量计的特点

优点：传感器结构简单，无相对运动部分，也无节流部件。因此，它特别适用于测量液固两相介质，如悬浮液等。压力损失小，减少能耗。电磁流量计是一种体积流量测量仪表，它不仅可测单相的导电性液体的流量，也可以测量液固两相介质的流量，而且不受介质的温度、黏度、密度、压力以及电导率（在一定范围内）等物理参数变化的影响。因此，电磁流量计只需经水标定后，就可测量其他导电性液体或固液两相介质的流量，而无需进行修正。

测量范围宽，可达1：100，而且可任意改变量程。此外，电磁流量计测量体积流量时只与被测介质的平均流速有关，而与轴对称分布下的流态（层流或紊流）无关。无机械惯性，反应灵敏，可测量瞬时脉动流，且线性好，可直接等分刻度，因此可将测量信号直接用转换器线性地转换成标准信号输出，既可就地指示，也可远距离传送，耐腐蚀性好，使用方便，寿命长。

缺点：不能测量气体、蒸汽及含有气泡的液体及电导率很低的液体，如石油制品等。由于衬里材料和电气绝缘材料的温度限制，目前一般工业用电磁流量计还不能用于高温介质的测量。受流速和流速分布的影响，要求流速对轴心对称分布，否则不能正确测量。所以前后要有足够长的直管段，以消除流速分布的不对称度，如表4-4所示。

表4-4 电磁流量计上流侧各种连接器和电磁流量计之间所需的直管最小长度

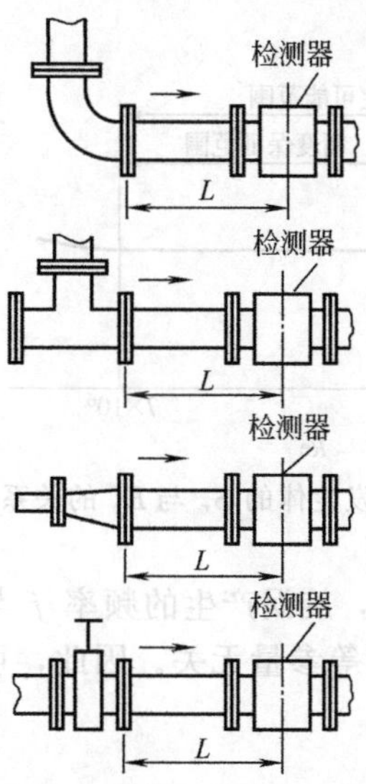	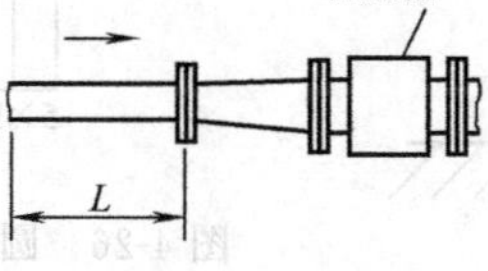	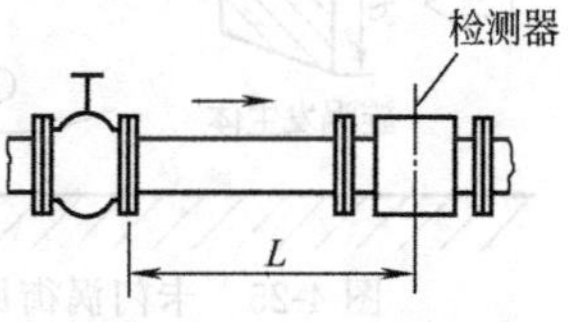
90°弯头，三通，扩大管或截止阀全开	圆锥角为15°以内的扩大管	各种阀
$L=5D$	$L=5D$	$L=10D$

★看动画视频　说工作过程

电磁流量计

四、涡街流量计

涡街流量计又称漩涡式流量计，它是一种速度式的流量检测仪表。仪表输出信号是与流量成正比的脉冲频率信号或标准电流信号，可远距离传输，并且输出信号仅与流量有关，不受流体的温度、压力、成分、黏度和密度的影响。该流量计的量程比宽，结构简单，无运动部件，检测元件不接触被测流体，具有测量精度高、应用范围广、使用寿命长等特点，因此在生产实际中得到广泛的应用。

1. 工作原理

涡街流量计是利用流体力学中卡门涡街的原理而制成的流量检测仪表。它是将一个非流线型的对称形状的物体（如圆柱体、三角柱体、矩形柱体、六面柱体等，它们统称为旋涡发生体）垂直插在管道中，流体绕过旋涡发生体时，将会出现附面层的分离，在旋涡发生体的左右两侧后方交替产生旋涡，而形成旋涡列，其原理如图 4-25 所示。左右两侧旋涡的旋转方向相反。这种旋涡列通常被称为卡门旋涡列，也称卡门涡街。设旋涡发生频率为 f，被测流体的平均流速为 u，旋涡发生体的迎面宽度为 d，表体通径 D，根据卡门涡街原理

$$f=\frac{Sru_1}{d}=\frac{Sru}{md} \tag{4-35}$$

式中，Sr 为斯特劳哈尔数；u_1 为旋涡发生体两侧平均流速；m 为旋涡发生体两侧弓形面积与管道的截面积之比。

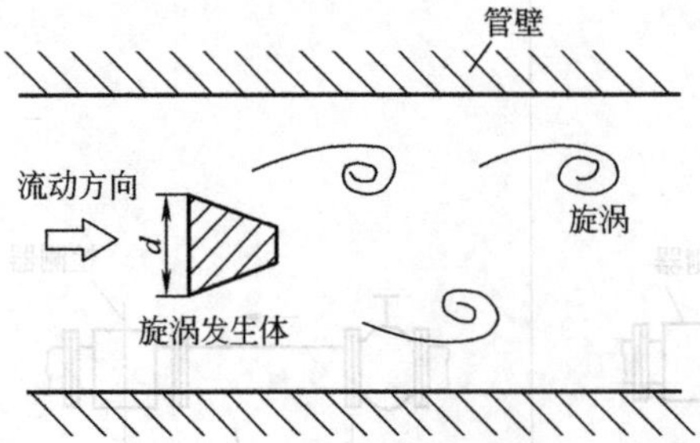

图 4-25　卡门涡街原理图

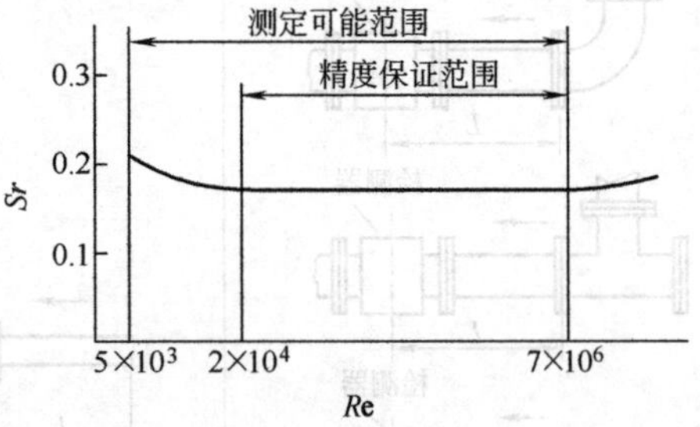

图 4-26　圆柱状旋涡发生体的 S_r 与 E_e 的关系图

该式表明，在旋涡发生体宽度 d 和斯特劳哈尔数 Sr 为定值时，旋涡产生的频率 f 与流体的平均流速 u 成正比，而与流体的温度压力、密度、成分、黏度等参量无关。因此，可以从旋涡产生的频率 f 求得流体的流速 u，则管道内体积流量 q_v 为

$$q_v=\frac{\pi}{4}D^2u=\frac{\pi D^2}{4Sr}mdf \tag{4-36}$$

$$K=f/q_v=\left[\frac{\pi D^2}{4Sr}mdf\right] \tag{4-37}$$

式中，K 为流量计的仪表系数，脉冲数/m^3（P/m^3）。

K 除与旋涡发生体、管道的几何尺寸有关外，还与斯特劳哈尔数有关。斯特劳哈尔数为无量纲参数，它与旋涡发生体形状及雷诺数有关，图 4-26 所示为圆柱状旋涡发生体的斯特劳哈尔数与管道雷诺数的关系图。由图可见，在 $R_{eD}=2\times10^4\sim7\times10^6$ 范围内，Sr 可视为常数，这是仪表正常的工作范围。

涡街流量计的输出脉冲频率信号不受流体物性和组分变化的影响，即仪表系数 K 在一定雷诺数范围内仅与旋涡发生体及管道的形状尺寸等有关。

2. 流量计的结构

涡街流量计是由传感器和转换器两部分组成，如图 4-27 所示。其中传感器包括有旋涡发生体（阻流体）、检测元件、仪表壳体等；转换器包括有前置放大器、滤波整形电路、D/A 转换电路、输出接口电路、端子板、支架和防护罩等。近年来智能式流量计已将微处理器、显示通信及其他功能的模块应用于转换器内，而实现了流量检测的智能化。

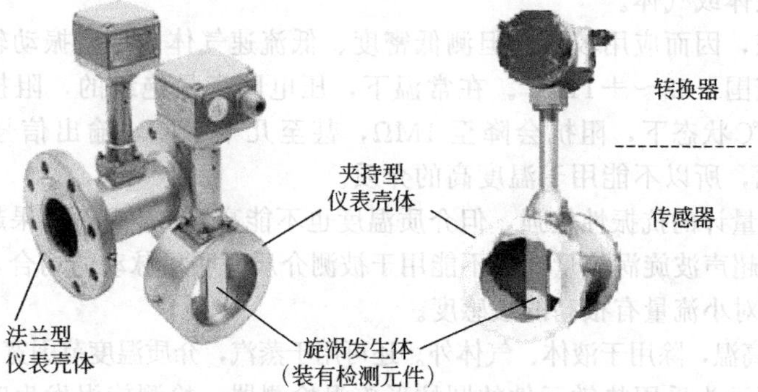

图 4-27　涡街流量计组成

(1) 旋涡发生体

旋涡发生体是检测器的主要部件，它与仪表的流量特性（仪表系数、线性度、范围度等）和阻力特性（压力损失）密切相关，仪表对它的要求如下。

① 能够控制旋涡在旋涡发生体轴线方向上同步分离；

② 在较宽的雷诺数范围内，有稳定的旋涡分离点，保持恒定的斯特劳哈尔数；

③ 能产生强烈的涡街，信号的信噪比高；

④ 形状和结构简单，便于加工和几何参数标准化，以及各种检测元件的安装和组合；

⑤ 材质应满足流体性质的要求，耐腐蚀、耐磨损、耐温度变化；

⑥ 材质的固有频率在涡街各信号频率带之外。

现已开发出的旋涡发生体形状很多，它有单旋涡发生体和多旋涡发生体两大类。单旋涡发生体的基本形状有圆柱、矩形柱和三角柱，其他形状皆为这些基本形状的变形。圆柱体的斯特劳哈尔数较大、稳定性也强，压力损失小，但是旋涡强度较低。矩形柱发生体的旋涡强度较大、稳定性高，但压力损失大。三角柱形旋涡发生体是目前应用最广泛的一种，压力损失适中，旋涡强度较大，稳定性也好。各种旋涡发生体的结构如图 4-28 所示。

(2) 检测元件

安装在旋涡发生体上的检测元件，感受旋涡频率的变化，转换成相应的电信号输出。旋涡频率的检测方法可分为两大类。

方式一：检测旋涡发生时的流速变化，采用热敏元件、超声波束等；旋涡发生体可以是实心圆柱、矩形柱和三角柱及 T 形复合柱。

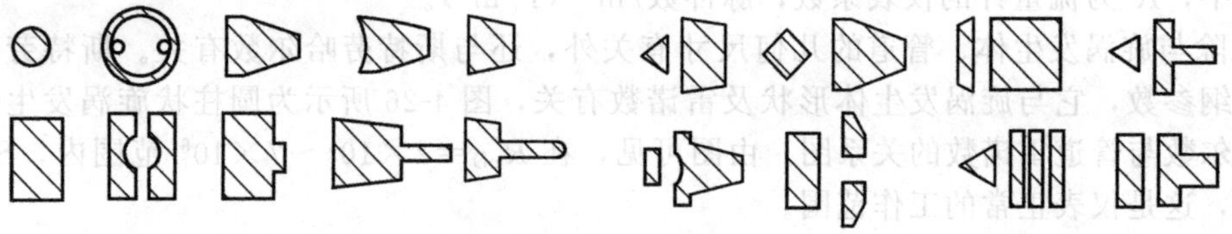

(a) 单旋涡发生体　　(b) 双、多旋涡发生体

图 4-28　旋涡发生体形状

方式二：检测旋涡发生时的压力变化，采用应变元件、压电元件、振动磁敏传感器、光电元件、弹性元件/电容元件、弹性元件/压电元件等。旋涡发生体可以是空心圆柱、三角柱、T形柱及各种复合柱。

热敏检测元件灵敏度高，适用于较低温度（＜200℃）和较低密度的气体测量。但因热敏电阻用玻璃封装，较脆弱，故易受流体中的污物、有害物质及颗粒物的影响，所以被测介质还应是清洁的液体或气体。

压电元件耐脏，因而应用较广。但测低密度、低流速气体，环境振动较大的场合就不宜选用。介质温度范围－32～＋110℃。在常温下，压电陶瓷是绝缘的，阻抗为 10～100MΩ。但如果工作在 300℃状态下，阻抗会降至 1MΩ，甚至几十千欧，输出信号变小，导致测量系统低频特性恶化，所以不能用于温度高的介质。

超声波涡街流量计的抗振性较强，但介质温度也不能高于 200℃。如果超出此范围，则超声波探头会损坏。超声波旋涡流量计也不能用于被测介质有明显脉动的场合，如往复压缩机出口的流体，因为它对小流量有很高的敏感度。

振片磁敏式耐高温，除用于液体、气体外。还可用于蒸汽，介质温度范围宽，为－268～427℃。

图 4-29(a) 所示为采用热敏元件的圆柱形旋涡检测器，检测旋涡发生时的压力变化，达到流量测量目的。它是在检出部分的轴向两侧开并列的偶数导压孔，导压孔与检测体内的空腔相通。空腔内有隔墙，把空腔分隔成两部分。在隔墙中，装有通电流的铂电阻丝。当圆柱检测体的侧后方产生旋涡时，有旋涡的一边的静压大于无旋涡的一边的静压，于是通过导压孔引起空腔内流体的移动，使得热电阻丝冷却而改变阻值，然后再通过测量电桥输出电信号。

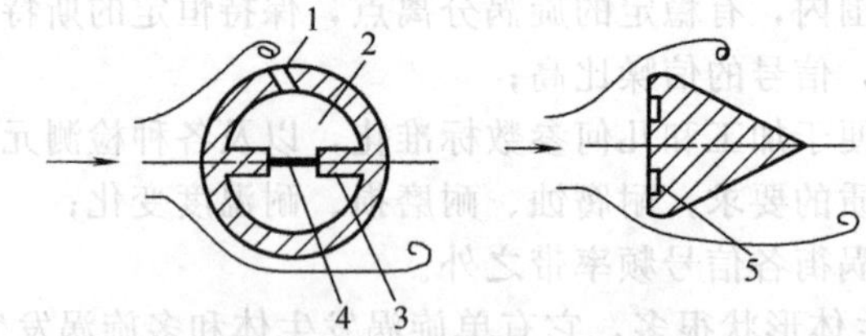

(a) 检测旋涡发生时的压力变化　(b) 检测旋涡发生时的流速变化

图 4-29　旋涡频率的检测过程

1—导压孔；2—空腔；3—隔墙；4—铂电阻丝；5—封装热敏电阻

图 4-29(b) 所示是采用热敏检测元件的三角柱形检测器，检测旋涡发生时的流速变化，达到流量测量的目的。埋设在三角柱检测器正面用低温玻璃封装的两只热敏电阻为电桥的两臂，它由恒流源供给的微弱电流予以加热。流体在三角柱检测器两侧交替地产生旋涡，产生旋涡的一侧，流速较大，致使靠近这一侧的热敏电阻的温度降低而阻值升高，造成电桥不平衡，从而输出与旋涡产生的频率相一致的交变电压信号。

(3) 转换器

检测元件把旋涡信号转换成电信号，该信号既微弱又含有不同成分的噪声，必须进行放大、滤波、整形等处理才能得出与流量成比例的脉冲信号。转换器原理框图如图 4-30。不同的检测方式配备不同特性的前置放大器，如表 4-5 所列。

表 4-5　前置放大器和检测方式一览表

检测方法	热敏式	超声式	应变式	应力式	电容式	光电式	电磁式
前置放大器	恒流放大器	选频放大器	恒流放大器	电荷放大器	调谐-振动放大器	光电放大器	低频放大器

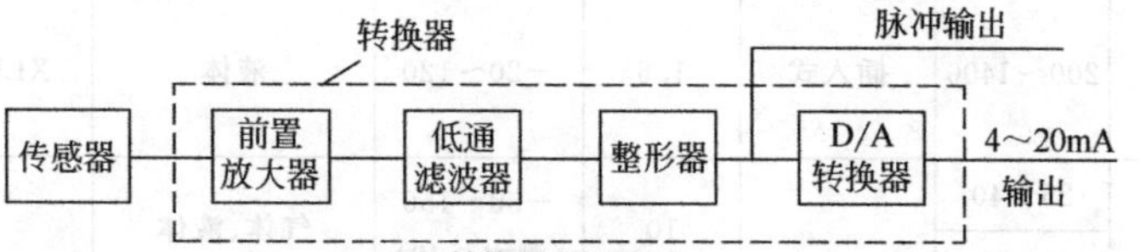

(a) 转换器原理框图

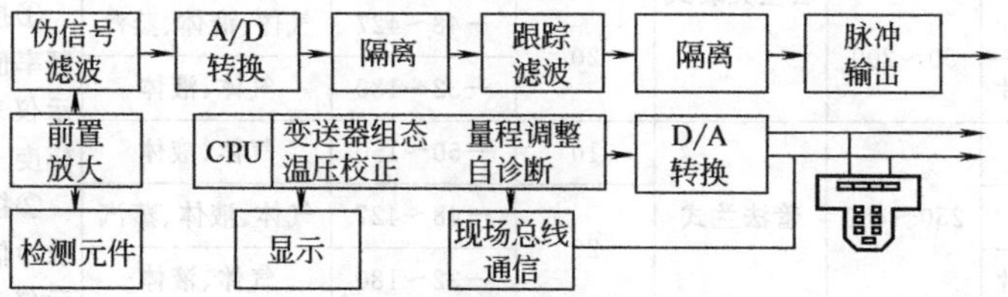

(b) 智能涡街流量计框图

图 4-30　转换器原理框图

(4) 仪表壳体

仪表壳体可分为夹持型和法兰型，具体结构如图 4-27 所示。

3. 旋涡流量计的应用

(1) 特点

① 流量计精度高，可达 0.5%～1%左右，检测范围宽，可达 100∶1，阻力小，输出的频率信号与流量成正比，抗干扰能力强。

② 不受流体压力、温度、密度、黏度及成分变化的影响，更换检测元件时不需重新进行仪表的标定。

③ 管道口径为 25～2700mm，压力损失很小，尤其是对大口径流量的检测更为优越。

④ 安装简便，故障少，维修量小。

(2) 使用要求

① 旋涡式流量计属于速度式仪表，管道内的速度分布规律变化对测量精度的影响较大，因此在旋涡检测器前要有 15 倍的管道内径，检测器后有 5 倍的管道内径的直管段长度的要求，并且要求管道内壁表面光滑。

② 管道雷诺数应在 2×10^4～7×10^6 之间。如果超出这个范围，则斯特劳哈尔数便不是常数，从而造成仪表测量精度的降低。

③ 流体的流速必须在规定的范围。因为旋涡流量计是通过检测旋涡的释放频率来测量流量的，一般要求测量气体时流速范围为 4～60m/s，测量液体时流速范围是 0.38～7m/s，测量蒸汽时流速范围不超过 70m/s。

④ 在使用过程中敏感元件要保持清洁，经常进行冲洗。

(3) 主要技术数据

常用涡街流量计的主要技术数据见表 4-6。

表 4-6 常用涡街流量计的主要技术数据

传感器型号	检测元件	被测管道 公称直径/mm	被测管道 安装方式	介质压力/MPa	介质温度/℃	适用介质	显示仪表	生产厂
LUGB	压电晶体	25～300	法兰式	2.5,4	－40～300	气体、液体、蒸汽	LXL 或 LXB	广东省南海石化仪表厂
		250～1000	插入式	2.5				
LUCE	扩散硅压敏元件	200～1400	插入式	1.6	－20～120	液体	XLUY-11	天津自动化仪表十四厂
2350	热敏电阻	25～40	法兰夹装式	10	－50～150（测水＜40）	气体、液体	①接收基本频率信号的显示仪表（脉冲辐度＋6.5V）②接收定标脉冲信号的显示仪表（如电磁计数器）③接收 4～20mA DC 的模拟量显示仪表	银河仪表厂引进美国 EASTECH 公司生产技术
2150		50～200						
3050	磁检测器	50～200		20	－48～427	气体、液体、蒸汽		
	压电陶瓷片				－32～180	气体、液体		
2525	热敏电阻	250～450	管法兰式	10	－50～150	气体、液体		
3010	磁检测器			20	－48～427	气体、液体、蒸汽		
	压电陶瓷片				－32～180	气体、液体		
3715,3735	热敏电阻	250～2700	插入式	6	－50～150	气体、液体		
3725				4				
3610,3630	磁检测器			6	－48～427	气体、液体、蒸汽		
3620				4	－48～204			
3610,3630	压电陶瓷片			2.5	－32～180	气体、液体		
3620								

★看动画视频 说工作过程

涡街流量计

第三节 质量式流量测量仪表

目前使用的大多数流量计，其测量值随介质工作温度、压力、密度等参数的变化而变化，仪表就要产生测量误差。

微动质量流量计是一种直接质量流量计，这种流量计是基于哥里奥利效应工作的，它的输出信号与质量成线性关系，不受被测流体的温度、压力、密度、流速分布、黏度和电导性变化的影响。而且它的检测精确高（±0.2%）、检测范围宽（20∶1）、可靠性高、维修量小，不需要直管段，易于满足耐腐蚀要求，在测流量的同时还可测流体的密度，它既可输出模拟信号，又可输出频率信号，便于和计算机连用，它可以构成本质安全系统。由于以上这些特点，这种流量计可在各种工业部门检测各种流体的流量，虽然它的价格很贵，还是得到了迅速的推广。

微动质量流量计的检测系统由传感器、变送器及显示仪表三部分组成，如图 4-31 所示。其外形及安装方式如图 4-32 所示。

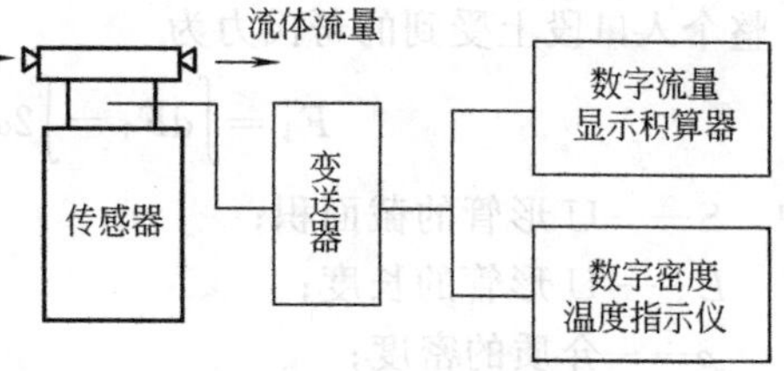

图 4-31 质量流量计的组成

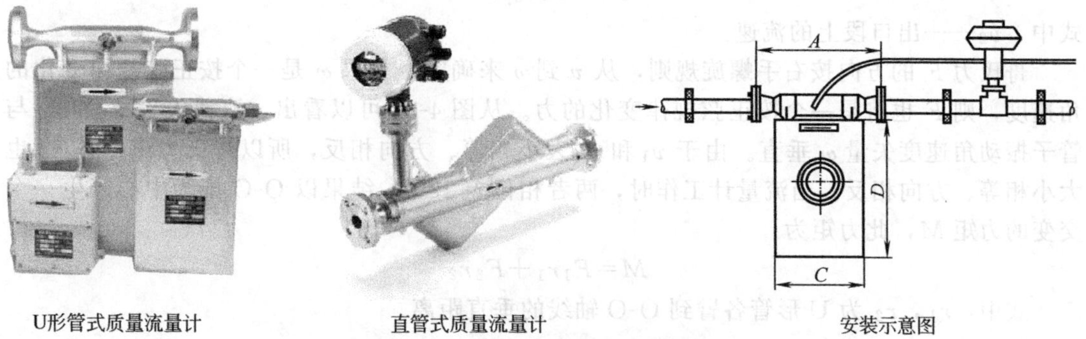

图 4-32 微动流量计外形及安装图

传感器的敏感元件是测量管。测量管的形状，不同的厂家是不同的。如美国 Rosemount 公司的 U 形管、德国 E+H 公司的直形管等。各种传感器的工作原理是一样的，通过激励线圈使管子产生振动，流动的流体在振动管内产生哥氏力，由于测量管进出侧所受的哥氏力方向相反。所以管子会产生扭曲，再通过电磁检测器或光电检测器，将测量管的扭曲转变成电信号，以进入变送器作进一步的处理。

变送器的功能是把来自传感器的低电平信号或二进制信号进行变换、放大。并输出与流量和密度成比例的 4～20mA 标准信号，或频率/脉冲信号，或数字信号。由于质量流量计中的传感元件体积较大，因此变送器和传感器分开制作，两者的距离可达 300m，但需要用专用电缆连接。

显示器或其他终端装置接受变送器来的信号，通常以数字的形式显示被测流体的瞬时流量、累计流量、密度、温度等信号。有的变送器和显示器做成一体，直接从变送器上读数。

一、工作原理

微动质量流量计是根据哥里奥利效应进行工作的直接式质量流量计。当质量为 m 的流体以速度 v 流过一根以角速度 ω 绕其一端转动的管子时，这个流体就具有一个加速度 $a=2\omega v$，说明流体受到一个管子施加的力 F 的作用，即

$$F=ma=2m\omega v$$

根据牛顿第三定律，流体对管子有一个反作用力：$f=-F$。这个现象就称为哥里奥利效应，a 和 F 简称为哥氏加速度和哥氏力，f 称为哥氏惯性力。

1. 哥氏力的检测

由图 4-33 所示，U 形管的开口端被固定住，另一端用电磁激励，使其产生垂直于图面方向的振动。可看作是绕固定端的瞬时转动，其角速度为 ω。管内无流体通过时，振动频率约为 80Hz，振幅小于 1mm。

整个入口段上受到的哥氏力为

$$F_1=\int dF_1=\int 2\omega v_1\rho S\cdot dL=2\omega v_1\rho SL \tag{4-38}$$

式中 S——U 形管的截面积；

L——U 形管的长度；

ρ——介质的密度；

v_1——入口段上的流速。

同样，U 形管整个出口段上受到的哥氏力为

$$F_2=2\omega v_2\rho SL \tag{4-39}$$

式中 v_2——出口段上的流速。

哥氏力 F 的方向按右手螺旋规则，从 $\boldsymbol{v}$ 到 ω 来确定。如果 ω 是一个按正弦规律变化的角速度，则 F 也将是一个按正弦规律变化的力。从图 4-34 可以看出，流速矢量 $\boldsymbol{v}_1$ 和 $\boldsymbol{v}_2$ 与管子振动角速度矢量 ω 垂直。由于 $\boldsymbol{v}_1$ 和 $\boldsymbol{v}_2$ 大小相等、方向相反，所以哥氏力 F_1 和 F_2 也大小相等、方向相反。当流量计工作时，两者相位差 180°。结果以 O-O 轴为中心产生一个交变的力矩 M，此力矩为

$$M=F_1r_1+F_2r_2$$

式中，r_1，r_2 为 U 形管各臂到 O-O 轴线的垂直距离。

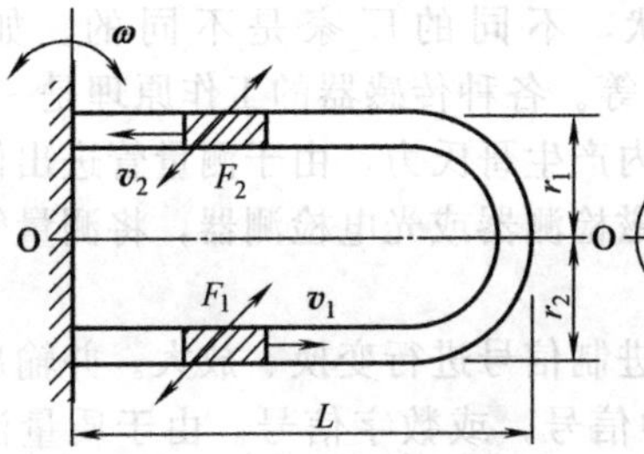

图 4-33 U 形管受力示意图

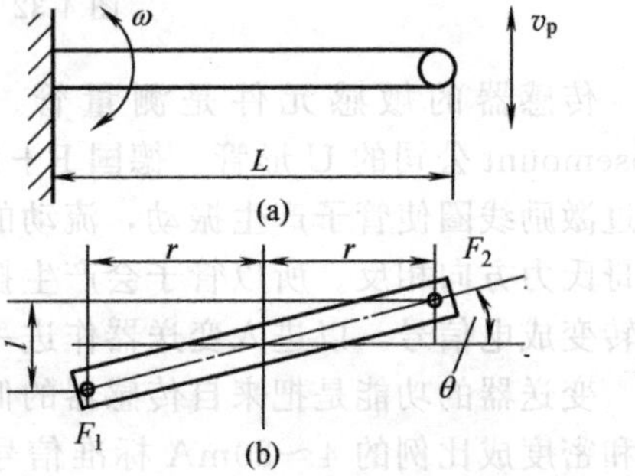

图 4-34 U 形管扭转变形示意图

如果结构完全对称，则可写成：

$$M=2F_1r_1=4\omega\rho vSLr \tag{4-40}$$

力矩 M 使 U 形管扭转一个角度。对于一定的 U 形管系统

$$M=K\theta \tag{4-41}$$

式中，θ 为 U 形管扭转变形角；K 为 U 形管系统的扭转弹性系数。

由式(4-40) 和式(4-41)，可得

$$\rho vS=\frac{K\theta}{4\omega rL}$$

而 ρvS 即管中的流体的质量，则有

$$q_m=\frac{K\theta}{4\omega rL} \tag{4-42}$$

式(4-42) 即是微动流量计的基本方程式。对一台已造好的微动流量计，K、r、L、ω 都是常数。因此，被测流体的质量流量 q_m 与扭转角 θ 成正比。

2. 扭转角 θ 的检测

利用检测器来检测 U 形管的扭转变形。U 形管的扭转变形如图 4-34，在 U 形管的平衡

位置两侧各装一个光电位置检测器。U 形管在哥氏力的作用下绕 O-O 轴扭转变形，当通过左右两个检测器时，检测器就分别发出一个电脉冲信号 N_1 和 N_2。

如果流量为零，可知 U 形管无扭转变形，$\theta=0$。通过左右两个检测器的时间是一样的，无时间差 Δt。

当有流量通过传感器时，U 形管出现扭转变形，由图 4-34 可见，其幅度为

$$l=2r\theta=v_{\mathrm{p}}\Delta t \tag{4-43}$$

式中 v_{p}——U 形管通过检测器时在检测器处的线速度；

l——U 形管端点变形幅度；

Δt——检测器分别发出电脉冲 N_1 和 N_2 的时间间隔。

U 形管在检测器处的线速度 v_{p} 可由角速度 ω 决定，如图 4-44(a)

$$v_{\mathrm{p}}=\omega L \tag{4-44}$$

式中 L——U 形管的长度。

由式(4-43) 和式(4-44)，可得

$$\theta=\frac{\omega\Delta t}{2r}L \tag{4-45}$$

将式(4-45) 代入式(4-42)，得

$$q_{\mathrm{m}}=\frac{KL\omega\Delta t}{8r^2\omega}=\frac{KL}{8r^2}\cdot\Delta t \tag{4-46}$$

可以看出，质量流量 q_{m} 是 U 形管结构参数和电脉冲时间间隔 Δt 的函数。不受流体的温度、压力等参数的影响，也与 U 形管的振动角速度 ω 无关。

微动质量流量计用远距离电子装置输出与质量流量 q_{m} 成正比的模拟量或频率量。同时，电子装置接收传感器中温度敏感元件来的信号，用以补偿温度对 U 形管的弹性模数 K 的影响。电子装置输出控制信号驱动电磁激发器工作，保证 U 形管的振动幅度。

3. 流体密度的检测

在微动质量流量计中，检测管在电磁激励器的激励下，以系统的固有频率作摆振。而系统的固有频率和振动系统的弹性常数有关，既和管子的几何形状、材料、端面约束情况有关，又和振动系统的质量，包括管子质量和被测介质质量有关。

弹性系统的简谐振动频率为

$$f=\frac{1}{2\pi}\sqrt{\frac{m}{K_0}} \tag{4-47}$$

式中，f 为振动频率；m 为振动系统的质量；K_0 为振动系统的弹性常数。

质量流量计振动系统的质量由两部分组成：管子质量 m_{p} 和管内流体质量 m_{f}。管内流体质量可写为：

$$m_{\mathrm{f}}=AL\rho \tag{4-48}$$

式中，A 为振动管横截面积；L 为振动管长度；ρ 为流体密度。

所以式(4-48) 又可写成

$$f=\frac{1}{2\pi}\sqrt{\frac{m_{\mathrm{p}}+AL\rho}{K_0}} \tag{4-49}$$

即振动系统的振动频率 f 和管内的流体密度 ρ 的平方根成正比。通过测量振动频率就可以知道流体密度，所以质量流量计既可以实现对流体的质量流量的测量，又可以实现对流体的密度测量。

二、微动流量计的性能特点

微动质量流量计可测气体、液体的质量流量，不受温度、压力、黏度影响，也可测量多相流体等的质量流量。这种流量计的二次仪表均带有微处理机，配合被测液体的温度信号，经微处理机查双相被测液体各组分的密度表（此表存于微机的内存中），再经运算，可给出被测双相液体各组分所占百分数。如测量含有水分的油，不但给出其总的质量流量，还给出油、水各占的百分比。

微动质量流量计开发成功的时间不长，只有二十几年的时间，但却获得了很大发展。目前，微动质量流量计的国际标准已经国际标准化组织和国际法制计量组织讨论通过，并正式公布。其优点有：

① 能够直接测量质量流量，不受温度、压力、黏度和密度等因素的影响，仪表的测量精度高，可达±0.2%；

② 没有可动的机械部件，虽然检测管具有振动，但振幅很小，不会因摩擦而影响测量结果；

③ 管道内无障碍物，可通过含有固体颗粒的介质，并易于清洗；

④ 应用范围广泛，除测一般介质外，还可测高黏度的流体、浆液，并可测气体；

⑤ 对流体的流速分布不敏感，不受层流和紊流工况的影响，安装时仪表前后不需要直管段；

⑥ 在测量流量的同时，还可获得介质的密度信号。微动流量计的量程为20：1。

三、安装和调整

微动质量流量计的优良性能只有在合适的安装和调整的情况下才能获得。安装前应仔细阅读使用说明书，安装时要注意以下几点。

① 传感器应远离大的干扰电磁场，如大的变压器、电机等，不能安装在大的有震动的地方。

② 小口径传感器应安装在平整的、坚硬的底座上，四个安装点应在同一平面上。大口径的传感器直接安装在工艺管道上，在距离连接件10～20倍管径处要安装工艺管道的支架。不管哪种安装方式，都应注意避免造成大的应力。

③ 对于大口径及以上的传感器，检测浆料流量时，应安装在垂直的管道上，以避免固体的积累，便于用气体或蒸汽吹扫；检测液体流量时，安装在水平管道上，外壳顶部朝下，不让气体在U形管内积聚；测量气体流量时，外壳顶部朝上，以避免冷凝液的积聚。

④ 传感器上的箭头表示的是正向流动方向，如果流动方向相反也可作同样准确的检测，但为了在显示仪表上有合适的显示，应在远距离电子单元中改变有关的接线。

⑤ 在传感器的下游最好装一个截止阀，用来确保作一次调零（PIA）时流量为零。

⑥ 传感器上的电缆入口尽可能在水平方向，防止雨水进入。传感器与远距离电子单元的距离不大于150m，按说明书的要求连接电线、电缆，特别是本安装系统的接线一定要严格按要求进行。

★看动画视频　说工作过程

质量（微动）流量计

第四节 容积式流量仪表

计量表广泛应用于民用、工业生产、管理、产品的销售等环节，精确地累计流体的总量。速度式水表和容积式仪表都属于计量仪表。

容积式流量计的基本组成如图 4-35 所示。

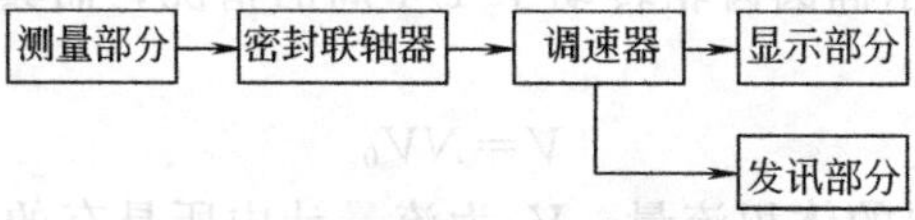

图 4-35 容积式流量计的基本组成

① 测量部分 这是流量计的主体部分，它包括转子及壳体和盖板组成的计量腔。在流体的作用下，转子不断地转动，其转数与流经的流体体积成正比。

② 密封联轴器 转子的转速需要传送出去，在传送时，既要保证流体不外漏。又不能阻力太大。通常有两种联轴器，一种是磁性密封联轴器，另一种是机械密封联轴器。因为磁耦合不存在泄漏问题，所以一般都采用磁性密封联轴器。

③ 调速器 转子转速很快，所以需要用齿轮组将其速度减下来，以满足读数和发讯的需要。

④ 显示部分 这是流量计的读数部分，通常有指针指示和计数器计数两种。

⑤ 发讯部分 发讯部分是将被测介质的流量信号转换成输出脉冲，以便远传。脉冲可以是电压，也可以是电流脉冲。但若流量计仅就地显示，则没有这一发讯部分。

一、椭圆齿轮流量计

椭圆齿轮流量计是一种测量液体总量（容积）的仪表。如图 4-36 所示。在流量仪表中是精度较高的一类，特别适用于测量黏度大的纯净（无颗粒）液体的总量，如油类、冷凝液、树脂、液态食品等。主要优点是计量精度高，可达±0.2%。

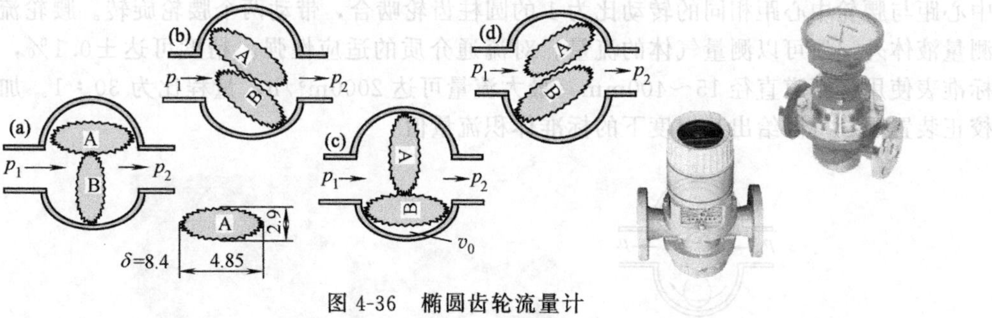

图 4-36 椭圆齿轮流量计

1. 工作原理

椭圆齿轮流量计的精度直接取决于齿轮缘和壳体之间的泄漏量。椭圆齿轮流量计又称定排量流量计，它利用机械测量元件把流体连续不断地分割成单个已知的体积部分，根据计量室逐次、重复的充满和排放该体积部分流体的次数来测量流体体积总量。

从图 4-36 可见，椭圆齿轮流量计的测量部分主要由两个相互啮合的椭圆齿轮及其外壳（计量室）所构成。椭圆齿轮流量计齿轮在被测介质的压差 $\Delta p=p_1-p_2$ 的作用下，产生作用力矩使其转动。

在图（a）所示位置时，由于 $p_1>p_2$，在 p_1 和 p_2 的作用下所产生的合力矩使轮 A 产生顺时针方向转动，把轮 A 和壳体间的半月形容积内的介质排至出口，并带动轮 B 作逆时针方向转动，这时 A 为主动轮，B 为从动轮。在图（b）上所示为中间位置，A 和 B 均为主动轮。在图（c）上所示位置，p_1 和 p_2 作用在 A 轮上的合力矩为零，作用在 B 轮上的合力矩使 B 轮作逆时针方向转动，并把已吸入半月形容积内的介质排至出口，这时 B 为主动轮，A 为从动轮，与图（a）上所示情况刚好相反。如此往复循环，轮 A 和轮 B 互相交替地由一个带动另一个转动，将被测介质以半月形容积为单位一次一次地由进口排至出口。

显然，图 4-36 仅仅表示椭圆齿轮转动了 1/4 周的情况，而其所排出的被测介质为一个半月形容积。

$$V=NV_0 \tag{4-50}$$

式中，V 为流量计测得的体积流量；V_0 为流量计内所具有的标准计量空间；N 为流量计内转子转动的次数。

2. 应用特点

使用椭圆齿轮流量计进行流量测量与流体的流动状态无关，这是因为椭圆齿轮流量计是依靠被测介质的压头推动椭圆齿轮旋转而进行计量的。黏度愈大的介质，从齿轮和计量空间隙中泄漏出去的泄漏量愈小，因此被测介质的黏度愈大，泄漏误差愈小，对测量愈有利。

椭圆齿轮流量计计量精度高，适用于高黏度介质流量的测量，但不适用于含有固体颗粒的流体（固体颗粒会将齿轮卡死，以致无法测量流量）。如果被测液体介质中夹杂有气体时，也会引起测量误差。

因此，椭圆齿轮流量计在安装前应清洁管道，若液体内含有固体颗粒，则必须在管道上游加装过滤器；若含气体应安装排气装置。椭圆齿轮流量计对前后直管段没有一定的要求，它可以水平或垂直安装。安装时，应使流量计的椭圆齿轮转动轴与地面平行。

二、腰轮流量计

腰轮流量计又称罗茨流量计，如图 4-37 所示。工作原理与椭圆齿轮流量计相同，只是转子的形状不同，由圆弧和摆线构成的中间凹进的腰形光轮。在伸出壳外的轮轴上安装两个中心距与腰轮中心距相同的转动比为 1 的圆柱齿轮啮合，带动两个腰轮旋转。腰轮流量计除测量液体外，还可以测量气体的流量。对流通介质的适应性强，精度可达±0.1%，并可做标准表使用。管道直径 15～400mm，最大流量可达 2000m³/h，量程比为 30∶1。加入温度校正装置后，可以给出某温度下的标准体积流量值。

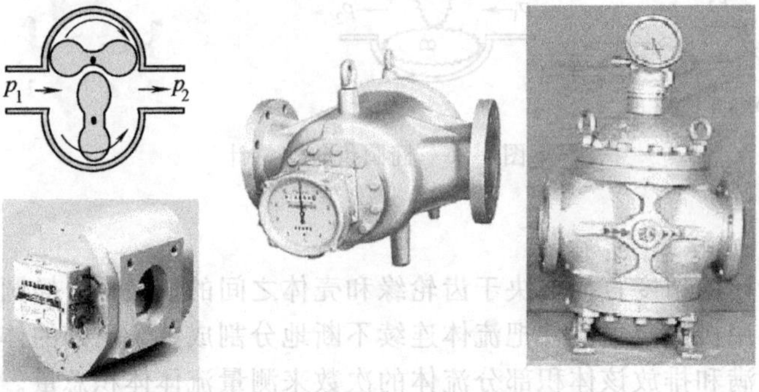

图 4-37 腰轮流量计（罗茨流量计）

三、煤气表

家用管道煤气（包括天然气）的收费是按每月用气的立方米数计算的，煤气表就是一种典型的容积式流量计。但它无需指示瞬时流量值，只需提供累积总容积 Q_v。这种仪表在城市里相当普及。

1. 工作过程

如图 4-38 和图 4-39 所示的工作过程，煤气自入口 1 进入壳体。在可以左右运动的滑阀 2 和 3 开启时，依实线箭头方向进入气室Ⅱ和Ⅳ。每个气室都是在刚性容器中央用柔性皮膜分隔成两半形成的，例如气室Ⅱ和Ⅰ中间有皮膜，Ⅳ和Ⅲ中间也有皮膜。当Ⅱ和Ⅳ充入煤气时，将皮膜向左压，气室Ⅰ和Ⅲ里的煤气被挤出，顺虚线所示路径由出气口 4 送往燃具。当某个皮膜移动到终点时，其上的滑阀自动改变气路。使气室的进排气口互换。例如图 4-38 中的皮膜 7 移到最左端，以致硬心 8 与刚性容器的左壁贴近时，滑阀 2 适时地向右滑动，使煤气进入气室Ⅰ，把气室Ⅱ里的煤气挤往出气口。

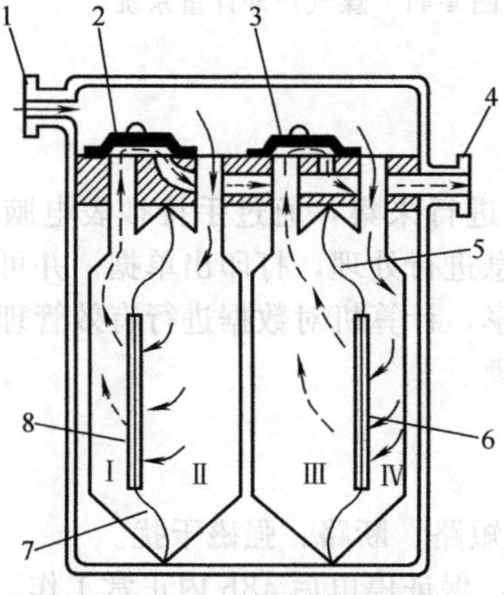

图 4-38　家用煤气表结构图

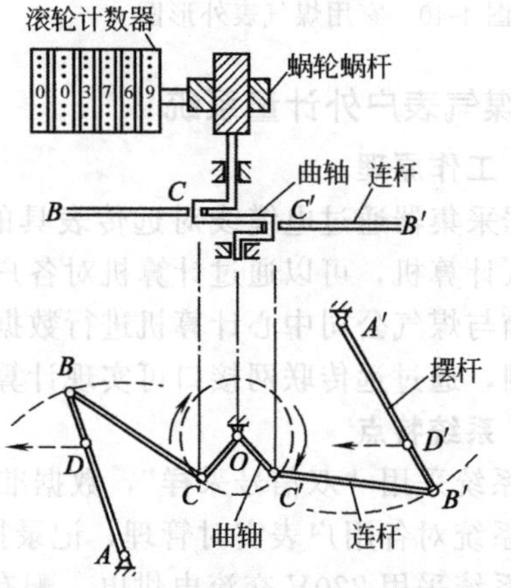

图 4-39　滑阀和计数器的驱动图

滑阀的动作也是由煤气压力所做的功带动的，其原理见俯视图，即图 4-39 的下半部。图中 OC 和 OC' 是两个互成 90° 的曲轴，绕轴心 O 转动。曲轴 C 经连杆 CB 与摆杆 AB 相连，摆杆 AB 绕支点 A 摆动，它是由图 4-38 里的皮膜 7 和硬心 8 推动的。当硬心 8 左右运动时，图 4-39 里的摆杆 AB 就绕支点 A 摆动，因而经过连杆 BC 带动曲轴转动。同理，图 4-38 里的硬心 6 则推动摆杆 $A'B'$，使之绕支点 A' 摆动，也通过连杆使曲轴转动。

两曲轴相差 90°，是使某一硬心处于最左或最右极端位置时，另一硬心恰在行程的中部。即如果点 B、C、O 成一直线，力矩为零时，OC' 和 $C'B'$ 间的夹角接近力矩最大的状态。这样就保证曲轴不会停在“死点”上，任何时候都容易启动。

在摆杆 AB 上的 D 点与滑阀 2 相连，同样，摆杆 $A'B'$ 的 D' 点与滑阀 3 相连。所以在带动曲轴转动的同时，也带动两个滑阀对气室的配气。

曲轴上端通过蜗轮蜗杆带动滚轮计数器，其显示数字代表曲轴转数，也就代表了气室中的皮膜左右动作次数，即代表了气室充气排气次数。气室容积是已知的，例如 JMB-3 型煤气表，其皮膜每侧充气排气容积是 $250cm^3$，曲轴每转一周共有四个气室各充排气一次，即 $0.001m^3$。蜗轮蜗杆的传动比是 1∶1，故计数器最末位数字代表 $0.001m^3$。这种煤气表的最大瞬时流量为 $2.5m^3/h$。相当于曲轴转速为 41.7r/min。

图 4-38 中的皮膜用加有卡普隆纤维的丁腈橡胶制成。一般家用管道煤气的压力在 100～200mmH_2O 之间。由于压力不大，皮膜柔韧且有一定的抗老化能力，保证煤气表有足够的使用寿命。由于进气压力稍大于出口气压，滑阀在其重力和差压作用下紧贴在阀座上滑动，泄漏极少。至于摆杆轴隙的泄漏也微不足道。这种流量计也称薄膜式气体流量计。由于皮膜

的运动如同风箱，所以这种流量计也有风箱式流量计之称。

家用煤气表内部结构如图 4-38，外形如图 4-40 所示，煤气户外计量系统如图 4-41 所示。

图 4-40 家用煤气表外形图

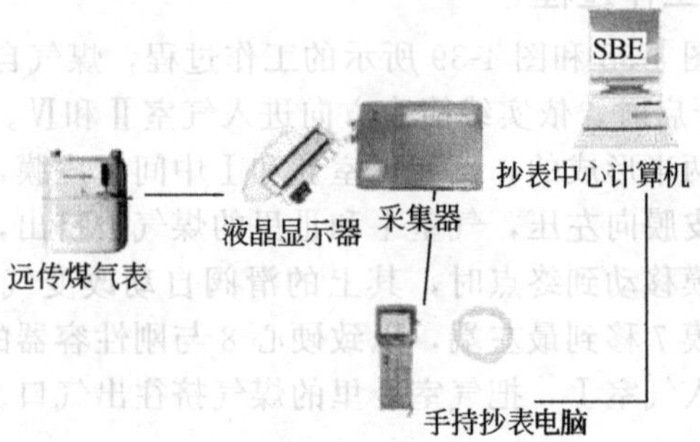

图 4-41 煤气户外计量系统

2. 煤气表户外计量系统

(1) 工作原理

数据采集器通过电缆线对远传表具的传感信号进行采集，通过手持抄表电脑抄读数据后，导入计算机，可以通过计算机对各户数据和信息进行处理，打印出单据。并可实现手持抄表电脑与煤气公司中心计算机进行数据交互与共享，计算机对数据进行有效管理。如果要升级联网，通过远传联网接口可实现计算机联网管理。

(2) 系统特点

- 系统采用"双信号采样"，数据准确可靠。
- 系统对各用户表实时管理，记录报警信息：短路、断路、强磁干扰。
- 系统采用 220V 交流电供电，配有后备电池，保证停电后 48h 内正常工作。
- 系统具有防雷电、防短路及自恢复功能。
- 结构设计合理，工艺性好，采取防湿、防尘措施，确保采集器能长期可靠地工作。
- 系统的抗干扰能力强，可实现 1200m 范围内的信号传输。

四、水表

叶轮式流量计属于速度式流量计，其原理和水轮机相似，用流体冲击叶轮或涡轮旋转，转速与瞬时流量成正比，一段时间内的转数与该时间段的累积总流量成正比。由于靠流体的流速工作，故有"速度式"之称。

1. 家用自来水表

家用自来水表就是典型的叶轮式流量计，其用途只在于提供总用水量，以便按量收费。自来水表的结构如图 4-42。自进水口 1 流入的水经筒状部件 2 周围的斜孔，沿切线方向冲击叶轮 3。叶轮轴经过齿轮逐级减速，带动各个十进位指针以指示累积总流量。齿轮装在图中 4 处。此后。水流再经筒状部件上排各孔 5，汇总至出水口 6。流量指示部分处于水中的称为"湿式"，处于空气中的称为"干式"。湿式不需要密封水，结构简单，机械阻力小，适用于测量小流量。为了减少磨损，叶轮及各个齿轮都采用较轻而耐磨的塑料制造，这样也避免了

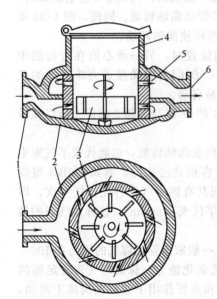

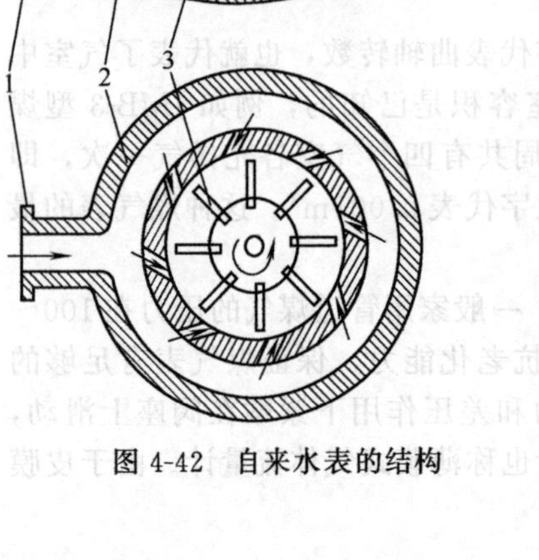

图 4-42 自来水表的结构

元件的锈蚀。

叶轮式自来水表比较简单价廉。但精确度不高，一般只有 2 级左右。从外观上看，冷水表壳为蓝色，热水表为红色。小口径自来水表的外形如图 4-43 所示。

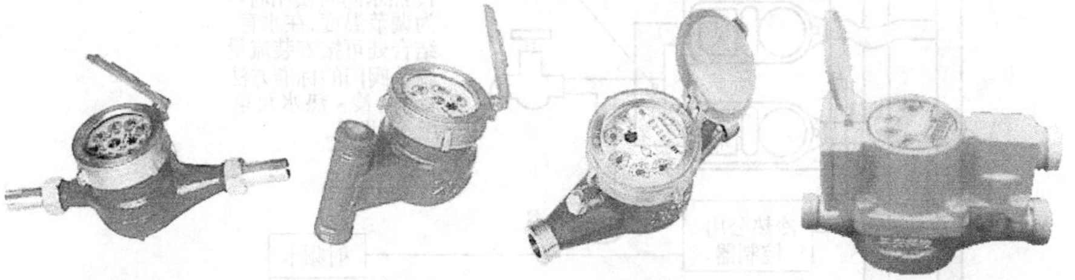

图 4-43　自来水表的外形

2. 水表户外计量系统

水表户外计量系统如图 4-44 所示。

(1) 工作原理

数据采集器通过电缆线对远传表具的传感信号进行采集，通过手持抄表电脑抄读数据后，导入计算机，可以通过计算机对各户数据和信息进行处理，打印出单据。并可实现手持抄表电脑与自来水公司中心计算机进行数据交互与共享，计算机对数据进行有效管理。如果要升级联网，通过远传联网接口可实现计算机联网管理。

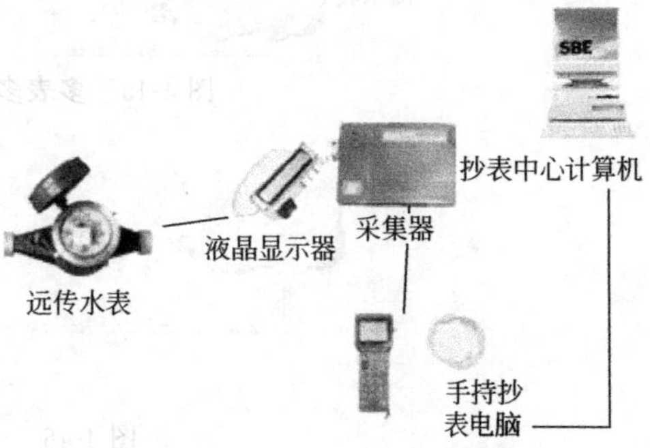

图 4-44　水表户外计量系统

(2) 系统特点

① 系统采用“双信号采样”，数据准确可靠。

② 系统对各用户表实时管理，记录报警信息：短路、断路、强磁干扰。

③ 系统采用 220V 交流电供电，配有后备电池，保证停电后 48h 内正常工作。

④ 系统具有防雷电、防短路及自恢复功能。

⑤ 结构设计合理，工艺性好，采取防湿、防尘措施，确保采集器能长期可靠地工作。

⑥ 系统的抗干扰能力强，可实现 1200m 范围内的信号传输。

3. 公共用水收费管理系统

(1) 系统简介

公共用水收费管理系统用于精确计量公共场所（如浴室、学生宿舍、病房、食堂、洗衣房、供水间等）的用水量，并对用水进行收费等的用水管理。

(2) 系统组成

公共用水收费管理系统由控制器、冷（热）水表、射频卡、分线盒组成，控制器通过电缆、分线盒与冷水表、热水表连接。

冷水表和热水表均配备高性能计量基表和电磁阀，可分别对冷水和热水进行计量、控制。管理单位为每个授权用户配备一张射频卡，用户用水时将射频卡插入，控制器判断用户卡中是否有余额并显示：有余额，则控制器打开冷水表或热水表，开始供水；无余额，则控制器关闭冷水表或热水表，停止供水。用完水后，用户取出射频卡，控制器关闭冷水表和热水表，停止供水。

(3) 典型应用

公共浴室：多表多卡。将冷水和热水的分表分别安装到冷、热水管道上，然后将控制器安装到水龙头的附近或其他方便用户使用的位置。多表多卡系统连接安装示意如图 4-45 所示。

学生宿舍：一表多卡，一表多卡系统连接如图 4-46 所示。

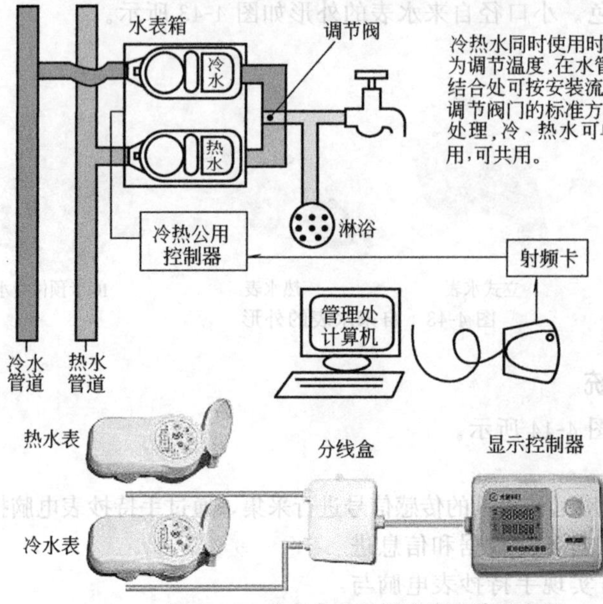

图 4-45 多表多卡系统连接安装示意图

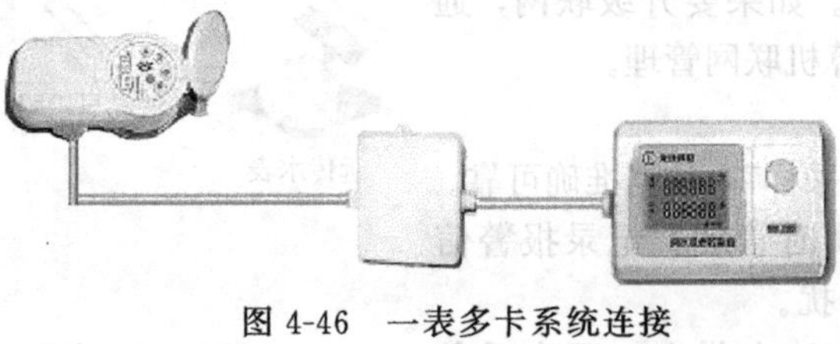

图 4-46 一表多卡系统连接

★看动画视频 说工作过程

天然气流量计量系统构成

椭圆齿轮流量计

家用煤气表

涡轮流量计

第五节 流量检测系统的仪表选用

流量仪表的选择应根据工艺要求和工艺条件进行合理选择。如表 4-7 给出了一些参考依据。

由于流量计的种类多，适应性也不同，因此正确选用流量计对保证流量测量精度十分重要。

表 4-7 常用流量计的性能比较表

仪表类别		技术参数												
		被测介质	口径或管径/mm	流量范围/(m^3/h)	工作压力/(kgf/cm^2)	工作温度/℃	精度/%	最低雷诺数或黏度界限	压力损失/mmH_2O	量程比	安装要求	体积和重量	价格	使用寿命
节流装置	孔板	液体 气体 蒸汽	50～1000	1.5～9000 16～100000 —	200	500	±1～2	$(75\sim10^3)\sim(8\times10^3)$	＜2000	3∶1	需装直管段	小	低	中等
	喷嘴	液体 气体 蒸汽	50～400	5～2500 50～26000 —	200	500	±1～2	72×10^4	＜2000	3∶1	需装直管段	中等	较低	长
	文丘里管	液体 气体 蒸汽	150～400	30～1800 240～18000 —	25	500	±1～2	78×10^4	＜500	3∶1	需装直管段	重	中等	长
转子流量计	玻璃管转子流量计	液体 气体	4～100	0.001～40 0.016～1000	16	120	±1～2.5	＞10000	10～700	10∶1	需垂直安装	轻	低	中等
	金属管转子流量计	液体 气体	15～150	0.012～100 0.4～3000	64	150	±2	＞100	300～600	10∶1	需垂直安装	中等	中等	长
容积式计量表	椭圆齿轮计量表	液体	10～250	0.005～500	64	120	±0.2～0.5	500cSt	＜2000	10∶1	要装过滤器	重	中等	中等
	腰轮计量表	液体 气体	15～300 —	0.4～1000 —	64 —	120 —	±0.2～0.5	500cSt	＜2000	10∶1	要装过滤器	重	高	中等
	旋转活塞计量表	液体	15～100	0.2～90	64	120	±0.5～1	500cSt	＜2000	10∶1	要装过滤器	小	低	中等
	皮囊式计量表	气体	15～25	0.2～10	4	40	±2	—	13	10∶1	—	小	低	长
速度式叶轮计量表	水表	液体	15～600	0.045～3000	10	40～100	±2	—	＜2000	＞10∶1	水平安装	中等	较低	中等
	涡轮流量计	液体 气体	4～500 10～50	0.04～6000 1.5～200	64	120	±0.5～1	20cSt	＜2500	6∶1～10∶1	有直管段要求且装过滤器	小	中等	较低
靶式流量计		液体 气体 蒸汽	15～200 — —	0.8～400 — —	64	200	±1～4	＞2000	＜2500	3∶1	需装直管段	中等	较低	长
电磁流量计		导电液体	6～1200	0.1～12500	16	100	±1～1.5	无一定限制	极小	10∶1	对直管段的要求不高	大	高	长
旋涡流量计	旋进旋涡流量计	气体	50～150	10～5000	16	60	±1	—	$11\frac{v^2\gamma}{2g}$	30∶1～100∶1	要较短的直管段	中等	中等	长
	涡列流量计	气体	150～1000	1～30m/s	64	150	±1	—	极小	30∶1～100∶1	需要直管段并不准倾斜	轻	中等	长

注：1. 液体流量范围以20℃水计算。

2. 气体流量范围以20℃及760mmHg时空气计算。

3. 节流装置流量范围及压力损失是以液体压差选25000mmH_2O，气体压差选160mmH_2O计算的。

4. 上述表内温度和压力是指基型产品允许的最大值。

5. $1kgf/cm^2=98.0665kPa$；$1mmH_2O=9.80665Pa$。

① 根据被测介质的性质选择，必须首先明确被测流体的物态及其特性；

② 根据用途选择，各种流量计的功能不同、测量精度和价格不同，而不同的使用场所对流量计的这些性能要求也有侧重；

③ 根据工况条件选择，工况条件包括被测流体的流量变化范围、温度和压力的高低等。

④ 其他还应该考虑流量计的安装条件、管道情况、费用等。

总之，没有一种流量计能够适用于所有的流体和各种流动状况。因此，在选用时应该对各类测量方法和仪表特性有所了解，在全面比较的基础上选择符合实际测量要求的最佳型式。

第六节 技术拓展——光纤检测技术

近年来，光导纤维在检测技术中的应用得到了快速发展。以光导纤维为检测元件和传输通路的光纤传感器，能够用于温度、压力、液位、流量、速度、电流、磁场等参数的检测。

一、光纤传感器的组成

光纤传感器是一种把被测的某种量转换为可测的光信号的装置，它是由光发送器（光源）、敏感元件、光接收器（光电检测器、光电元件）、信号处理电路及光纤构成的。由光发送器发出的光经光纤引导至敏感元件，光的某一性质受到被测量的调制，经光纤耦合到光接收器，使光信号变为电信号，最后经信号处理电路处理得到所需要的被测量。如图 4-47 所示。

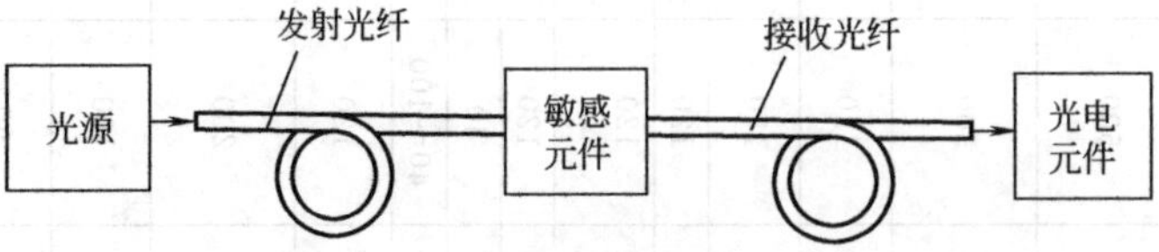

图 4-47 光纤传感器的组成环节

光导纤维是用比头发丝还细的石英玻璃制成的，每根光纤由一个圆柱形的纤心和包层组成。纤心的折射率略大于包层的折射率。

光是直线传播的。然而入射到光纤中的光线却能限制在光纤中，而且随着光纤的弯曲而走弯曲的路线，并能传送到很远的地方去。当光纤的直径比光的波长大很多时，可以用几何光学的方法来说明光在光纤中的传播。

根据能量守恒定律，反射光与折射光的能量之和等于入射光的能量。当光从光密介质射向光疏介质，同时入射角大于临界角时，光线产生全反射，即光不再离开光密介质。光纤由于其圆柱形纤心的折射率 n_1 大于包层的折射率 n_2，因此如图 4-48 所示，在角 2θ 之间的入射光，除了在玻璃中吸收和散射之外，大部分在界面上产生多次反射，而以锯齿形的线路在光纤中传播。在光纤的末端以入射角相等的出射角射出光纤。

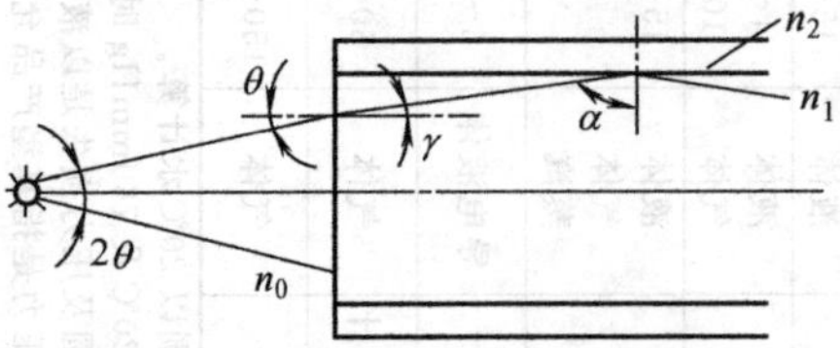

图 4-48 光导纤维中光的传输特性

光纤的主要参数和类型如下。

1. 数值孔径

数值孔径反映纤芯吸收光量的多少，是标志光纤接受性能的重要参数。其意义是：无论光源发射功率有多大，只有 2θ 角之内的光功率能被光纤接收、传播种（全反射）。角 2θ 与光纤内心和包层材料的折射率有关，数值孔径（NA）为

$$NA=\sin\theta=\sqrt{(n_1^2-n_2^2)} \tag{4-51}$$

数值孔径 NA 越大，光纤的集光能力越强，但光信号畸变就越严重，所以要适当选择。石英光纤的 $NA=0.2\sim0.4$。

2. 光纤模式

光纤模式指光波沿光纤传播的途径和方式。在纤芯内传播的光波，可以分解为沿轴向传播的平面波和沿剖面方向传播的平面波。沿剖面方向传播的平面波在纤芯与包层的界面上将产生反射，如果这些波在一个往复（入射和反射）中的相位变化为 2π 的整数倍，就会形成驻波。只有能形成驻波的那些以特定角度射入光纤的光才能在光纤中传播，这些光波称为“模”。通常纤芯直径在几十微米以上时，能传播几百个以上的模，称为多模光纤。而纤芯在 $5\sim10\mu m$ 时，只能传播一个模，称为单模光纤。

单模光纤因光纤只能传递一种模式的光纤，则传输性能好，频带很宽，制成的传感器有更好的线性、灵敏度及动态范围。但由于纤芯直径太小，给制造带来困难。多模光纤可以传输很多的模式，这类光纤性能较差，带宽较窄，但制造工艺容易，因此多模光纤只作为光的传输回路。

3. 传播损耗

由于光纤纤芯材料的吸收、散射以及光纤弯曲处的辐射损耗等影响，光信号在光纤的传播不可避免地会有损耗。假设从纤芯左端输入一个光脉冲，其峰值强度（光功率）为 I_0，当它通过光纤时，其强度通常按指数式下降，即光纤中任一点处的光强度为

$$I(L)=I_0e^{-\alpha L} \tag{4-52}$$

式中，I_0 为光进入纤心始端的初始光强度；L 为光沿光纤的纵向长度；α 为强度衰减系数。

二、光纤传感器的类型

按照光纤在传感器中的作用，通常可将光纤传感器分为传感型与传光型两种类型。如图 4-49 所示。

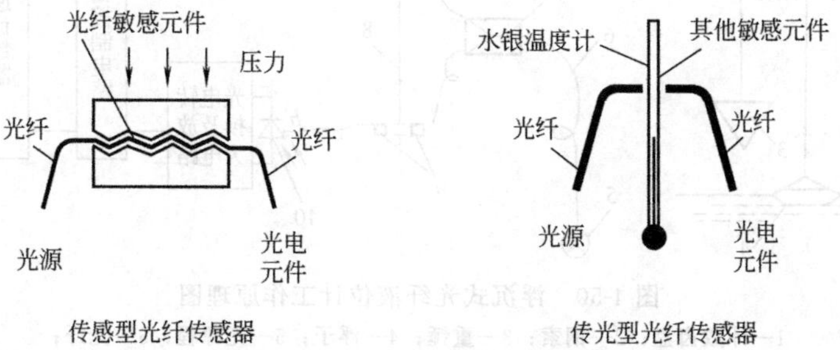

图 4-49 光纤传感器的类型

传感型光纤传感器主要使用单模光纤。光纤不仅起传光作用，又是敏感元件。被测量引起光纤的长度、折射率、直径等方面的变化，从而使得在光纤内传输的光被调制。由于光纤本身是敏感元件，因此加长光纤的长度，可以得到很高的灵敏度。

传光型光纤传感器中，光纤不是敏感元件。它是利用在光纤的端面或在两根光纤中间放置光学材料、机械式或光学式的敏感元件感受被测物理量的变化，使透射光或反射光强度随

之发生变化。这种情况光纤只是作为光的传输回路。为了得到较大受光量和传输的光功率，传光型光纤传感器使用的光纤主要是数值孔径和芯径大的阶跃型多模光纤。传光型光纤传感器的特点是结构简单、可靠，技术上容易实现，便于推广应用，但灵敏度一般比传感型光纤传感器低，测量精度也差些。

光纤传感器用光而不用电来作为敏感信息的载体，用光纤而不用导线来作为传递敏感信息的媒质。因此它有一些常规传感器所没有的特点，主要有如下几个方面。

① 电绝缘性好。光纤本身是非金属材料，光纤的外层涂覆材料也不导电，因此光纤传感器具有良好的电绝缘性。由于测量时不会把高电压设备的高电位引出来，光纤传感器特别适用于高压供电系统及大容量电机的测试。

② 抗电磁干扰能力强。这是光纤测量及光纤传感器的极其独特的性能特征，因此光纤传感器特别适用于高压大电流、强磁场噪声、强辐射等恶劣环境中，能解决许多传统传感器无法解决的问题。

③ 防爆性能好，耐腐蚀。在光纤内部传输的是能量很小的光信息，因而不会产生火花、高温、漏电等不安全因素。又由于光纤本身耐腐蚀，故光纤传感器特别适用于易燃、易爆、有强腐蚀性的对象参数测量。

④ 高灵敏度。高灵敏度是光学测量的优点之一。利用光作为信息载体的光纤传感器的灵敏度很高，是某些精密测量与控制必不可少的工具。

⑤ 体积小，重量轻。光纤可以做成非常小巧的传感器，用于特殊场合。

三、光纤传感器的应用

1. 浮沉式光纤液位计

浮沉式光纤液位计是一种复合型液位测量仪表，它由普通的浮沉式液位传感器和光信号检测系统组成，主要包括机械转换部分、光纤光路部分和电子表电路部分，其工作原理以及测量系统如图 4-50 所示。

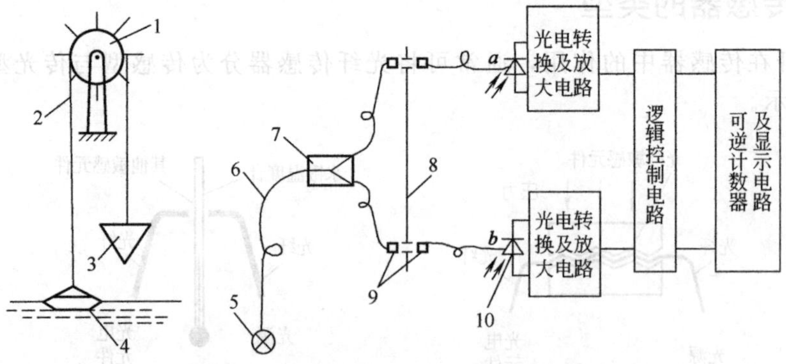

图 4-50 浮沉式光纤液位计工作原理图

1—计数齿盘；2—钢索；3—重锤；4—浮子；5—光源程；6—光纤；7—分束器；8—齿盘；9—透镜；10—光电元件

① 机械转换部分 这一部分由浮子 4、重锤 3、钢索 2 及计数齿盘 1 组成，其作用是将浮子随液位上下变动的位移转换成计数齿盘的转动齿数。当液位上升时，浮子上升而重锤下降，经钢索带动计数齿盘顺时针方向转动相应的齿数；反之，若液位下降，则计数齿盘逆时针方向转动相应的齿数。通常，总是将这种对应关系设计成液位变化一个单位高度（1cm 或 1mm）时，齿盘转过一个齿。

② 光纤光路部分　这一部分由光源 5（激光器或发光二极管）、等强度分束器 7、两组光纤光路和两个相应的光电检测单元（光电二极管）等组成。两组光纤分别安装在齿盘上下两边，每当齿盘转过一个齿，上下光纤光路就被隔断一次，各自产生一个相应的光脉冲信号。由于对两组光纤的相对位置作了特别的安排，从而使得两组光纤光路产生的光脉冲信号在时间上有一很小的相位差。通常相位超前的脉冲信号用作可逆计数器的加、减指令信号，而另一光纤光路的脉冲信号用作计数信号。

在图 4-50 中，当液位上升时，齿盘顺时针转动，假设是上一组光纤光路先导通，即该光路上的光电元件先接收到一个光脉冲信号，那么该信号经放大和逻辑电路判断后，就提供给可计数器作为加法指令（高电位）。紧接着下一组光纤光路也输出一个脉冲信号，该信号同样以放大和逻辑电路判断后提供给可逆计数器作计数运算，使计数器加 1。相反，当液位下降时，齿盘逆时针转动，这时先导通是下一组光纤光路，该光路输出的脉冲信号经放大和逻辑电路判断后提供给可逆计数器作减法指令（低电位），而另一光路的脉冲信号作为计数信号，使计数器减 1，这样，每当计数齿盘顺时针转动一个齿，计数器就加 1；计数齿盘逆时针转动一个齿，计数器就减 1，从而实现了计数齿盘转动齿数与光电脉冲信号之间的转换。

③ 电子电路部分　这一部分由光电转换及放大电路、逻辑控制电路、可逆计数器及显示电路等组成。光电转换及放大电路主要是将光脉冲信号转换为电脉冲信号，再对信号加以放大。逻辑控制电路的功能是对两路脉冲信号进行判别，将先输入的一路脉冲信号转换成相应的“高电位”或“低电位”，并输出送至可逆计数器的加减法控制端，同时将另一路脉冲信号转换成计数器的计数脉冲。每当可逆计数器加 1（或减 1），显示电路则显示液位升高（或降低）1 个单位（1cm 或 1mm）高度。

以上简要地介绍了浮沉式光纤液位传感器的基本工作原理和系统组成，从中可见，这种液位传感器可用于液位的连续测量，而且能够做到液体存储现场无电源、无电信号传送，因而特别适用于易燃易爆介质液位测量，属本质安全型传感器。

2. 光纤涡街流量计

光纤涡街流量计是传感型光纤流量计中最典型的一种。由流体力学原理可知，在流体中放置一个有对称形状的非流线体时，在某些条件下在非流线体的下游两侧就会交替出现旋涡，两侧旋涡的旋转方向相反，并轮流地从非流线体上分离出来，在下游侧形成所谓“涡街”。当每个旋涡产生并泻下时，它会在非流线体壁上产生一个侧向力，非流线体便受到一个周期转动力的作用。如果非流线体具有弹性，将产生振动，液体、气体等流体均有这种现象。

通过大量实验证明，单侧的旋涡产生的频率 f 与非流线体附近的流体流速 v 成正比，与非流线体的特征尺寸 d 成反比，即

$$f=Stv/d \qquad (4\text{-}53)$$

式中　St——斯特劳哈尔数。

St 与非流线体的特征尺寸 d 及流体雷诺数有关，在所考虑的流体范围（例如 0.3～3m/s，$Re=100\sim3300$）内，$St=0.2$。因此，当非流线体的形状、尺寸决定后，就可以通过测定单侧旋涡释放频率 f 来测量流速和流量。

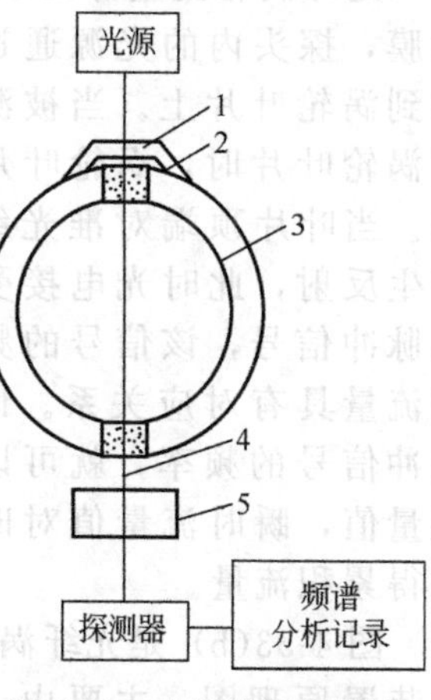

图 4-51　光纤涡街流量计

1—夹具；2—密封胶；3—流体管道；4—光纤；5—张力载荷

光纤涡街流量计便是根据上述原理制成的，其结构如图 4-51 所示。在横贯流体管道的中间装有一根绷紧的多模光纤，当流体

流动时，光纤就产生振动，其振动频率近似与流速成正比。光纤的振动频率将采用光纤自差技术来检测。

在多模光纤中，光以多种模式进行传输，这样在光纤的输出端，各模式的光就产生干涉，形成一个复杂的干扰图样。一根没有外界扰动的光纤所产生的干涉图样是稳定的。当光纤受到外界扰动时，各个模式的光被调制的程度不同，相位变化也就不同，于是干涉图样的明暗相间的斑纹或斑点发生移动。如果外界扰动仅是由旋涡引起的，干涉图样的斑纹或斑点就会随着振动的周期变化而来回移动。利用小型探测器对图样斑点的移动进行检测，即可获得对应于振动频率 f 的信号，利用式(4-53) 即可推算出流体的流速 v。

光纤涡街流量计可广泛地用于液体和气体测量。它具有很多优点，例如光纤中没有活动的部件，测量可靠，对流体流动没有造成阻碍。这些优点是孔板、涡轮等许多传统流量计所无法比拟的。如果作为非流线体的光纤不是像上面装置那样垂直于流体流动方向，而是与流动方向相平行，如图 4-52 所示，根据上述原理，也可从光纤的振动频谱测出流体流动的速度。

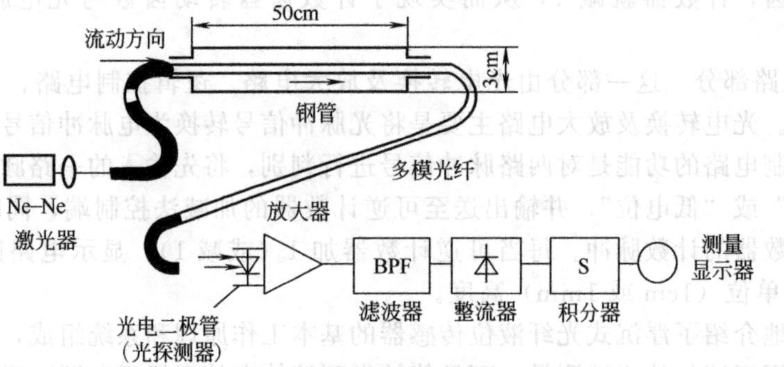

图 4-52　光纤涡街流量计

3. 光纤涡轮流量计

涡轮流量计实质上为一零功率输出的涡轮机。当被测流体通过流量计时，冲击涡轮叶片，使涡轮旋转，在一定的流量范围、一定的流体黏度下，涡轮转速与流速成正比。测出涡轮转速即可测出流体的流速或流量。涡轮流量计结构如图 4-53(a) 所示。

光纤涡轮流量计的原理是在涡轮叶片上贴一小块具有高反射率的薄片或镀有一层反射膜，探头内的光源通过光纤把光线照射到涡轮叶片上。当被测流体沿管道流过涡轮叶片时，涡轮叶片将产生旋转运动。当叶片顶端对准光纤端面时，光将产生反射，此时光电接受器将产生一个电脉冲信号，该信号的频率与被测流体的流量具有对应关系。因此，只要测出脉冲信号的频率，就可以求得流体瞬时流量值，瞬时流量值对时间进行积分可求得累积流量。

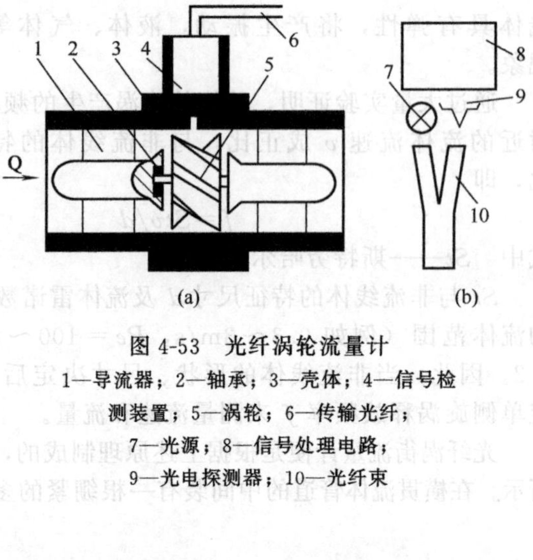

图 4-53　光纤涡轮流量计

1—导流器；2—轴承；3—壳体；4—信号检测装置；5—涡轮；6—传输光纤；7—光源；8—信号处理电路；9—光电探测器；10—光纤束

图 4-53(b) 是光纤涡轮流量计信号检测装置原理图，主要由光纤束、发光光纤、光电探测器及信号处理电路组成。光纤束设计成 Y 形，结构分为发送光纤束和

接受光纤束。发送光纤束的一端与光源耦合，并将光源射入其纤芯的光传输到涡轮叶片端面上，反射光由接收光纤接收，并传递到光电探测器上，光电探测器将光信号转换为电信号输出。

发送光纤束和接收光纤束在探头内部按同轴分布排列。中心圆内为发送光纤束，其周围为接收光纤束，该分布方式的特点是照射光集中，采光面积大。光纤采用芯径为 50μm 的大数值孔径的多模阶跃型光纤，这样可尽量多收集反射光信号，以提高传感器的抗干扰能力。

光电探测器输出的电信号一般比较微弱，必须进行放大和整形，最后变成与 TTL 电平兼存的频率信号，以便于后续电路处理。

光纤速度式涡轮流量计可以设计成组合式和分离式两种结构，前者是将光纤、光电探测器和信号处理电路等纳入传感器主体内；后者仅将光纤纳入其中，其余部分远离测试现场，中间通过光缆传输。光纤涡轮流量计输出的电脉冲频率 f 与流量 Q 的关系如下

$$Q=f/K \tag{4-54}$$

式中，K 为仪表常数。

仪表常数 K 与涡轮叶片与轴线的夹角、涡轮的平均半径、涡轮处的流动面积、涡轮转动时受到的阻力矩等因素有关。在小流量区域，K 不为常数。随着流量的增加，Q 与 f 基本成线性关系。

光纤涡轮流量计具有重复性和稳定性好、显示迅速、精度高、测量范围较大、不需另加电源以及不易受电磁、温度等环境因素干扰的特点。尤其是分离式光纤涡轮流量计，在测试现场不带电，对燃油及可燃性气体流量测量是一种安全可靠的流量检测仪表。此外，它可用来测量大磁场、高温度及大电流等环境下的转速以及涡轮的转速。其主要缺点是只能用来测量透明的气体或液体，不允许流体中有不透明杂质出现，所以在叶轮前应安装过滤装置。

★看动画视频　说工作过程

阶跃型多模光纤中子午光线的传播

光纤的种类和传播形式

光线传感器的基本结构

光纤位移传感器

光纤温度传感器

光纤压力传感器

光纤流量传感器

回顾与练习

4-1 什么叫流量？有哪几种表示方式？相互之间的关系是什么？

4-2 什么叫雷诺数？流量测量中为什么要考虑雷诺数？

4-3 已知工作状态下的质量流量标尺上限 $q_m = 500\text{t/h}$，工作状态下被测流体密度 $\rho = 857.0943\text{kg/m}^3$，试求工作状态下最大的体积流量 q_v。

4-4 在绝对工作压力 $p = 24.5\text{MPa}$ 和工作温度 $t = 60℃$ 下，氮气流量 $q_v = 4\text{m}^3/\text{h}$，试求相应于标准状态下的流量 q_N。

4-5 说明流量测量的特点及流量测量仪表的分类。

4-6 说明差压式流量计的组成环节及作用。

4-7 标准节流装置和标准压力表中的“标准”是否表示同一个意义？

4-8 为什么对标准节流件的前后直管路长度提出要求？

4-9 说明图 4-54 中三种节流装置的名称及特点。

4-10 如图 4-55 所示，差压式流量计测量蒸汽流量。找出图中的错误并改正。

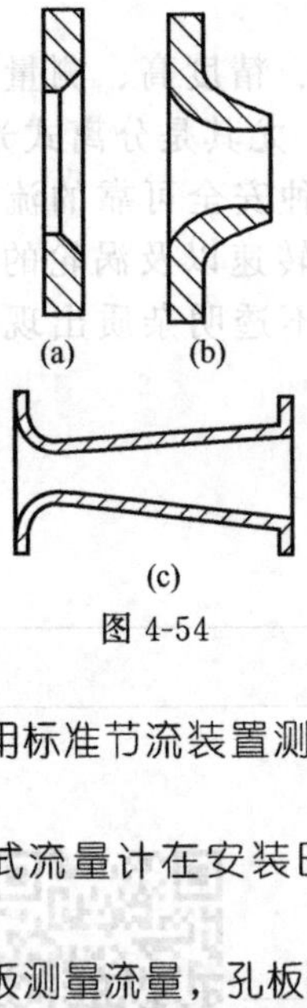

图 4-54

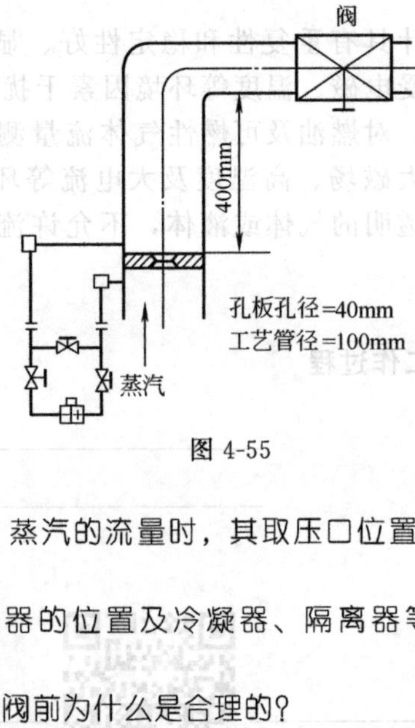

图 4-55

4-11 说明用标准节流装置测气、液、蒸汽的流量时，其取压口位置、信号管道的铺设特点。

4-12 差压式流量计在安装时，变送器的位置及冷凝器、隔离器等辅助装置有什么要求？

4-13 用孔板测量流量，孔板装在调节阀前为什么是合理的？

4-14 为什么要求差压式流量计的最小流量是最大值的 1/3？加开方器后能否使最小流量值降到 1/10？

4-15 怎样操作三阀组？需注意什么？

4-16 某节流装置在设计时，介质的密度为 520kg/m^3，而在实际使用时，介质的密度为 480kg/m^3。如果设计时差压变送器输出 100kPa，对应的流量为 50t/h，则在实际使用时，对应的流量为多少？

4-17 用标准孔板测量某液体流量，已知差压变送器的量程范围为 0～40kPa，显示仪标尺长 100mm，流量刻度 0～30t/h，运行中，流量值在 20～30t/h 范围。若将流量起始值改为 20t/h，则确定，(1) 改换后差压变送器的测量范围？(2) 对应流量 22t/h，24t/h，26t/h，28t/h 的刻度点跟标尺起始点的距离各为多少？

4-18　用孔板测气体流量，给定设计参数 $P=0.8\text{kPa}$，$t=20℃$，而实际工作参数 $p_1=0.5\text{kPa}$，$t_1=40℃$，现场仪表指示 $3800\text{m}^3/\text{h}$，求实际 q？

4-19　某一用水标定的转子流量计，满度值为 $1000\ \text{dm}^3/\text{h}$，转子密度为 7.92g/cm^3，现用来测密度为 0.789g/cm^3 的乙醇流量，其测量上限？若将转子换为密度 2.861g/cm^3 的铝时，其测量上限？

4-20　现用一玻璃转子流量计来测压力为 0.25kPa、温度为 37℃ 的 CO_2 气流量，若已知流量计上的读数为 $40\text{m}^3/\text{h}$（标定状态下，$p=1$ 个大气压，$t=20℃$），求 CO_2 在标定状态下的流量。

4-21　转子流量计有哪些类型？应用于哪些场合？

4-22　说明电远传转子流量计的工作过程。

4-23　说明电磁流量计的工作原理。电磁流量计主要应用于哪些场合？

4-24　电磁流量计在选型时应注意哪些问题？使用中有何要求？

4-25　为什么电磁流量计的接地特别重要？如何接地？

4-26　涡街流量计的检测原理是什么？

4-27　常见的旋涡发生体有哪些？各有什么特点？

4-28　涡街流量计频率检测的方法有哪些？

4-29　图 4-56 是涡街流量计的接线图。请回答：①记录仪接收的是什么信号？②若满量程时的电流为 20mA，则流量在 25% 时的电流为多少？③若满量程时变送器的输出频率为 140Hz，则流量在 25% 时的频率为多少？④脉冲输出的最小负载规定为 10kΩ，如果负载小于 10kΩ，则脉冲接收器接收到的信号如何变化？⑤脉冲输出的最大负载电容为 0.22μF，如果负载电容大于 0.22μF，则脉冲接收器收到的信号又是如何变化？

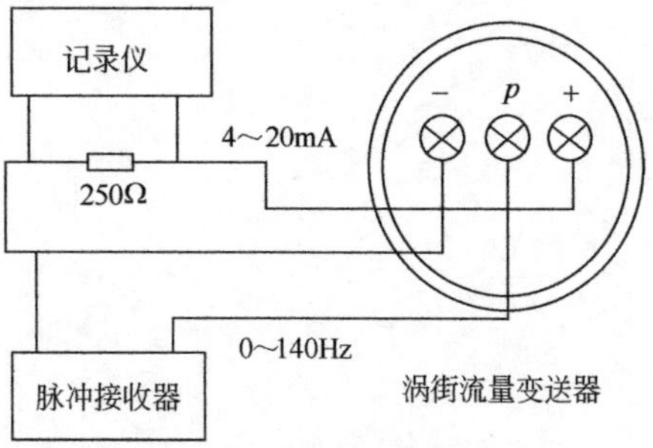

图 4-56　涡街流量计的接线图

4-30　微动质量流量计的工作原理是什么？

4-31　根据微动质量流量计的工作过程说明微动质量流量计的测量结果与介质的温度、压力无关。

4-32　微动质量流量计由哪几部分组成？各有什么作用？

4-33　为什么微动质量流量计还可以用来测量流体的密度？

4-34　为什么计量仪表的精度要求高于一般流量测量仪表的精度？

4-35　容积式流量计由哪几部分组成？它们各起什么作用？

4-36　椭圆齿轮流量计和罗茨流量计有什么不同？

4-37　一台椭圆齿轮流量计一天 24h 的走字数为 120。已知换算系数为 1m^3/字，求该天的物料量是多少立方米？平均流量是多少立方米每小时？

4-38　家用水表是根据什么原理工作的？

4-39　画出公用水收费系统管理图，并说明工作过程。

4-40 家用煤气表是如何工作的?

4-41 煤气计量系统是如何工作的?

4-42 在什么情况下，差压式流量计要加装冷凝器、集气器、沉降器、隔离器?

4-43 流量仪表的选择要注意什么?

4-44 说明光纤的组成，并分析传光原理、光纤传感器的分类。

4-45 光纤流量传感器是如何工作的?

思考与交流

① 温度标准是如何建立的?

② 工程应用中，温度的单位是如何描述的?

③ 测温仪表在管道中安装时，有什么基本要求?

④ 如何根据工艺要求和温度测量仪表的特性，选用合适的温度测量仪表?

温度是人类最早进行检测和研究的物理量，同时也是工业生产过程中最普遍、最重要的操作参数之一。温度单位是国际单位制（SI）七个基本单位之一，物体的许多物理现象和化学性质都与温度有关，许多生产过程都是在一定温度范围内进行的。例如精馏塔利用混合物中各组分沸点不同实现组分分离，对塔釜、塔顶温度都必须按工艺要求分别控制在一定数值范围内，否则产品质量不合格。在水合反应中，温度是关键的控制指标之一。因此，温度的检测是人们经常遇到的问题。

第一节　温度与温标的热力学特性

一、温度的概念

温度是表征物体或系统冷热程度的物理量。从微观来说，温度反映了系统内分子作无规则热运动平均动能的大小。因为系统内的分子是处于不断运动状态，分子的平均动能越大，其温度越高；分子的平均动能越小，其温度也就越低。也就是说，一个系统所具有的平均动能多少，决定了它的温度高低。

人们有时可以通过自身的感觉用烫、热、温、凉、冷、冰冷等来形容冷热的程度，但是只凭主观感觉来判断温度的方法既不科学，也无法定量，而且容易出现差错。例如，常有人未加思索地认为处于同一环境的铁块和棉布的温度不一样。实际上，铁块和棉布的温度是完全相同的，仅仅是由于铁比棉布传热快，所以造成了这种错觉。由于温度定义的本身并没有提供判断温度高低的数值标准。为此，物体的温度通常是用专门的仪器进行测量的。

温度不能直接加以测量，只能借助于冷热不同的物体之间的热交换。温度是热平衡的一个状态量。任意两个冷热程度不同的物体（两个热力学系统）相接触，必然要发生热交换现象，系统原来的平衡状态一般都将发生变化；经过足够长的时间之后，系统的状态不再发生变化；这时可以认为两物体的冷热程度完全一致，即系统达到热平衡状态。达到了热平衡的两个物体（系统），具有共同的热性质，可以“温度”来表征这个共同的热性质，也就是物体的冷热程度。

如果两个系统热接触时，状态没有发生变化，则说明两个系统已是互为热平衡的。可以认为互为热平衡的两个系统的冷热程度相同。

因此，将温度计所代表的系统与被测物所代表的系统相接触，当这两个系统达到互热平衡时，温度计所反映出的热状态，就代表了当前时候被测物的热状态——“温度”数值表达出来了。

利用这一原理，可以通过测量选择物体的某一物理量（例如液体的体积、导体的电阻等），随冷热程度不同而变化的特性来加以间接的测量，得出被测物体的温度数值。也可以利用热辐射原理或光学原理等来进行非接触测量。

二、温标

用来量度物体温度高低的标尺叫做温度标尺，简称“温标”，是用数值来表示温度的一种方法。它规定了温度的读数起点（零点）和测量温度的基本单位。各种温度的刻度数值均由温标确定。温标的种类很多，目前国际上用得较多的温标有摄氏温标、华氏温标、热力学温标和国际实用温标。

1. 摄氏温标

摄氏温标是根据液体（水银）受热后体积膨胀的性质建立起来的。摄氏温标规定在标准大气压下纯水的冰熔点为 0 度，水沸点为 100 度，在 0 到 100 度之间分成一百等份，每一等份为 1 摄氏度，单位符号为℃。温度变量记作 t。

2. 华氏温标

华氏温标也是根据液体（水银）受热后体积膨胀的性质建立起来的。华氏温标规定在标准大气压下纯水的冰熔点为 32 度，水沸点为 212 度，中间 180 等份，每一等份为 1 华氏度，单位符号为℉。温度变量记作 t_F。

$$t=\frac{5}{9}(t_F-32) \tag{5-1}$$

$$t_F=\frac{9}{5}t+32 \tag{5-2}$$

可见，用不同的温标所确定的同一温度的数值大小是不同的。利用上述两种温标测得的温度数值，与所采用的选择物体的物理性质（如水银的纯度）及玻璃管材料等因素有关，因此不能严格保证世界各国所采用的基本测温单位完全一致。

3. 热力学温标

热力学温标又称开氏温标，是以热力学第二定律为基础的理论温标，与物体任何物理性质无关，国际权度大会采纳为国际统一的基本温标。单位符号为 K，温度变量记作 T。

热力学温标有一个绝对 0 度，它规定分子运动停止时的温度为绝对零度，因此它又称为绝对温标。根据热力学中的卡诺定理，如果在温度为 T_1 的热源与温度为 T_2 的冷源之间实现了卡诺循环，则存在

$$\frac{T_1}{T_2}=\frac{Q_1}{Q_2} \tag{5-3}$$

式中，Q_1 和 Q_2 分别表示工质从高温热源（温度为 T_1）吸收的热量和工质向冷源（温度为 T_2）放出的热量。若指定一个定点作参考点，就可由热量比例求取未知温度。1954 年国际权度会议选定了水的三相点为参考点，且定义该点温度为 273.16K，相应的换热量为 $Q_{参}$，则式(5-3) 改为

$$T=273.16\frac{Q}{Q_{参}} \tag{5-4}$$

于是，可由 $Q/Q_{参}$ 求取被测温度 T。这种方法建立起来的温标避免了分度的“随意性”，但理想的卡诺循环无法实现，热力学温标不能付诸实用。

借助于理想气体温度计可以实现热力学温标，但气体温度计结构复杂，使用不便。所以，为了实用建立了一种紧密接近热力学温标的简便温标，即国际实用温标。

4. 国际实用温标

国际实用温标是用来复现热力学温标的。自 1927 年建立国际实用温标以来，随着社会生产及科学技术的进步，温标的复现也在不断发展，约每 20 年对温标作一次较大的修改或更新。根据第 18 届国际计量大会（CGPM）的决议，自 1990 年 1 月 1 日起在全世界范围内实行“1990 年国际温标（ITS—90）”，以此代替多年使用的“1968 年国际实用温标（IPTS—68）”和“1976 年 0.5～30K 暂行温标（EPT—76）”。我国于 1994 年 1 月 1 日起全面实施 1990 年国际温标。

（1）温度单位

热力学温度是基本物理量，其单位为开尔文（K），温标单位大小定义为水三相点的热力学温度的 1/273.16。1990 年国际温标（ITS—90）同时定义国际开尔文温度（变量符号为 T_{90}）和国际摄氏温度（变量符号为 t_{90}）。虽然水三相点的热力学温度为 273.16K，T_{90} 和 t_{90} 之间关系保留以前的温标定义中使用的用与 273.15K 差值表示温度，即 $t_{90}/℃=T_{90}/K-273.15$。T_{90} 的单位为 K（开尔文），而 t_{90} 的单位为℃（摄氏度）。

（2）1990 年国际温标（ITS—90）的通则

ITS—90 由 0.65K 向上到根据普朗克辐射定律使用单色辐射实际可测得的最高温度。ITS—90 通过各温区和分温区来定义 T_{90}。某些温区或分温区是重叠的，重叠区的 t_{90} 定义有差异，然而这些定义应属等效。在同一温度下，根据不同定义，测量值是有差异的，此差只在最高精度测量时才能察觉。然而这一差值在实际使用中是不足取的，它是使温标不至于太复杂的条件下所能得到的最小差异。

（3）1990 年国际温标（ITS—90）的定义

0.65K 到 5.0K 之间，T_{90} 由 ^{3}He 和 ^{4}He 蒸汽压与温度的关系式来定义。

由 3.0K 到氖三相点（24.5561K）之间，T_{90} 是用氦气体温度计来定义的。它使用三个定义固定点及利用规定的内插法来分度。三个定义固定点为氖三相点（24.5561K）、平衡氢三相点（13.8033K）以及 3.0K 到 5.0K 之间的一个温度点，这三个定义固定点是可以实现复现，并具有给定值的。

平衡氢三相点（13.8033K）到银凝固点（961.78℃）之间，T_{90} 是用铂电阻温度计来定义的，它使用一组规定的定义固定点及利用所规定的内插方法来分度。

银凝固点（961.78℃）以上，T_{90} 借助于一个定义固定点和普朗克辐射定律来定义。可使用单色辐射温度计或光学高温计来复现。ITS—90 的定义固定点见表 5-1。

表 5-1 ITS—90 定义固定点

序号	温度		物质	状态
	T_{90}/K	t_{90}/℃	a	b
1	3～5	−270.15～−268.15	He	V
2	13.8033	−259.3467	e-H_2	T
3	≈17	≈−256.15	e-H_2 或 He	V 或 G

续表

序号	温度		物质	状态
	T_{90}/K	t_{90}/℃	a	b
4	≈20.3	≈−252.89	e-H_2或 He	V或G
5	24.5561	−248.5939	Ne	T
6	54.3584	−218.7961	O_2	T
7	83.8058	−189.3442	Ar	T
8	234.3156	−38.8344	Hg	T
9	273.16	0.01	H_2O	T
10	302.9146	29.7646	Ga	M
11	429.7485	156.5985	In	F
12	505.078	231.928	Sn	F
13	692.677	419.527	Zn	F
14	933.473	660.323	Al	F
15	1234.93	961.78	Ag	F
16	1337.33	1064.18	Au	F
17	1357.77	1084.62	Cu	F

注：a. 除^{3}He外，其他物质均为自然同位素成分，e-H_2为正、仲分子态处于平衡浓度时的氢。

b. 对于这些不同状态的定义，以及有关复现这些不同状态的建议，可参阅“ITS—90补充资料”。

表中各符号的含义为：

V：蒸汽压点；

T：三相点，在此温度下，固、液、蒸汽相呈平衡；

G：气体温度计点；

M、F：熔点和凝固点，在101325Pa压力下，固、液相平衡温度。

5. 温度标准的传递

根据国际温标的规定，各国都要相应地建立起自己国家的温度标准。为保证这个标准的准确可靠，还要进行国际对比。通过这些方法建立起的温度标准，就可以作为本国温度测量的最高依据——国家标准。我国的国家标准保存在中国计量科学研究院，而各地区、省、市计量局保存次级标准，以保证全国各地区间标准的统一。

我国的温度量值是按高温、中温和低温分别逐级传递的。温度量值传递参见现行的温度量值传递表。

三、温度检测的主要方法

温度测量范围很广，有的处于接近绝对零度的低温，有的在几千度的高温。这样宽的范围需用各种不同的温度检测方法和测温仪表来测量。

在温度测量系统中，感受温度变化的元件称感温元件；将温度转换成其他物理量（如电压、电阻等）输出的仪表称温度传感器。习惯上，按测温范围不同，将600℃以上的测温仪表称为高温计，把测量600℃以下测温仪表称为温度计。

在工业生产和科学实验中，根据感温元件与被测物质是否接触，将温度检测仪表分为接触式和非接触式两大类。

对于接触式测温方法可归纳为：

• 利用物质热膨胀与温度关系测温。用以测温的选择物体可以是固体、气体或液体，其受热后体积膨胀，在一定温度范围内体积变化与温度变化呈连续、单值的关系，且复现性好。如双金属温度计、压力式温度计和玻璃液体温度计。

• 利用热电效应测温。两种不同的导体两端短接形成闭合回路，当两接点处于不同温度时，回路中出现热电势。利用这一原理制成生产中广泛使用的热电偶温度计。

• 利用导体或半导体的电阻与温度关系测温。对于铂、铜等金属导体或半导体热敏电阻，其阻值随温度变化发生相应变化，根据 R-t 关系测量温度，如铂电阻温度计。

作为非接触式测温方法，则是利用物体辐射能随温度而变化的原理测温。利用这一性质制成单色辐射高温计、光学高温计和比色高温计等。

第二节 接触式温度测量仪表

一、热电偶温度仪表

热电偶温度仪表由热电偶、电测仪表和连接导线组成，如图 5-1 所示。其感温元件是热电偶，热电偶由两根不同的导体或半导体一端焊接或绞接而成，如图 5-1 中 A、B 所示。组成热电偶的两根导体或半导体称为热电极；焊接的一端称为热电偶的热端（又称测量端、工作端）；与导线连接的一端称为热电偶的冷端（又称参考端、自由端）。

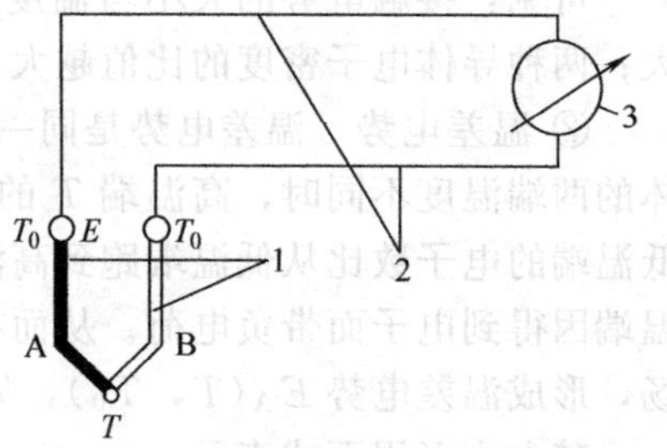

图 5-1 热电偶测温系统示意图

1—热电偶；2—连接导线；3—显示仪表

热电偶的热端一般要插入需要测温的生产设备中，冷端置于生产设备外，如果两端所处温度不同，则测温回路中会产生热电势 E。在冷端温度 T_0 保持不变的情况下，用显示仪表测得 E 的数值后，便可知道被测温度的大小。由于热电偶的性能稳定、结构简单、使用方便、测温范围广、有较高的准确度，且能方便地将温度信号转换为电势信号，便于信号的远传和多点集中测量，所以在工业生产和科学研究中应用十分广泛。

1. 热电偶工作原理

把两种不同的导体或半导体连接成如图 5-2 所示的闭合回路，如果将它们的两个接点分别置于温度各为 T 及 T_0（假设 $T>T_0$）的热源中，则在该回路内就会产生热电动势（简称热电势），这种现象称为塞贝克效应，即热电效应。热电偶是基于热电效应而工作的。

(1) 热电势的产生

在图 5-2 所示的闭合回路中，产生的热电势由两部分组成，即温差电势和接触电势。

① 接触电势 接触电势就是由于两种不同导体的自由电子的密度不同而在接触处形成的电动势。在两种不同导体 A、B 接触时，由于材料不同，两者有不同的电子密度，若 $N_A>N_B$，则在单位时间内，从导体 A 扩散到导体 B 的自由电子数比相反方向的来得多，即自由电子主要从导体 A 扩散到导体 B，这时 A 导体因失去电子带正电荷，B 导体因得到电子带负电荷，因而在接触面上形成了自 A 到 B 的内部静电场 E_S，如图 5-3 所示。这个电场将阻碍扩散作用的继续，同时加速电子反方向转移，使从 B 到 A 的电子增多，最后达到动态平衡状态。此时，A、B 之间产生了电位差，即接触电势 $E_{AB}(T)$ 或 $E_{AB}(T_0)$。其大小可用下式表示：

$$E_{AB}(T)=\frac{KT}{e}\ln\frac{N_A(T)}{N_B(T)}=-E_{BA}(T) \tag{5-5}$$

$$E_{AB}(T_0)=\frac{KT_0}{e}\ln\frac{N_A(T_0)}{N_B(T_0)}=-E_{BA}(T_0) \tag{5-6}$$

式中 $N_A(T)$——材料 A 在温度为 T 时的自由电子密度；

$N_B(T)$——材料 B 在温度为 T 时的自由电子密度；

e——单位电荷，$e=1.6\times10^{-19}$C；

K——玻尔茨曼常数，$K=1.38\times10^{-23}$J/K。

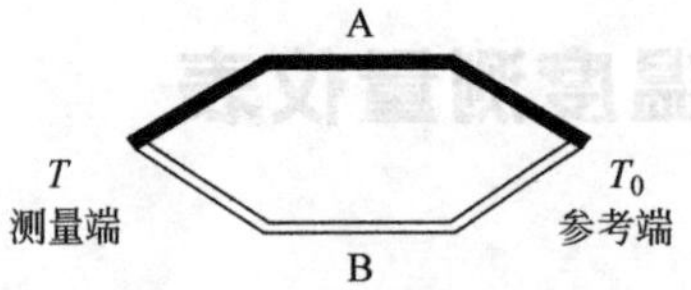

图 5-2 热电偶闭合回路

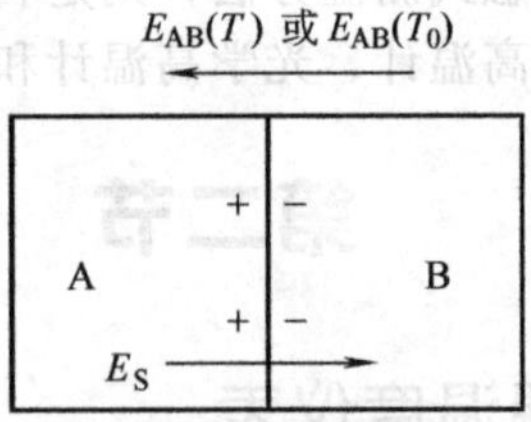

图 5-3 热电偶接触电势

可见：接触电势的大小与温度高低及导体中的电子密度有关。温度越高，接触电势越大；两种导体电子密度的比值越大，接触电势也越大。

② 温差电势 温差电势是同一导体两端因其温度不同而产生的一种热电势。当同一导体的两端温度不同时，高温端 T 的电子能量比低温端 T_0 的电子能量大，因而从高温端跑到低温端的电子数比从低温端跑到高温端的要来得多，结果高温端因失去电子而带正电荷，低温端因得到电子而带负电荷。从而在高低温端之间便形成了一个从高温端指向低温端的静电场，形成温差电势 $E_A(T, T_0)$，如图 5-4 所示。

其大小可用下式表示：

$$E_A(T,T_0)=\frac{K}{e}\int_{T_0}^{T}\frac{1}{N_{At}}\frac{d(N_{At}\cdot t)}{dt}dt=-E_A(T_0,T) \tag{5-7}$$

式中 N_{At}——A 导体在温度 t 时的电子密度。

可见：温差电势 $E_A(T, T_0)$ 与导体材料中的电子密度和温度分布有关，且成积分关系。若导体为均质导体，则其电子密度只与温度有关，与导体长度、截面积大小无关，在同样温度下电子密度相同。即 $E_A(T, T_0)$ 的大小只与导体材料和两端温度有关。

③ 热电偶回路总电势 热电偶回路接触和温差电势分布如图 5-5 所示。

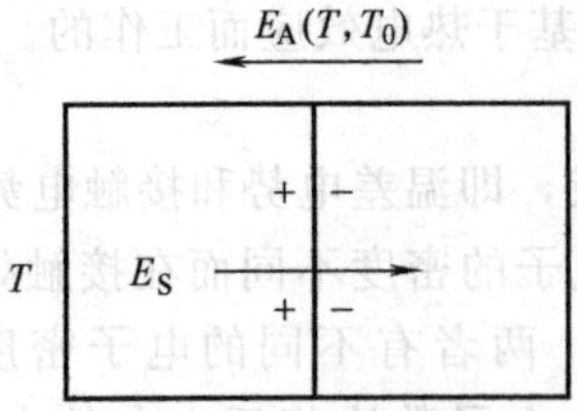

图 5-4 热电偶温差电势

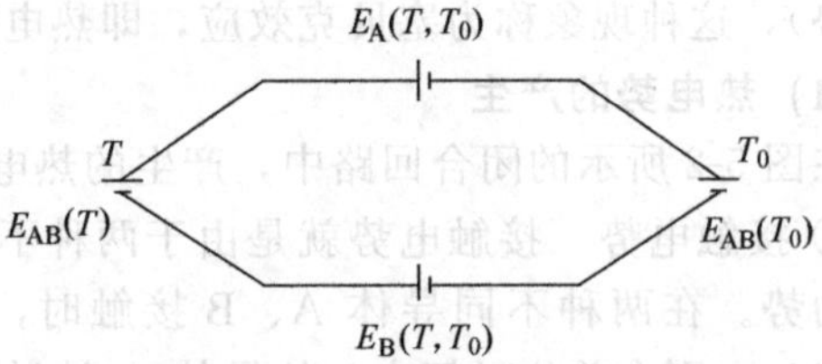

图 5-5 热电偶回路电势分布

则热电偶回路总电势为：

$$E_{AB}(T,T_0)=E_{AB}(T)+E_B(T,T_0)-E_A(T,T_0)-E_{AB}(T_0) \tag{5-8}$$

$$=\frac{KT}{e}\ln\frac{N_A(T)}{N_B(T)}+\frac{K}{e}\int_{T_0}^{T}\frac{1}{N_{Bt}}\frac{d(N_{Bt}\cdot t)}{dt}dt-\frac{KT_0}{e}\ln\frac{N_A(T_0)}{N_B(T_0)}-\frac{K}{e}\int_{T_0}^{T}\frac{1}{N_{At}}\frac{d(N_{At}\cdot t)}{dt}dt$$

由于温差电势比接触电势小，又 $T>T_0$，所以在总电势 $E_{AB}(T, T_0)$ 中，以导体 A、B 在 T 端的接触电势所占的比例最大，故总电势的方向取决于该方向，这样对上式进行整理可得：

$$E_{AB}(T,T_0)=\frac{K}{e}\int_{T_0}^{T}\ln\frac{N_A}{N_B}dt=-E_{BA}(T,T_0) \tag{5-9}$$

由上式可知，热电偶总电势与电子密度 N_A、N_B及两接点温度 T、T_0有关。电子密度不仅取决于热电偶材料的特性，且随温度的变化而变化，它并非是常数，所以，当热电偶材料一定时，热电偶的总电势成为温度 T 和 T_0的函数差。即

$$E_{AB}(T,T_0)=f(T)-f(T_0) \tag{5-10}$$

如果使冷端温度 T_0固定，则对一定材料的热电偶，其总电势就只与温度 T 成单值函数关系，即

$$E_{AB}(T,T_0)=f(T)-C=\phi(T) \tag{5-11}$$

式中，C 为固定温度 T_0决定的常数。

由此可得出有关热电偶的几个结论。

① 热电偶必须采用两种不同材料作为电极，否则无论热电偶两端温度如何，热电偶回路总热电势为零。

② 尽管采用两种不同的金属，若热电偶两接点温度相等，即 $T=T_0$，回路总电势为零。

③ 热电偶 A、B 的热电势只与结点温度有关，与材料 A、B 的中间各处温度无关。

(2) 热电偶基本定律

① 均质导体定律　由一种均质导体或半导体组成的闭合回路，不论其截面、长度如何以及各处的温度如何分布，都不会产生热电势。即热电偶必须采用两种不同材料作为电极。

② 中间温度定律　在热电偶回路中，两接点温度为 T、T_0时的热电势，等于该热电偶在接点温度为 T、T_a和 T_a、T_0时热电势的代数和，即

$$E_{AB}(T,T_0)=E_{AB}(T,T_a)+E_{AB}(T_a,T_0) \tag{5-12}$$

根据这一定律，只要给出自由端为 0℃时的热电势和温度的关系，就可以求出冷端为任意温度 T_0的热电偶热电势，即

$$E_{AB}(T,T_0)=E_{AB}(T,0)+E_{AB}(0,T_0)$$
$$=E_{AB}(T,0)-E_{AB}(T_0,0) \tag{5-13}$$

③ 中间导体定律　在热电偶回路中，接入第三种导体 C，如图 5-6 所示，只要这第三种导体两端温度相同，则热电偶所产生的热电势保持不变。即第三种导体 C 的引入对热电偶回路的总电势没有影响。

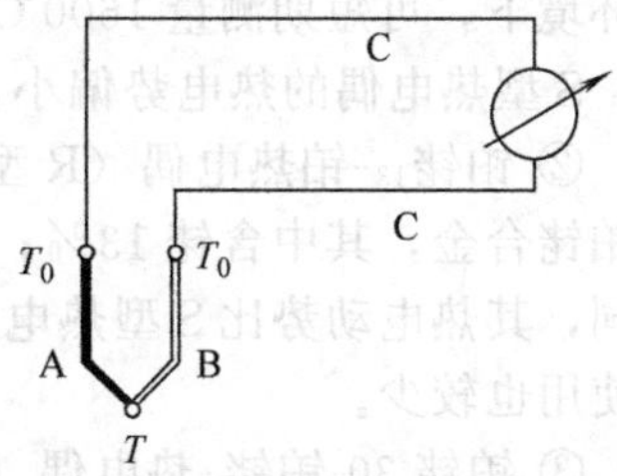

图 5-6　接入导体 C 的热电偶回路

热电偶回路接入中间导体 C 后热电偶回路的总热电势为

$$E_{ABC}(T,T_0)=E_{AB}(T)+E_{CA}(T_0)+E_{BC}(T_0)-E_A(T,T_0)+E_C(T_0,T_0)+E_B(T,T_0) \tag{5-14}$$

因为

$$E_{BC}(T_0)+E_{CA}(T_0)=E_{BA}(T_0)=-E_{AB}(T_0)$$

又

$$E_C(T_0,T_0)=0$$

代入式(5-14)，得

$$E_{ABC}(T,T_0)=E_{AB}(T)-E_{AB}(T_0)+E_B(T,T_0)-E_A(T,T_0)=E_{AB}(T,T_0) \tag{5-15}$$

同理，热电偶回路中接入多种导体后，只要保证接入的每种导体的两端温度相同，则对热电偶的热电势没影响。根据热电偶的这一性质，可以在热电偶的回路中引入各种仪表和连接导线等。例如，在热电偶的自由端接入一只测量电势的仪表，并保证两个接点的温度相

等，就可以对热电势进行测量，而且不影响热电势的输出。

2. 热电极材料及常用热电偶

(1) 热电极材料

根据上述热电偶的测温原则，理论上任何两种导体均可配成热电偶，但因实际测温时对测量精度及使用等有一定要求，故对制造热电偶的热电极材料也有一定要求。除满足上述对温度传感器的一般要求外，还应注意如下要求。

① 在测温范围内，热电性质稳定，不随时间和被测介质变化，物理化学性能稳定，不易氧化或腐蚀。

② 导电率要高，并且电阻温度系数要小。

③ 它们组成的热电偶，热电势随温度的变化率要大，并且希望该变化率在测温范围内接近常数。

④ 材料的机械强度要高，复制性要好，复制工艺要简单，价格便宜。

完全满足上述条件要求的材料很难找到，故一般只根据被测温度的高低，选择适当的热电极材料。下面分别介绍国内生产的几种常用热电偶。它们又分为标准化与非标准化热电偶。标准化热电偶是指国家标准规定了其热电势与温度的关系和允许误差，并有统一的标准分度表。

(2) 标准热电偶

目前，国际上有 8 种标准化热电偶，国际上称之为“字母标志热电偶”，即其名称用专用字母表示，这个字母即热电偶型号标志，称为分度号，是各种类型热电偶的一种很方便的缩写形式。热电偶名称由热电极材料命名，正极写在前面，负极写在后面。下面简要介绍各种标准热电偶的性能和特点。

① 铂铑$_{10}$-铂热电偶（S 型） 这是一种贵重金属热电偶，其分度号为 S。正极为铂铑合金，其中含铑 10%；负极是商用纯铂，热电极直径为 0.5mm 以下。S 型热电偶在热电偶系列中准确度最高，常用于科学研究和测量准确度要求比较高的生产过程中。它的物理和化学性能良好，热性能和高温下抗氧化性能好，适用于氧化和惰性气氛中使用。

ITS—90 规定标准 S 型热电偶不再是温标的内插仪器，但仍是我国温度检定量值传递中的一、二等标准仪器。在工业测温中，一般可长期用在 1300℃以下测量温度，在良好的使用环境下，可短期测量 1600℃的温度。

S 型热电偶的热电势偏小，热电势率也比较小，因而灵敏度低。此外材料价格昂贵。

② 铂铑$_{13}$-铂热电偶（R 型） 这种热电偶也是贵重金属热电偶，分度号为 R。它的正极为铂铑合金，其中含铑 13%；负极为商用纯铂。其性能和使用温度范围与 S 型热电偶基本相同，其热电动势比 S 型热电偶稍大，灵敏度也较高些。我国生产这种热电偶较少，所以目前使用也较少。

③ 铂铑 30-铂铑$_6$热电偶（B 型） 这种热电偶是比较理想的测量高温的热电偶，也是一种贵重金属热电偶，其分度号为 B。它的热电极均为铂铑合金，正极含铑 29.6%；负极含铑 6.12%，我国俗称双铂铑热电偶。

B 型热电偶测温上限达 1600℃，短期使用可达 1800℃。它宜在氧化性和惰性气氛中使用，也可短时间用于真空中。应注意，它不适用于还原性气氛或含有金属或非金属蒸气的气氛中，除非使用密封性非金属保护管保护。它的高温稳定性主要取决于保护管材料的质量，最好使用低铁高纯氧化铝做保护管或绝缘材料。

这种热电偶热电势极小、灵敏度低，不能应用于 0℃以下温度测量。这种热电偶当冷端温度在 0～50℃范围内使用时可以不必修正，查阅分度表可知 50℃时其热电势只有 2μV。

④ 镍铬-镍硅热电偶（K 型） 镍铬-镍硅热电偶是目前使用十分广泛的廉价金属热电偶，

分度号为 K。其正极为镍铬合金，镍 90%，铬 10%；负极为镍硅锰合金，一般为镍 95%、硅 1%、锰和铝各 2%，热电极直径 1～3.2mm。

K 型热电偶测温范围−270～1300℃，长期使用最高温度 900℃。在 500℃以下可在还原性、中性和氧化性气氛中可靠地工作，但在 500℃以上只能在氧化性或中性气氛中工作。

K 型热电偶和我国以前生产的镍铬-镍铝热电偶（旧分度号 EU-2）具有几乎完全一致的热电特性，由于镍硅合金在抗氧化及热电势稳定性方面优于镍铝合金，目前已取代了镍铬-镍铝热电偶。

镍铬-镍硅热电偶具有热电势率大，灵敏度高；线性度好，显示仪表刻度均匀；抗氧化性能比其他廉价金属热电偶好；价格便宜等优点，虽然其测量精度较低，但能满足工业测温要求，是工业上最常用的廉价热电偶。

⑤ 镍铬硅-镍硅热电偶（N 型） 这种热电偶是一种很有发展潜力的标准化镍基合金热电偶，是国际新认定的标准热电偶，其分度号为 N。它的正极合镍 84%、14%～14.4%的铬、1.3%～1.6%的硅、不超过 0.1%的其他元素；负极合镍 95%、4.2%～4.6%的硅、0.5%～1.5%的镁。

N 型热电偶是一种比 K 型热电偶更好的，能用到 1200℃的廉价金属热电偶，其抗氧化能力强，不受短程有序化的影响。除非有保护管保护，这种热电偶也像 K 型热电偶一样，不能在高温下用于硫、还原性或还原与氧化交替的气氛中，高温下不能用于真空中。

⑥ 镍铬-康铜热电偶（E 型） 它是一种能测量低温的廉价金属热电偶，分度号为 E，测量低温精度很高。它的正极与 K 型正极相同；负极为铜镍合金，含铜 55%、镍 45%，热电极直径一般为 1～3.2mm。

E 型热电偶是应用比较普遍的热电偶，测温范围−200～800℃。这种热电偶稳定性好，常用于氧化性或惰性气氛中；热电势率很大，可测量微小变化的温度；价格便宜。

⑦ 铜-康铜热电偶（T 型） 铜-康铜热电偶是一种测量精度较高的廉价金属热电偶，广泛用于−248～370℃温度范围测量。其分度号为 T，正极为铜；负极为铜镍合金，同 E 型负极，一般含 0.1 的钴、铁和锰。

T 型热电偶的热电势率较大，热电特性良好，材料质地均匀，价格低廉。特别在−200～0℃范围使用，性能稳定性高，可作为二等计量标准热电偶。

⑧ 铁-康铜热电偶（J 型） 这种热电偶也是一种工业中广泛应用的廉价金属热电偶，分度号为 J。其正极为商用铁（含 99.5%）；负极为铜镍合金，与 E、T 型热电偶相似，但含有略多一些的钴、铁和锰，它不能用 E、T 型负极来替换。

J 型热电偶热电率较高，热电特性线性好，它不仅可以在氧化性、惰性气氛及真空中使用，还可以在还原性气氛中使用。其测量温区可覆盖−210～1200℃，由于铁高温下易氧化，这种热电偶常用于 0～780℃测温范围。

符合 1990 国际温标。常用标准热电偶技术数据见表 5-2。

表 5-2 标准化热电偶技术数据

热电偶名称	分度号	热电极识别		$E(100,0)$ /mV	测温范围/℃		对分度表允许偏差/℃		
	新	极性	识别		长期	短期	等级	使用温度	允差
铂铑$_{10}$-铂	S	正	亮白较硬	0.646	0～1300	1600	Ⅲ	≤600	±1.5℃
		负	亮白柔软					>600	±0.25%t
铂铑$_{13}$-铂	R	正	较硬	0.647	0～1300	1600	Ⅱ	<600	±1.5℃
		负	柔软					>1100	±0.25%t

续表

热电偶名称	分度号 新	热电极识别 极性	热电极识别 识别	E(100,0) /mV	测温范围/℃ 长期	测温范围/℃ 短期	对分度表允许偏差/℃ 等级	对分度表允许偏差/℃ 使用温度	对分度表允许偏差/℃ 允差
铂铑$_{30}$-铂铑$_6$	B	正	较硬	0.033	0～1600	1800	Ⅲ	600～800	±4℃
		负	稍软					>800	±0.5%t
镍铬-镍硅	K	正	不亲磁	4.096	0～1200	1300	Ⅱ	−40～1300	±2.5℃或±0.75%t
		负	稍亲磁				Ⅲ	−200～40	±2.5℃或±1.5%t
镍铬硅-镍硅	N	正	不亲磁	2.774	−200～1200	1300	Ⅰ	−40～1100	±1.5℃或±0.4%t
		负	稍亲磁				Ⅱ	−40～1300	±2.5℃或±0.75%t
镍铬-康铜	E	正	暗绿	6.319	−200～760	850	Ⅱ	−40～900	±2.5℃或±0.75%t
		负	亮黄				Ⅲ	−200～40	±2.5℃或±1.5%t
铜-康铜	T	正	红色	4.279	−200～350	400	Ⅱ	−40～350	±1℃或±0.75%t
		负	银白色				Ⅲ	−200～40	±1℃或±1.5%t
铁-康铜	J	正	亲磁	5.269	−40～600	750	Ⅱ	−40～750	±2.5℃或±0.75%t
		负	不亲磁						

(3) 非标准化热电偶

非标准化热电偶在生产工艺上还不够成熟，在应用范围和数量上均不如标准化热电偶。它没有统一的分度表，也没有与其配套的显示仪表。但这些热电偶具有某些特殊性能，能满足一些特殊条件下测温的需要，如超高温、极低温、高真空或核辐射环境，因此在应用方面仍有重要意义。

非标准化热电偶有铂铑系、铱铑系、钨铼系及金铁热电偶、双铂钼等热电偶。

3. 热电偶的结构形式

热电偶温度传感器广泛应用于工业生产过程的温度测量，具有多种结构形式。按用途可分为普通型热电偶、铠装热电偶和薄膜热电偶。

(1) 普通型热电偶

普通型热电偶主要用于测量气体、蒸汽、液体等介质的温度。由于使用的条件基本相似，所以这类热电偶已做成标准型，其基本组成部分大致是一样的。通常都是由热电极、绝缘材料、保护套管和接线盒等主要部分组成。普通的工业用热电偶结构示意图如图5-7所示。

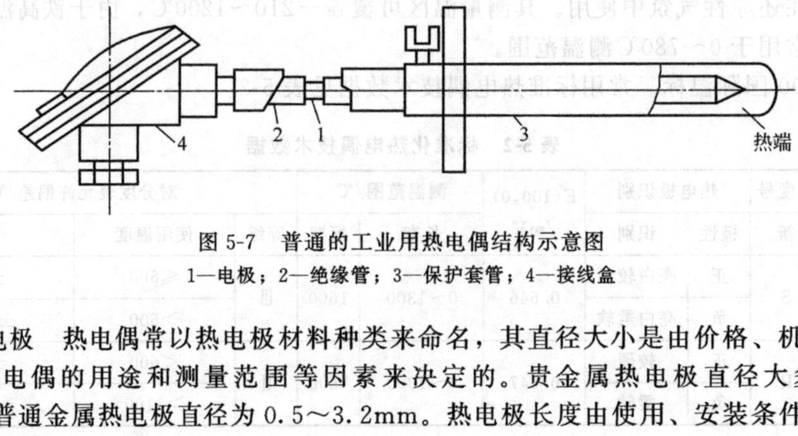

图5-7 普通的工业用热电偶结构示意图

1—电极；2—绝缘管；3—保护套管；4—接线盒

① 热电极 热电偶常以热电极材料种类来命名，其直径大小是由价格、机械强度、导电率以及热电偶的用途和测量范围等因素来决定的。贵金属热电极直径大多是0.13～0.65mm，普通金属热电极直径为0.5～3.2mm。热电极长度由使用、安装条件，特别是工

作端在被测介质中插入深度来决定，通常为350～2000mm，常用的长度为350mm。

热电偶工作端通常采用焊接方式形成。为了减少传热误差和滞后，焊点宜小，其直径不应超过两倍热电极直径。焊点应具有金属光泽、表面圆滑、无沾污变质、夹渣和裂纹等。焊点的形式有点焊、对焊、绞状点焊等。

② 绝缘管　又称绝缘子，用来防止两根热电极短路，其材料的选用要根据使用的温度范围和对绝缘性能的要求而定，常用的是氧化铝和耐火陶瓷。它一般制成圆形，中间有孔，长度为20mm，使用时根据热电极的长度，可多个串起来使用。

③ 保护套管　为使热电极与被测介质隔离，并使其免受化学侵蚀或机械损伤，热电极在套上绝缘管后再装入套管内。

对保护套管的要求一方面要经久耐用，能耐温度急剧变化，耐腐蚀，不分解出对电极有害的气体，有良好的气密性及足够的机械强度；另一方面是传热良好；传导性能越好，热容量越小，能够改善电极对被测温度变化的响应速度。常用的材料有金属和非金属两类，应根据热电偶类型、测温范围和使用条件等因素来选择保护套管材料。

④ 接线盒　接线盒供热电偶与补偿导线连接用。接线盒固定在热电偶保护套管上，一般用铝合金制成，分普通式和防溅式(密封式）两类，为防止灰尘、水分及有害气体侵入保护套管内，接线盒出线孔和盖子均用垫片和垫圈加以密封，接线端子上注明热电极的正、负极性。

(2) 铠装热电偶

铠装热电偶是由热电极、绝缘材料和金属套管经拉伸加工而成的组合体，其断面结构如图5-8所示，分单芯和双芯两种。它可以做得长、很细，在使用中可以随测量需要进行弯曲。

套管材料为铜、不锈钢或镍基高温合金等。热电极和套管之间填满了绝缘材料的粉末，目前常用的绝缘材料有氧化镁、氧化铝等。目前生产的铠装热电偶外径一般为0.25～12mm，有多种规格。它的长短根据需要来定，最长的可达100m以上。

铠装热电偶的主要特点是，测量端热容量小，动态响应快，机械强度高，挠性好，耐高压、耐强烈震动和耐冲击，可安装在结构复杂的装置上，因此已被广泛用在许多工业部门中。

(3) 薄膜热电偶

薄膜热电偶是由两种金属薄膜连接而成的一种特殊结构的热电偶，它的测量端既小又薄，热容量很小，可用于微小面积上温度测量；动态响应快，可测量快速变化的表面温度。我国研制的片状薄膜热电偶如图5-9所示，它采用真空蒸镀法将两种电极材料蒸镀到绝缘基板上，上面再蒸镀一层二氧化硅薄膜作为绝缘和保护层。

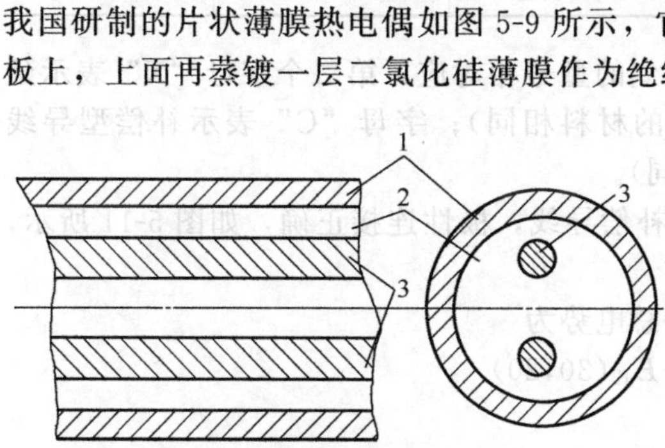

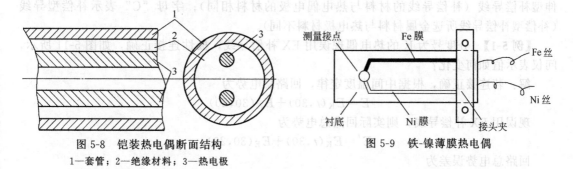

图5-8　铠装热电偶断面结构

1—套管；2—绝缘材料；3—热电极

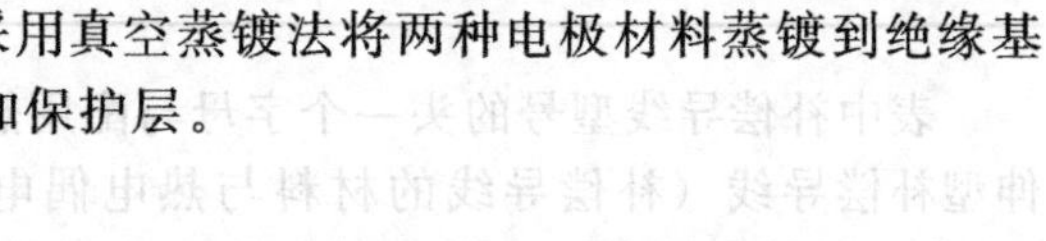

图5-9　铁-镍薄膜热电偶

应用时薄膜热电偶用粘剂紧贴在被测物表面，所以热损失很小，测量精度高。由于使用温度受粘胶剂和衬垫材料限制，目前只能用于−200～300℃范围。

4. 热电偶冷端温度补偿

由热电偶的作用原理可知，热电偶热电势的大小，不仅与测量端的温度有关，而且与冷端的温度有关，是测量端温度和冷端温度的函数差。为了保证输出电势是被测温度的单值函数，就必须使冷端温度保持不变。热电偶分度表和根据分度表刻度的显示仪表都要求冷端温度恒定为0℃，否则将产生测量误差。然而在实际应用中，由于热电偶的冷端与热端距离通常很近，冷端（接线盒处）又暴露于空间，受到周围环境温度波动的影响，冷端温度很难保持恒定，保持在0℃就更难。因此必须采取措施，通常采用如下一些温度补偿办法。

(1) 补偿导线法

随着工业生产过程自动化程度的提高，要求把温度测量的信号从现场传送到集中控制室里，或者由于其他原因，显示仪表不能安装在被测对象的附近，而需要通过连接导线将热电偶延伸到温度恒定的场所。由于热电偶一般做得比较短（除铠装热电偶外），特别是贵金属热电偶就更短。这样热电偶的冷端离被测对象很近，使冷端温度较高且波动较大，如用很长的热电偶使冷端延长到温度比较稳定的地方，这种办法由于热电极线不便于敷设，且对于贵金属很不经济，因此是不可行的。所以，一般用一种导线（称补偿导线）将热电偶的冷端伸出来（如图5-10所示），这种导线采用的廉价金属在一定温度范围内（0～100℃）具有和所连接的热电偶相同的热电性能。常用热电偶的补偿导线如表5-3所示。

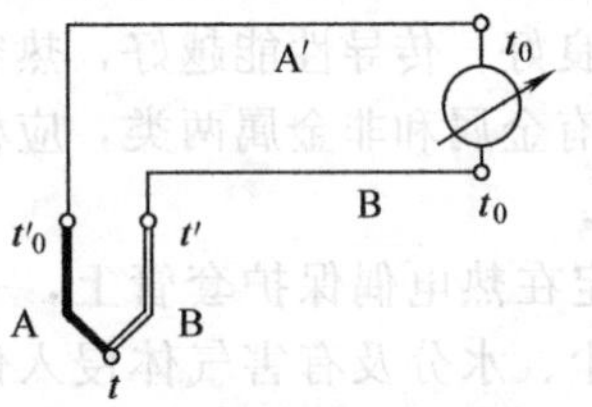

图5-10 热电偶补偿导线在测温回路中的连接

表5-3 常用热电偶的补偿导线

补偿导线型号	配用热电偶	补偿导线材料		补偿导线绝缘层着色	
		正极	负极	正极	负极
SC	S	铜	铜镍合金	红色	绿色
KC	K	铜	铜镍合金	红色	蓝色
KX	K	镍铬合金	镍硅合金	红色	黑色
EX	E	镍铬合金	铜镍合金	红色	棕色
JX	J	铁	铜镍合金	红色	紫色
TX	T	铜	铜镍合金	红色	白色

表中补偿导线型号的头一个字母与配用热电偶的型号相对应；第二个字母"X"表示延伸型补偿导线（补偿导线的材料与热电偶电极的材料相同）；字母"C"表示补偿型导线（补偿型补偿导线所选金属材料与热电极材料不同）。

【例5-1】 分度号为K的热电偶现误用EX补偿导线，极性连接正确，如图5-11所示，问仪表示值如何变化？

解：若连接正确，根据中间温度定律，回路总电势为

$$E=E_K(t,30)+E_K(30,20)$$

现误用EX补偿导线，则实际回路总电势为

$$E'=E_K(t,30)+E_E(30,20)$$

回路总电势误差为

$$\begin{aligned}\Delta E &=E'-E=E_K(t,30)+E_E(30,20)-E_K(t,30)-E_K(30,20)\\ &=E_E(30,20)-E_K(30,20)=E_E(30,0)-E_E(20,0)-E_K(30,0)+E_K(20,0)\\ &=1.801\text{mV}-1.192\text{mV}-1.203\text{mV}+0.798\text{mV}=0.204\text{mV}>0\end{aligned}$$

答： 回路总电势偏大，仪表示值将偏高。

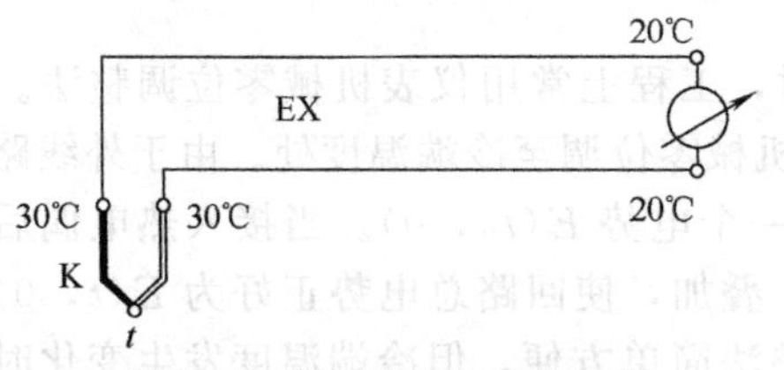

图 5-11 例 1 测温线路连接图

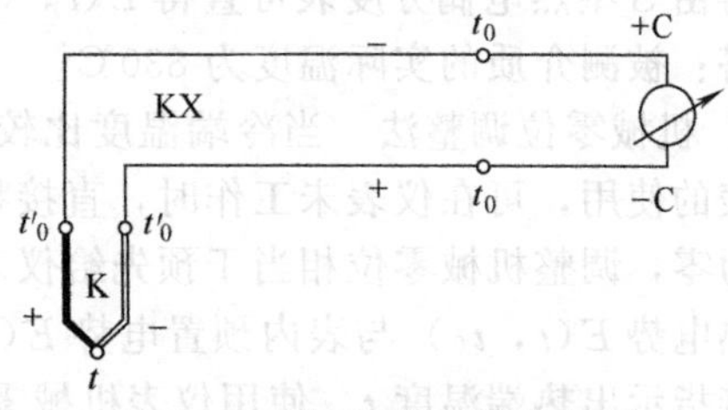

图 5-12 例 2 测温线路连接图

【例 5-2】 分度号为 K 的热电偶现误用 KX 补偿导线，但极性接反，如图 5-12 所示，问回路电势如何变化？

解： 若极性连接正确，回路总电势为 $E=E_K(t,\ t_0')+E_K(t_0',\ t_0)$

现补偿导线接反，回路总电势为 $E'=E_K(t,\ t_0')-E_K(t_0',\ t_0)$

回路总电势误差为

$$\Delta E=E'-E=E_K(t,t_0')-E_K(t_0',t_0)-E_K(t,t_0')-E_K(t_0',t_0)$$
$$=-2E_K(t_0',t_0)$$

分析：若 $t_0'>t_0$；则 $\Delta E<0$，回路电势偏低；若 $t_0'<t_0$，则 $\Delta E>0$，回路电势偏高；若 $t_0'=t_0$，则 $\Delta E=0$，回路电势不变。

总之，在使用补偿导线时必须注意以下问题：

① 补偿导线只能在规定的温度范围内（一般为 0～100℃）与热电偶的热电势相等或相近。

② 不同型号的热电偶有不同的补偿导线。

③ 热电偶和补偿导线的两个接点处要保持同温度。

④ 补偿导线有正、负极，需分别与热电偶的正、负极相连。

⑤ 使用补偿导线后，还需进行其他补偿与修正。

(2) 冷端温度校正法

配用补偿导线，将冷端延伸至温度基本恒定的地方，但新冷端若不恒为 0℃，配用按分度表刻度的温度显示仪表，必定会引起测量误差，必须予以校正。

① 计算法　当热电偶冷端温度不是 0℃，而是 t_0 时，根据热电偶中间温度定律，可得热电势的计算校正公式：

$$E(t,0)=E(t,t_0)+E(t_0,0)$$

式中　$E(t,\ 0)$——表示冷端为 0℃而热端为 t 时的热电势；

$E(t,\ t_0)$——表示冷端为 t_0 而热端为 t 时的热电势；即实测值；

$E(t_0,\ 0)$——表示冷端为 0℃而热端为 t_0 时的热电势；即为冷端温度不为 0 时热电势校正值。

因此只要知道了热电偶参比端的温度 t_0，就可以从分度表查出对应于 t_0 的热电势 $E(t_0,\ 0)$，然后将这个热电势值与显示仪表所测的读数值 $E(t,\ t_0)$ 相加，得出的结果就是热电偶的参比端温度为 0℃时，对应于测量端的温度为 t 时的热电势 $E(t,\ 0)$，最后就可以从分度表查得对应于 $E(t,\ 0)$ 的温度，这个温度的数值就是热电偶测量端的实际温度。

【例 5-3】 S 型热电偶在工作时参比端温度 $t_0=30$℃，现测得热电偶的电势为 7.5mV，欲求被测介质的实际温度。

解： 因为已知热电偶测得的电势为 $E(t,\ 30)$，即 $E(t,\ 30)=7.5\text{mV}$，其中 t 为被测介质温度。

由 S 型热电偶分度表可查得 $E(30,\ 0)=0.173\text{mV}$，则

$$E(t,0)=E(t,30)+E(30,0)=(7.5+0.173)\text{mV}=7.673\text{mV}$$

再由S型热电偶分度表可查得 $E(t, 0)=7.673\text{mV}$ 对应的温度为830℃。

答：被测介质的实际温度为830℃。

② 机械零位调整法　当冷端温度比较恒定时，工程上常用仪表机械零位调整法。如动圈仪表的使用，可在仪表未工作时，直接将仪表机械零位调至冷端温度处。由于外线路电势输入为零，调整机械零位相当于预先给仪表输入一个电势 $E(t_0, 0)$。当接入热电偶后，外电路热电势 $E(t, t_0)$ 与表内预置电势 $E(t_0, 0)$ 叠加，使回路总电势正好为 $E(t, 0)$，仪表直接指示出热端温度 t。使用仪表机械零位调整法简单方便，但冷端温度发生变化时，应及时断电，重新调整仪表机械零位，使之指示到新的冷端温度上。

③ 补偿电桥法　补偿电桥法是利用不平衡电桥产生的电势来补偿热电偶因冷端温度变化而引起的热电势变化值，可以自动地将冷端温度校正到补偿电桥的平衡点温度上。配动圈仪表的补偿器应用如图5-13所示。

不平衡电桥（即补偿电桥）由电阻 R_1、R_2、R_3（锰铜丝绕制）、R_{Cu}（铜丝绕制）四个桥臂和桥路稳压电源所组成，串接在热电偶测量回路中。热电偶冷端与电阻 R_{Cu} 感受相同的温度，通常取20℃时电桥平衡（$R_1=R_2=R_3=R_{Cu}$），此时对角线a、b两点电位相等（$U_{ab}=0$），电桥对仪表的读数无影响。当环境温度高于20℃时，R_{Cu} 增加，平衡被破坏，a点电位低于b点，产生一不平衡电压 U_{ab} 与热端电势相叠加，一起送入测量仪表。适当选择桥臂电阻和电流的数值，可使电桥产生的不平衡电压 U_{ab}，正好补偿由于冷端温度变化而引起的热电势变化值，仪表即可指示出正确的温度，由于电桥是在20℃时平衡，所以采用这种补偿电桥需把仪表的机械零位调整到20℃。

④ 冰浴法　冰浴法是在科学实验中经常采用的一种方法，为了测温准确，可以把热电偶的冷端置于冰水混合物的容器里，保证使 $t_0=0℃$。这种办法最为妥善，然而不够方便，所以仅限于科学实验中应用。为了避免冰水导电引起 t_0 处的连接点短路，必须把连接点分别置于两个玻璃试管里，浸入同一冰点槽，使之互相绝缘，如图5-14所示。

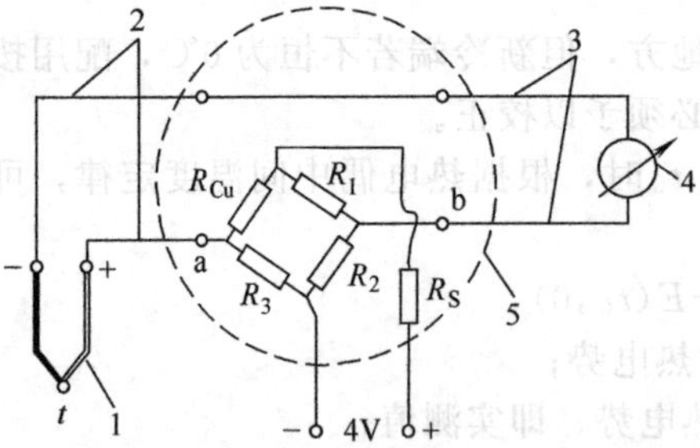

图5-13　具有补偿电桥的热电偶测温线路

1—热电偶；2—补偿导线；3—铜导线；4—指示仪表；5—冷端补偿器

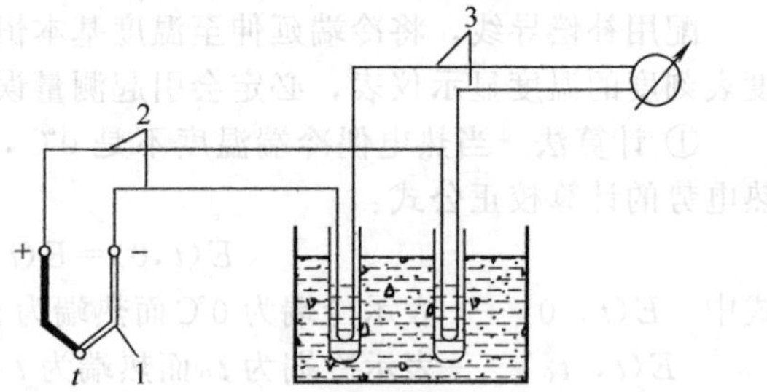

图5-14　冰浴原理

1—热电偶；2—补偿导线；3—铜导线；4—试管

⑤ 软件处理法　对于计算机系统，不必全靠硬件进行热电偶冷端处理。例如冷端温度恒定，但不为零的情况下，只要在采样后加一个与冷端温度对应的常数即可。对于 t_0 经常波动的情况，可利用热敏电阻或其他传感器把 t_0 输入计算机，按照运算公式设计一些程序，便能自动修正。后一种情况必须考虑输入的通道中除了热电势之外还应该有冷端温度信号，如果多个热电偶的冷端温度不相同，还要分别采样，若占用的通道数太多，宜利用补偿导线将所有的冷端接到同一温度处，只用一个温度传感器和一个修正 t_0 的输入通道就可以了，冷端集中，对于提高多点巡检的速度也很有利。

5. 热电偶测温仪表的应用注意的几个问题

用热电偶测温仪表组成测温系统来实现温度测量，首先应根据介质性质、测温范围选取不同分度号的热偶和相应补偿导线，这点根据前面讲授的标准热偶的性能特点就可以完成；其次要考虑感温元件在工艺管道或工业设备上的安装。下面介绍热电偶安装应注意的几个问题。

① 为确保测量的准确性，根据管道或设备工作压力大小、工作温度、介质腐蚀性要求等方面，合理确定热电偶的结构型式和安装方式。

② 正确选择测温点，测温点要具有代表性，不应把热电偶插在被测介质的死角区域；热电偶工作端应处于管道流速较大处；

③ 要合理确定热电偶的插入深度。一般在管道上安装取 150～200mm，在设备上安装可取≤400mm。

④ 插入深度的选取应当使热电偶能充分感受介质的实际温度。对于管道安装通常使工作端处于管道中心线 1/3 管道直径区域内。

⑤ 在安装中常采用直插、斜插（45°角）等插入方式，如果管道较细，宜采用斜插。在斜插和管道肘管（弯头处）安装时，其端部应对着被测介质的流向（逆流），不要与被测介质形成顺流，如图 5-15 所示。

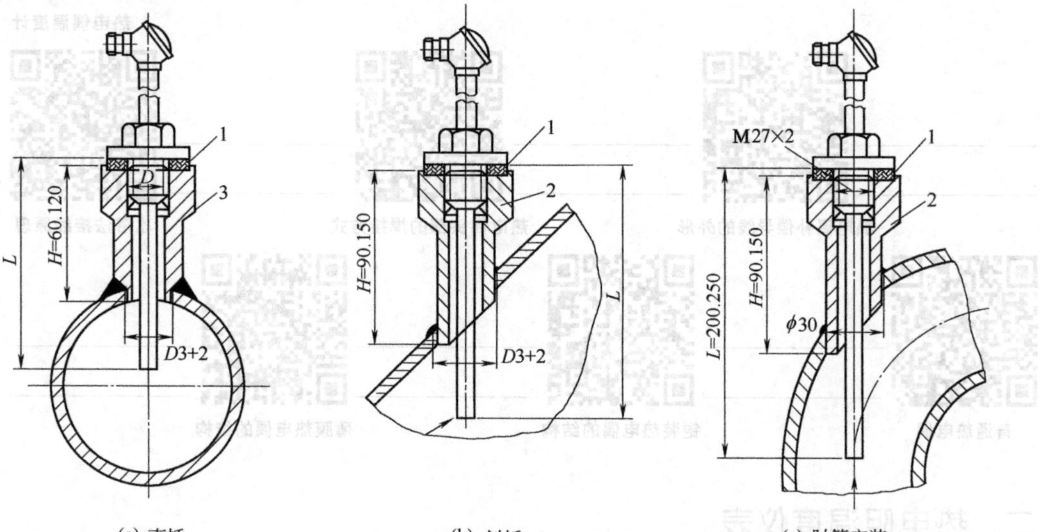

图 5-15 热电偶的插入方式

1—垫片；2—45°角连接头；3—直形连接头

⑥ 对于在管道公称直径 DN＜80mm 的管道上安装热电偶时，可以采用扩大管，其安装方式如图 5-16 所示。

⑦ 用热电偶测量炉膛温度时，应避免热电偶与火焰直接接触，避免安装在炉门旁或与加热物体距离过近之处。在高温设备上测温时，为防止保护套管弯曲变形，应尽量垂直安装。若必须水平安装，则当插入深度大于 1m 或被测温度大于 700℃时，应用耐火黏土或耐热合金制成的支架将热电偶支撑住。

⑧ 热电偶的接线盒引出线孔应向下，以防因密封不良而使水汽、灰尘与脏物落入接线盒中，影响测量精度。

⑨ 为减少测温滞后，可在保护外套管与保护管之间加装传热良好的填充物，如变压器油（＜150℃）或铜屑、石英砂（＞150℃）等。

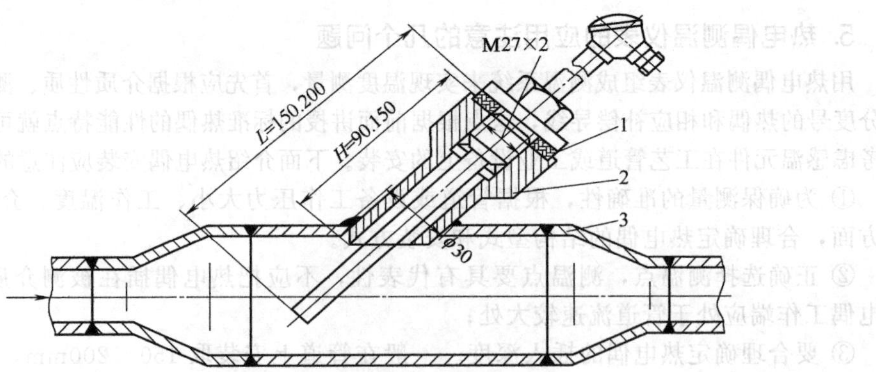

图 5-16 热电偶在扩大管上的安装

1—垫片；2—45°角连接头；3—扩大管

★看动画视频 说工作过程

热电偶温度计

热电偶补偿导线的外形　　热电偶头部的焊接方式　　冰浴法接线原理

普通热电偶　　铠装热电偶的结构　　薄膜热电偶的结构

二、热电阻温度仪表

虽然热电偶测温仪表是比较成熟的温度检测仪表，但当被测温度在中、低温时，如S型热电偶，热电偶的热电势较小，受干扰影响明显，对显示仪表放大器和抗干扰措施均有较高要求，相应仪表维修困难；热电偶在低温区，热电势小，冷端温度变化引起的相对误差显得很突出，且不容易得到完全补偿，因此在500℃以下测温，受到一定限制。

工业上常用电阻式测温仪表来测量−200～600℃之间的温度，在特殊情况下可测量极低或高达1000℃的温度。电阻式测温仪表的特点是准确度高；在中、低温下（500℃以下）测量，输出信号比热电偶大得多，灵敏度高；由于其输出也是电信号，便于实现信号的远传和多点切换测量。

电阻式测温仪表由电阻温度传感器、连接导线和显示仪表等组成。电阻温度传感器由电阻体、引出线、绝缘套管、保护管、接线盒等组成。电阻体是测温敏感元件，有导体和半导体两类。

1. 热电阻测温原理

热电阻是利用导体的电阻值随温度变化而改变的性质来工作的。用仪表测量出电阻的阻值变化，从而得到与电阻值对应的温度值。常采用电桥来测量电阻 R_t 的变化，并转化为电压输出。其原理如图 5-17 所示。

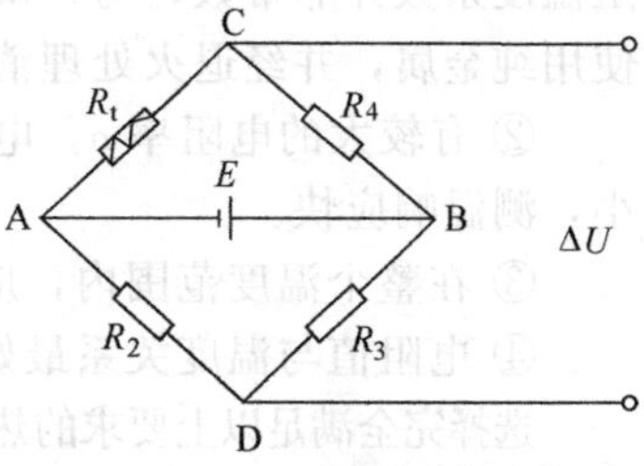

图 5-17 不平衡电桥原理

当温度处于测量下限时，$R_t=R_{tmin}$，设计桥路电阻，满足 $R_3\times R_{tmin}=R_2\times R_4$，此时电桥平衡，$\Delta U=0$，即

$$\Delta U=\frac{R_{tmin}}{R_{tmin}+R_4}\times E-\frac{R_2}{R_2+R_3}\times E=0 \qquad (5\text{-}16)$$

$$\frac{R_{tmin}}{R_{tmin}+R_4}=\frac{R_2}{R_2+R_3} \qquad (5\text{-}17)$$

当温度上升时，桥路失去平衡，设某一时刻 $R_t=R_{tmin}+\Delta R_t$，则在输出端开路时，根据式(5-16) 和式(5-17) 有

$$\Delta U=\frac{R_t}{R_t+R_4}\times E-\frac{R_2}{R_2+R_3}\times E \qquad (5\text{-}18)$$

$$\Delta U=\frac{R_{tmin}+\Delta R_t}{R_{tmin}+\Delta R_t+R_4}\times E-\frac{R_{tmin}}{R_{tmin}+R_4}\times E$$

当 $\Delta R_t \ll R_{tmin}+R_4$ 时，有

$$\Delta U=\frac{R_4\times\Delta R_t}{(R_{tmin}+R_4)^2}\times E$$

ΔU 与 ΔR_t 之间呈比较好的线性关系。根据 ΔU 可以知道 R_t 的变化，从而测量温度。

电桥电源 E 为稳压电源，否则将引起测量误差。由于电桥有电流流过，连接导线和热电阻均会发热而引起附加温度误差，在设计和使用中要求这种误差不超过 0.2%。通常当流过热电阻 6mA 电流时，因发热会产生的误差约 0.1℃，一般选择流过热电阻的电流为 3mA。

2. 热电阻的三线制接法

在实际应用中，由于热电阻温度传感器安装在现场，带有电桥的仪表如热电阻温度变速器、显示仪表或其他类型的信号转换器常安装于控制室，将热电阻引入电桥的连接导线需要经过现场到控制室之间较长的距离，连接导线的阻值 r_1 将随温度而变化给仪表带来较大的温度附加误差。工业上常采用三线制接法，原理如图 5-18 所示。从热电阻接线盒处引出三根线，使导线电阻分别加在与电源相邻的两个桥臂 AC 和 AD 上以及供电线路上。r_1 变化对桥路电压的影响较小；而 r_1 的变化，使得相邻桥臂的 R_t 和 R_2 同样变化，由电桥的特性可得，因导线电阻变化对仪表读数的影响可以减小。但这种补偿是不完全的，连接导线的温度附加误差依然存在。但采用三线制接法，在环境温度为 0～50℃内使用时，能满足工程要求（温度附加误差可控制在 0.5%以内或更小）。

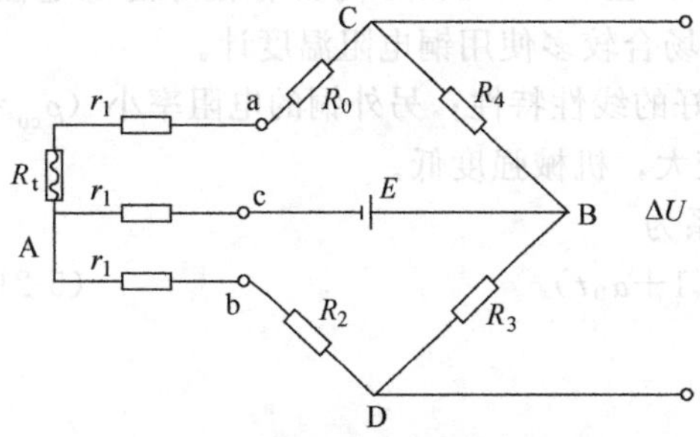

图 5-18 热电阻三线制桥路连接

3. 热电阻材料及常用热电阻

(1) 热电阻材料的选择

虽然大多数金属导体的电阻值随温度变化而变化，但它们并不都能作为测温热电阻的材料。制作热电阻的材料一般应满足以下要求。

① 电阻温度系数 dR/dt 要大。电阻温度系数越大，热电阻灵敏度越高。一般材料的电

阻温度系数并非常数，与t和R有关，并受杂质含量、电阻丝内应力影响。热电阻材料通常使用纯金属，并经退火处理消除内应力影响。

② 有较大的电阻率ρ。电阻率大，则同样阻值的电阻体体积可以小一些，从而使热容量小，测温响应快。

③ 在整个温度范围内，应具有稳定的物理化学性质和良好的复现性。

④ 电阻值与温度关系最好呈线性，成为平滑曲线关系，以便刻度标尺分度和读数。

选择完全满足以上要求的热电阻材料是有困难的，目前广泛应用的金属热电阻材料为铂和铜。

(2) 常用热电阻

① 铂电阻　铂电阻在氧化性介质中，甚至在高温下其物理、化学性质都非常稳定，铂金属易于提纯。ITS—90 中规定 13.8K 到 961.78℃之间用标准铂电阻温度计来复现温标，作为内插仪器。铂电阻在还原性介质中，特别是在高温下很容易被污染，使铂丝变脆，并改变了其电阻和温度之间的关系，因此要特别注意。

工业用铂电阻的温度系数为$3.850\times10^{-3}℃^{-1}$，工作范围为$-200\sim850℃$，其在$-200\sim0℃$范围内

$$R(t)=R(0℃)\times[1+At+Bt^2+C(t-100℃)t^3] \tag{5-19}$$

在$0\sim850℃$范围内

$$R(t)=R(0℃)\times(1+At+Bt^2) \tag{5-20}$$

式中　$R(t)$——温度t℃时的电阻值；

$R(0℃)$——温度为0℃时的电阻值；

A、B、C——系数，$A=3.9083\times10^{-3}℃^{-1}$；$B=-5.775\times10^{-7}℃^{-2}$；$C=4.183\times10^{-12}℃^{-4}$。

铂的纯度以电阻$R(100℃)/R(0℃)$来表示。一般工业用铂电阻温度计对纯度要求不少于 1.3851。目前我国常用的铂电阻有两种，分度号Pt_{100}和Pt_{10}，最常用的是Pt_{100}，$R(0℃)=100.00\Omega$。

② 铜电阻　铜电阻也是工业上普遍使用的热电阻。铜容易加工提取，其电阻温度系数很大，而且电阻与温度之间关系成线性，价格便宜，在$-50\sim150℃$内具有很好的稳定性。所以在一些测量准确度要求不很高、且温度较低的场合较多使用铜电阻温度计。

铜电阻在150℃以上易被氧化，氧化后失去良好的线性特性；另外铜的电阻率小（$\rho_{cu}=0.017\Omega mm^2/m$），电阻丝一般较细，电阻体体积较大，机械强度低。

在$-50\sim150℃$范围内，铜电阻与温度之间关系为

$$R(t)=R(0℃)\times(1+\alpha_0 t) \tag{5-21}$$

式中　$R(t)$——温度为t℃时的电阻值；

$R(0℃)$——温度为0℃时的电阻值；

α_0——0℃下铜电阻温度系数，$\alpha_0=4.28\times10^{-3}℃^{-1}$。

目前我国工业上用的铜电阻分度号为Cu_{50}和Cu_{100}，其$R(0℃)$分别为50Ω和100Ω。铜电阻的电阻比$R(100℃)/R(0℃)=1.428\pm0.002$。

4. 热电阻温度传感器的结构

(1) 普通热电阻温度传感器

工业用普通热电阻温度传感器由电阻体、绝缘套管、保护管、接线盒和连接电阻体与接线盒的引出线等部件组成。绝缘套管、保护管、接线盒与热电偶温度传感器基本相同，绝缘套管一般使用双芯或四芯氧化铝绝缘材料，引出线穿过绝缘管。电阻体和引出线均装在保护管内。热电阻温度传感器外形与热电偶温度传感器相同。铂电阻体常见形式如图 5-19 所示，其中图 5-19(a) 为云母片做骨架，把云母片两边做成锯齿状，将铂丝绕在云母骨架上，然后

用两片无锯齿云母夹住，再用银带扎紧。铂丝采用双线法绕制，以消除电感。如图 5-19(b) 采用石英玻璃，具有良好的绝缘和耐高温特性，把铂丝双绕在直径为 3mm 的石英玻璃上，为使铂丝绝缘和不受化学腐蚀、机械损伤，在石英管外再套一个外径为 5mm 的石英管。铂电阻体用银丝作为引出线。

铜电阻体结构如图 5-20 所示。它采用直径约 0.1mm 的绝缘铜线（它包括锰铜或镍铜部分）采用双线绕法分层绕在圆柱形塑料支架上。用直径 1mm 的铜丝或镀银铜丝做引出线。

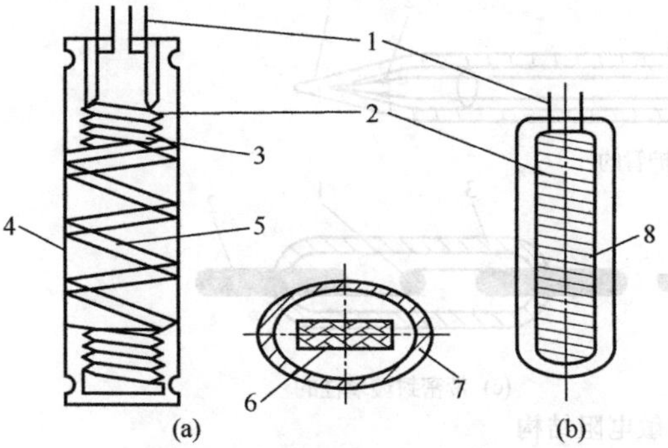

图 5-19 铂电阻体的结构

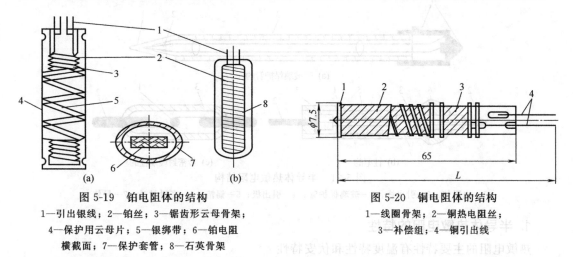

1—引出银线；2—铂丝；3—锯齿形云母骨架；4—保护用云母片；5—银绑带；6—铂电阻横截面；7—保护套管；8—石英骨架

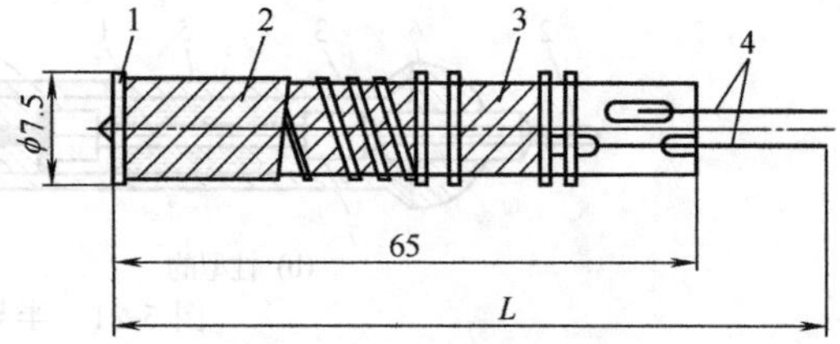

图 5-20 铜电阻体的结构

1—线圈骨架；2—铜热电阻丝；3—补偿组；4—铜引出线

为改善热传导，在电阻体与保护管之间常置有金属夹持件或内套管。

(2) 铠装热电阻

铠装热电阻是将电阻体与引出线焊接好后，装入金属小套管，再充填以绝缘材料粉末，最后密封，经冷拔、旋锻加工而成的组合体。由于铠装热电阻的体积可以做得很小，因此它的热惯性小，反应速度快。除电阻体部分外，其他部分可以做任何方向弯曲，因此它具有良好的耐震动和抗冲击的性能，并且不易被有害介质所侵蚀，其使用寿命比普通热电阻长。

5. 热电阻测温仪表的应用注意的几个问题

① 热电阻测温仪表常用来测量−200～600℃之间的温度。

② 热电阻的显示仪表必须与热电阻配套。

③ 动态误差。由于电阻体体积较大，热容量大，其动态误差比热电偶大，这也制约了热电阻在快速测温中的应用。

④ 连线电阻变化与热电阻阻值变化产生叠加，引起测量误差。应采用三线制接法予以消除。

⑤ 热电阻通电发热引起误差。在实际测温中，热电阻流过电流使热电阻发热，从而引起误差。

⑥ 热电阻的安装与热电偶的安装要求基本相同，相应参照即可，这里不再赘述。

★看动画视频 说工作过程

热电阻结构原理

三、热敏电阻传感器

热敏电阻是利用半导体的电阻值随温度变化而改变的特性制成的温度传感器。大多数半导体热敏电阻是由各种氧化物按一定比例混合，经高温烧结而成。半导体热敏电阻可制成片状、柱状和珠状，如图 5-21 所示。

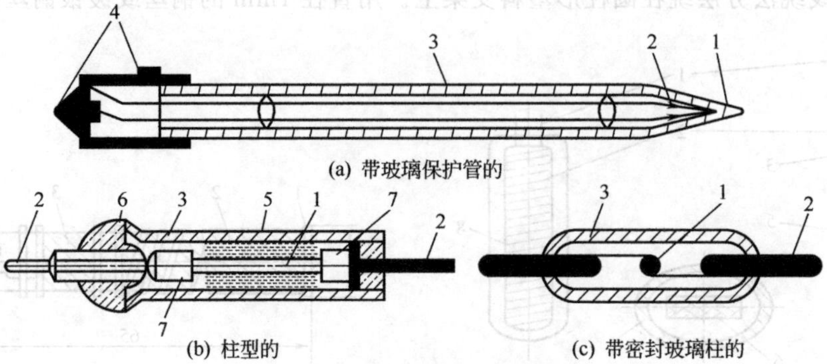

(a) 带玻璃保护管的

(b) 柱型的

(c) 带密封玻璃柱的

图 5-21 半导体热敏电阻结构

1—电阻体；2—引出线；3—玻璃保护管；4—引出极；5—锡箔；6—密封材料；7—导体

1. 半导体热敏电阻的特性

热敏电阻的主要特性有温度特性和伏安特性

(1) 温度特性

热敏电阻按其性能可分为负温度系数 NTC 型热敏电阻、正温度系数 PTC 型热敏电阻、临界温度 CTR 型热敏电阻三种。NTC 型、PTC 型、CTR 型的热敏电阻的特性如图 5-22 所示，半导体热敏电阻就是利用这种性质来测量温度的。

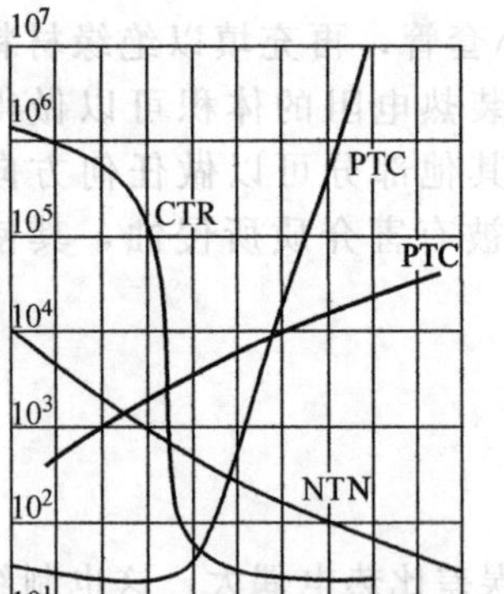

图 5-22 热敏电阻的特性

现以负温度系数 NTC 型热敏电阻为例进行说明。用于测量的 NTC 型热敏电阻，在较小的温度范围内，其电阻—温度特性关系为

$$R_T = R_0 e^{B\left(\frac{1}{T}-\frac{1}{T_0}\right)} \tag{5-22}$$

式中 R_T，R_0——温度 T、T_0时的电阻值；

T——热力学温度；

B——热敏电阻材料常数，一般取 2000～6000K；可由下式表示

$$B = \frac{\ln\left(\frac{R_T}{R_0}\right)}{\left(\frac{1}{T}-\frac{1}{T_0}\right)} \tag{5-23}$$

电阻温度系数为

$$\alpha = \frac{1}{R_T} \times \frac{dR_T}{dT} = -\frac{B}{T^2} \tag{5-24}$$

若 $B=4000K$，$T=323.15K$ (50℃)，则 $\alpha=-3.8\%/℃$。可见，α、β 是表征热敏电阻材料性能的重要参数。

(2) 伏安特性

把静态情况下热敏电阻上的端电压与通过热敏电阻的电流之间的关系称为伏安特性。它

是热敏电阻的重要特性，如图 5-23 所示。

由图 5-23 可见，热敏电阻只有在小电流范围内端电压和电流成正比，因为电压低时电流也小，温度没有显著升高，它的电流和电压关系符合欧姆定律，但当电流增加到一定数值时，元件由于温度升高而阻值下降，故电压反而下降，因此，要根据热敏电阻的允许功耗线来确定电流，在测温中电流不能选得太高。

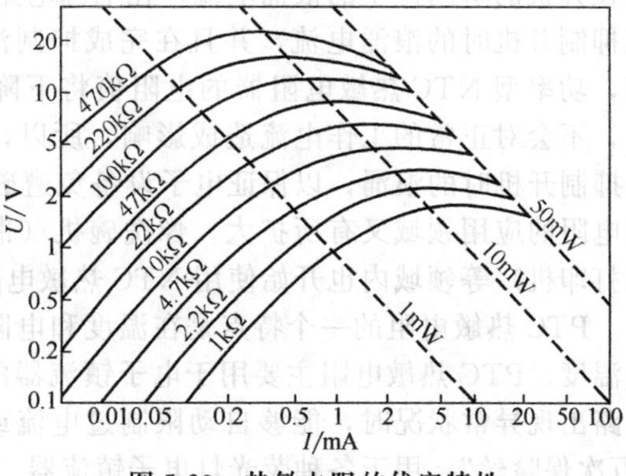

图 5-23 热敏电阻的伏安特性

2. 热敏电阻的特点

① 灵敏度高。半导体的电阻温度系数比金属大，一般是金属的十多倍，因此可大大降低对仪器、仪表的要求。

② 体积小、热惯性小、结构简单，可根据不同要求，制成各种形状。

③ 化学稳定性好，机械性能强，价格低廉，寿命长。

④ 热敏电阻的缺点是复现性和互换性差，非线性严重。测温范围较窄，目前只能达到−50～300℃。

3. 热敏电阻的线性化

由于热敏电阻具有较大的非线性特性，用于测量时，一般需要经过线性化处理，使输出电压与温度关系基本上成线性。热敏电阻线性化电路较多，图 5-24 是一种简单的线性化电路，在测量温度范围不大时，可获得较满意的结果。例如，测量范围为 100℃时，其非线性误差为 3℃左右；若在 50℃范围内，误差为 0.6℃；若在 30℃范围内，则可降到 0.05℃。

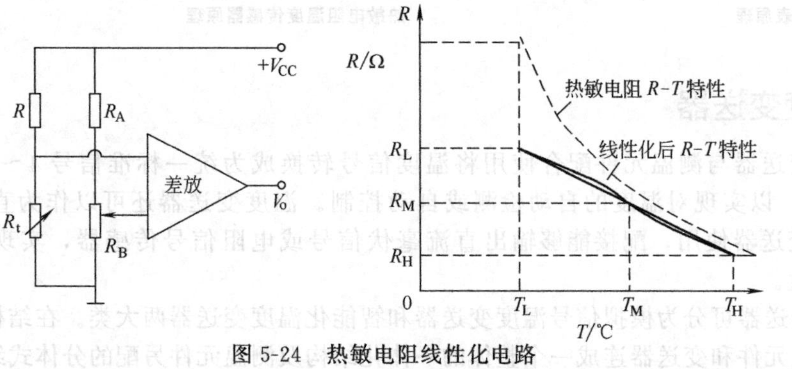

图 5-24 热敏电阻线性化电路

设 T_L为测温的下限，T_H为测温的上限，T_M为测温的中点，其相应的电阻值为 R_L、R_H及 R_M。R_H、R_L及 R_M可由特性曲线中获得或实测获得。串联在热敏电阻中的 R 的最佳值为

$$R=\frac{R_M(R_L+R_H)-2R_LR_H}{R_L+R_H-2R_M} \tag{5-25}$$

电源电压的变动会影响输出，所以必须采用稳压电源。一般的热敏电阻参数中仅提供 25℃时的标称电阻值，因此在确定 T_L、T_H后，R_L、R_M、R_H在实测时较为准确。

4. 热敏电阻的应用

NTC 热敏电阻除了用于温度测量外，还适用于转换电源、开关电源、UPS 电源、各类

电加热器、电子节能灯、电子镇流器、各种电子装置电源电路的保护等。为了避免电子电路中在开机的瞬间产生的浪涌电流，在电源电路中串接一个功率型NTC热敏电阻器，能有效地抑制开机时的浪涌电流，并且在完成抑制浪涌电流作用以后，由于通过其电流的持续作用，功率型NTC热敏电阻器的电阻值将下降到非常小的程度，它消耗的功率可以忽略不计，不会对正常的工作电流造成影响，所以，在电源回路中使用功率型NTC热敏电阻器，是抑制开机时的浪涌，以保证电子设备免遭破坏的最为简便而有效的措施。现在，NTC热敏电阻的应用领域又有所扩大。像洗碗机（带烘干功能）、食物处理机、OA产品（复印机和打印机）等领域内也开始使用NTC热敏电阻。

PTC热敏电阻的一个特点是在温度和电阻值上升到一定的程度后，可以自动保存自身的温度。PTC热敏电阻主要用于电子镇流器的过流过热保护，直接串联在负载电路中，在线路出现异常状况时，能够自动限制过电流或阻断电流，当故障排除后又恢复原态，俗称“万次保险丝”。用于各种荧光灯电子镇流器、电子节能灯中，不必改动线路，将适当的热敏电阻器直接跨接在灯管的谐振电容器两端，可以变电子镇流器、电子节能灯的硬启动为预热启动，使灯丝的预热时间达0.4～2s，可延长灯管寿命三倍以上。

★看动画视频　说工作过程

____

____

热敏电阻的外形结构

____

热敏电阻体温表原理　　热敏电阻温度传感器原理

四、温度变送器

温度变送器与测温元件配合使用将温度信号转换成为统一标准信号4～20mA DC或1～5V DC，以实现对温度的自动检测或自动控制。温度变送器还可以作为直流毫伏变送器或电阻变送器使用，配接能够输出直流毫伏信号或电阻信号传感器，实现对其他工艺参数的测量。

温度变送器可分为模拟信号温度变送器和智能化温度变送器两大类。在结构上，温度变送器有测温元件和变送器连成一个整体的一体化结构及测温元件另配的分体式结构。

1. 模拟信号温度变送器

模拟信号温度变送器根据输入信号的不同有三种：直流毫伏变送器、热电偶温度变送器和热电阻温度变送器，其原理和结构式基本相同，区别在于，直流毫伏变送器是将直流毫伏信号转换成4～20mA DC电流信号。而热电偶、热电阻温度变送器是将温度信号线性地转换成4～20mA DC电流信号。这三种变送器均属安全火花防爆仪表，采用四线制连接方式，都分为量程单元和放大单元两部分，它们分别设置在两块印刷电路板上，用接插件相连接，其中，放大单元是通用的，而量程单元随品种、测量范围不同而不同。

(1) 直流毫伏变送器

直流毫伏变送器作用是把直流毫伏信号E_i转换成4～20mA DC电流信号。

直流毫伏变送器的构成框图如图 5-25 所示。它把由检测元件送来的直流毫伏信号 E_i 和桥路产生的调零信号 V_z 以及同反馈电路产生的反馈信号 V_f 进行比较，其差值送入前置运放进行电压放大，再经功率放大器转换成具有一定带负载能力的电流信号，同时把该电流调制成交流信号，通过 1∶1 的隔离变压器实现隔离输出。

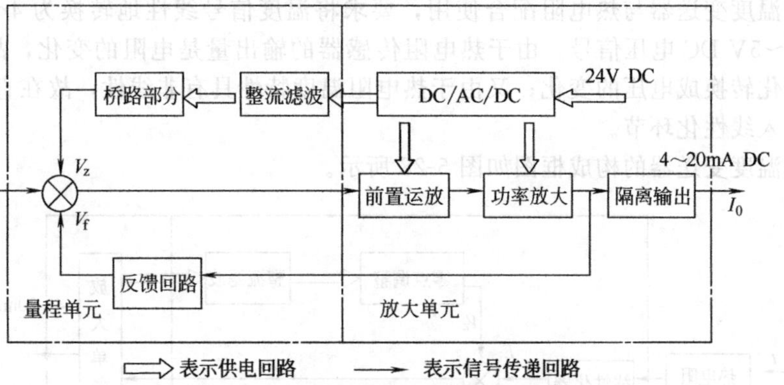

图 5-25 直流毫伏变送器构成框图

从图中不难看出，在量程单元中调 V_z 可实现调零，调反馈信号 V_f 可实现调量程功能，放大单元实现信号放大、调制和隔离。

(2) 热电偶温度变送器

热电偶温度变送器与热电偶配合使用，要求将温度信号线性地转换为 4～20mA DC 电流信号或 1～5V DC 电压信号。由于热电偶测量温度的两个特点：①需冷端温度恒定，②热电偶的热电势与热端温度成非线性的关系，故热电偶温度变送器线路需在直流毫伏线路的基础上做两点修改。

① 在量程单元的桥路中，用 Cu 电阻代替原桥路中的恒电阻并组成正确的冷端补偿回路。

② 在原来的反馈回路中，构造与热电偶温度特性相似的非线性反馈电路，利用深度负反馈电路来实现温度与热电偶温度变送器输出电流成线性关系。

热电偶温度变送器的构成框图如图 5-26 所示。

需要注意的是由于不同分度号热电偶的热电特性不相同，故与热电偶配套的温度变送器中的非线性反馈电路也是随热电偶的分度号和测温的范围不同而变化的，这也正是热电偶温度变送器量程单元不能通用的原因。

热电偶温度变送器接线端子如图 5-27 所示。

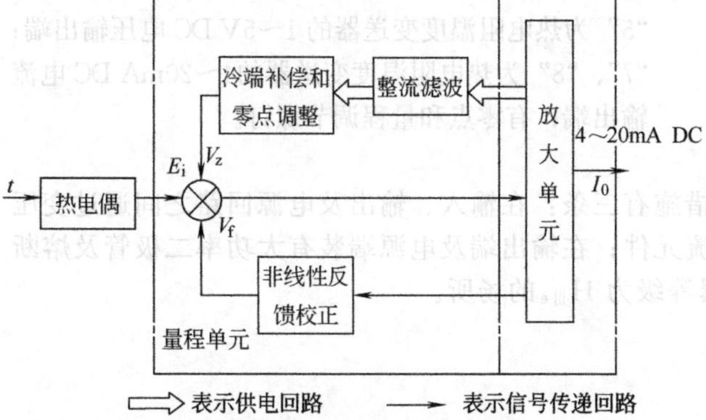

图 5-26 热电偶温度变送器构成框图

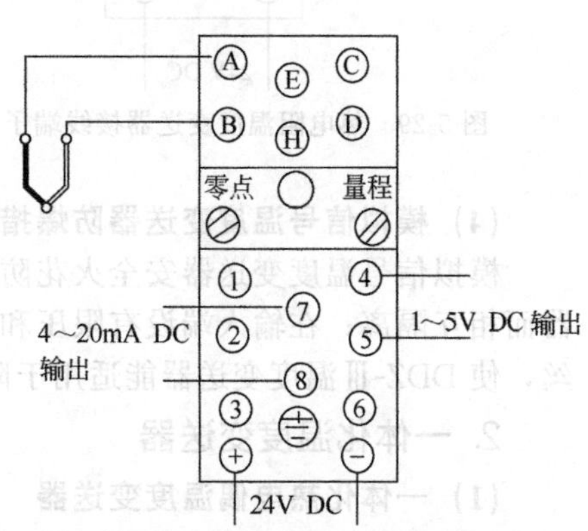

图 5-27 热电偶温度变送器接线端子图

“A”、“B”分别代表热电偶正负极连接端；“+”、“−”为24V DC电源的正负极接线端；“4”、“5”为热电偶温度变送器的1～5V DC电压输出端；“7”、“8”为热电偶温度变送器的4～20mA DC电流输出端；有零点和量程调节螺钉。

(3) 热电阻温度变送器

热电阻温度变送器与热电阻配合使用，要求将温度信号线性地转换为4～20mA DC电流信号或1～5V DC电压信号。由于热电阻传感器的输出量是电阻的变化，故需引入桥路，将电阻的变化转换成电压的变化；又由于热电阻温度特性具有非线性，故在直流毫伏线路的基础上需引入线性化环节。

热电阻温度变送器的构成框图如图5-28所示。

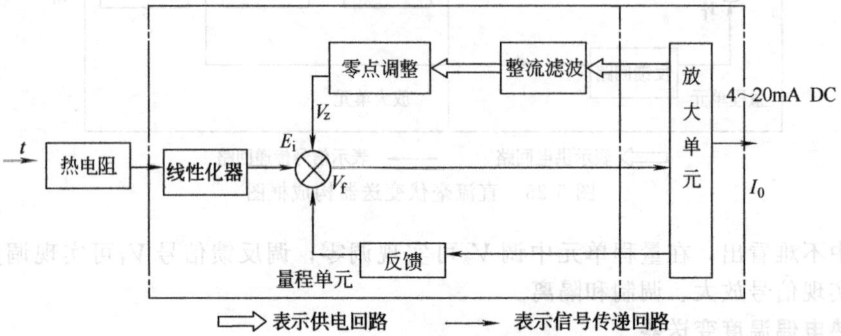

图5-28 热电阻温度变送器构成框图

需要注意的是热电阻温度变送器的线性化电路不同于热电偶温度变送器。它采用的是热电阻两端电压信号正反馈的方法，使流过热电阻的电流随电压增大而增大，即电流随温度的增高而增大，从而补偿热电阻引线电阻由于环境温度增加而导致输出变化量减小的趋势，最终使热电阻两端的电压信号与被测温度呈线性关系。

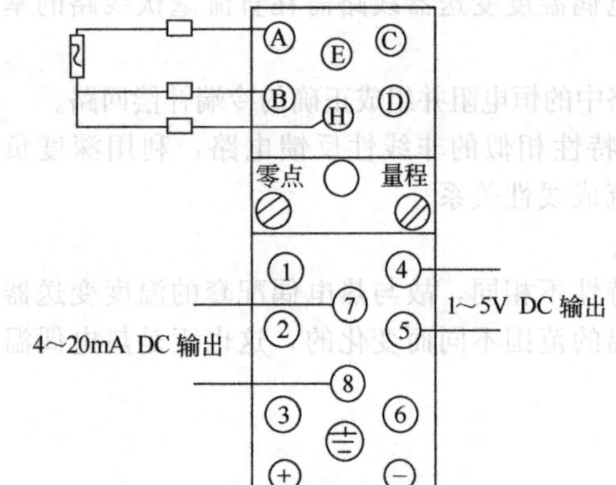

图5-29 热电阻温度变送器接线端子图

由于热电阻温度变送器本质上测量的是电阻的变化，故它引线电阻的要求较高，一般采用三线制接法。

热电阻温度变送器接线端子如图5-29所示。“A”、“B”、“H”分别代表热电阻连接端；“+”、“−”为24V DC电源的正负极接线端；“4”、“5”为热电阻温度变送器的1～5V DC电压输出端；“7”、“8”为热电阻温度变送器的4～20mA DC电流输出端；有零点和量程调节螺钉。

(4) 模拟信号温度变送器防爆措施

模拟信号温度变送器安全火花防爆措施有三条：在输入、输出及电源回路之间通过变压器而相互隔离；在输入端设有限压和限流元件；在输出端及电源端装有大功率二极管及熔断丝，使DDZ-Ⅲ温度变送器能适用于防爆等级为$H_{Ⅲe}$的场所。

2. 一体化温度变送器

(1) 一体化热电偶温度变送器

一体化热电偶温度变送器（SBWR）是国内新一代超小型温度检测仪表。它主要由温度传感器（热电偶）和热电偶温度变送器模块组成，包括普通型和防爆型产品，防爆型的隔爆等级为 dⅡBT4。一体化热电偶温度变送器可以对各种固体、液体、气体温度进行检测，应用于温度自动检测、控制的各个领域，适用于各种仪器以及计算机系统配套使用。

一体化温度变送器的主要特点是将传感器与变送器融为一体。变送器的作用是对传感器输出的表征被测变量变化的信号进行处理，转换成相应的标准统一信号输出，送到显示、运算、调节等单元，以实现生产过程的自动检测和控制。

一体化热电偶温度变送器的变送器模块，对热电偶输出的热电势经滤波、运算放大、非线性校正、V/I 转换等电路处理后，转换成与温度成线性关系的 4～20mA 标准电流信号输出。其原理框图如图 5-30 所示。

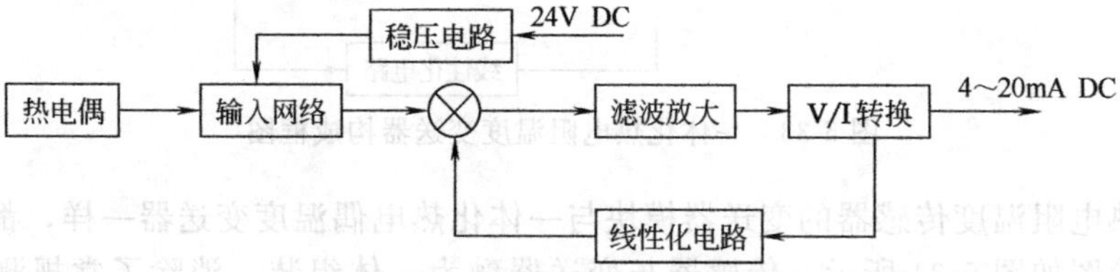

图 5-30　一体化热电偶温度变送器构成框图

一体化热电偶温度变送器的变送单元置于热电偶的接线盒中，取代接线座。安装后的一体化热电偶温度变速器外观结构如图 5-31 所示。变送器模块采用航天技术电子线路结构形式，减少了元器件；采用全密封结构，用环氧树脂浇注，抗震动、防潮湿、防腐蚀、耐温性能好，可用于恶劣的使用环境。

变送器模块外形如图 5-32 所示。图中“1”、“2”分别代表热电偶正负极连接端；“4”、“5”为电源和信号线的正负极接线端；“6”为零点调节；“7”为量程调节。一体化热电偶温度变送器采用两线制，即电源和信号公用两根线，在提供 24V 供电同时，输出 4～20mA 电流信号。两根热电极从变送器底下的两个穿线孔中穿上，在变送器上面露一点再弯下，对应插入“1”和“2”接线柱，拧紧顶紧螺钉。将变送器固定在接线盒内，接好信号线，封接线盒盖，则一体化温度变送器组装完成。

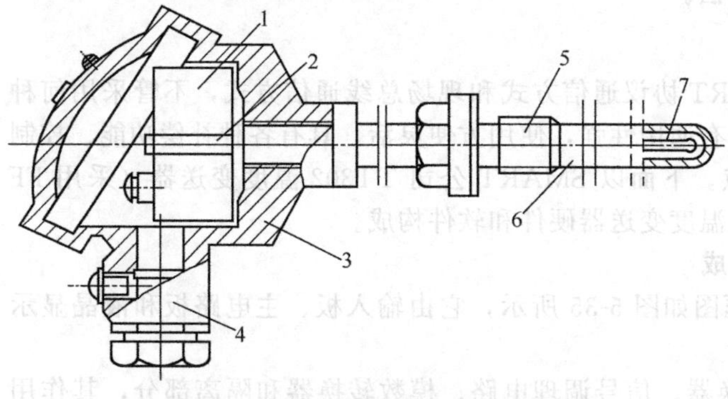

图 5-31　一体化热电偶温度变送器构成框图

1—变送器模块；2—穿线孔；3—接线盒；4—进线孔；
5—固定装置；6—保护套管；7—热电极

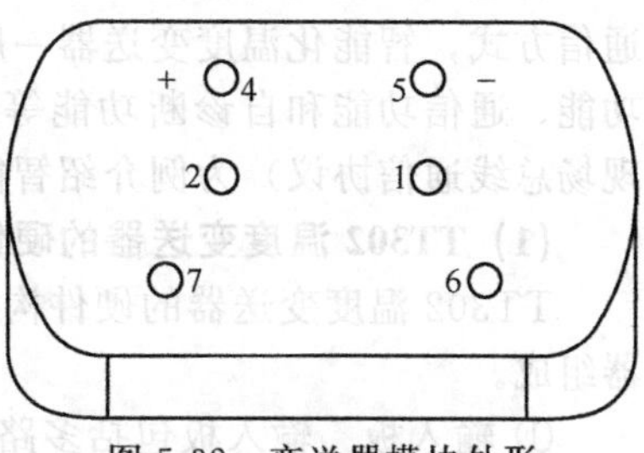

图 5-32　变送器模块外形

变送器在出厂前已经调校好，使用中一般不必再做调整。若使用中产生了附加误差，可以利用“6”、“7”两个电位器进行微调。在单独调校变送器时，用精密信号源提供 mV 信号，多次重复调整零点和量程即可达到要求。

一体化热电偶温度变送器的安装与其他热电偶安装要求基本相同，特别要注意感温元件与大地间应保持良好的绝缘，不然将直接影响测量结果的准确性，严重时甚至会影响仪表的正常运行。

(2) 一体化热电阻温度传感器

与一体化热电偶温度传感器一样，一体化热电阻温度传感器将热电阻与变送器融为一体；将温度值经热电阻测量后，转换成4～20mA的标准电流信号输出。变送器原理框图如图5-33所示。

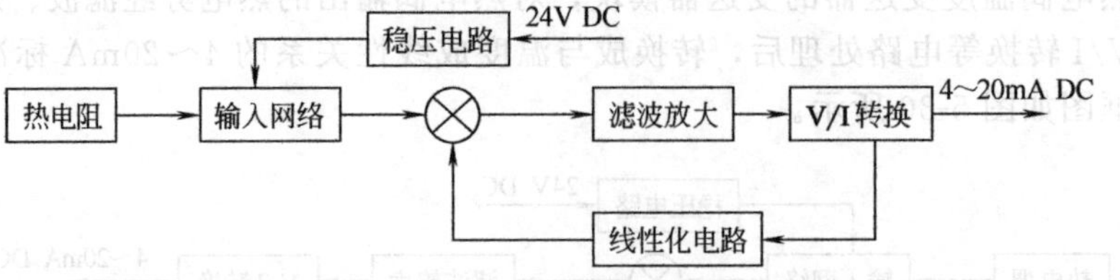

图 5-33 一体化热电阻温度变送器构成框图

一体化热电阻温度传感器的变送器模块与一体化热电偶温度变送器一样，都置于接线盒中，其外形简图如图5-34所示。传感器与变送器融为一体组装，消除了常规测温方法中连接导线所产生的误差，提高了抗干扰能力。

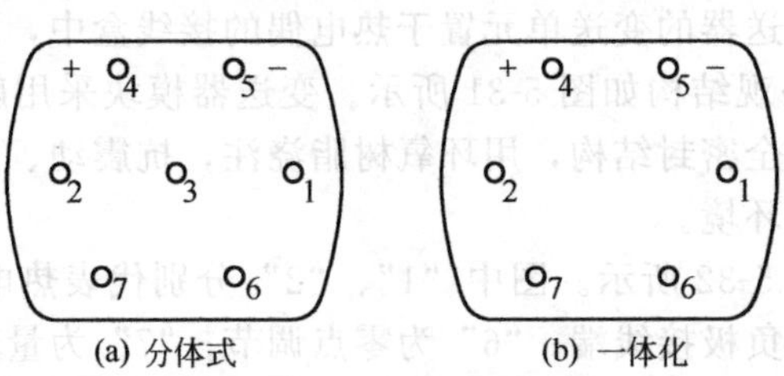

图 5-34 变送器模块外形

图5-34中，“1”“2”为热电阻引出线接线端，“3”为热电阻三线制输入的引线补偿端接线柱。若采用引出线二线输入，则“3”和“2”必须短接，即实现一体化安装。分体式安装如图5-34(a)所示，提供三线制接法。

3. 智能化温度变送器

智能式温度变送器主要采用HART协议通信方式和现场总线通信方式，不管采用何种通信方式，智能化温度变送器一般具有通用性强，使用方便灵活，具有各种补偿功能、控制功能、通信功能和自诊断功能等特点。下面以SMART公司TT302温度变送器（采用FF现场总线通信协议）为例介绍智能化温度变送器硬件和软件构成。

(1) TT302温度变送器的硬件构成

TT302温度变送器的硬件构成框图如图5-35所示，它由输入板、主电路板和液晶显示器组成。

① 输入板 输入板包括多路转换器、信号调理电路、模数转换器和隔离部分，其作用是将输入信号转换为二进制的数字信号，送给CPU；并实现输入板与主电路板的隔离。

隔离部分包括信号隔离和电源隔离。信号隔离采用光电隔离，用于模数转换器与CPU之间的控制信号和数字信号的隔离；电源隔离采用高频变压器隔离，供电直流电源先调制为高频交流，通过高频变压器后整流滤波转换成直流电压，给输入板上各电路供电，避免了控制系统可能多点接地形成地环电流，而引入干扰影响整个系统的正常工作。

输入板上的环境温度传感器用于热电偶的冷端温度补偿。

② 主电路板 主电路板包括微处理器系统、通信控制器、信号整形电路、本机调理部

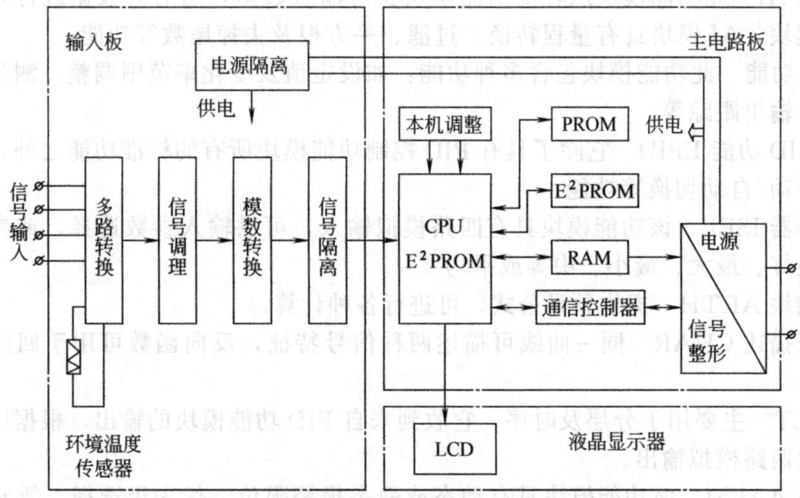

图 5-35 TT302 温度变送器的硬件构成框图

分和电源部分，它是温度变送器的核心部件。

微处理器系统由 CPU 和存储器组成。CPU 控制整个仪表各组成部分协调工作，完成数据传递、运算、处理和通信等功能。存储器有 PROM，RAM 和 E^2PROM，PROM 用于存放系统程序；RAM 用于暂时存放运算数据；CPU 芯片外 E^2PROM 用于存放组态参数，即功能模块的参数。在 CPU 内部还有一个 E^2PROM，作为 RAM 备份使用，保存标定、组态和辨识等重要数据，以保证变送器停电后来电能继续按原来设定状态进行工作。

通信控制器和信号整形电路与 CPU 一起共同完成数据的通信。通信控制器实现物理层的功能，完成信息帧的编码和解码、帧校验、数据的发送与接收。信号整形电路对发送和接收的信号波形进行滤波和预处理等。

本机调整部分由两个磁性开关即干簧管组成，用于进行变送器就地组态和调整。不必打开仪表的端盖，在仪表的外面利用磁棒的接近或离开以触发磁性开关动作，即可进行变送器的组态和调整。

TT302 温度变送器是由现场总线电源通过通信电缆供电，供电电压为 9～32V DC。电源部分将供电电压转换为变送器内部各芯片所需电压，为各芯片供电。变送器输出的数字信号也是通过通信电缆传送的，因此通信电缆同时传送变送器所需的电源和输出信号，这与二线制模拟式变送器相类似。

③ 液晶显示器　液晶显示器是一个微功耗的显示器，可以显示四位半数字和五位字母，用于接收 CPU 送来的数据并加以显示。

(2) TT302 温度变送器的软件构成

TT302 温度变送器的软件分为系统程序和功能模块两大部分。系统程序使变送器各硬件电路能正常工作并实现所规定的功能，同时完成各组成部分之间的管理。功能模块提供了各种功能，用户可以选择所需要的功能模块以实现用户所要求的功能。变送器提供的功能模块主要有以下几种。

资源模块 RES　该功能模块包含与资源相关的硬件数据。

转换功能模块 TRD 将输入/输出变量转换成相应的工程数据。

显示转换 DSP　用于组态液晶显示上的过程变量。

组态转换 DIAG 提供在线测量功能模块执行时间，检查功能模块与其他程序之间的连接。

模拟输入 AI 此功能模块从转换功能模块获得输入数据，然后对数据进行处理后传送给其他功能模块，AI 模块具有量程转换、过滤、平方根及去掉尾数等功能。

PID 控制功能 此功能模块包含多种功能：如设定值及变化率范围调整、测量值滤波及报警、前馈、输出跟踪等。

增强的 PID 功能 EPID 它除了具有 PID 控制功能模块所有的标准功能之外，还包括无扰动或强制手动/自动切换等功能。

输入选择器 ISEL 该功能模块具有四路模拟输入，可供输入参数选择，或参照一定标准选择，如最好、最大、最小、中等或平均。

运算功能块 ARTH 提供预设公式，可进行各种计算。

信号特征描述 CHAR 同一曲线可描述两种信号特征，反向函数可用于回读变量特征描述。

分层 SPLT 主要用于分层及时序。它收到来自 PID 功能模块的输出，根据所选算法进行处理，产生两路模拟输出。

模拟警报 AALM 该功能模块具有动态或静态报警限位、优先级选择、暂时性报警限位、扩展阶跃设定点和报警限位或报警检查延迟等功能，可以避免错误报警、重复报警。

设定点斜坡发生器 SPG 该功能模块按事先确定的时间函数产生设定点，主要用于温度控制、批处理等。

计时器 TIME 它包含四个由组合逻辑产生的离散输入，被选定的计时器可对输入信号进行测量、延迟、扩展等。

超前/滞后功能模块 LLAG 它提供动态变量补偿，通常用于前馈控制。

常量模块 CT 它提供模拟及离散输出常数。

输出选择/动态限位 OSDL 它有两种算法：输出选择，实现对离散输入信号的输出选择；动态限位，专门用于燃烧控制的双交叉限位。

(3) TT302 温度变送器的使用

TT302 温度变送器可以与各种热电阻（Cu10，Ni120，Pt50，Pt500）或热电偶（B，E，J，K，N，R，S，T）配合使用测量温度，也可以使用其他具有电阻或毫伏（mV）输出的传感器测量其他参数。具有量程范围宽、精度高、环境温度和振动影响小、抗干扰能力强等优点。TT302 温度变送器具有双通道输入，可接受两个测量信号，用户可以通过上位管理计算机或挂接在现场总线通信电缆上的手持式组态器，对变送器进行远程组态，调用或删除功能模块，可实现需要的控制策略。既可以直接安装在传感器上，也可通过支架安装在管线或平面上。

第三节 非接触式温度测量仪表

前面已经学习了热电偶、电阻式测温仪表，其测温元件与被测物体必须相接触才能测温，因此容易破坏被测对象的测温场，又由于传感器必须和被测物体处于相同温度，仪表的测温上限受到传感器材料熔点的限制。非接触式测温仪表不必与被测物体相接触就可方便地测出物体的温度，而且响应速度快。工业上常用的是利用辐射测温原理制成的辐射式温度计和光学高温计等。

一、辐射测温原理

1. 热辐射

物体受热，激励了原子中带电粒子，使一部分热能以电磁波的形式向空间传播，它不需要任何物质作媒介（在真空条件下也能传播），将热能传递给对方，这种能量传播的方式称为热辐射（简称辐射），传播的能量叫辐射能。辐射能量的大小与波长、温度有关，它们的关系为辐射基本定律所描述。

2. 黑体

辐射基本定律，严格地讲，只适用于黑体。所谓黑体是指能对落在它上面的辐射能量全部吸收的物体。在自然界，绝对的黑体客观上是不存在的，铂黑碳素以及一些极其粗糙的氧化表面可近似为黑体。若用完全不透光或热流的、温度均一的腔体（球体、柱形、锥形等），壁上开小孔，当孔径与球径（若是球形腔体）相比很小时，这个腔体就成为很接近于绝对黑体的物体，这时从小孔入射的辐射能量几乎全部被吸收。

在某个给定温度下，对应不同波长的黑体辐射能量是不相同的，在不同温度下对应全波长（λ：0～∞）范围总的辐射能量也是不相同的。三者间的关系满足普朗克定律和斯忒藩-玻耳兹曼定律。

3. 普朗克定律

普朗克定律揭示了在各种不同温度下黑体辐射能量与波长分布的规律，其关系式

$$E_0(\lambda,T)=\frac{C_1}{\lambda^5 e^{\frac{C_2}{\lambda T}}-1} \tag{5-26}$$

式中 $E_0(\lambda, T)$——黑体的单色辐射强度，定义为单位时间内，每单位面积上辐射出的在波长λ附近的单位波长的能量，$W/cm^2\mu m$；

T——黑体的绝对温度，K；

C_1——第一辐射常数，$C_1=3.74\times10^4 W\cdot\mu m/cm^2$；

C_2——第二辐射常数，$C_2=1.44\times10^4\mu m\cdot K$；

λ——波长，μm。

4. 斯忒藩-玻耳兹曼定律

斯忒藩—玻耳兹曼定律确定了黑体的全辐射与温度的关系。

$$E_0=\sigma T^4 \tag{5-27}$$

式中，σ为斯忒藩-玻耳兹曼常数，$\sigma=5.67\times10^{-8}[W/(m^2\cdot K^4)]$。

此式表明，黑体的全辐射能是和它的绝对温度的四次方成正比，所以这一定律又称为四次方定律。工程上常见的材料一般都遵循这一定律，并称之为灰体。

把灰体全辐射能 E 与同一温度下黑体全辐射能 E_0 相比较，就得到物体的另一个特征量ε

$$\varepsilon=\frac{E}{E_0} \tag{5-28}$$

式中，ε为黑度，反映了物体接近黑体的程度。

二、辐射测温方法

辐射测温方法分亮度法、全辐射法和比色法。

1. 亮度法

亮度法是指被测对象投射到检测元件上被限制在某一特定波长的光谱辐射能量，而能量的大小与被测对象温度之间的关系可由普朗克公式所描述的一种辐射测温方法得到，即比较被测物体与参考源在同一波长下的光谱亮度，并使二者的亮度相等，从而确定被测物体的温度，典型测温传感器是光学高温计。

2. 全辐射法

全辐射法是指被测对象投射到检测元件上的对应全波长范围的辐射能量，而能量的大小与被测对象温度之间的关系可由斯忒藩-玻耳兹曼所描述的一种辐射测温方法得到，典型测温传感器是辐射温度计（热电堆）。

3. 比色法

被测对象的两个不同波长的光谱辐射能量投射到一个检测元件上，或同时投射到两个检测元件上，根据它们的比值与被测对象温度之间的关系实现辐射测温的方法，比值与温度之间的关系由两个不同波长下普朗克公式之比表示，典型测温传感器是比色温度计。

三、光学高温计

光学高温计主要由光学系统和电测系统两部分组成，其原理如图 5-36 所示。图 5-36 上半部为光学系统。物镜 1 和目镜 4 都可沿轴向移动，调节目镜的位置，可清晰地看到灯丝 3。调节物镜的位置，能使被测物体清晰地成像在灯丝平面上，以便比较二者的亮度。在目镜与观察孔之间置有红色滤光片 5，测量时移入视场，使所利用的光谱的有效波长 λ 约为 $0.66\mu m$，以保证满足单色测温条件。图 5-36 下半部为电测系统。温度灯泡 3 和滑线电阻 7，按钮开关 S 和电源 E 相串联。毫伏表 6 用来测量不同亮度时灯丝两端的电压降，其指示值则以温度刻度表示。调整滑线电阻 7 可以调整流过灯丝的电流，也就调整了灯丝的亮度。一定的电流对应灯丝一定的亮度，因而也就对应一定的温度。

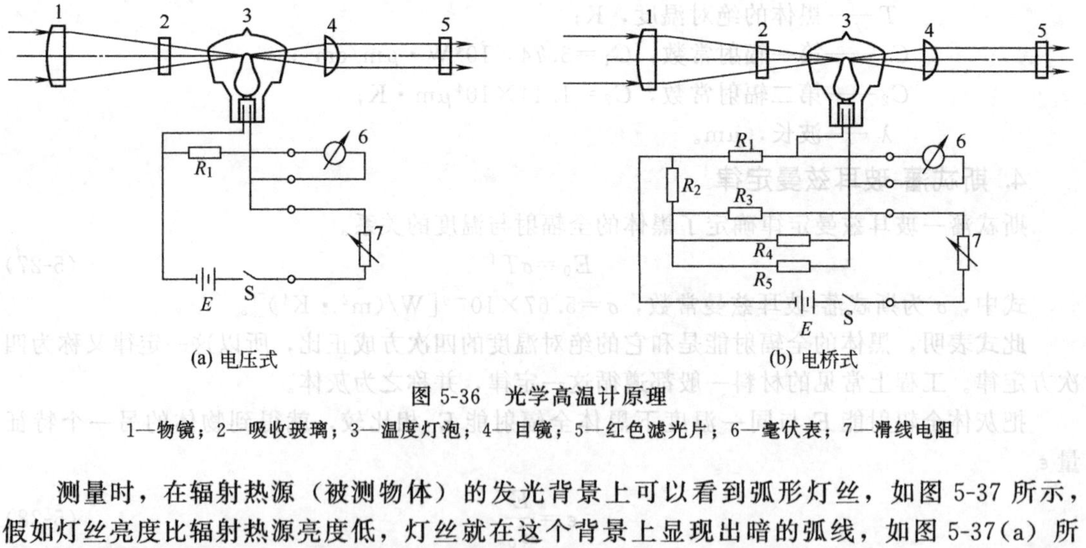

图 5-36 光学高温计原理

1—物镜；2—吸收玻璃；3—温度灯泡；4—目镜；5—红色滤光片；6—毫伏表；7—滑线电阻

测量时，在辐射热源（被测物体）的发光背景上可以看到弧形灯丝，如图 5-37 所示，假如灯丝亮度比辐射热源亮度低，灯丝就在这个背景上显现出暗的弧线，如图 5-37(a) 所示，反之如灯丝的亮度高，则灯丝就在暗的背景上显示出亮的弧线，如图 5-37(b) 所示，假如两者的亮度一样，则灯丝就隐灭在热源的发光背景里，如图 5-37(c) 所示。这时由毫伏表 6 读出的指示值就是被测物体的亮度温度。

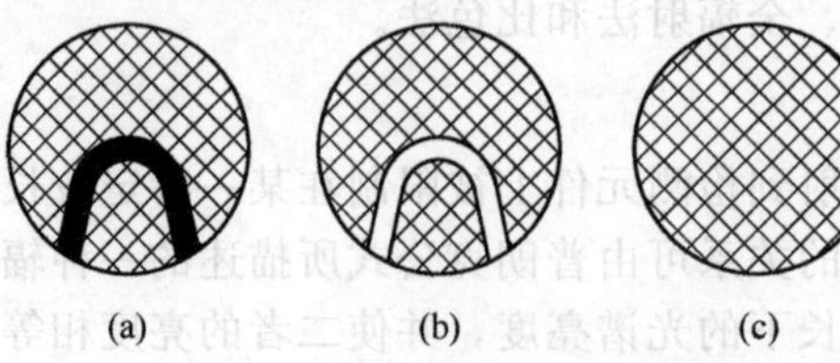

图 5-37 有灯泡灯丝亮度调整图

四、辐射温度计

辐射温度计的工作原理基于四次方定律。图 5-38 为辐射温度计的工作原理示图。被测物体的辐射线由物镜聚焦在受热板上，受热板是一种人造黑体，通常为涂黑的铂片，当吸收辐射能以后其温度升高，温度可由接在受热板上的热电偶或热电阻测出。通常被测物体是 $\varepsilon<1$ 的灰体，如果以黑体辐射作为基准标定刻度，那么知道了被测物体的 ε 值，则可根据式(5-27) 及式(5-28) 求得被测物体的温度。即根据灰体辐射的总能量全部被黑体所吸收时，它们的能量相等，但温度不同，可得

$$\varepsilon\sigma T^4=\sigma T_0^4 \tag{5-29}$$

$$T=\frac{T_0}{\sqrt{\varepsilon}} \tag{5-30}$$

式中，T 为被测物体温度；T_0 为传感器测得的温度。

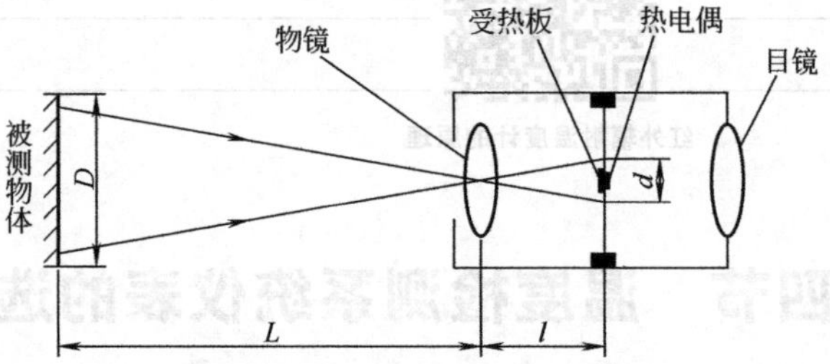

图 5-38 辐射温度计的工作原理

五、比色温度计

图 5-39 为单通道比色温度计原理图，被测对象的辐射能通过透镜组，成像于硅光电池 7 的平面上，当同步电机以 3000r/min 速度旋转时，调制盘 5 上的滤光片以 200Hz 的频率交替使辐射通过，当一种滤光片透光时，硅光电池接受的能量为 $E_{\lambda 1T}$，而当另一种滤光片透光时，则接收的能量为 $E_{\lambda 2T}$，因此从硅光电池输出的电压信号为 $U_{\lambda1}$ 和 $U_{\lambda2}$，将两电压等比例衰减，设衰减率为 K，利用基准电压和参比放大器保持 K。$U_{\lambda2}$ 为一常数 R，则测量 $KU_{\lambda1}$ 即可代替 $U_{\lambda1}/U_{\lambda2}$，从而得到 T。输出 T 单值对应的信号为 0～10mA。测温范围为 900～2000℃，误差在测量上限的±1%之内。

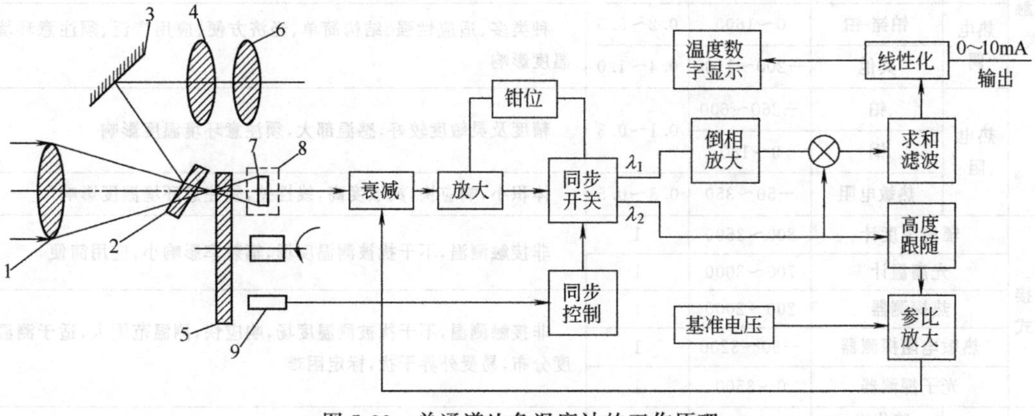

图 5-39 单通道比色温度计的工作原理

1—物镜；2—通孔光栏；3—反射镜；4—倒像镜；5—调制盘；6—目镜；7—硅光电池；8—恒温盒；9—同步线圈

★看动画视频　说工作过程

辐射高温计

光电高温计　　高温比色测温仪　　比色温度计

红外辐射温度计的原理　　光纤辐射温度计

第四节　温度检测系统仪表的选用

一、常用测温仪表的测量范围及特点

常用测温仪表的测量范围及特点见表 5-4。

表 5-4　常用测温仪表的测量范围及特点

测温方式	温度计或传感器类型			测量范围/℃	精度	特点
接触式	热膨胀式	水银		−50～650	0.1～1	简单方便，易损坏(水银污染)；感温部大
		双金属		0～300	0.1～1	结构紧凑，牢固可靠
		压力	液体	−30～600	1	耐振、坚固、价格低；感温部大
			气体	−20～350		
	热电偶	铂铑-铂		0～1600	0.2～0.5	种类多、适应性强、结构简单、经济方便、应用广泛、须注意环境温度影响
		其他		−200～1100	0.4～1.0	
	热电阻	铂		−260～600	0.1～0.3	精度及灵敏度较好，感温部大，须注意环境温度影响
		铜		0～180		
		热敏电阻		−50～350	0.3～0.5	体积小，响应快，灵敏度高，线性差，须注意环境温度影响
非接触式	辐射温度计			800～3500	1	非接触测温，不干扰被测温度场，辐射率影响小，应用简便
	光高温计			700～3000	1	
	热探测器			200～2000	1	非接触测温，不干扰被测温度场，响应快，测温范围大，适于测温度分布，易受外界干扰，标定困难
	热敏电阻探测器			−50～3200	1	
	光子探测器			0～3500	1	
其他	示温涂料	碘化银，二碘化汞，氯化铁，液晶等		−35～2000	低于1.0级	测温范围大，经济方便，特别适于大面积连续运转零件上测温，精度低，人为误差大

二、常用测温仪表的选用

1. 液体膨胀式温度计

液体膨胀式温度计在石油化工行业中常用的有水银玻璃温度计、有机液玻璃温度计和电接点水银温度计。其中水银玻璃温度计和有机液玻璃温度计一般用于取数据的场合，在工艺过程操作压力较高及有易燃易爆的危险性时，一般选用温度计套管。仅供就地测量，示值不够明显。电接点水银温度计适用于温度位式控制及报警，特别是恒温控制，不适用于要求防爆的场所，接点容量小，使用寿命短。

2. 双金属温度计

双金属温度计结构简单、耐振动、耐冲击、使用方便、维护容易、价格便宜，适用于振动较大场所的温度测量；还常被用作温度继电控制器、极值温度信号器或某一仪表的温度补偿器。

3. 压力式温度计

压力式温度计一般精度不高，适用于近距离集中测量，可用于振动、辐射热的场合，由于毛细管机械强度较差，敷设时应避免遭受机械损伤，并注意毛细管不要沿冷热介质的管道和设备外壁敷设。

4. 热电偶温度计

由于热电偶的性能稳定、结构简单、使用方便、有较高的准确度，热电偶温度计广泛应用于化工生产中的温度测量，其测量范围可达到 0～1600℃。当然不同分度号的热电偶其测量范围不同。使用时要注意补偿导线与热电偶及显示仪表之间的配套。

5. 热电阻测温仪表

热电阻测温仪表常用来测量－200～600℃之间的温度。选用时要注意热电阻与显示仪表的配套以及三线制接法。

6. 热敏电阻测温仪表

热敏电阻测温仪表常用来测量－100～300℃之间的温度。由于热敏电阻互换性差，非线性严重，选用时须考虑线性化问题。

7. 非接触式测温仪表

可用于测微小物体和运动物体的温度以及由于振动、冲击而不能安装其他测温元件的场合。在石油化工生产中，一般用于测高温，如炉膛和炉管的温度。

★看动画视频　说工作过程

固体膨胀式温度计

液体膨胀式温度计

利用热电偶监测燃气热水器的火焰

电熨斗的双位调温原理

第五节 技术拓展——显示技术

显示装置是对生产过程中的各种变量进行指示、记录或累积的装置。它可与各种测量元件或变送器配套使用，连续地显示或记录生产过程中各变量的变化情况。按照显示方式不同，显示仪表可分为模拟式显示仪表、数字式显示仪表和屏幕显示仪表三类。

模拟式显示仪表是以仪表指针（或记录笔）的偏转角或位移量来显示连续变化的过程变量的仪表。其中的信号都是随时间连续变化的模拟量（如 1～5V DC，4～20mA DC 等）。有磁电式的动圈显示仪表、自动平衡式显示仪表，这类仪表在结构上均有一个电磁偏转机构或机电伺服机构，能通过指针运动过程，反映出变量变化的趋势。如图 5-40(a)、(b)。

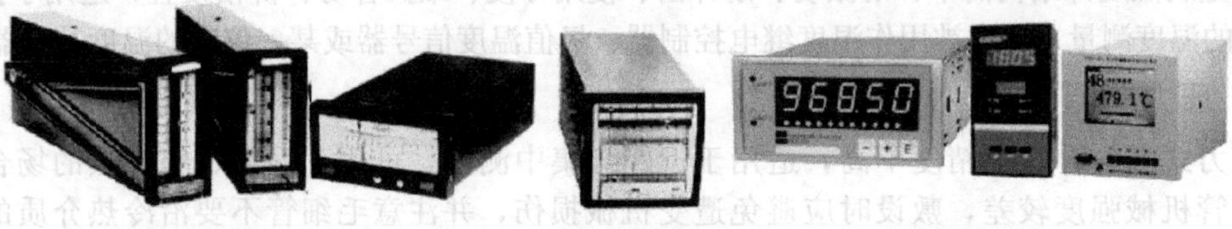

(a) 指针式显示仪表　　(b) 有纸记录仪表　　(c) 数字式显示仪表

图 5-40　显示仪表

数字显示仪表是直接以数字形式显示过程变量工程单位数值大小的仪表。显示方式普遍采用 LED（数码管）显示。由于它取消了电磁偏转机构或机电伺服机构等机械部件，所以测量速度快、精度高、可靠性高。显示过程变量的瞬时值，读数唯一且直观。可通过通讯接口与计算机等数字装置配套使用，实现变量数据共享，通过图像显示变量变化的趋势。如图 5-40(c)。

屏幕显示是计算机技术和图像显示技术结合，可直接在屏幕上将过程变量值以图形、文字、数字、曲线等形式进行显示。一种是计算机主机直接处理后，各类信息数据、工艺流程、控制过程、各种画面等由计算机显示器显示，通过计算机键盘按键选择完成，因为内置微处理器和大容量存储器，可以实现变量值的长时间存储。由另一种小型化的无纸记录仪 LCD（液晶）显示，如图 5-41 所示。

(a) 计算机显示器

(b) 无纸记录仪

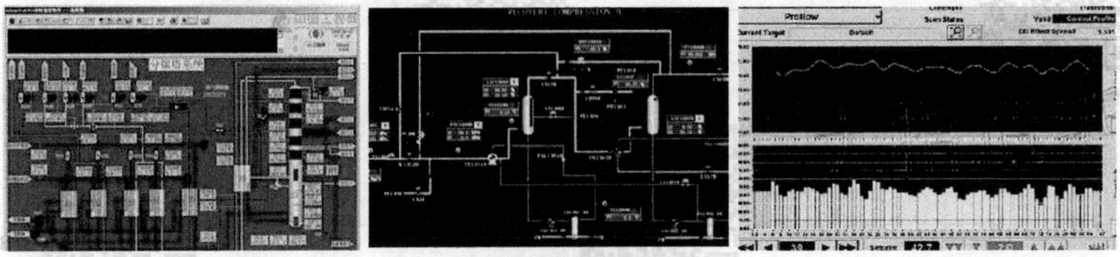

(c) 计算机显示的图形画面

图 5-41　显示装置与显示的画面

一、模拟式显示仪表

模拟式显示仪表中的信号都是随时间连续变化的模拟量（如 1～5V DC，4～20mA DC 等），有动圈显示仪表、自动平衡显示仪表。

如图 5-42 所示，在用天平称重时，是用增减砝码使指针指零，此时，质量平衡、被测物体的质量等于砝码的质量。

自动平衡显示仪表，也是根据平衡关系进行工作的。

① 电位差计采用的是“电压平衡”原理来工作的。如图 5-43 所示，调整可读的标准电势 $E_{标}$使回路电流表指示为零，此时，电压平衡由已知的标准电势 $E_{标}$就得知了被测电势 E_x的大小。

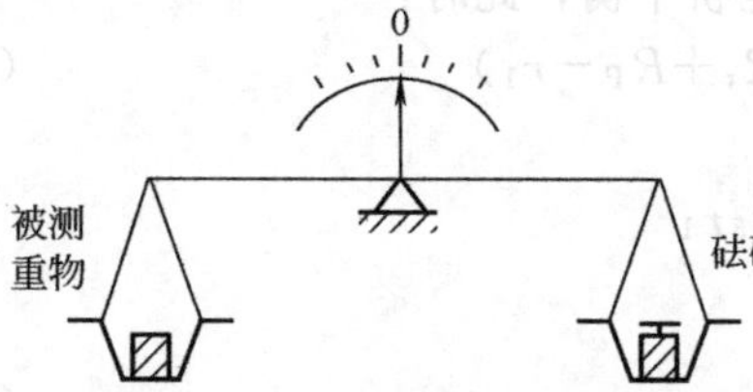

图 5-42 质量平衡法测物体质量

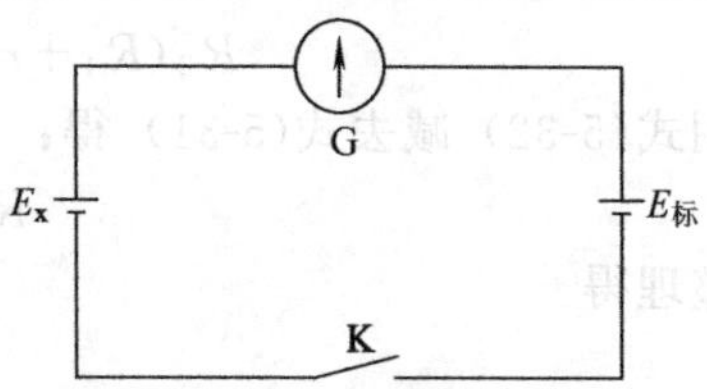

图 5-43 电压平衡法测未知电压

由上述可知，用可逆电机及一套机械传动机构代替人手进行电压平衡操作，用放大器代替检流计来检测不平衡电压并控制可逆电机的工作，就构成了电子电位差计。其原理电路图如图 5-44 所示。

当被测电压 E_x与已知的直流电压 U_{CB}比较时，若 $E_t \neq U_{CB}$，其比较后的差值（不平衡信号）经放大器放大后，输出足以驱动可逆电机的功率，使可逆电机通过一套传动系统去带动滑动变阻器的滑动触点 C 移动，直到 $E_t = U_{CB}$时为止。此时，放大器输入端的输入讯号为零，可逆电机不再转动，测量线路达到平衡，此时，U_{CB}就可代表被测量的 E_x值。可逆电机在带动滑动触点 C 的同时，还带动指针和记录笔，随时可以指示和记录出被测电势的数值，从而实现自动显示和记录。

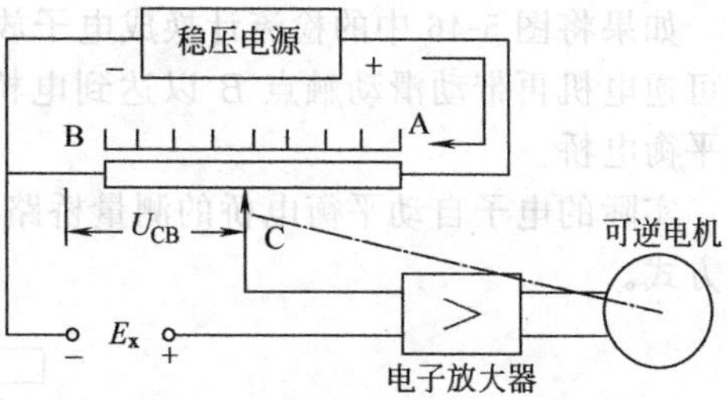

图 5-44 电子电位差计原理图

电子自动电位差计的测量桥路如图 5-45 所示。

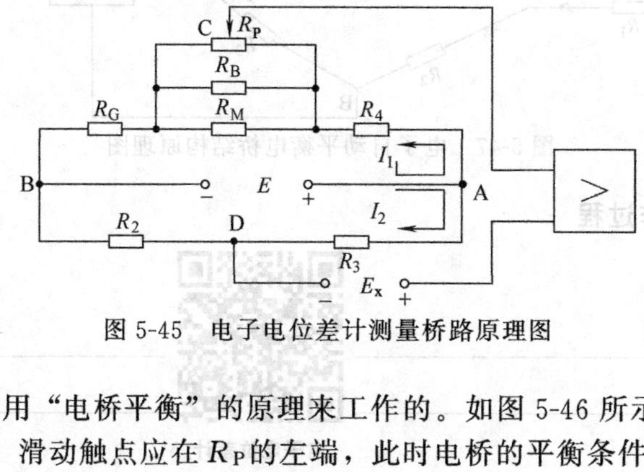

图 5-45 电子电位差计测量桥路原理图

② 平衡电桥是利用“电桥平衡”的原理来工作的。如图 5-46 所示，当被测电阻为下限时，R_t有最小值 R_{t0}，滑动触点应在 R_P的左端，此时电桥的平衡条件是：

$$R_2R_4 = R_3(R_{t0} + R_P) \tag{5-31}$$

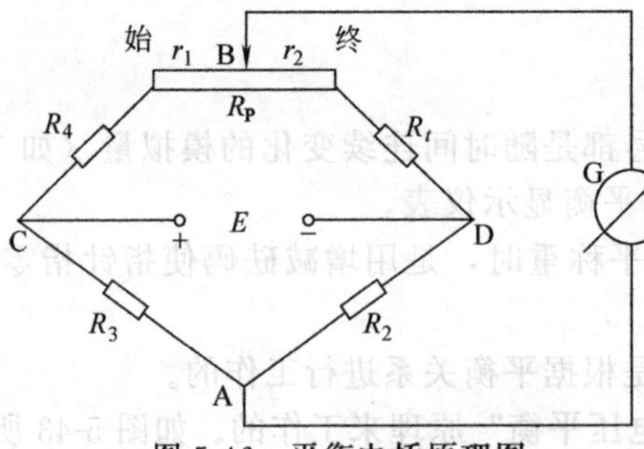

图 5-46　平衡电桥原理图

当被测电阻升高后，调整 R_P触点的位置 B，使电桥平衡，此时：

$$R_2(R_4+r_1)=R_3(R_{t0}+\Delta R_t+R_P-r_1) \tag{5-32}$$

用式(5-32) 减去式(5-31) 得：

$$R_2r_1=\Delta R_tR_3-R_3r_1$$

整理得

$$r_1=\frac{R_3}{R_2+R_3}\Delta R_t \tag{5-33}$$

由于 R_2、R_3为锰铜线绕的固定电阻，所以，r_1正比于 ΔR_t。即滑动触点 B 的位置就可以反映 R_t电阻的变化。

如果将图 5-46 中的检流计换成电子放大器，利用被放大的不平衡电压去推动可逆电机，使可逆电机再带动滑动触点 B 以达到电桥平衡，同时带动指针和记录笔，就构成了电子自动平衡电桥。

实际的电子自动平衡电桥的测量桥路如图 5-47 所示。如果 R_t为热电阻，采用三线制连接方式。

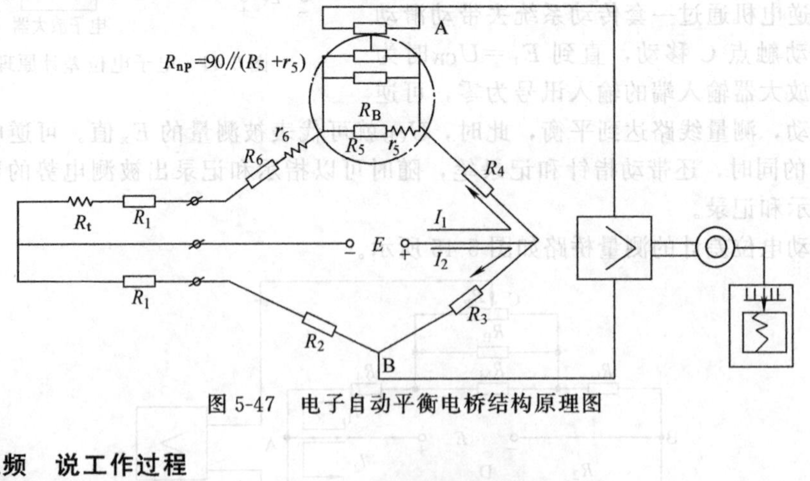

图 5-47　电子自动平衡电桥结构原理图

★看动画视频　说工作过程

电子平衡电桥　　　　电子电位差计

二、数字式显示仪表

数字显示就是用数字显示器件以数字的形式来反映待显示的量。目前应用较多的是LED数码管。它把与被测变量（如温度、压力、流量、物位及成分等）成一定函数关系的连续变化的模拟量（如电量）变换为断续的数字量。数字显示仪有以下特点。

① 精确度高，通常为±0.2%，部分产品为±0.5%，少数已达±0.1%。

② 分辨力高，读数直观，显示清晰，无视差。

③ 抗振性好，安装角度不受限制。

④ 输入阻抗高，如配热电偶或 mV 型信号的输入阻抗可达 MΩ 级。

⑤ 辅助功能多，应用方便。

1. 数字式显示仪表的基本组成

如图 5-48 所示数字式显示仪表的基本组成。一台数字式显示仪表一般应由前置放大器、模拟/数字信号转换器（即 A/D）、非线性补偿、标度变换及显示环节等五个部分组成。由检测元件送来的信号，首先经变送器转换成统一标准电信号，由于该信号较小，通常需进行前置放大。然后进行 A/D 转换，把连续输入的电信号转换成数字输出。被测变量经过检测元件及变送器转换后的电信号与被测变量之间有时为非线性函数关系，这在模拟式仪表中可以采用非等分刻度标尺的方法很方便地加以解决，对于不同量程和单位的转换系数可以使用相应的标尺来显示。但在数字式显示仪表中，所观察到的是被测变量的绝对数字值，因此对 A/D 输出的数码必须进行数字式的非线性补偿，以及各种系数的标度变换，最后送往计数

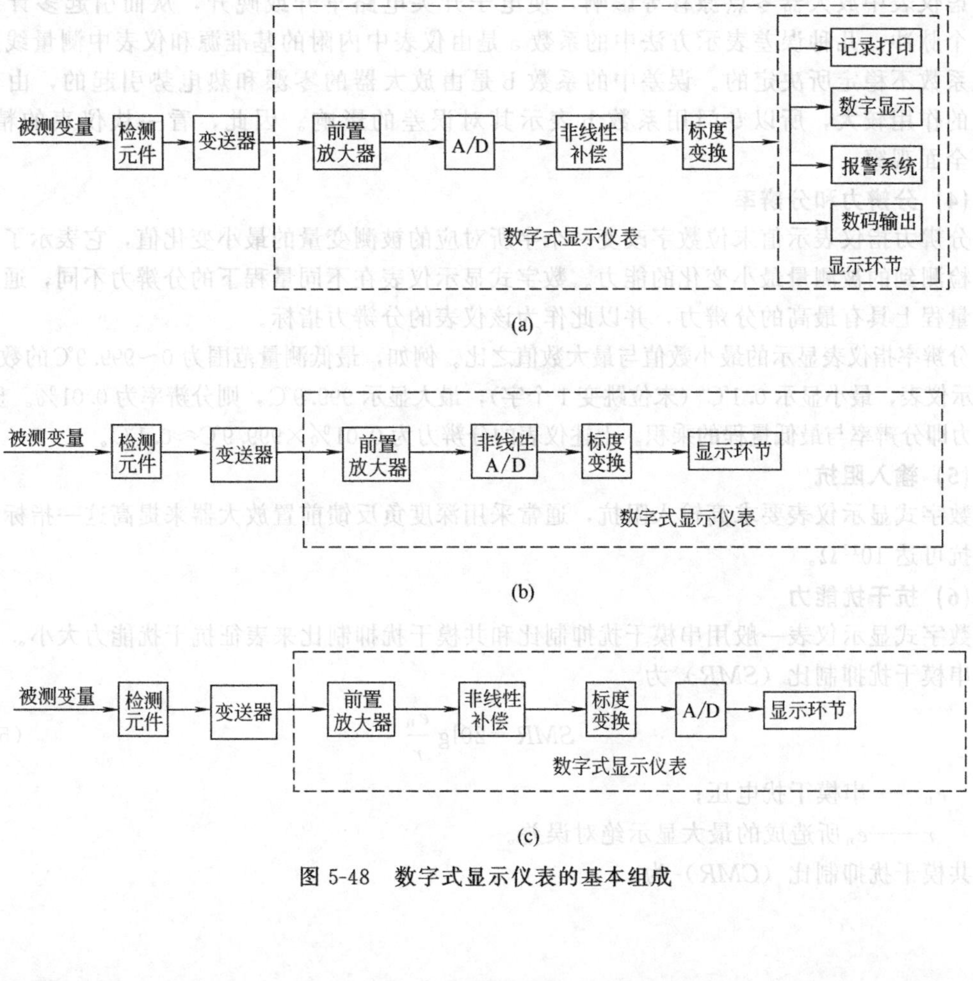

图 5-48 数字式显示仪表的基本组成

器计数并显示，同时还可送往报警系统和打印机构，需要时也可以数字输出，供其他计算装置等配套使用。

2. 数字式显示仪表的主要技术指标

(1) 显示位数

以十进制显示被测变量值的位数称为显示位数。能够显示"0～9"的数字位称为"满位"；仅显示1或不显示的数字位，称为"半位"或"$\frac{1}{2}$位"。工业用数字温度显示仪表的显示位数常为$3\frac{1}{2}$位，即显示3个满位，1个半位。显示范围：－1999～1999。高精度的数字表显示位数目前达到$8\frac{1}{2}$位。

(2) 仪表的量程

仪表标称范围的上、下限之差的模，称为仪表的量程。量程有效范围上限值称为满度值。例如XMZ-5000数字式温度显示仪表的测量范围为－30～180℃，则其量程为210℃，满度值为180℃。

(3) 精度

精度是显示仪表的主要指标，常用误差表示法，即最大的读数误差折合成仪表满量程的百分比。常见的误差表示方法是"读数的±a%±n个字"、"读数的±a%±满度的b%"或"满度的±a%±n字"，最后一种常写成"±a%F.S±n字"。其中，"±n个字"是考虑仪表中放大器零点漂移等影响，使电子开关电路早开或晚开，从而引起多计或少计n个脉冲。几种误差表示方法中的系数a是由仪表中内附的基准源和仪表中测量线路的传递系数不稳定所决定的。误差中的系数b是由放大器的零漂和热电势引起的，由于放大器的作用较大，所以专门用系数b表示其对误差的影响。因此，看一块仪表的精度，必须全面观察。

(4) 分辨力和分辨率

分辨力指仪表示值末位数字改变一个字所对应的被测变量的最小变化值，它表示了仪表能够检测到的被测量最小变化的能力。数字式显示仪表在不同量程下的分辨力不同，通常在最低量程上具有最高的分辨力，并以此作为该仪表的分辨力指标。

分辨率指仪表显示的最小数值与最大数值之比。例如，最低测量范围为0～999.9℃的数字温度显示仪表，最小显示0.1℃（末位跳变1个字），最大显示999.9℃，则分辨率为0.01%。显然，分辨力即分辨率与最低量程的乘积。上述仪表的分辨力为0.01%×999.9℃≈0.1℃。

(5) 输入阻抗

数字式显示仪表要求高输入阻抗，通常采用深度负反馈前置放大器来提高这一指标。输入阻抗可达$10^{12}\Omega$。

(6) 抗干扰能力

数字式显示仪表一般用串模干扰抑制比和共模干扰抑制比来表征抗干扰能力大小。

串模干扰抑制比（*SMR*）为

$$SMR=20\lg\frac{e_n}{r} \tag{5-34}$$

式中　e_n——串模干扰电压；

　　r——e_n所造成的最大显示绝对误差。

共模干扰抑制比（*CMR*）为

$$CMR = 20\lg \frac{e_c}{e_c'} \tag{5-35}$$

式中 e_c——共模干扰电压；

e_c'——e_c引起的串模干扰电压。

SMR 和 *CMR* 的单位是分贝，数值越大，表示数字仪表的抗干扰能力越强，一般直流电压型数显仪表的串模干扰抑制比为 20～60dB，共模干扰抑制比为 120～160dB。

3. 数字显示仪表的结构原理

数字显示仪表主要由前置放大、模/数（A/D）转换、非线性补偿、标度变换以及显示装置等环节组成。

(1) 模/数（A/D）转换环节

在数字显示仪表中，为了实现数字显示，需要把连续变化的模拟量转换成断续的数字量，它是数字显示仪表的核心部件。模/数转换技术就是讨论如何使连续量整量化。如将1～5V DC 的电压输入转化为 0～1000 的数字量。首先要将模拟信号离散化，再用一定的量化单位将其整量化。离散化通过采样实现，即对于连续变化的模拟量按照确定的时间间隔定时取样，对取进的模拟量通过模/数转换器进行数字化。两次采样之间的时间间隔称为采样周期。由于过程变量的经常变化，而采样过程又是在短时间完成的，因此，采样周期越小，数字量越接近于连续量本身的值，一般采样周期取变量变化周期的一半以内。

模/数转换方法有计数式 A/D 转换、逐位比较型 A/D 转换、双积分式 A/D 转换、并行 A/D 转换、串—并行 A/D 转换等。在这些转换中，计数式 A/D 转换器的线路比较简单但转换速度慢，双积分式 A/D 转换精度高，串—并行 A/D 转换速度快，逐位比较型 A/D 转换则速度快且精度高。

模/数转换的位数有 8 位、10 位、12 位和 16 位。位数越高，其分辨率和精度越高。如 8 位的分辨率为 $0.39\%\left(\frac{1}{265}\right)$，12 位的分辨率为 $0.024\%\left(\frac{1}{4096}\right)$。

① 逐位比较型 A/D 转换器　逐位比较型 A/D 转换器是基于电压比较原理进行工作的。其工作过程可以理解为一台“电压天平”。用作比较标准的电压量称为“电压砝码”V_S，将电压砝码按电位从高到低依次与被测电压 V_i进行比较，像天平称量重物那样，并遵循“大者弃，记为 0；小者留，记为 1，逐渐累积、步步逼近”的原则，实现转换。使保留下来的“电压砝码”的总和不断逼近被测电压。此时，由按序记下的 0、1 组合成的一串数字便可反映出留下了哪些砝码，舍弃了哪些砝码。也就知道了电压砝码的总和，即被测电压的大小。该数字量与被测电压一一对应，从而实现了 A/D 转换。实际的逐位比较型 A/D 转换器由移位寄存器 SAR、D/A 转换器、比较器、基准电源 E_R和时钟发生器等组成。

② 双积分式 A/D 转换器　双积分式 A/D 转换器原理图如图 5-49。这是一种把被测电压信号转换成时间，再把时间转换成脉冲数字的电路。每次转换分三个阶段：第一阶段为采样阶段。被测输入信号 V_i 经前置放大器放大后，通过模拟电子开关 SW_1，对积分电容 C_1 充电。充电时间固定为 100ms。因而信号越大，C_1 上的充电电压便越高。100ms 的时间是由 A/D 逻辑控制电路控制的。当该电路同时收到 100kC 时钟脉冲和采样时间控制脉冲时，便发出启动脉冲（清零脉冲）信号，一方面去闭合 SW_1，切断 SW_2 和 SW_3，另一方面启动二-十进制计数器计数。当计满 10000 个脉冲，即 100ms 时计数器便回零并发出溢出脉冲，于是转换进入第二阶段，即比较阶段。

它通过 A/D 逻辑控制电路，切断开关 SW_1，打通 SW_2，同时二-十进制计数器继续从 0 开始计数。此时积分器与基准电压 E 相连，它的极性与前置放大器输出极性相反，因而积分电容向基准电源放电。放电时间决定于第一阶段时的充电电压，也即决定于输入电压。在

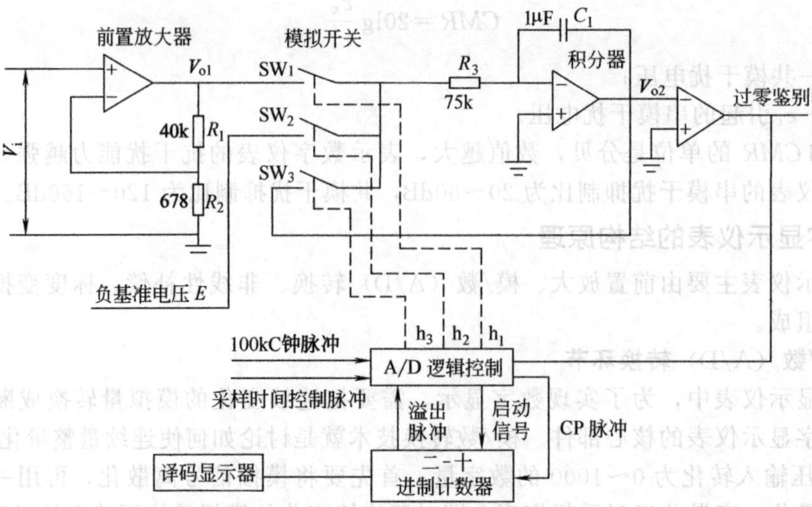

图 5-49 双积分式 A/D 转换器原理图

放电过程中，过零鉴别器输出的是高电平，当放到电压为 0 的瞬间，鉴别器便发出过零信号，于是转换进入第三阶段，即休止阶段。它通过 A/D 逻辑控制电路，一方面去切断 SW_2、闭合 SW_3，使积分器自身闭环，另一方面关闭时钟脉冲控制门，使二-十进制计数器停止计数。与此同时，二-十进制计数器将所得的计数脉冲通过译码器、数字显示器件显示出与输入信号相对应的数字。

在采样、比较、休止三个阶段中，各模拟开关的通断情况和各电压的变化情况如表 5-5 所示。

表 5-5 在电压-时间转换中模拟开关和电压变化情况表

开关和电压 / 阶段	模拟开关			各输出电压		
	SW_1	SW_2	SW_3	V_{o1}/V	V_{o2}/V	V_{o3}/V
采样阶段	通(h_1 高)	断(h_2 低)	断(h_3 低)	$V_{o1}=AV_i$ A——放大倍数	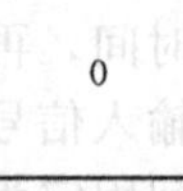	$+10$
比较阶段	断(h_1 低)	通(h_2 高)	断(h_3 低)	$V_{o1}=AV_i$ A——放大倍数	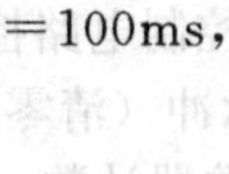	$10\to0$
休止阶段	断(h_1 低)	断(h_2 低)	通(h_3 高)	$V_{o1}=AV_i$ A——放大倍数	0	0

如果输入电压 $V_i=50\text{mV}$，负基准电压 $E=-6\text{V}$，采样时间 $T_i=100\text{ms}$，时钟脉冲频率 $f=100\text{kHz}$，则前置放大器的输出电压

$$V_{o1}=\frac{R_1+R_2}{R_2}V_i=\frac{40000+678}{678}\times50=3000\text{mV}=3\text{V}$$

采样结束时的积分器输出电压

$$V_{o2}=\frac{-V_{o1}}{RC}T_i=\frac{-3}{75000\times1\times10^{-3}}\times100=-4\text{V}$$

比较时间

$$T=\frac{RC}{E}V_{o2}=\frac{75000\times1\times10^{-3}}{6}\times4=50\text{ms}$$

二-十进制计数器计数脉冲

$$n=T_2f=\frac{50}{1000}\times100000=5000\ 个$$

即 50mV 输入电压可转换成 5000 个脉冲。

(2) 非线性补偿（线性化）环节

很多检测组件或传感器的输出信号与被测变量之间存在非线性关系。例如，热电偶的热电势与被测温度之间，节流元件两端的压力差与通过的流体的流量之间，均为非线性。数字显示仪表的非线性补偿环节就是专门用于解决这种非线性问题，实现输出量与被测变量之间的线性化，满足直接显示工程单位值的需要。

非线性补偿可在 A/D 转换之前进行，称为模拟式线性化；也可以在其后进行，称为数字线性化；也可以在转换同时进行，称为非线性 A/D 转换，其线性化采取折线线性化原理。分别如图 5-50(a)、(b) 所示。

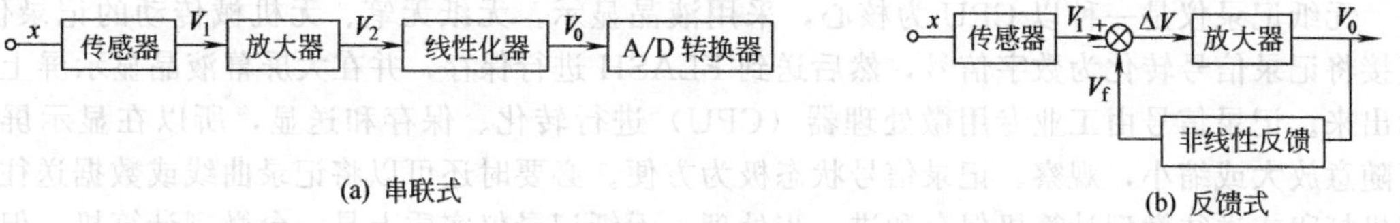

图 5-50 线性化原理图

(3) 标度变换

对于过程变量测量用的数字显示仪表的输出，往往要求用被测变量的形式显示，例如温度、压力、流量、物位等，这就存在一个量纲还原问题，通常称之为“标度变换”。可以对模拟量先进行标度变换后再进行 A/D 转换，也可以对 A/D 转换后的数字量进行标度变换。

① 当数字仪表以热电偶的热电势作为输入信号时，若热电势在仪表规定的输入信号范围内，则可将信号送入仪表中，通过适当选取前置放大器的放大倍数来实现标度变换。

例如，一台数字温度显示仪表，配用 K 热电偶，满度显示为“1023”，此时放大器的输出为 4000mV，而 K 热电偶 1000℃时的电势值为 41.27mV，其标度变换就是通过选取前置放大器的放大倍数来解决的。

具体分析如下：数字仪表显示“1023”时，前置放大器需提供 4000mV 电压。若希望数字仪表显示“1000”，则前置放大器需提供 4000/1023×1000＝3910mV 的电压。而此时热电偶的热电势是 41.27mV，故前置放大器的放大倍数 K 应该是 3910/41.27＝94.7。所以，只要适当选取前置放大器的放大倍数就可实现标度变换。

② 数字量的标度变换是在 A/D 转换之后，进入计数器之前，通过系数运算而实现的。所谓进行系数运算，就是乘以（或除以）某系数，扣除多余的脉冲数，可使被测物理量和显示数字值的单位得到统一。

系数运算的原理可以通过图 5-51 所示的“与”门电路来说明。

从“与”门的真值表可知，只有当 A、B 端均为高电位时，F 端才为高电位，A、B 端如有一个低电位则 F 为低电位，因此控制 A、B 任一端的电位，就

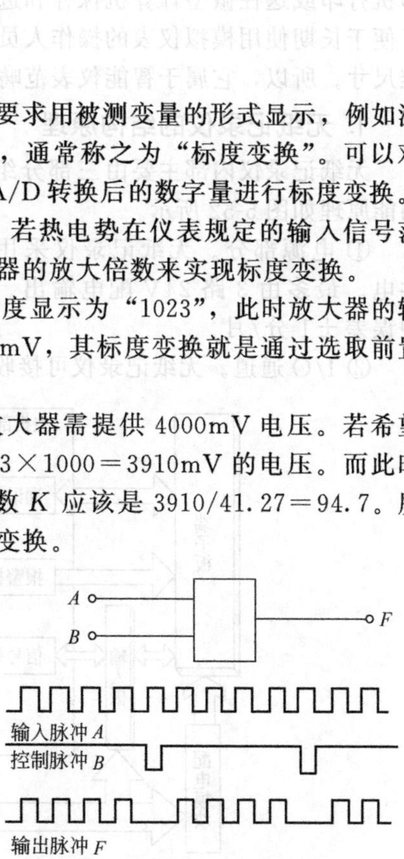

图 5-51 系数运算原理示意图

可以扣除进入计数器的脉冲数。图 5-51 所示的是每 10 个脉冲扣除了 2 个脉冲的情况，即相当于乘了一个 0.8 的系数。如某装置被测温度为 1000℃，经模/数转换输出 1250 个脉冲，则利用这个系数乘法器可实现标度变换。

但需特别注意，这里的标度变换中的系数运算与前面述及的数字线性化中的系数运算是有本质区别的。数字线性化中所进行的系数运算，是为了实现线性化。其系数 K_i应根据非线性特性曲线被折线化之后的折线斜率的变化而自动变化，所以是一种变系数运算；而标度变换中的系数运算是为了实现被测物理量和输出数字量的数值一致，所以系数的大小是按照“数值一致”的要求，一次输入的，在一个量程范围内或者一次测量中是固定不变的，二者切勿混为一谈。

三、屏幕显示

屏幕显示是随着超大规模集成电路技术、计算机技术、通信技术和图像显示技术的发展而迅速发展起来的一种显示方式。它将过程变量按数值、曲线、图形和符号等方式用图像显示器显示出来。目前屏幕显示主要分两类，即计算机控制系统中的 CRT 图像显示和无纸记录仪的液晶（LCD）显示。

无纸记录仪是一种以 CPU 为核心，采用液晶显示，无纸无笔、无机械传动的记录仪。直接将记录信号转化为数字信号，然后送到 FLASH 进行保存，并在大屏幕液晶显示屏上显示出来。记录信号由工业专用微处理器（CPU）进行转化、保存和送显，所以在显示屏上可随意放大或缩小，观察、记录信号状态极为方便。必要时还可以将记录曲线或数据送往打印机打印或送往微型计算机保存和进一步处理。无纸记录仪实质上是一台微型计算机，但为了便于长期使用模拟仪表的操作人员接受，也为了与模拟仪表相兼容，故采用常规仪表的标准尺寸。所以，它属于智能仪表范畴。

1. 无纸记录仪的结构原理

无纸记录仪内部主要由三部分组成，分别为电源部分、主机部分和 I/O 部分。其基本功能原理如图 5-52 所示。

① 电源部分。无纸记录仪采用交流供电，也可用 20～30V DC 宽范围的直流电源供电。最多由 3 路 24V 配电输出。采用硬件实时时钟，掉电后由锂电池供电，最大时钟误差±1 分/月。

② I/O 通道。无纸记录仪可接收热电偶、热电阻信号；4～20mA DC、1～5V DC 的标

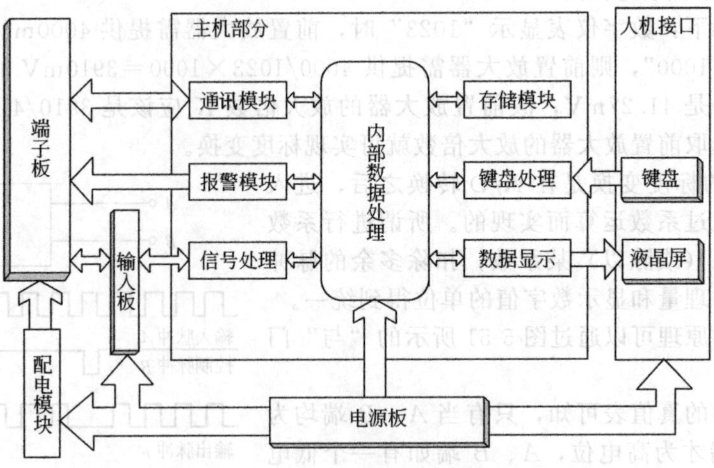

图 5-52 无纸记录仪结构原理图

准信号；以及量程自定义类型的其他非标准信号。

可由 0~10mA DC、4~20mA DC 和 0~20mA DC 模拟量变送输出。精度：0.2%。

③ 通讯模块。提供 RS-485 和隔离的 RS-232C 两种通讯接口供用户选择其一。

④ 存储模块。采用具有掉电保护功能的 NAND FLASH 存储历史数据。这些数据是各通道变量在不同时期变量值的历史记录存储，随时间推移自动刷新，能支持仪表随时进行变量趋势显示和进行数据分析。所存储数据的时间阶段长短，与该通道所设定的记录间隔有关，记录间隔可根据该变量的重要程度在组态时进行选定。通常可选记录间隔为 1s、2s、30min、60min 多档。选定 1s 的记录间隔可以存储 24 天内的数据，选定 60min 记录间隔，可以存储 86400 天的变量数据。

⑤ 报警模块。多路报警输出，可根据需要进行选择。

⑥ 键盘。在使用面板上设置了简易键盘。有组态按键、面板按键和调节旋钮，在不同画面显示时定义为不同的功能，从而使仪表结构紧凑，面板美观，操作简便。

⑦ LCD 显示。采用高亮度、宽视角的 5.6 英寸液晶显示屏 LCD，不仅能够方便地显示字符、数字，还可以显示图形、文字。画面信息丰富，可同时显示数据、曲线、棒图等。并可实现中英文切换显示，根据用户需要用不同的语言界面显示。

2. 按键及旋钮

无纸记录仪的正视图如图 5-53 所示。

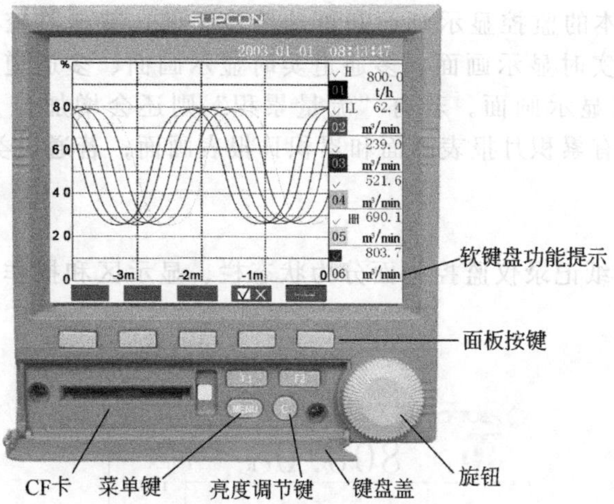

图 5-53 仪表正面视图

(1) 键的类别

该记录仪共有 4 种操作键，面板按键、组态键、旋钮和 CF 卡按键。

(2) 键的功能

• 监控操作键。监控操作键有旋钮和面板按键两种。可显示出单通道实时显示画面、多通道实时显示画面、多通道棒图显示画面、报警列表画面、追忆画面、流量累积日列表画面、流量累积月列表画面、打印画面。

• 组态操作键。进行仪表工作状态的基本参数设置。

3. 组态设置

进入无纸记录仪的中文组态主菜单画面后，可分别选择：系统组态、通道组态、变送输出组态等。

① 系统组态：如图 5-54 所示，主要用于日期、时间、密码、通讯地址、波特率、通讯

类型、通道数目以及记录间隔的设置。

② 通道组态：如图 5-55 所示，用户根据需要来设定通道参数，如通道、位号、信号类型、量程、单位、滤波时间、断线处理、小信号切除、报警上下限、流量累积选择、速率报警、线性修正的选择等组态设置。

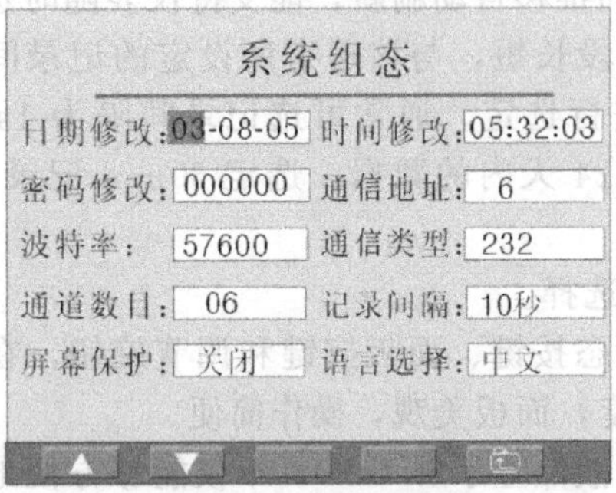

图 5-54 系统组态画面

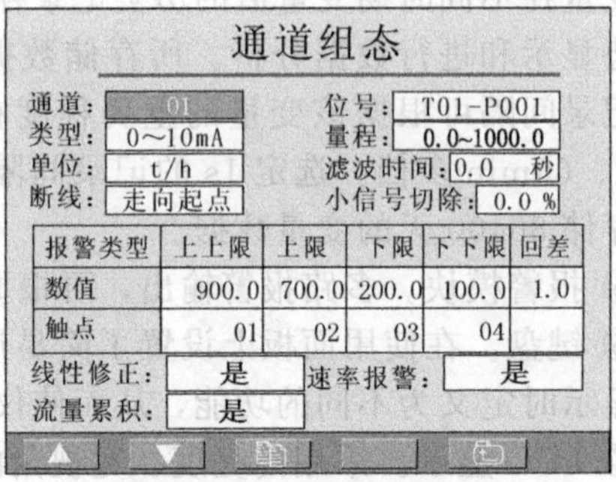

图 5-55 通道组态画面

③ 输出组态：选择需要组态的输出通道的模拟量输出类型。选择输出通道对应的模拟量输入通道。检查仪表的通道型号连接是否与组态一致。

4. 监控操作

无纸记录仪有基本的监控显示画面和可选监控画面。基本监控画面依次为多通道实时数显画面、单通道实时显示画面、多通道实时显示画面、多通道棒图显示画面、报警列表显示画面和追忆显示画面。若有“流量累积”则还会增加流量显示画面；若生成“累积列表”，则还会有累积月报表画面和累积日报表画面；若通讯类型为“打印”，还会有打印画面。

(1) 画面综述

① 画面简介。无纸记录仪监控画面分为状态栏、显示区和操作栏 3 个显示区域，如图 5-56 所示。

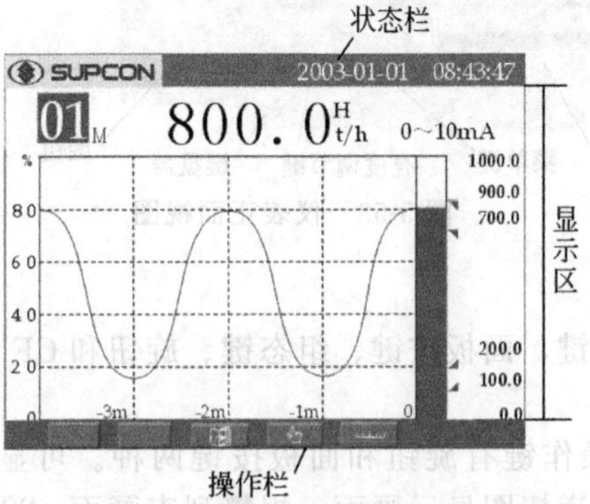

图 5-56 监控画面区域示意图

② 状态栏。显示公司的标志和仪表当前运行的时间。

③ 显示区根据画面不同显示记录的数据、棒图、曲线、列表等内容，供用户监控观察。

④ 操作栏用于提示面板按键的功能，使用户能够根据提示正确操作面板按键。

⑤ 当产生报警时，仪表的曲线、棒图和数据都以红色显示。

(2) 画面切换

在实时监控模式下，可以按顺序（多通道实时数显画面→单通道实时显示画面→多通道实时棒图画面→报警列表画面→追忆画面）循环切换各显示画面，如图 5-57 所示。为方便用户的观察，仪表提供了智能的显示方式。如果用户在组态中设定了流量累积、温压补偿和打印功能，则相应的流量累积画面和打印画面在监控画面中显示。

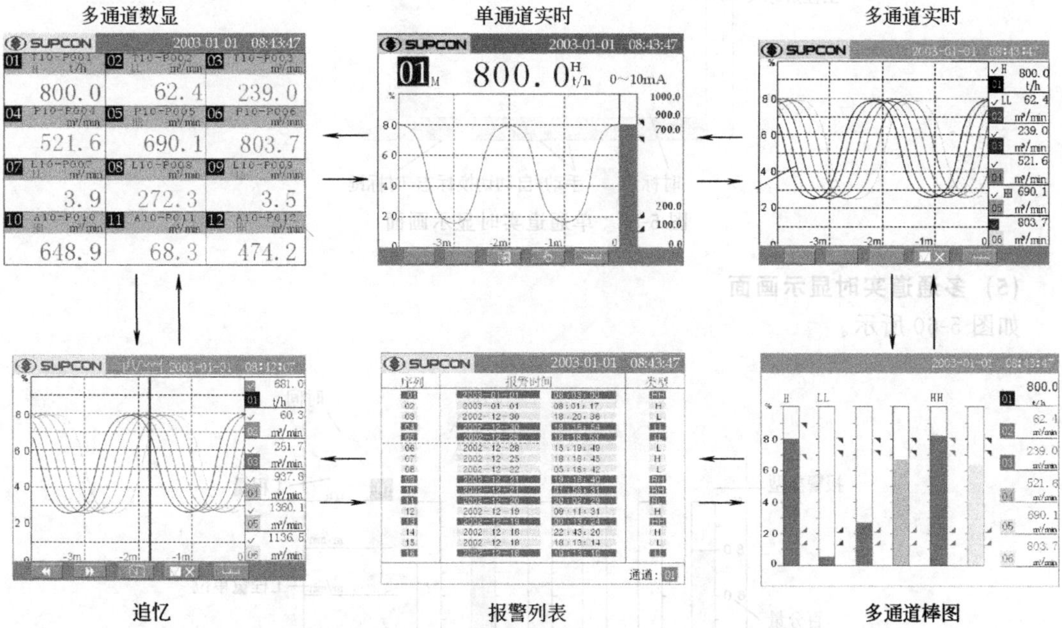

图 5-57 监控画面循环示意图

(3) 多通道实时数显画面

多通道实时数显画面可一屏显示所有通道的实时数据，如图 5-58 所示。

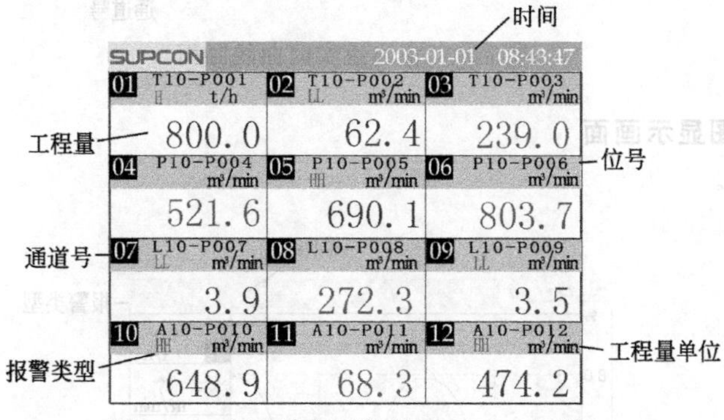

图 5-58 多通道实时数显画面（12 通道）

该画面显示了当前时间和多个通道的单位、通道号、位号、工程量数据以及报警类型标志，工程量数据实时刷新。用户若不想显示位号，在通道组态里将位号组成空格即可。

(4) 单通道实时显示画面

单通道实时显示画面能同时显示一个通道的实时数据、棒图和实时曲线，用户可查看到该通道所有的信息，如图 5-59 所示。

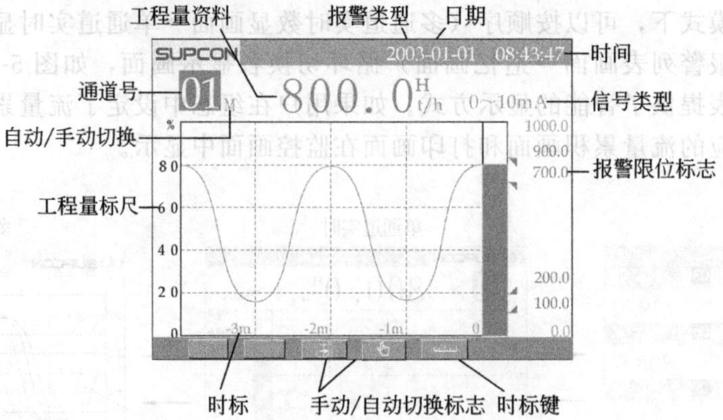

图 5-59 单通道实时显示画面

(5) 多通道实时显示画面

如图 5-60 所示。

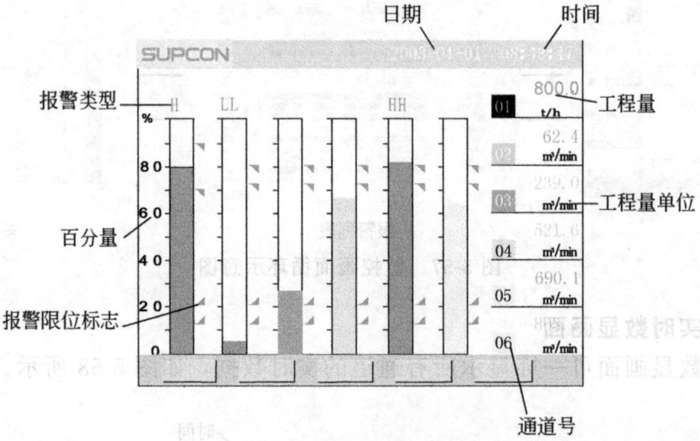

图 5-60 多通道实时曲线画面

(6) 多通道棒图显示画面

如图 5-61 所示。

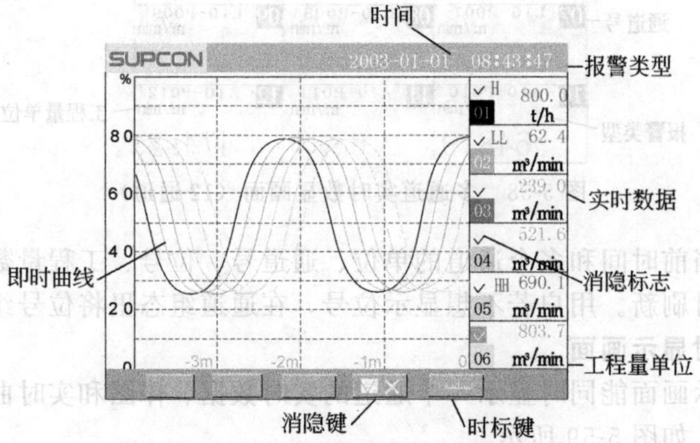

图 5-61 多通道棒图显示画面

当某通道进入报警状态时，仪表的棒图和实时数据显示为红色，并在棒图上方显示报警类型。

★看视频动作，学操作应用

无纸记录仪的认识

无纸记录仪各通道的组态

HB796 双通道直流信号源的使用

无纸记录仪的校验

回顾与练习

5-1 什么是温标，常用温标有哪几种？现在执行的是哪种国际实用温标？各温标之间的转换关系如何？

5-2 为什么热电偶的参比端在实用中很重要？对参比端温度处理有哪些方法？

5-3 已知分度号为 S 的热电偶冷端温度为 $t_0=20℃$，现测得热电势为 11.710mV，求热端温度为多少度？

5-4 已知分度号为 K 的热电偶热端温度 $t=800℃$，冷端温度为 $t_0=30℃$，求回路实际总电势。

5-5 列表比较说明 8 种标准热电偶的名称、分度号、正负极材料、常用测温范围、使用环境和特点。

5-6 热电偶温度传感器主要由哪些部分组成？各部分起什么作用？

5-7 什么是铠装热电偶？它有哪些特点？

5-8 现用一只镍铬-康铜热电偶测温，其冷端温度为 30℃，动圈仪表（未调机械零位）指示 450℃。则认为热端温度为 480℃，对不对？为什么？若不对，正确温度值应为多少？

5-9 仪表现在指示炉温 971℃，工艺操作人员反映仪表指示值可能偏低。怎样判断仪表指示值是否正确？

5-10 一体化热电偶温度变送器有什么特点？

5-11 为保证测量的准确性，热电偶温度传感器的安装时检测点位置应按哪些要求确定？

5-12 当一个热电阻温度计所处的温度为 20℃ 时，电阻是 100Ω。当温度是 25℃ 时，它的电阻是 101.5Ω。假设温度与电阻间的变换关系为线性关系，试计算当温度计分别处在 −100℃ 和 +150℃ 时的电阻值。

5-13 用热电阻测温为什么常采用三线制连接？应怎样连接保证确实实现了三线制连接？若在导线敷设至控制室后再分三线接入仪表，是否实现了三线制连接？

5-14 试比较热电偶测温与热电阻测温有什么不同（可从原理、系统组成和应用场合三方面来考虑）。

5-15 为什么要控制流过热电阻的电流不超过 6mA？校验热电阻时，直接用万用表或惠斯登电桥测量热电阻阻值是否可以？为什么？

5-16　一支测温电阻体，分度号已经看不清楚，你如何用简单的方法鉴别出电阻体的分度号？举例说明。

5-17　什么是铠装热电阻？它有什么优点？

5-18　温度变送器接受直流毫伏信号、热电偶信号和热电阻信号时应该有哪些不同？

5-19　智能温度变送器有哪些特点？简述 TT302 温度变送器的工作原理。

5-20　热辐射温度计的测温特点是什么？

5-21　按照显示方式不同，显示仪表可分为哪几类？各有何特点？

5-22　在数字仪表的显示中，有 $3\frac{1}{2}$ 位、$4\frac{1}{2}$ 位、$5\frac{1}{2}$ 位等。其中的“$\frac{1}{2}$”位表示什么？“3”、“4”、“5”表示什么？对于一个 $5\frac{1}{2}$ 位的显示仪表来说，其显示数的最大范围是多少？

5-23　数字仪表的精确度有哪几种表示法？

5-24　某数字显示仪表的测温范围为 0～999.99℃，则其分辨力、分辨率各为多少？

5-25　数字式显示仪表主要由哪几部分组成？它们各起什么作用？

5-26　数字式显示仪表按输入信号的形式、按被测信号的点数、按仪表的功能如何分类？

5-27　模-数转换器的功能是什么？按比较原理来分，模-数转换有哪几种方法？

5-28　非线性补偿有哪三种方式？

5-29　“标度变换”的含义是什么？

5-30　屏幕显示有哪几种方式？无纸记录仪采取哪种显示方式？

5-31　什么是无纸记录仪？由哪几部分组成？

5-32　组态有哪些内容？每类组态主要进行哪些设置？

思考与交流

① 什么是生产过程在线分析？ 和实验室分析的要求有什么区别？

② 单一组分气体含量的在线分析方法有哪些？

③ 环保监测仪表主要有哪些？

④ 如何根据工艺要求和成分测量仪表的特性，选用合适的分析测量仪表？

第一节　成分检测的工程知识

在化工生产过程中，成分是最直接的控制指标。对于化学反应过程，要求产量多，收率高；对于分离过程，要求得到更多的纯度合格产品。为此，一方面要对温度、压力、液位、流量等变量进行观察、控制，使工艺条件平稳；另一方面又要取样分析、检验成分。例如，在氨的合成中，合成气中一氧化碳（CO）和二氧化碳（CO_2）含量高，合成塔触媒要中毒；氢氮比不适当，转化率要低。像这些成分都需要进行分析。在石油蒸馏中，塔顶及侧线产品的质量不仅取决于沸点温度也与密度等许多物性参数有关。又如在电控喷射内燃机和锅炉中，需要在线测量燃烧产物中 O_2 的含量，以实时控制燃烧过程的过量空气系数，优化燃烧品质。

同时，随着现代工业的进步，使人类的生活以及社会活动都发生了相应的变化。被人们所利用的和在生活、工业上排放出的气体种类、数量都日益增多。这些气体中，许多都是易燃、易爆（例如氢气、煤矿瓦斯、天然气、液化石油气等）或者对于人体有毒害的（例如一氧化碳、氟里昂、氨气等）。它们如果泄漏到空气中，就会污染环境、影响生态平衡，甚至导致爆炸、火灾、中毒等灾害性事故。为了保护人类赖以生存的自然环境，防止不幸事故的发生，需要对各种有害、可燃性气体在环境中存在的情况进行有效的监控。大气环境监测分析需要对有关气体成分参数进行测量。因此，成分的测量和控制是非常重要的。

一、成分检测的特点

用于工业流程上定量分析的自动分析仪表，多数是从实验室分析仪器演变而来的，能自动取样，连续分析及信号的处理和远传，并随时指示或记录出分析结果。其特点是：

① 分析方法的研究比较困难，仪表结构较复杂。

② 机械加工要求高，电子元件要求严格。

③ 仪表专用性强，品种多，批量小，价格高。使用条件苛刻。

④ 测量取样点多在设备、管道中，而分析处理需要经过中心控制室，样气的预处理使控制操作滞后时间增加。

对于民用的可燃、易爆、有毒、有害等气体的监测、报警，则要求：

① 仪表体积小，易安装；

② 测试准确，灵敏度高，性能稳定；

③ 品种多，批量大，价格低；

④ 使用环境多数为开放性有人活动的场所，如商用楼、住宅楼等，因此声光报警必须及时正确。确保人身安全第一。

二、成分检测的过程

成分检测仪表工作原理不同，复杂程度各异，但其基本构成都是相同的。一般都由取样装置、预处理系统、分析装置、信号处理及显示环节等组成。

1. 取样装置

取样装置的作用是从工艺流程中取出具有代表性的待分析样品引入分析仪表。取样装置应有足够的机械强度，不与样品起化学反应和催化作用，不会造成过大的测量滞后，耐腐蚀，易安装，清洁。所取样品应有代表性，没有被测组分的损失。

2. 预处理系统

预处理系统的任务是将生产过程中提取的样品加以处理，以满足检测器对样品状态的要求。一般是除去待分析样品中的灰尘、蒸汽、雾及有害物质和干扰组分，调整样品的压力、流量和温度等，保证样品符合分析仪表规定的使用条件。

3. 检测器（发送器、传感器）

检测器为分析仪表的核心。采用各种敏感元件，如光敏电阻、热敏电阻以及各种化学传感器等，将待分析样品的成分量或物性量转换成便于测量的电信号输出。

4. 信号处理及显示环节

将检测装置送来的信号进行放大、运算等处理后，进行相应的指示、记录，显示出成分分析的最终结果。

安装在生产流程中的仪表是否能正常发挥作用，往往不由分析仪表本身来决定，在很大程度上取决于待测样品预处理系统设计的好坏。预处理系统也是日常维护的关键部位。预处理系统包括取样、输送、预处理（清除对分析有干扰的物质，调整样品的压力、温度和流量，而待测组分的含量不致因此而发生变化）以及样品的排放等整个系统，目的是要得到一个干净的、压力、温度都符合分析仪表要求的样品，供给分析仪表进行分析。由于待测样品种类多，情况复杂，采用的分析仪表的形式和结构也不相同。因此，要根据具体情况进行综合分析。图 6-1 所示为气相色谱分析仪表采用的预处理系统。

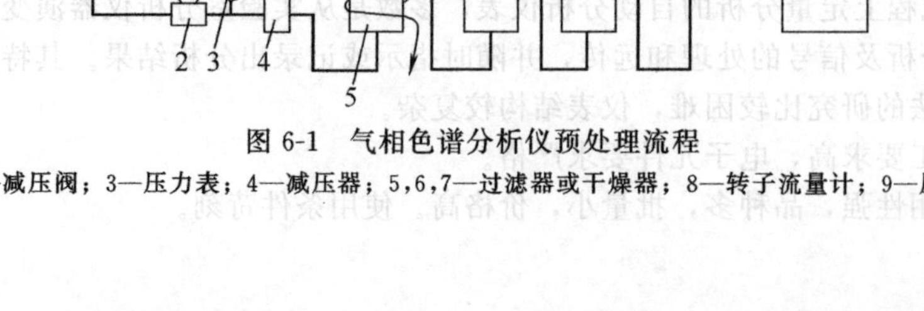

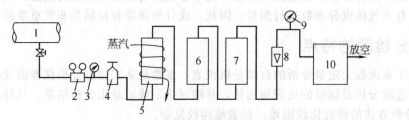

图 6-1 气相色谱分析仪预处理流程

1—取样装置；2—减压阀；3—压力表；4—减压器；5,6,7—过滤器或干燥器；8—转子流量计；9—压力表；10—发送器

三、成分检测的静态特性和影响静态特性的误差因素及排除措施

大多数成分的检测器都是采用非电量电测的方法，即根据各成分物理性质或化学性质的差异，将成分变化转换为某种电量变化，然后用相应的电气仪表来测量和变送。输入成分与输出电信号的关系即为成分检测元件的静态特性，成分测量的关键也就在于信息的正确切换。因此，要使输出信号与成分之间保持预定关系，排除误差因素就十分重要。下面提出有共性的若干种误差因素及排除措施。

① 进检测器的气体试样必须符合洁净、干燥、常温和无腐蚀要求，所以气体试样要经过预处理，除去机械杂质、有害物质、腐蚀性物质、水分等。例如，试样含有水滴，往往是产生误差的原因之一。对于高温介质还可以达到冷却作用。

② 背景气体（指待分析气体以外的其余气体）中如有干扰组分存在，将会影响分析结果的准确性，所以干扰级组分应除去。例如，用热导式分析烟道气中的二氧化碳（CO_2）含量，烟道气中的氢气（H_2）成分是干扰气体，因为它与其余气体如一氧化碳（CO）、氮气（N_2）、氧气（O_2）等的热导率不接近，相差很大，所以必须预先除去。

③ 检测器的供电电压要稳定，供电电源要恒定。例如，要使热导池中的铂丝平衡温度仅取决于气体成分，则加热电流必须恒定。在红外线气体成分分析中，镍铬丝发出的特定波长的红外线与镍铬丝的加热电流有关。

④ 检测器所处的周围环境的温度变化会引起分析结果变化，所以周界温度必须保持恒定。以热导式气体分析为例，铂丝的散热条件除与成分有关外，与热导池的室臂温度即周界温度也有关系。

⑤ 进入检测器的气体流量要求稳定。例如，热磁式氧分析中气体流量的变化将影响磁风的大小，从而影响测量结果。所以进发送器的气体要经过稳压和流量调节。

⑥ 流体温度的影响。例如，用电导法测硫酸（H_2SO_4）浓度时，温度变化会引起电导率有较大的改变。为此，应设有温度补偿装置。

此外，取样点的选择也是影响测量结果的一个重要因素，取样点要具有代表性，能正确反映待分析组分的浓度。对于混有杂质、油污或水分的气体，取样点宜选在管道上部；若是带有气泡的液体，则取样点选在管道下部为宜。

总之，要使成分的测量结果能很好地作为一个成分控制系统的被控变量，在于检测器的可靠性和快速性。此外，从以上分析可以看到影响成分测量结果的各种因素很多，不像温度、压力等变量的测量，因此测量精度较低。

四、成分检测的动态特性

采用成分作为被控变量是最令人满意的，然而在实施上，无论其静态特性或动态特性都有许多问题需要切实加以解决；静态特性已在上面给予了介绍，而动态特性是要解决测量中的纯滞后问题。

成分系统的检测元件不像温度和流量那样直接装有设备内或管道上。成分的测量是通过取样管，把一部分流体送往检测器，例如，在热导式分析中送往热导池，在色谱分析中送往色谱柱等。这些检测器往往有恒温等要求。并须有较好的环境条件，所以一般是设在离现场较远的分析室内。如果流体取样管内的流速不高，纯滞后将是很显著的，如不采取措施，纯滞后时间可能要在10分钟以上。这就是说，如构成控制系统，是根据十多分钟以前的情况来控制调节阀，这显然很不及时，且容易振荡，最大偏差也很大。

常用的解决方法如下。

① 加大取样管内流体的流速。进检测器的流体流量一般很小，因此采用大部分流体通

过旁路放空的办法来增加流速。

② 将检测器尽可能地靠近取样口，以缩短距离。当然，安装位置的环境条件仍必须满足要求，且便于维护检修。

③ 考虑改进控制回路的构成方式。例如，用成分控制器的输出作为另一个控制器（副控制器）的设定值，对前者进行细调，而让大多数（包括较大的）干扰由副控制器来控制，这就是串级控制系统。

④ 考虑改变控制规律。在人工操作时，遇到纯滞后很大的过程，可以采取“看一步，调一步，停一停”的方式，在控制效果还没有显露出来之前，先等一小段时间，这样可避免被控变量大起大落，有利于控制过程的稳定。这种控制方式称采样控制。

五、分析仪表的主要技术特性

分析仪表按工作原理可分为磁导式分析器、热导式分析器、红外线分析器、工业色谱仪、电化学式分析器、热化学式分析器和光电比色式分析器等。此外还有超声波黏度计、工业折光仪、气体热值分析仪、水质浊度计及密度式硫酸浓度计等。

过程分析仪表的特点是专用性强，每种分析器的适用范围都很有限。同一类分析器，即便有相同的测量范围。但由于待测的试样的背景组成不同，并不一定都适用。基本的和主要的技术性能如下。

1. 精度

由于微机和计算技术的发展，使用微处理机或微型计算的过程分析仪表能自动监测工作条件变化，自动进行补偿，并且不用标准试样，能及时地自动校正零点漂移或由其他原因引起的测量误差，也能对仪器本身进行故障诊断等，这些仪器的精确度可达±0.5%。一般分析仪表精度为±（1～2.5)%。微量分析的分析器精度为±（2～5)%。个别的为±10%或更大。

2. 灵敏度

灵敏度是指仪器输出信号变化与被测组分浓度变化之比，比值越大。表明仪器越灵敏。即被测组分浓度有微小变化时，仪器就有较大的输出变化。灵敏度是衡量分析仪器质量的主要指标之一。

3. 响应时间

响应时间是表达被测组分的浓度发生变化后，仪器输出信号跟随变化的快慢，一般从样品含量发生变化开始，到仪器响应达到最大指示值的90%时所需的时间即为响应时间。

自动分析仪表的响应时间愈短愈好，特别是自动成分分析仪表的输出作在线自控信号时，更显得重要。

第二节　生产过程在线分析系统的构成与特性分析

一、单一组分气体含量的在线分析

1. 氧化锆氧气分析仪

在燃烧过程监测与控制中，目前普遍采用 O_2 含量来判断过量空气系数的大小。氧化锆氧量分析仪，由于具有结构简单、信号准确、使用可靠、反应迅速（反应时间小于0.4s)、维修方便等一系列优点，因而其应用范围日益广泛。

试验研究证明，若在普通氧化锆中掺入一定数量的其他低价氧化物，如氧化钙（CaO）或氧化钇（Y_2O_3）等，则不仅因为应力的改变而提高了晶体的稳定性，而且还因为 Zr^{4+} 被 Ca^{2+} 或 Y^{3+} 置换而生成氧离子空穴浓度大大增加，当温度升高到600℃左右时，即成为一种良好的氧离子导体。简称为氧化锆。

(1) 测量原理

氧化锆氧量分析仪是利用氧化锆浓差电池所形成的氧浓差电动势与 O_2 含量之间的量值关系进行氧含量测量的。因此，氧浓差电动势的形成机理也就反映了氧化锆氧量分析仪的基本工作原理。

氧浓差电池原理图见图 6-2(a) 所示。

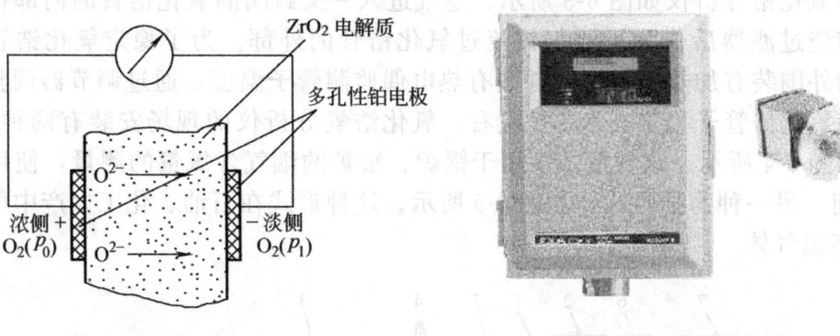

(a) 检测原理示意图　　(b) 氧化锆氧量分析仪

图 6-2　氧化锆氧量分析仪

在 $ZrO_2 \cdot CaO$ 固体电解质片的两侧，用烧结法制成几微米到几十微米厚的多孔铂电极，并焊上铂丝作为引线，就构成了一个浓差电池。多孔铂电极具有催化氧分子和氧离子之间正逆变反应作用。电池左侧通入空气（作为参比气），氧分压为 p_0，氧含量一般为20.8%。右侧通入被测的烟气，氧分压为 p_1（未知），氧含量一般为3%～6%。

浓差电势的大小可用涅恩斯特（Nernst）公式表示：

$$E=\frac{RT}{nF}\ln\frac{p_0}{p_1} \tag{6-1}$$

式中 E——浓差电池电动势，V；

R——理想气体常数，8.315J/mol·K；

T——气体绝对温度，K；

n——参加反应的电子数（对氧而言 $n=4$）；

F——法拉第常数，96500C；

p_0——空气中氧分压，0.2095 大气压；

p_1——待测气体中氧分压。

当待测气体的总压力与参比气体总压力相同，把上式的自然对数换为常用对数，并将 R、F、n 值代入，得

$$E=0.4961\times10^{-4}T\lg\frac{C_0}{C_1} \tag{6-2}$$

式中 C_0——参比气体中氧的体积含量；

C_1——被测气体中氧的体积含量。

可见，当氧化锆的工作温度 T 一定时，氧浓差电动势 E 与被测气体中的氧浓度 C_1 成单值关系。因此，通过测量浓差电动势，即可求得被测的氧浓度。这就是氧化锆氧化量分析仪的基本工作原理。

利用氧化锆浓差电池测量氧含量的条件。

① 为了保证测量准确性，减少温度 T 的变化对氧浓差电势的影响，在恒温的基础上，仪表应加温度补偿环节。当工作温度恒定在 850℃左右时仪表的灵敏度最高。

② 保证参比气体和被测气体压力相同，以保证两种气体的氧分压之比能代表氧含量比。

③ 氧化锆两侧气体（特别是空气）要不断流动更新。以保证有较高的灵敏度。

(2) 仪表结构

氧化锆分析仪主要是由氧化锆管组成。一般外径为 11mm，长度 80～90mm，内外电极及其引线采用金属铂，要求铂电极具有多孔性，并牢固地烧结在氧化锆管的内外侧，内电极的引线是通过在氧化锆管上打一个 0.8mm 小孔引出的。

带恒温装置的氧化锆分析仪如图 6-3 所示。空气进入一头封闭的氧化锆管的内部作为参比气体。烟气经陶瓷过滤器后作为被测气体流过氧化锆管的外部。为了稳定氧化锆管的温度，在氧化锆管的外围装有加热电阻丝，并装有热电偶监测管子温度，通过调节器调整加热丝电流的大小，使氧化锆管子稳定在 850℃左右。氧化锆氧分析仪的现场安装有两种方式，一种为直插式。如图 6-4 所示。这种形式多用于锅炉、窑炉的烟气含氧量的测量，使用温度在 600～850℃之间。另一种为抽吸式，如图 6-5 所示。这种形式在石油、化工生产中可测量最高达 1400℃的高温气体。

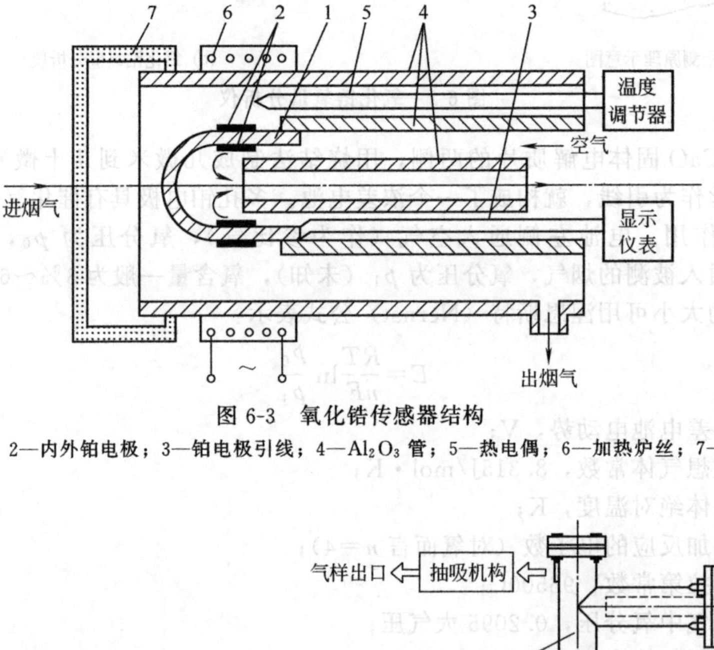

图 6-3 氧化锆传感器结构

1—氧化锆管；2—内外铂电极；3—铂电极引线；4—Al_2O_3 管；5—热电偶；6—加热炉丝；7—陶瓷过滤器

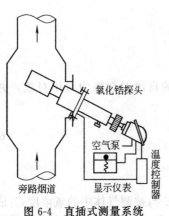

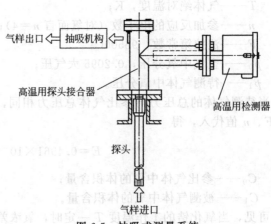

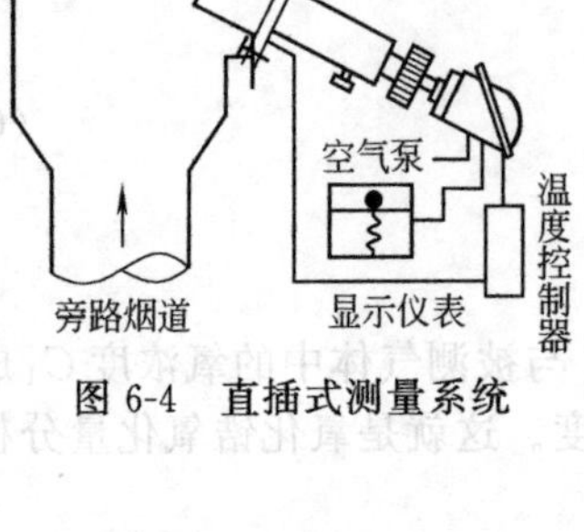

图 6-4 直插式测量系统

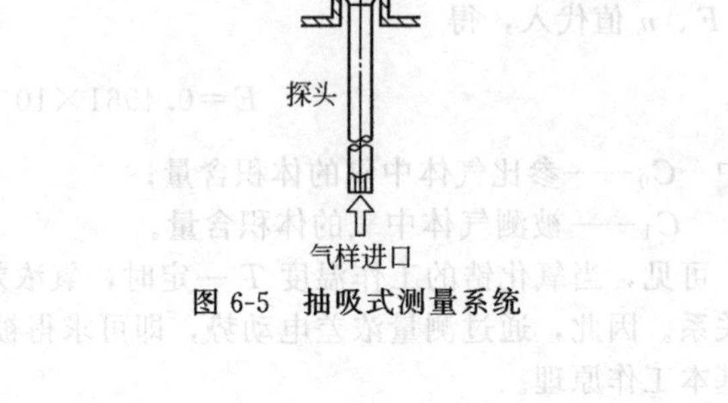

图 6-5 抽吸式测量系统

氧化锆内阻很大，而且信号与温度有关，为保证测量精度，前置放大器的输入阻抗应足够高。另外当氧浓度增大时，氧浓差电势信号会减小，它们之间为对数关系，若使用一般模拟电路进行反对数运算，精度较低，电路复杂。现在多以单片计算机为核心，组成微机化的二次仪表，无论在测量精度、可靠性方面，还是在功能上都有足够的保证。

2. 热导式气体成分检测

热导式气体成分检测是利用各种气体的热导率不同来测出气体的成分。从图 6-6 可以看出氢气（H_2）的热导率最大，是空气的 7 倍多。

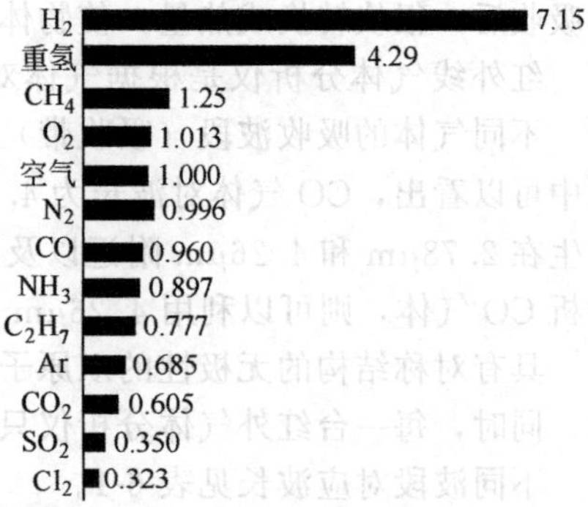

图 6-6 各种气体的相对热导率

对于彼此之间无化学反应作用的多组分的混合气体，它的热导率近似地认为是各组分热导率的算术平均值。

$$\lambda=\lambda_1 C_1+\lambda_2 C_2+\cdots+\lambda_n C_n=\sum_{i=1}^{n}\lambda_i\cdot C_i \quad (6\text{-}3)$$

式中 λ——混合气体的热导率；

λ_i——混合气体中第 i 组分的热导率；

C_i——混合气体中第 i 组分的体积百分含量。

从式(6-3) 看出，混合气体的热导率与各组分的体积百分含量和相应热导率有关，某一组分含量变化必然会引起混合气体热导率的变化。热导式气体分析仪就是利用气体体积的百分比含量 C 与气体热导率 λ 有关这一物理特性进行分析工作的。它可以检测混合气体中某一种组分的含量，这个组分称为待测组分。

在测量中必须满足两个条件：第一，待测组分的热导率与混合气体中其余组分的热导率相差要大，而且越大越灵敏；第二，其余各组分的热导率要相等或十分接近，由此可得

$$C_1=\frac{\lambda-\lambda_2}{\lambda_1-\lambda_2} \quad (6\text{-}4)$$

式中 C_1——待测组分的体积含量；

λ——混合气体的热导率；

λ_1——待测组分的热导率；

λ_2——混合气体中非待测组分的热导率平均值。

这样混合气体的热导率 λ 随待测组分的体积含量 C_1 而变化，因此只要测出混合气体的热导率 λ 便可得知待测组分的含量。然而，直接测量热导率 λ 很困难，故要设法将热导率的差异转化为电阻的变化。为此，将混合气体送入检测器中的热导池，通过在热导池内用恒定电流加热铂丝，铂丝的平衡温度将取决于混合气体的热导率，即待测组分的含量。例如，待测组分是氢气，则当氢气的百分含量增加后，铂丝周围的气体热导率升高，铂丝的平衡温度将降低，电阻值则减少。电阻值可利用不平衡电桥来测得，如图 6-7 所示。

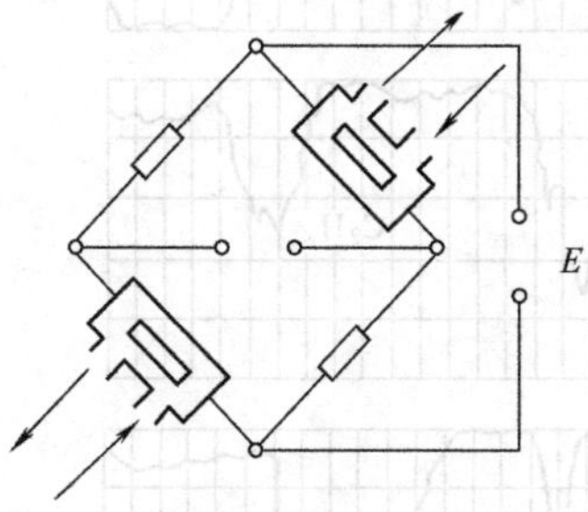

图 6-7 双臂-差比不平衡电桥

这是一个双臂-差比不平衡电桥，以补偿电源电压及环境污染温度变化时对铂丝平衡温度的影响，并提高测量灵敏度。现待测气体成分成比例的桥路输出电压可转换成相应的标准直流电流信号。热导式气体成分检测装置可用于氢气（H_2）、二氧化碳（CO_2）、氨（NH_3）、二氧化硫（SO_2）等成分分析。

3. 红外线气体分析仪

(1) 分析基础

红外线的波长范围为 0.75～1000μm。红外线遵守光的反射定律、折射定律和直线传播定律。在整个电磁波谱中，红外波段射线的热功率最大，也称为“热射线”。红外辐射被物体吸收后，很快转换成热量，使物体温度上升。物体加热后可以向外辐射红外电磁波。

红外线气体分析仪是根据气体对红外线具有选择性的吸收的特性来对气体成分进行分析。不同气体的吸收波段（吸收带）不同，图 6-8 给出了几种气体对红外线的透射光谱，从图中可以看出，CO 气体对波长为 4.65μm 附近的红外线具有很强的吸收能力，CO_2 气体则发生在 2.78μm 和 4.26μm 附近以及波长大于 13μm 的范围对红外线有较强的吸收能力。如分析 CO 气体，则可以利用 4.26μm 附近的吸收波段进行分析。

具有对称结构的无极性的双原子分子气体、单原子分子气体，在红外线波段内没有吸收峰。同时，每一台红外气体分析仪只能分析一种气体。

不同波段对应波长见表 6-1。

表 6-1　不同波段对应波长

波段	波长	波段	波长
低频振动	>20000m	可见光 红	0.75～0.62μm
无线电波 长波	20000～2000m	可见光 橙	0.62～0.59μm
无线电波 中波	2000～200m	可见光 黄	0.59～0.56μm
无线电波 短波	200～10m	可见光 绿	0.56～0.50μm
无线电波 超短波	10～0.5m	可见光 青	0.50～0.48μm
无线电波 毫米波	<0.5m	可见光 蓝	0.48～0.45μm
红外线 远红外线	1000～100μm	可见光 紫	0.45～0.40μm
红外线 中红外线	100～15μm	紫外线	4000～50Å
红外线 近红外线	15～0.75μm	X 射线	50～0.04Å
		γ 射线	$<4\times10^{-10}$cm

注：1Å＝0.1nm。

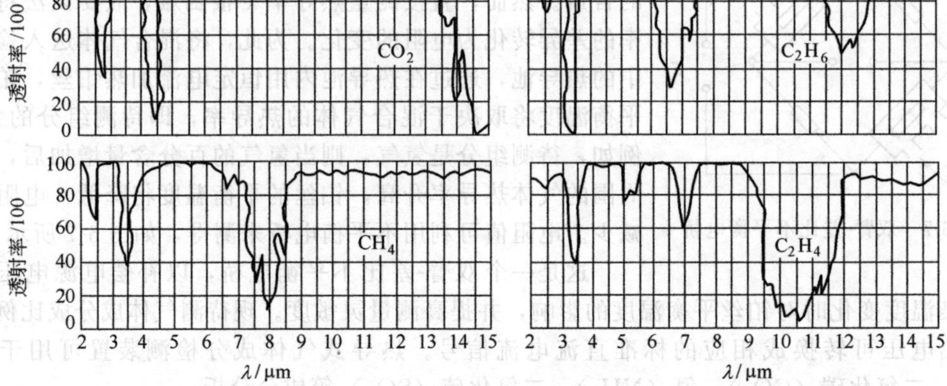

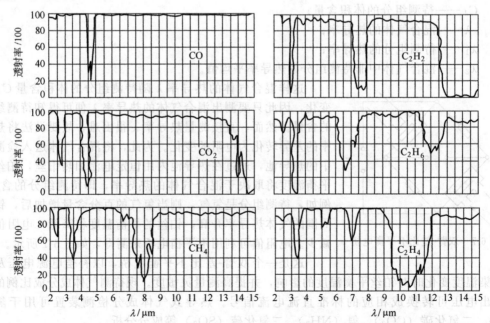

图 6-8　几种气体对红外线的透射光谱

(2) 工作原理

图 6-9 是工业用红外线气体分析仪的结构原理图。它由红外线辐射光源、气室、红外检测器及电路等部分组成。

光源由镍铬丝通电加热发出 3～10μm 的红外线，切光片将连续的红外线调制成脉冲状的红外线，以便于红外线检测器信号的检测。测量气室中通入被分析气体，参与气室中封入不吸收红外线的气体（如 N_2 等）。红外检测器是薄膜电容型，它有两个吸收气室，充以被测气体，当它吸收了红外辐射能量后，气体温度升高，导致室内压力增大。测量时（如分析 CO 气体的含量），两束红外线经反向、切光后射入测量气室和参比气室，由于测量气室中含有一定量的 CO 气体，该气体对 4.65μm 的红外线有较强的吸收能力，而参比气室中气体不吸收红外线，这样射入红外探测器两个吸收气室的红外线光造成能量差异，使两吸收室压力不同，测量边的压力减小，于是薄膜偏向定片方向，改变了薄膜电容两电极间的距离，也就改变了电容 C。如被测气体的浓度愈大，两束光强的差值也愈大，则电容的变化也愈大，因此电容变化量反映了被分析气体中被测气体的浓度。

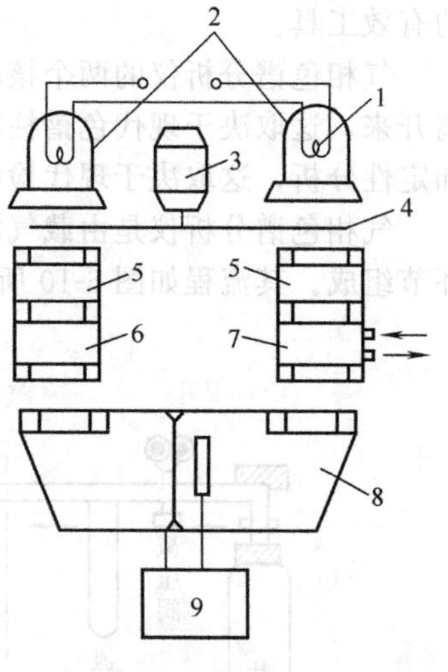

图 6-9 红外线气体分析仪结构原理图
1—光源；2—抛物体反向镜；
3—同步电动机；4—切光片；
5—滤波气室；6—参比室；
7—测量室；8—红外探测器；
9—放大器

图 6-9 所示结构中还设置了滤波气室。它是为了消除干扰气体对测量结果的影响。所谓干扰气体是指与被测气体吸收红外线波段有部分重叠的气体，如 CO 气体和 CO_2 气体在 4～5μm 波段内红外吸收光谱有部分重叠，则 CO_2 的存在对分析 CO 气体带来影响，这种影响称为干扰。为此在测量边和参比边各设置了一个封有干扰气体的滤波气室，它能将 CO_2 气体对应的红外线吸收波段的能量全部吸收，因此左右两边吸收气室的红外线能量之差只与被测气体（如 CO）的浓度有关。

★看动画视频　说工作过程

热导式气体分析仪　　红外线气体分析仪

工业 PH 计　　氧化锆 TiO_2 氧浓度传感器结构及测量电路　　工业电导仪

二、多组分气体含量的在线分析

色谱分析是一种高效、快速、灵敏的物理式分离分析方法。它可以定性、定量地把几十种组分一次全部分析出来，能分析气样中的痕量元素（1ppm 甚至于 0.1ppb），在几分钟至几十分钟内可以连续得到上百个数据，对于气体、液体、有机物和无机物都可以分析。但它不能发现新的物质。如果将色谱分析仪与质谱仪、核磁共振仪联用，就会成为剖析未知物质的有效工具。

气相色谱分析仪的两个核心技术：第一是分离的技术，它要把复杂的多组分的混合物分离开来，这取决于现代色谱柱技术。第二是检测技术，经过色谱柱分离开的组分要进行定量和定性分析，这取决于现代检测器的技术。

气相色谱分析仪是由载气源、流量计、进样装置、色谱柱、检测器、放大器及记录仪等环节组成。其流程如图 6-10 所示。

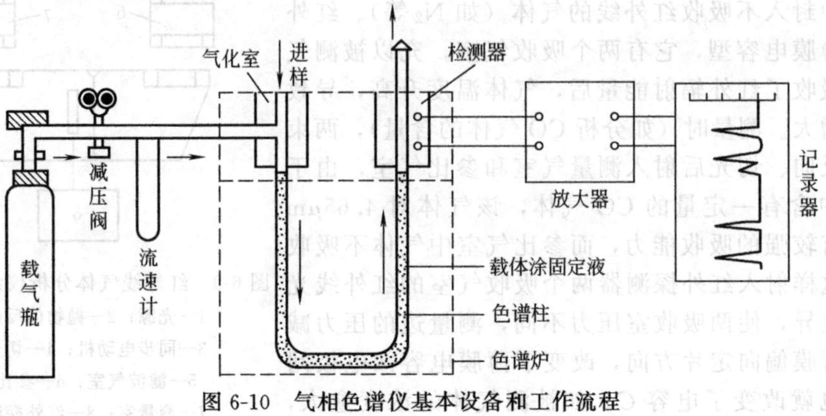

图 6-10 气相色谱仪基本设备和工作流程

1. 工作原理

当一定量的气样在纯净的载气（称为流动相）的携带下通过具有吸附性能的固体表面，或通过具有溶解性能的液体表面（这些固体和液体称为固定相）时，由于固定相对流动相所携带气样的各成分的吸附能力或溶解度不同，气样中各成分在流动相和固定相中的分配情况是不同的，可以用分配系数 K_i 表示，即

$$K_i=\frac{\varphi_s}{\varphi_m} \tag{6-5}$$

式中 φ_s——成分 i 在固定相中的浓度；

φ_m——成分 i 在流动相中的浓度。

显然，分配系数大的成分不易被流动相带走，因而在固定相中停滞的时间较长；相反，分配系数小的成分在固定相中停滞的时间较短。固定相是充填在一定长度的色谱柱中，流动相与固定相之间作相对运动。气样中各成分在两相中的分配在沿色谱柱长度上反复进行多次，使得即使分配系数只有微小差别的成分也能产生很大的分离效果，也就是能使不同成分完全分离。分离后的各成分按时间上的先后次序由流动相带出色谱柱，进入检测器检出。如图 6-11 所示，并用记录仪记录下该成分的峰形。各成分的峰形在时间上的分布图称为色谱图。

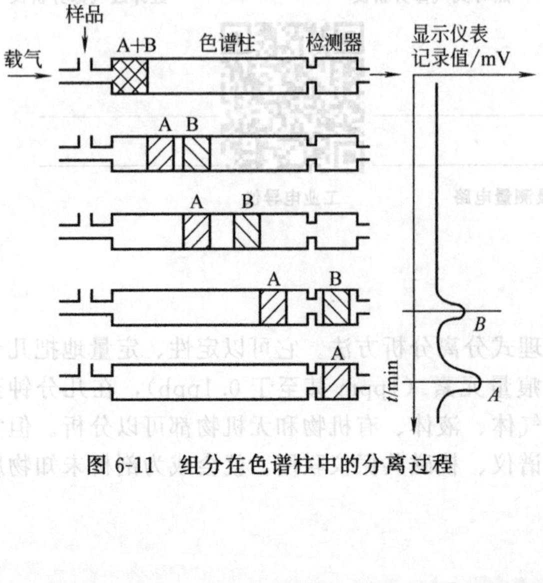

图 6-11 组分在色谱柱中的分离过程

由于流动相为气体，故称为气相色谱，在气相色谱中，固定相为固体（如硅胶、活性炭、分子筛、氧化铝或高分子微球等）的称为气-固色谱；固定相为液体（各种烃类、有机脂类等）的称为气-液色谱。为增加接触面，液体是涂在称为担体

的硅藻土上或耐火砖细粒上，或毛细管内壁上，称为固体液。

固定相的种类繁多，可根据被测气样选取，并均匀填装在直径为 3～6mm、长度为 1～4m 的玻璃或不锈钢细管中形成色谱柱，柱管可以是直管、U 形管或螺旋形管。

检测器随所需检测的成分性质和含量不同可取各种不同型式，最常用的为热导式检测器和氢火焰电离检测器。为防止在测量高浓度或灵敏度高的成分时，由于输出信号过大而超出指示记录仪的刻度范围，故需信号衰减器。

从进样时刻到某成分在检测器上出现峰值的这段时间称为该成分的保留时间 t_R，所谓分离是使被分析各成分的保留时间不同，各成分的保留时间除了与各成分性质有关外，还取决于色谱柱长度、固定相的特性以及色谱柱的工作温度、压力和载气的性质和流量等。例如，提高色谱柱工作温度会使保留时间缩短，从而可以缩短分析周期；但保留时间太短则会引起成分的峰形相互重叠，不利于分离，常用分辨率 R 来衡量分离的好坏，如图 6-12 所示。

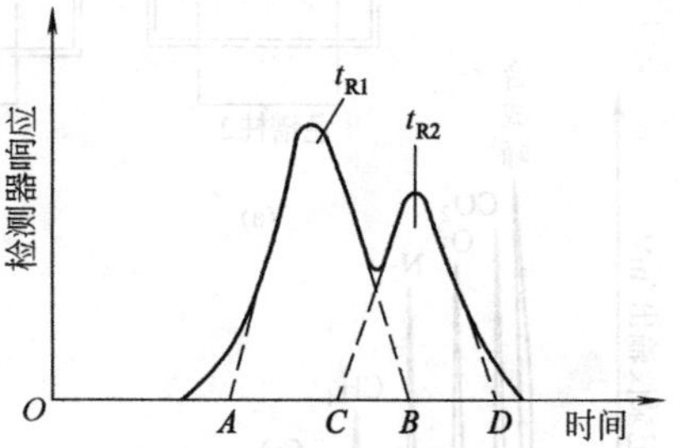

图 6-12　计算分辨率用图

$$R=\frac{2\times 保留时间差}{峰宽之和}=\frac{2(t_{R2}-t_{R1})}{(AB)+(CD)} \tag{6-6}$$

各成分的保留时间差别大、峰宽狭，则分辨率高，也就是所谓色谱柱分离效能高。

载气通过色谱柱的分离效能影响较大，流速过高或过低都会使色谱柱分离效能降低。载气流量由气体转子流量计监视，并由流量控制阀将载气流速控制在最佳流速。

当色谱柱和操作条件确定后，各成分的保留时间是恒定的，因此可根据保留时间来区分各成分。

在进样量较小和适当选择固定的情况下，每一成分的流出曲线是对称的，可用正态分布函数来表示，因此在全部被分析的成分都出峰及色谱柱和操作条件一定的情况下，就可用色谱峰的面积或高度来表示成分的浓度。如果事先在同样条件下，用浓度与各被测成分浓度相近的标准气样分度检测器，确定各种成分的单位峰面积或峰高所代表的成分浓度，即求出检测器对各成分的灵敏度，则可根据记录下的色谱图定量分析各成分含量，即

$$\varphi(\%)=\frac{A/s}{\sum(A_i/s_i)}\times 100\% \tag{6-7}$$

式中　φ，A，s——所分析的某成分含量、峰面积和灵敏度；

A_i，s_i——气样中各成分的峰面积与灵敏度。

$$A=0.94\times 峰高\times 半峰宽 \tag{6-8}$$

式中，半峰宽是指半峰高处的宽度。工业色谱分析中，常近似地用峰高代替峰面积来定量计算。

为了控制色谱柱的工作温度和恒定热导式检测器的环境温度，仪表中带有恒温装置或程序控温装置。

对于工业色谱仪，要求能自动定量取样，定量要精确，否则仪表的复现性就差。因此，进样装置中采用程序控制器，实现对进样阀的定时自动切换。典型的气动进样阀的原理如图 6-13 所示。

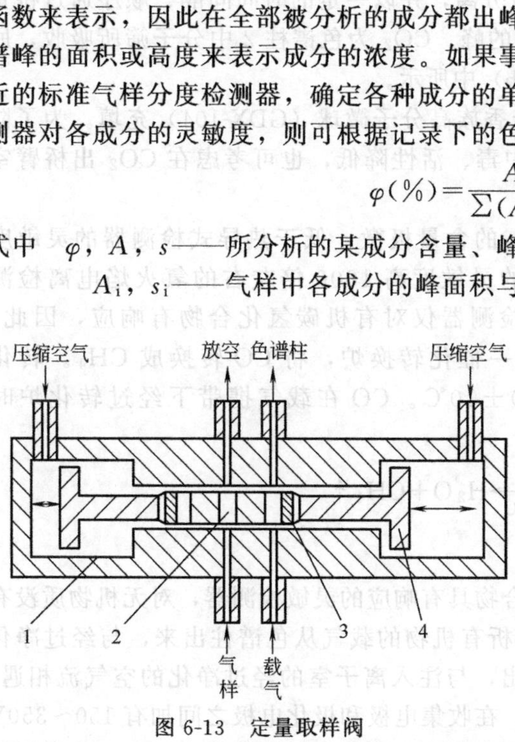

图 6-13　定量取样阀

1—固定块；2—定量管；3—滑动块；4—活塞

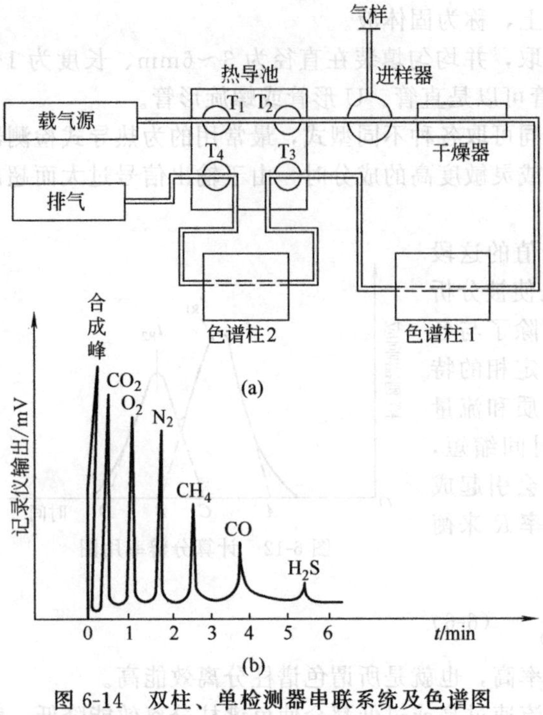

图 6-14 双柱、单检测器串联系统及色谱图

2. 分析流程

根据被分析气样成分的复杂程度，可采用多种分析流程。当用一根色谱柱不能使全部成分分离时，可用两根色谱柱，分别充以不同的吸附物质或固定液，分别进行部分成分的分离。有时用一种检测器不能检测出全部成分，或个别成分含量极微需用高灵敏度检出器时，可用两个检出器分别检出。图 6-14(a) 为一双柱、单检测器串联系统。图中色谱柱 1 的长度为 0.76m，充填六甲基磷酰胺（HMPA）；色谱柱 2 长 2m，充填活化分子筛（如 13X）。在气样进入之前，载气氦通过热导式检测器的两个参比桥臂室 T_1、T_2、色谱柱 1、桥臂室 T_3、色谱柱 2、经桥臂室 T_4 排出。由于四个桥臂室中的电阻的冷却效应相等，该四个电阻组成的电桥输出为零，这时在记录仪上记下一水平线称作基线。

当定量管中的一定容积的烟气气样进入色谱柱后，其中 CO_2 被色谱柱 1 所阻滞，其他成分一起流出色谱柱 1，到达桥臂室 T_3，这时电桥失去平衡，在记录仪上出现一合成峰，这合成峰过后不久，CO_2 从色谱柱 1 中流出，通过桥臂室 T_3，这时在记录仪上画出 CO_2 峰，同时 H_2、O_2、CH_4 和 CO 都在色谱 2 中被分离，并以一定的时间间隔、顺序通过桥臂室 T_4，这时在记录仪上按相应顺序画出各成分的峰。CO_2 为色谱柱 2 中分子筛所吸收，所以桥臂室 T_4 不能发现它。所得色谱如图 6-14(b) 中所示。

分离 CO_2 的色谱柱 1 也可以用多孔性的芳香族高分子微球（GDX-104）充填。为了防止色谱柱 2 中的分子筛在长时间吸收 CO_2 后中毒、活性降低，也可考虑在 CO_2 出桥臂室 T_3 之后，通过一充填碱石灰的柱子去除。

如果所分析的烟气气样中 CO 和甲烷 CH_4 的含量极微，低于热导式检测器的灵敏度限而不出峰时，可用灵敏度比热导式检测器的灵敏度高 1000 倍左右的氢火焰电离检测器来检出微量 CO 和 CH_4。由于氢火焰电离检测器仅对有机碳氢化合物有响应，因此，在进入氢火焰电离检测器前先要使气样通过一催化转换炉，将 CO 转换成 CH_4。转化炉中充填镍触媒（$NiNO_3$），保持温度在 380±10℃。CO 在载气携带下经过转化炉时的转化过程为

$$CO+3H_2 \xrightarrow[380\pm10℃]{Ni} H_2O+CH_4\uparrow$$

3. 检测器

氢火焰电离检测器是一种仅对有机碳氢化合物具有响应的灵敏检测器，对无机物质没有响应，其基本结构如图 6-15 所示。携带有被分析有机物的载气从色谱柱出来，与经过净化和干燥的纯氢混合后进入检测器，从喷嘴中喷出，与注入离子室的经过净化的空气流相遇。用通过的点火丝引燃氢焰中形成正离子及电子。在收集电极和极化电极之间加有 150～350V 电压，形成直流电场。在直流电场的作用下，正离子和电子收集于相应的电极上，收集到的

离子电流经静电放大器放大后，输入二次仪表指示和记录被测成分浓度。

由于检测器内阻很高，输出信号微弱，一般为 $10^{-8}\sim10^{-13}$ A，最大信号只有 10^{-7} A 左右，因此所用的静电放大器要求具有高输入阻抗和低噪声。放大器的基本型式如图 6-16 所示，图中真空管的右边部分是用于平衡零位的。输入电阻常在 $10^{6}\sim10^{10}\,\Omega$ 范围内，可根据灵敏度要求换挡。

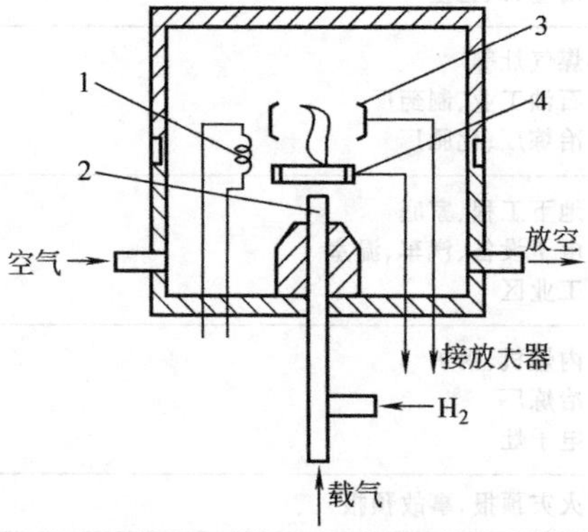

图 6-15　氢火焰电离检出器

1—点火丝；2—喷气口；3—收集电极；4—极化电极

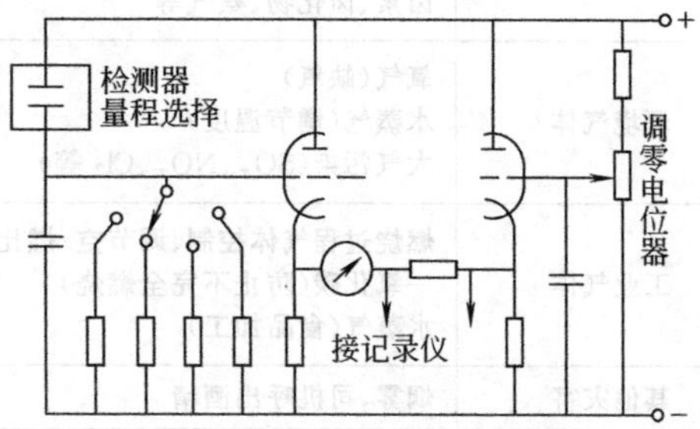

图 6-16　离子电流放大器

★看动画视频　说工作过程

工业气相色谱仪

色谱仪的气体流程

第三节　环保监测系统的构成与特性分析

一、环保监测的工程特点

1. 目的和作用

在生产过程中，由于生产设备、容器、储罐或连接管线的材质缺陷；管件连接卡套及密封圈、环密封不严；工艺介质对容器、储罐、管线、焊接处长期电化学浸蚀、腐蚀；人为疏忽等各种原因，可燃性、有毒、有害气体的泄漏是经常发生的，泄漏出来的可燃性气体或有毒气体很快地被空气稀释，泄漏位置很难查寻，当这些可燃、有毒、有害气体在局部地区或某死角处积累，在空气中的含量达到一定值时，遇到明火非常容易发生燃烧或爆炸，如不能及时发现这种非常危险的隐患，将会给人身安全和财产造成严重的威胁和极大的损失。

在有泄漏隐患的生产、生活区内，安装环保监测仪表是非常重要的，环保监测仪表能连续不断地测量装置四周空气中的可燃、有毒、有害气体是否出现燃烧或爆炸的临界状态，预报这种潜在的危险性。一旦出现极限值就会立即发出报警信号，让人们立即检查泄漏处，并采取措施堵漏；驱散四周的空气，让空气中的可燃气体浓度减少，避免恶性事故的发生。常见可燃、有毒、有害气体的检测场所见表6-2。

表 6-2 常见可燃、有毒、有害气体的检测场所

分类	检测对象气体	应用场所
易燃易爆气体	液化石油气、焦炉煤气、天然气 甲烷 氢气	家庭 煤矿 冶金、试验室
有毒气体	一氧化碳 硫化氢、含硫的有机化合物 卤素、卤化物、氨气等	煤气灶等 石油工业、制药厂 冶炼厂、化肥厂
环境气体	氧气(缺氧) 水蒸气(调节温度) 大气污染(SO_x、NO_x、Cl_2 等)	地下工程、家庭 电子设备、汽车、温室 工业区
工业气体	燃烧过程气体控制、调节空/燃比 一氧化碳(防止不完全燃烧) 水蒸气(食品加工)	内燃机、锅炉 冶炼厂 电子灶
其他灾害	烟雾,司机呼出酒精	火灾预报,事故预报

2. 基本组成及显示值

可燃气体报警器为常见的环保监测仪表之一。它由传感器和报警器两部分组成。

传感器是连续测定设备四周空气中可燃性气体的体积百分含量,转换成电信号,传送到报警器发出报警信号。目前,广泛应用的可燃气体传感器有两种形式:一种是半导体气敏传感器,另一种是催化反应热式传感器。

报警器根据传感器传来的信号,通过电子线路以指针或数字的形式显示出此时空气中可燃气体的体积百分浓度,同时对输入信号与报警设定值进行比较,当达到报警设定值时就能发出声、光报警。

可燃气体发生爆炸必须具备一定的条件,那就是:一定浓度的可燃气体,一定量的氧气以及足够热量点燃它们的火源,这就是爆炸三要素,缺一不可,也就是说,缺少其中任何一个条件都不会引起火灾和爆炸。当可燃气体(蒸汽、粉尘)和氧气混合并达到一定浓度时,遇具有一定温度的火源就会发生爆炸。我们把可燃气体遇火源发生爆炸的浓度称为爆炸浓度极限,简称爆炸极限,报警器的显示值是采用国际标准,一般用%表示。当可燃气体浓度低于LEL(最低爆炸限度)时(可燃气体浓度不足)和其浓度高于UEL(最高爆炸限度)时(氧气不足)都不会发生爆炸。不同的可燃气体的LEL和UEL都各不相同,这一点在标定仪器时要十分注意。为安全起见,一般应当在可燃气体浓度在LEL的10%和20%时发出警报,这里,10%LEL称作警告警报,而20%LEL称作危险警报。这也就是我们将可燃气体检测仪又称作LEL检测仪的原因。

需要说明的是,LEL检测仪上显示的100%不是可燃气体的浓度达到气体体积的100%,而是达到了LEL的100%,即相当于可燃气体的最低爆炸下限,如果是甲烷,100%LEL=4%体积浓度。丙烯气体,它的爆炸下限浓度为2.4%,则显示值100%LEL表示空气中含有丙烯的浓度为2.4%,达到爆炸下限浓度,就会发生爆炸。若报警器显示50%LEL,则表示空气中含有丙烯的浓度为1.2%。

3. 检测仪的选择

(1) 确认所要检测气体种类和浓度范围

每一个生产部门所遇到的气体种类都是不同的。在选择气体检测仪时就要考虑到所有可

能发生的情况。如果甲烷和其它毒性较小的烷烃类居多，选择 LEL 检测仪无疑是最为合适的。这不仅是因为 LEL 检测仪原理简单，应用较广，同时它还具有维修、校准方便的特点。如果存在一氧化碳、硫化氢等有毒气体，就要优先选择一个特定气体检测仪才能保证工人的安全。如果更多的是有机有毒有害气体，考虑到其可能引起人员中毒的浓度较低，比如芳香烃、卤代烃、氨（胺）、醚、醇、酯等，就应当选择光离子化检测仪。

(2) 确定使用场合

工业环境的不同，选择气体检测仪种类也不同。

① 固定式气体检测仪　这是在工业装置上和生产过程中使用较多的检测仪。它可以安装在特定的检测点上对特定的气体泄漏进行检测。固定式检测器一般为两体式，由传感器和变送组成的检测头为一体安装在检测现场，由电路、电源和显示报警装置组成的二次仪表为一体安装在安全场所，便于监视。它的检测原理同前节所述，只是在工艺和技术上更适合于固定检测所要求的连续、长时间稳定等特点。它们同样要根据现场气体的种类和浓度加以选择，同时还要注意将它们安装在特定气体最可能泄漏的部位，比如要根据气体的密度选择传感器安装的最有效的高度等。

② 便携式气体检测仪　由于便携式仪器操作方便，体积小巧，可以携带至不同的生产部位，电化学检测仪采用碱性电池供电，可连续使用 1000 小时；新型 LEL 检测仪、PID 和复合式仪器采用可充电池（有些已采用无记忆的镰氢或鲤离子电池），使得它们一般可以连续工作近 12 小时，所以，作为这类仪器在各类工厂和卫生部门的应用越来越广。

如果是在开放的场合，比如敞开的工作车间使用这类仪器作为安全报警，可以使用随身佩戴的扩散式气体检测仪，因为它可以连续、实时、准确地显示现场的有毒有害气体的浓度。这类新型仪器有的还配有振动警报附件以避免在嘈杂环境中听不到声音报警。

如果是进入密闭空间，比如反应罐、储料罐或容器、下水道或其他地下管道、地下设施、农业密闭粮仓、铁路罐车、船运货舱、隧道等工作场合，在人员进入之前，就必须进行检测，而且要在密闭空间外进行检测。此时，就必须选择带有内置采样泵的多气体检测仪。因为密闭空间中不同部位（上、中、下）的气体分布和气体种类有很大的不同。比如：一般意义上的可燃气体的密度较轻，它们大部分分布于密闭空间的上部，一氧化碳和空气的比重差不多，一般分布于密闭空间的中部。而像硫化氢等较重气体则存在于密闭空间的下部（如图 6-17 所示）。同时，氧气浓度也是必须要检测的种类之一。另外，如果考虑到罐内可能的有机物质的挥发和泄漏，配置一个可以检测有机气体的检测仪也是需要的。因此一个完整的密闭空间气体检测仪应当有以下功能：a. 一个内置泵吸功能，以便可以非接触、分部位的检测。b. 有多气体检测功能，以检测不同空间分布的危险气体，包括无机气体和有机气体。c. 具有氧检测功能，防止人员缺氧窒息或吸入高浓度氧而导致呼吸中枢的麻痹。d. 体积要小巧便携，不影响操作。只有这样才能保证进入密闭空间的工作人员的绝对安全。

另外，进入密闭空间后，还要对其中的气体成分进行连续不断的检测，以避免由于人员进入、突发泄漏、温度等变化引起挥发性有机物或其他有毒有害气体的浓度变化。

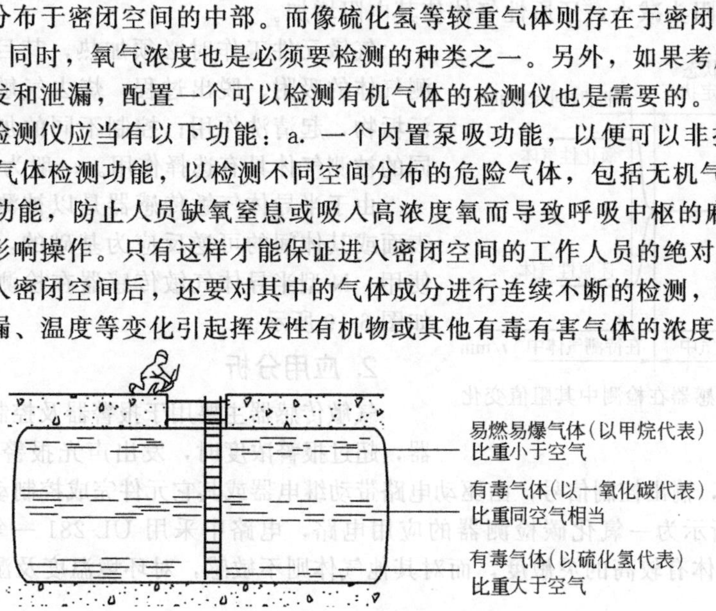

图 6-17　密闭空间气体分布

二、半导体气敏传感器

气敏传感器是把气体中的特定成分检测出来，并将它转换成电信号的器件，以便提供有关待测气体的存在及其浓度的高低。根据这些电信号的强弱就可以获得与待测气体在环境中存在情况有关的信息，从而可以进行检测、监控、报警；还可以通过接口电路与电子计算机或者微处理机组成自动检测、控制和报警系统。

半导体气敏传感器的结构如图 6-18 所示。它由塑料底座、电极引线、气敏元件（烧结体）、双层不锈钢网（防爆用）以及包裹在烧结体中的两组铂丝组成。一组为工作电极，另一组为加热电极兼工作电极。

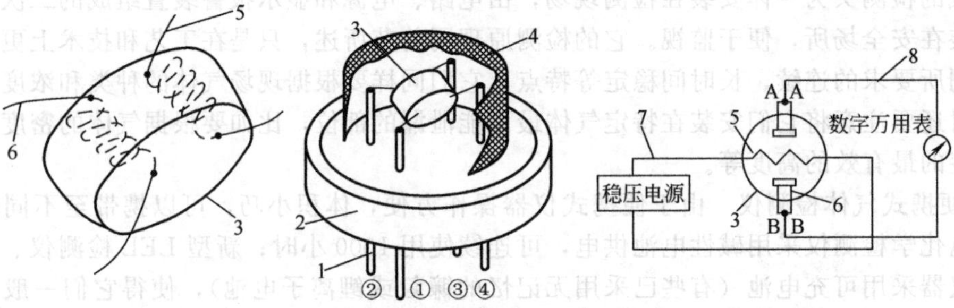

(a) 气敏烧结体　(b) 气敏传感器外形　(c) 气敏传感器符号图

图 6-18　气敏传感器结构与测量电路

1—端子；2—塑料底座；3—烧结体；4—不锈钢网；5—加热电极；6—工作电极；7—加热回路；8—测量回路

1. 工作原理

气敏传感器气敏元件的工作原理十分复杂，涉及材料的结构、化学吸附及化学反应，又分表面电导变化及体电导变化等，而且有不同的工作模式，在高温下 N 型半导体气敏件吸附上还原性气体（如氢、一氧化碳、碳氢化合物和酒精等），气敏元件电阻将减小；若吸附氧化性气体（如氧或 NO_x 等），气敏元件的电阻将增加。P 型半导体气敏元件情况相反，氧化性气体使其电阻头减小，还原性气体使其电阻增加。

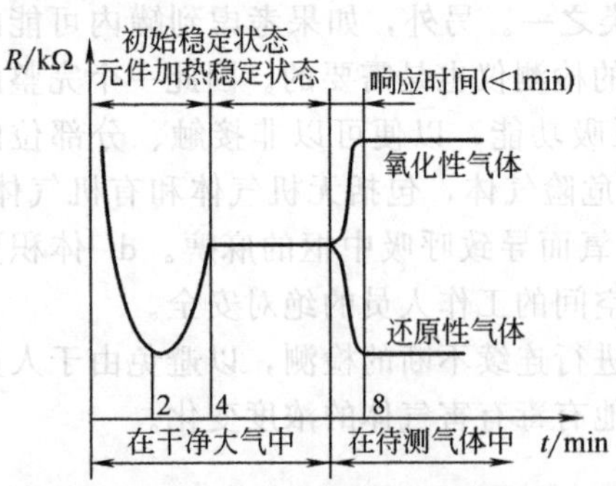

图 6-19　气敏传感器在检测中其阻值变化

气敏元件工作时必须加热，其目的是：加速被测气体的吸附、脱出过程；烧去气敏元件的油垢或污垢物，起清洗作用；控制不同的加热温度能对不同的被测气体具有选择作用。一般为 200～400℃。

由于半导体气敏传感器是以被测气体和半导体表面或其体间的可逆反应为基础的，所以能够反复使用。N 型半导体气敏传感器在检测中其阻值变化如图 6-19 所示。

2. 应用分析

气敏传感器主要用于报警器及控制器。作为报警器，超过报警浓度时，发出声光报警；作为控制器，超过设定浓度时，输出控制信号，由驱动电路带动继电器或其它元件完成控制动作。

如图 6-20 所示为一氧化碳检测器的应用电路，电路中采用 UL-281 一氧化碳传感器，它对一氧化碳气体有较高的灵敏度，而对其他气体则不敏感，对环境温度及湿度的变化具有良好的稳定性。

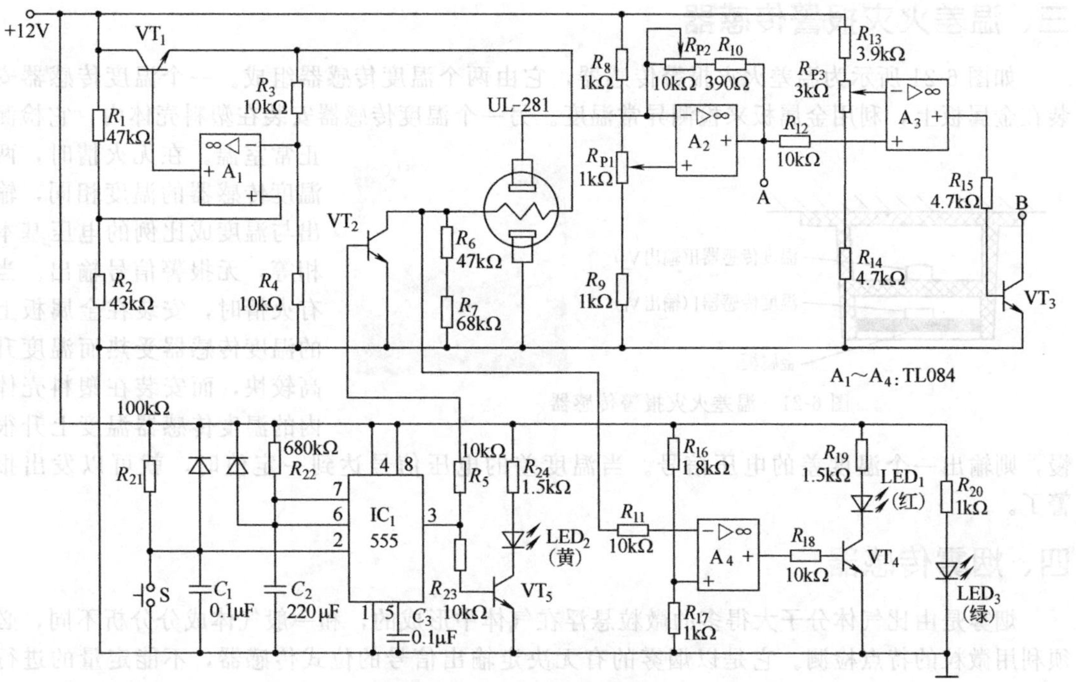

图 6-20 一氧化碳浓度测控

该电路是多功能的，它可以提供测量及控制（或报警）信号，并且具有开机自动热清洗（手动热清洗）及传感器加热器损坏报警电路。其具体性能如下：电路可连续工作 48 小时不用热清洗；工作电压为 12V（直流），功耗不大于 2.5W（热清洗）、1.5W（正常工作）；一氧化碳浓度测量范围 0～300ppm，输出响应为 0～3.0V；响应时间为 1min。

电源指示由 R_{20}、LED_3（绿色）组成，当接通电源时 LED_3亮。

加热电路由 VT_1、A_1、R_1～R_4组成稳压电源，输出约 6V。IC_1及外围元件组成单稳态延时电路，并与 VT_2组成初始热清洗电路。刚接通电源时，时基电路 2 端为低电平，3 端输出高电平，此高电平一方面使 VT_2导通，将 R_6、R_7短路，加大电流热清洗；另一方面使 VT_5导通，使黄色 LED_2亮，表示在加热清洗。本电路可采用手动加热清洗，只要按一下 S 即可。热清洗时间取决于 R_{22}、C_2。

信号电压输出电路信号电压由 A_2放大后输出（A 点）。在洁净空气中，传感器的电阻很大，可调整 R_{P1}使输出为零。一氧化碳浓度增加时，传感器 UL-281 的电阻迅速下降，A_2的放大倍数增加，输出电压随之增加。调整 R_{P2} 使在一氧化碳浓度为 300×10^{-6}时，信号电压输出为 3.0V。

控制信号（或报警信号）输出电路由 A_3、VT_3等组成。A_3接成比较器，调整 RP_3 可调节报警器浓度设置值，当一氧化碳的浓度超过设置值时，A_3输出高电平，VT_3导通（VT_3为集电极开路接法），在 B 点可接继电器或蜂鸣器及发光二极管，即可进行控制或报警。

传感器损坏指示电路由 A_4和 VT_4等组成。A_4接成比较器，在气敏传感器正常工作时，R_6 上端的电压大于 R_{16}、R_{17} 的分压，使 A_4 输出为低电平，VT_4 截止，LED_1（红色）不亮。当传感器加热器被烧断，R_6上端的电压为低电平，使 A_4翻转，输出为高电平，VT_4导通，LED_1亮，这时表示气敏传感器已损坏。

三、温差火灾报警传感器

如图 6-21 所示为温差火灾报警传感器，它由两个温度传感器组成。一个温度传感器安装在金属板上，利用金属板来检测异常温度。另一个温度传感器安装在塑料壳体内，它检测正常室温。在无火情时，两温度传感器的温度相同，输出与温度成比例的电压基本相等，无报警信号输出。当有火情时，安装在金属板上的温度传感器受热而温度升高较快，而安装在塑料壳体内的温度传感器温度上升很慢，则输出一个温度差的电压信号。当温度差的电压信号达到一定值时，就可以发出报警了。

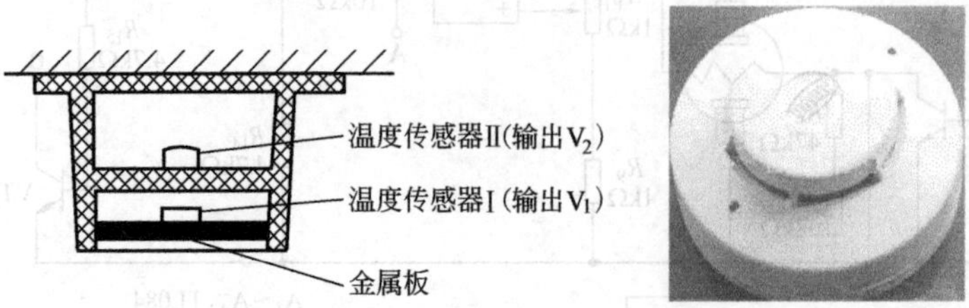

图 6-21　温差火灾报警传感器

四、烟雾传感器

烟雾是由比气体分子大得多的微粒悬浮在气体中形成的，和一般气体成分分析不同，必须利用微粒的特点检测。它是以烟雾的有无决定输出信号的位式传感器，不能定量的进行测量。

① 散射式　在发光管和光敏元件之间设置遮光屏，无烟雾时接收不到光信号，有烟雾时借微粒的散射光使光敏元件发出电信号。这种传感器的灵敏度与烟雾种类无关，原理示意图如图 6-22(a) 所示。

② 离子式　用放射性同位素镅 Am241 放射出微量的α射线，使附近空气电离，当平行平板电极间有直流电压时，产生离子电流 I_K。有烟雾时，微粒将离子吸附，而且粒子本身也吸收α射线，其结果是离子电流 I_K 减少。若有另一个密封有纯净空气的离子室作为参比元件，将两者的离子电流比较，就可以清除外界干扰，得到可靠的检测结果。这种传感器的灵敏度与烟雾种类有关。原理示意图如图 6-22(b) 所示。

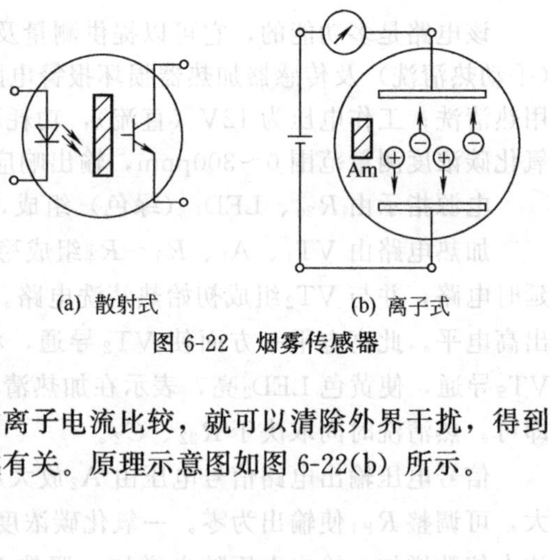

(a) 散射式　(b) 离子式

图 6-22　烟雾传感器

五、瓦斯检测仪

1. 瓦斯的基本概念

瓦斯的主要成分是甲烷，它的化学元素符号是 CH_4，一种无毒、无味、无颜色，可以燃烧的气体。生活中广泛用来烧水，做饭，也可以用作照明。由于瓦斯燃烧稳定，是工业发电和烧制陶瓷的好燃料。

瓦斯是煤炭开采过程中不可避免的伴生物，在成煤的过程中生成的瓦斯是古代植物在堆积成煤的初期，纤维素和有机质经厌氧菌的作用分解而成。另外，在高温、高压的环境中，在成煤的同时，由于物理和化学作用，继续生成瓦斯。

瓦斯没有毒，但井下空气中的瓦斯浓度增加以后，会造成空气中的氧含量降低。人们常说的瓦斯熏死人，其实并不是瓦斯熏死的，而是由于缺氧使人窒息而死。当空气中的瓦斯浓度达到43%以上时，氧含量降到12%以下，可以导致人员的窒息。瓦斯浓度增加到57%以上时，空气中氧含量降到9%以下，能使人立即死亡。当井下瓦斯爆炸后，氧气会由于瓦斯的燃烧和爆炸，被全部消耗干净。这时井下的空气，就变成了夺取矿工生命的凶残恶魔。

瓦斯爆炸的条件是：一定浓度的瓦斯、高温火源的存在和充足的氧气。

(1) 瓦斯浓度

瓦斯是否爆炸取决于瓦斯在空气中的浓度。当瓦斯在空气中浓度低于5%时，瓦斯遇火可以燃烧，但没有足够的燃烧热量向外传播，所以不会发展为爆炸。当瓦斯浓度超过16%时，由于混合空气中氧气的含量不足，混合气体也没有爆炸性。但遇有新鲜空气时，瓦斯可在混合体与新鲜空气的接触面上燃烧。所以，最容易导致瓦斯爆炸的浓度是5%到15%之间。当瓦斯浓度为9.5%时，其爆炸威力最大（氧和瓦斯完全反应）；

(2) 引火温度

瓦斯的引火温度，即点燃瓦斯的最低温度。一般认为，瓦斯的引火温度为650～750℃。但因受瓦斯的浓度、火源的性质及混合气体的压力等因素影响而变化。当瓦斯含量在7%～8%时，最易引燃；当混合气体的压力增高时，引燃温度即降低；在引火温度相同时，火源面积越大、点火时间越长，越易引燃瓦斯。

高温火源的存在，是引起瓦斯爆炸的必要条件之一。井下抽烟、电气火花、违章放炮、煤炭自燃、明火作业等都易引起瓦斯爆炸。所以，在有瓦斯的矿井中作业，必须严格遵照《煤矿安全规程》的有关规定。

(3) 氧的浓度

实践证明，空气中的氧气浓度降低时，瓦斯爆炸界限随之缩小，当氧气浓度减少到12%以下时，瓦斯混合气体即失去爆炸性。这一性质对井下密闭的火区有很大影响，在密闭的火区内往往积存大量瓦斯，且有火源存在，但因氧的浓度低，并不会发生爆炸。如果有新鲜空气进入，氧气浓度达到12%以上，就可能发生爆炸。因此，对火区应严加管理，在启封火区时更应格外慎重，必须在火熄灭后才能启封。

2. 瓦斯检测仪

光纤式瓦斯检测仪如图6-23所示。瓦斯检测的方法主要有两种，一是利用瓦斯气体的光谱吸收检测浓度；二是利用瓦斯浓度和折射率的关系用干涉法测折射率。

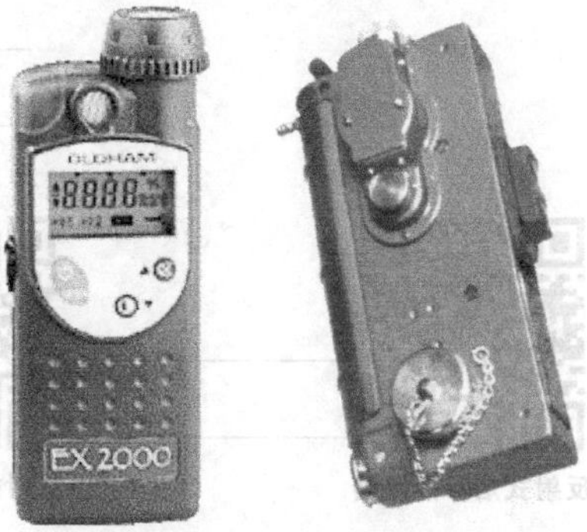

图6-23 光纤式瓦斯检测仪

(1) 单波长吸收比较型

吸收法的基本原理均是基于光谱吸收，不同的物质具有不同特征吸收谱线。单波长吸收比较型属吸收光谱型传感器，根据Lambert定律：

$$I=I_0 e^{-\mu cL}$$

其中，I，I_0为吸收后和吸收前射线强度；μ为吸收系数；L为介质厚度；c为介质的浓度。

从上式可以看出，根据透射和入射光强之比，可以得知气体的浓度。单波长吸收比较型的原理图见图6-24。

选择合适波长的光源。脉冲发生器使激光器发出脉冲光，或采用快速斩波器将连续光转变成脉冲光（斩波频率为数千赫兹），经透镜耦合进入光纤，并传输到远处放置的待测气体吸收盒，由气体吸收盒输出的光经接收光纤传回。干涉滤光片选取瓦斯吸收率最强的谱线，由检测器接收，经锁相放大器后送入计算机处理，根据强度的变化测量瓦斯浓度。

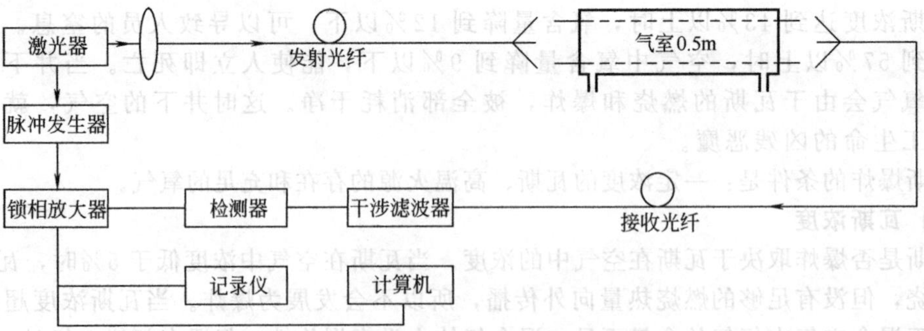

图 6-24 单波长吸收比较型的原理图

瓦斯的吸收波长为1.14，1.16，1.66，2.37，2.39（μm），由于水蒸气在可见光波段具有强吸收，而瓦斯的强吸收也在此波段范围内，因此，为避免水蒸气的光吸收对测量结果的影响，激光器的波长范围应与瓦斯的二次谐振吸收谱线相符。而瓦斯的二次谐振吸收（1.6～1.7μm）是微弱的，这种传感方式把气体吸收盘输出光强作为判断瓦斯浓度的判据，因而光源输出强度的波动，光纤耦合效率的变化和外界扰动引起接收光强度变化，都会使检测结果产生误差。因为用 Lock-in Am. 对微弱信号进行监测，能有效地抑制高频噪声，但对一些低频噪声，其抑制能力较弱。此外，传感头对其他气体的抗干扰能力也较弱。

目前已有采用半导体激光器代替脉冲激光器，待测气体吸收盒外壳采用压电陶瓷，通过压电陶瓷对吸收盒的调制，从而实现对微弱的吸收信号进行测量。这种方案解决了光源体积大、成本高的问题。

(2) 干涉型光纤瓦斯传感器

干涉型光纤瓦斯传感器采用两束光干涉的方法检测气室中折射率的变化，而折射率的变化直接与浓度有关。事实上，目前国内普遍使用的便携式瓦斯检定仪均是基于此原理。此类传感器存在需经常调校、易受其他气体干涉的不足，其可靠性及稳定性均较差。

★看动画视频　说工作过程

MQN 型气敏电阻结构及测量电路

多孔性氧化铝湿敏电容原理

反射式烟雾报警器

直射式烟雾报警器

谷物湿度控制系统

第四节　技术拓展——软测量技术

随着生产技术的发展和生产过程的日益复杂，为确保生产装置安全、高效地运行，需对与系统的稳定及产品质量密切相关的重要过程变量进行实时控制和优化控制。可是在许多生产装置的这类重要过程变量中，存在着一大部分由于技术或是经济上的原因，很难通过传感器进行测量的变量，如精馏塔的产品组分浓度，生物发酵罐的菌体浓度和化学反应器的反应物浓度及产品分布等。为了解决此类过程的控制问题，以前往往采用两种方法：一种方法是采用间接的质量指标控制，如：精馏塔灵敏板温度控制、温差控制等，但此法难以保证最终质量指标的控制精度；另一种方法是采用在线分析仪表，设备投资较大，维护成本高，并因较大的测量滞后而使得调节品质下降。为了解决这些问题，逐步形成了软测量方法及其应用技术。

软测量就是选择与被估计变量相关的一组可测变量，构造某种以可测变量为输入、被估计变量为输出的数学模型，用计算机软件实现重要过程变量的估计。软测量估计值可作为控制系统的被控变量或反映过程特征的工艺参数，为优化控制与决策提供重要信息。软测量技术主要包括辅助变量选择、输入数据处理、软测量模型建立和在线校正等步骤。目前软测量技术在石化工业生产过程参数测量中正逐步得到应用，并具有广泛的应用前景。

一、辅助变量的选择

辅助变量的选择一般是根据工艺机理分析（如物料、能量平衡关系），在可测变量集中，初步选择所有与被估计变量有关的原始辅助变量，这些变量中部分可能是相关变量。在此基础上进行精选，确定最终的辅助变量个数。

辅助变量数量的下限是被估计的变量数，然而最优数量的确定目前都无统一的结论。文献指出：应首先从系统的自由度出发，确定辅助变量的最小数量，再结合具体过程的特点适当增加，以更好地处理动态性质等问题。一般是依据对过程机理的了解，在原始辅助变量中，找出相关的变量，选择响应灵敏、测量精度高的变量为最终的辅助变量，如在相关的气相温度变量、压力变量之间选择压力变量。更为有效的方法是主元分析法，即利用现场的历史数据作统计分析计算，将原始辅助变量与被测量变量的关联度排序，实现变量精选。

二、输入数据的处理

要建立软测量模型，需要采集被估计变量和原始辅助变量的历史数据，数据的数量越多越好。这些数据的可靠性对于软测量的成功与否至关重要。然而，测量数据一般都不可避免地带有误差，有时甚至带有严重的过失误差。因此，输入数据的处理在软测量方法中占有十分重要的地位。

输入数据的处理包含两个方面，即换算（scaling）和数据误差处理（Date error processing）。换算不仅直接影响着过程模型的精度和非线性映射能力，而且影响着数值优化算法的运行效果。数据误差分为随机误差（Random errors）和过失误差（Gross errors）两类，前者受随机因素的影响，如操作过程的微小波动或检测信号的噪声等；后者包括仪表的系统偏差（如填空、校正不准或基准漂移以及热电偶偏量管结法碳而产生绝热等），以及不完全或不正确的过程模型（泄漏、热损失和非定态等）。

对于随机误差，工程上除了剔除跳变信号之外，一般都采用递推数字滤波的方法，如：变通滤波、低通滤波、移动平均滤波等。随着计算机优化控制系统的使用，复杂的数字计算方法对数据的精确度提出了更高的要求，于是出现了数据校核技术（Date reconciliation techniques），其基本思想是：利用精确的数学模型为测量数据提供软冗余（估计值），它可以表示为一个以估计值与测量值之差最小为目标，以过程模型为约束条件的估计值的优化计算过程，然而，由于真正“精确”的过程模型是不存在的，所以还在进一步研究该方法的工程适用性。

虽然过程数据中含有过失误差的情况出现的概率较小，但一旦出现则会使软测量乃至过程优化全盘失败。因此，及时侦破、剔除和校正含过失误差的数据是至关重要的。文献中提出了基于统计假设检验的过失误差处理方法，如残差分析法（Analysis of residuals）、校正量分析法（Analysis of adjustment）等，同时指出：并非所有的过失误差均能由统计假设检验的方法处理。最近人们又提出了基于神经网络的过失误差检测方法，这些方法在理论上都是可行的，但距工程实用尚需做许多工作。一个比较现实的方法是：对重要的输入数据采用硬件冗余，如：用相似的检测元件或采用不同的检测原理对同一数据进行检测，以提高该数据的可信度。

三、软测量模型的建立

软测量模型是研究者在深入理解过程机理的基础上，开发出的适用于估计的模型，它是软测量方法的核心。

1. 线性软测量模型

人们已提出了一种建立在 Kalman 滤波理论基础之上的线性软测量方法，它通过建立过程输出模型和辅助测量变量模型，并进行一系列的线性运算，得到输出变量与辅助变量之间的关系。这类方法被许多研究者认为是不实用的，它对模型误差和测量误差都很敏感，实施过程比较繁琐，最关键的是这种方法很难处理非线性严重的过程。针对该问题，文献中又提出了在线适应软测量方法，其独到之处在于采用人工分析值对软测量模型进行在线校正，以使它能克服时变等因素的影响。虽然其模型结构是线性的（形式上类似于 ARMAX 模型），但它在适用范围和动态信息的引入方面都有所改善。

2. 非线性软测量模型

为了更好地处理非线性问题，人们又提出了非线性的软测量方法。其主要的进步在于采用了非线性形式的估计模型，目前较常用的方法主要有统计回归方法和机理建模方法。如采用主元回归法所建立的软测量模型，已在一个实验精馏塔上进行了成功的应用，机理建模方法是基于对生产过程物理化学过程的深刻认识直接找出被估计变量与可测变量之间的定量关系，以数学形式表达出来。如对一个二元精馏过程，首先根据物料平衡和能量平衡建立严格的非线性气液平衡模型，然后根据检测到的塔板温度和进料流量，估算出全塔的浓度分布（包括进料成分）。这种方法的有效性在实验装置上得到证实。然而该方法仅适用于比较简单的生产过程，而对于很复杂的生产过程，则可采用简化非线性软测量方法，即：通过对严格机理模型进行简化，同时结合现场测试，得到简化非线性估计模型。该方法在工业应用中取得了比较好的结果。

此外，人们还采用模糊模式识别的方法来建立软测量模型，该方法脱离了传统数学方程式的模型结构，以系统输入输出数据为基础，通过对系统特征的提取构成以模式识别描述分类方法为基础的模式描述模型。它几乎不需要有关系统的先验知识，可直接利用系统日常操作相关数据，因此适用于非线性系统软测量模型的建立。该方法已被成功地应用于某催化裂化装置汽油压的在线软测量。

3. 基于神经网络的软测量模型

神经网络方法已经引起了学术界的极大兴趣，其优良的性质，如：并行计算、可学习、容错等等，可以用来解决控制工程中广泛存在的建模问题和模型校正问题。神经网络是根据对象输入输出数据直接建模的，无需对象的先验知识，而且其较强的学习能力对模型的在线校正十分有利。现在已将神经元网络理论应用于软测量，并指出：神经元网络能够有效地处理过程的非线性和动态滞后，以神经元网络构成的软测量模型已在一个工业脱甲烷塔上获得了成功的应用（神经元网络的输出通过一个一阶低通滤波器作为产品成分的估计值），而且以这种估计器的输出作为产品成分反馈信号，对一个 10 层塔盘的甲醇-水精馏塔（实验装置）进行了质量闭环控制。结果表明：这种控制系统至少在动态时滞方面好于由在线分析仪构成的成分控制系统。

虽然具有两个隐含层的神经网络已经被证明可以用来逼近任意精度的非线性函数，但对于非线性严重的过程，如精密精馏过程，若用一个整体网络来映射全部的初始样本空间，就必然导致网络神经元数目较大，网络的运算和学习速度变慢，从而给模型的在线运行带来不利的影响；而且不同样本间的学习过程往往相互干扰，顾此失彼。近来有人采用多个网络（Multinetwork）和局部训练（Local Training）的方法来处理复杂动态系统的控制和学习，其基本思路是：

① 对初始样本空间进行聚类分析，将其分为具有不同特征值的多个子空间，用不同的子网络分别进行学习，得到一个分布式子网络；

② 对于每一个学习样本，通过分类决策确定其类属，分别用相应的分布式子网络对其进行局部学习，这样可以避免不同子网络之间学习的相互干扰。为了克服因局部模型硬划分而引起的不同网络之间的跳出跳变和学习跳变，文献中又提出了模糊神经网络方法。运用模糊集合论的知识对非线性对象进行局部模型的划分。值得注意的是：虽然神经网络有着较强的学习能力，但其泛化能力却因训练方法的不同而有较大的差别，现在文献中已出现了一些能够有效提高网络泛化能力的训练算法。此外，训练样本的分布和数量对泛化能力也有很大影响。

四、软测量模型的在线校正

由于过程的时变性，软测量模型的在线校正是必要的。尤其对于复杂工业过程，很难想象软测量模型能够“一次成型”、“一劳永逸”。

对软测量模型进行在线校正一般采用下列两种方法之一，即定时校正和满足一定条件时校正。定时校正是指软测量模型在线运行一段时间后，用积累的新样本采用某一算法对软测量模型进行校正，以得到更适合于新情况的软测量模型。满足一定条件时校正则是指以现有的软测量模型来实现被估计量的在线软测量，并将这些软测量值和相应的取样分析数据进行比较，若误差小于某一阈值，则仍采用该软测量模型；否则，则用累积的新样本对软测量模型进行在线校正。

软测量技术在石化生产过程中正逐步得到应用。意大利 Pisa 大学和 Adicon 先进蒸馏控制公司将人工神经网络应用于预估催化重整生成油辛烷值和汽油分离塔产品性质。阿布扎比国家石油公司也将神经网络模型用于估算原油分馏中间产品的质量，取得了良好的精度。清华大学也用 RBF 神经网络，对原油蒸馏塔常三线柴油 90％点的质量进行了在线估计研究，取得了满意的结果。虽然软测量在很大程度上能够解决过程变量不可测问题，但这一问题的根本出路仍然在于检测方法的改进和检测仪表性能的提高，不能将软测量提到一个不切合实际的高度。在许多情况下，软测量作为一种冗余手段是可行的，如同时结合仪表的维修和检测方法的改进，则往往能够大幅度提高测量数据的精度和可靠性。

回顾与练习

6-1 成分检测仪表由哪几部分组成?

6-2 预处理系统的作用是什么? 一般包括哪些设备?

6-3 氧化锆氧分析仪的工作原理是什么? 测量条件是什么?

6-4 热导式气体分析仪的测量条件有哪些? 如果工业流程中的气样不满足测量条件如何处理?

6-5 气相色谱仪是根据什么原理进行气体成分分析的?

6-6 色谱柱有什么作用? 简述其分离原理。

6-7 在色谱分析法中，固定液起什么作用? 载气起什么作用?

6-8　气相色谱的基本设备包括哪几部分？各有什么作用？

6-9　红外线气体分析仪对气体进行定性分析和定量分析的依据是什么？

6-10　简述直读式红外线气体分析仪的工作原理。

6-11　环保监测是指哪些方面？

6-12　什么是%LEL和%UEL？

6-13　什么是瓦斯？如何检测？

6-14　什么是软测量技术？

6-15　软测量技术主要包括哪些步骤？

第七章 控制装置

思考与交流

① 什么是自动控制系统？ 自动控制系统是如何构成的？
② 控制器如何实现控制的？
③ 实现 PID 控制的原理是什么？
④ 控制系统的控制规律确定的依据是什么？

第一节 自动控制系统

一、自动控制系统的构成特性

所谓自动控制系统是指用自动化工具对生产过程中的某些重要变量进行自动控制，将因受外界干扰影响而偏离正常状态的工艺变量，自动地调回到规定的数值范围内的系统。

一个自动控制系统至少要包括被控对象、测量变送器、控制装置、执行器等基本环节。基本组成框图如图 7-1 所示。

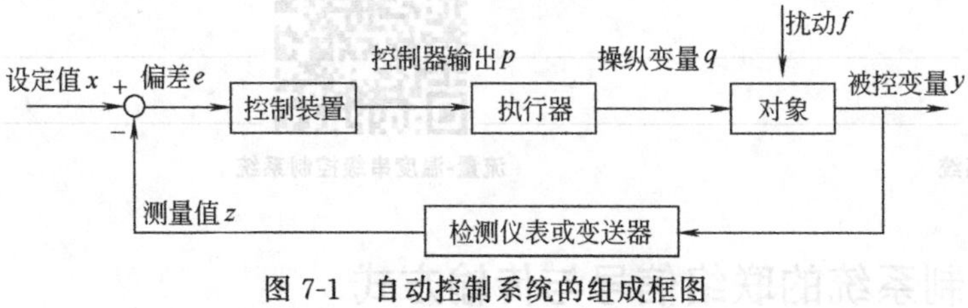

图 7-1 自动控制系统的组成框图

图中：

被控变量 y—需要控制的工艺变量；

设定值 x—被控变量的希望值；

偏差 e—设定值与被控变量的测量值之差；

操纵变量 q—由执行器操纵，用于控制被控变量的物理量；

扰动 f——除操纵变量外，作用于过程（对象）并引起被控变量变化的因素；

对象——指需要控制其工艺变量的工业过程、设备或装置；

检测仪表或变送器——把被控变量检测出来并转换为测量值的装置；

比较机构——将设定值与测量值比较并产生偏差的环节。比较机构和控制装置通常组合在一起；

控制装置——根据偏差的正负、大小及变化情况，按预定的控制规律实施控制作用的装置。它可以是气动控制器、电动控制器、可编程序调节器、计算机控制系统中的现场控制站、现场总线系统中的控制模块等。控制装置是自动控制系统的核心环节。

执行器——也叫控制阀。根据控制装置输出的信号，通过改变操纵变量，以控制被控变量的装置。执行器是通过改变阀芯和阀座之间的流通面积来改变操纵变量的大小。执行器有电动、气动、液动之分，最常用的是气动薄膜执行器。

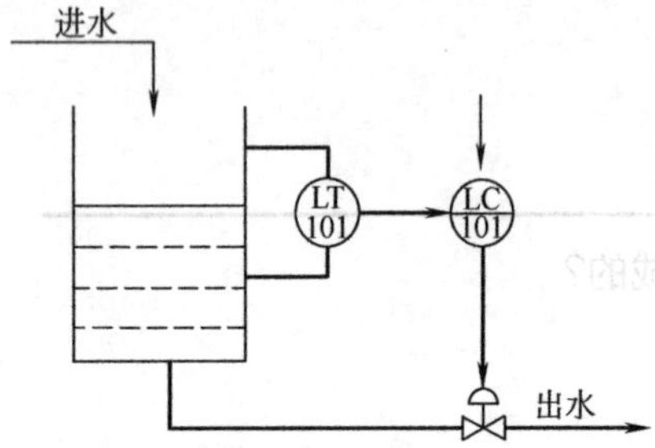

图 7-2 水槽液位自动控制系统示意图

图 7-2 为用出水流量来控制水槽液位的自动控制系统示意图。

该控制系统中，水槽即为被控对象；水槽液位为被控变量；假设工艺要求水槽液位控制在 50%，则 50%即为设定值；操纵变量为出水流量；位号 LT-101 代表液位变送器；LC-101 代表控制装置；控制阀则安装在出水管线上。

假设进水流量突然增加（扰动），使水槽液位增高，液位变送器将该液位信号检测出来并转换为 4～20mA DC 统一标准信号后送入控制装置，在控制装置内与设定值（50%所对应的电信号）比较产生偏差，根据相应的 PID 控制规律运算后，产生 4～20mA DC 的输出信号给控制阀，使控制阀开度增大，出水量增大，液位下降。该控制过程不断地进行，直至液位恢复到设定值。从而实现对水槽液位的自动控制。

★看动画视频　说工作过程

闭环控制系统方框图

加热炉单回路控制系统

流量-温度串级控制系统

二、自动控制系统的联络信号与传输方式

1. 联络信号

仪表之间应有统一的联络信号来进行传输，以便于使同一系列或不同系列的各类仪表连接起来，组成系统，共同实现控制功能。目前，国际电工委员会（IEC）将电流信号 4～20mA DC 和电压信号 1～5V DC，确定为过程控制系统电模拟信号的统一标准。信号下限从某一确定值开始，即有一个活零点，电气零点和机械零点分开，便于检验传输线是否断线及仪表是否断电，并为现场变送器实现二线制提供了可能性。

2. 信号传输

(1) 电流信号传输时，仪表是串联的连接的

一台发送仪表（如变送器）的输出电流同时传输给几台仪表，所有仪表都是串接。为减

少传输误差，保证传输精度，要求发送仪表的输出电阻足够大，接收仪表的输入电阻尽量小。实际上发送仪表（如变送器）的输出电阻均很大，相当于一个恒流源，连接导线的长度在一定范围内变化时，仍能保证信号的传输精度，因此电流信号适用于远距离传输。因此，目前现场到控制室的信号传输、控制室到现场的信号传输，都采用电流信号。

作为对于需要电压输入的仪表，可在电流回路中串入一个电阻，从电阻两端引出电压，供给接收仪表，所以电流信号应用也较灵活。

(2) 电压信号传输时，仪表是并联连接的

一台发送仪表（如变送器）的输出电压同时传输给几台仪表，所有接收仪表应当并联。为减少传输误差，保证传输精度，要求发送仪表的输出电阻尽量小，接收仪表的输入电阻足够大。但接收仪表的输入电阻皆较高，易于引入干扰，故电压信号不适于远距离信号的传输。

(3) 二线制传输

目前，变送器与控制室之间仅仅用两根导线传输，采用国际标准信号制。现场传输信号为4～20mA (DC)，控制室内联络信号为1～5V (DC)，信号电流与电压的转换电阻为250Ω。这两根线，既是电源线：24V (DC) 稳压电源，又是信号线：4～20mA (DC)。如图7-3所示。信号传输采用“电流传送-电压接收”的方式。即进出控制室的传输信号为电流信号4～20mA (DC)，该信号通过转换电阻（250Ω）转换成相应的电压信号1～5V (DC)，并联的传输给控制室各仪表装置。其优点是：

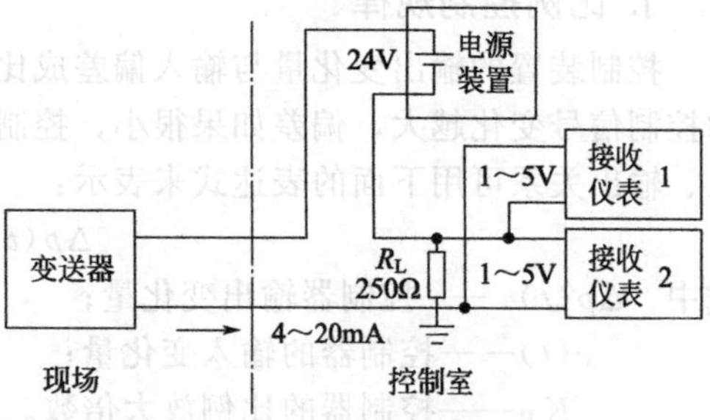

图 7-3 两线制信号传输示意图

① 采用国际标准信号制。信号的下限为4mA，不与机械零点重合，很容易识别断电断线等故障；信号的上限为20mA，有利于提高仪表的工作性能。

② 采用电流信号传送的方式，现场到控制室、或控制室到现场的连接导线，长度在一定范围内变化时，仍能保证信号的传输精度。

③ 采用电压接收的并联传输方式，控制室内各仪表装置、计算机控制装置可以有公共的接地点，便于配套使用。

④ 用两根导线传输，节省大量电缆线和安装费用。有利于安全防爆，安全可靠的性能提高。

三、基本控制规律的特性分析

自动控制系统的核心环节是控制装置，控制装置必须按一定的控制规律对测量值与设定值之间的偏差信号进行运算后驱动执行器（控制阀）。控制器将来自测量变送器的测量值与给定值相比较后产生的偏差进行比例、积分、微分（PID）运算，输出统一标准信号，去控制招待机构的动作，以实现对工艺被控变量的自动控制。

控制器是控制系统的核心，它在控制系统中根据设定目标和检测信息作出比较、判断和决策命令，控制执行器的动作。控制器使用是否得当，直接影响控制质量。

如图7-1所示，在自动控制系统中，由于种种干扰的作用，使被控变量偏离了设定值，即产生了偏差 $e(t)$。控制器根据偏差的情况按一定的控制规律输出相应的控制信号 $\Delta p(t)$，使执行器产生相应的动作，改变操纵变量以影响被控对象，补偿干扰对被控变量的影响，从而使被控变量回到设定值，这就是一般控制系统的控制过程。

通常使用的控制器的作用方向有两种，当偏差 $e(t)$ 增大，即测量值增加时，控制器输出的控制信号 $\Delta p(t)$ 增加，此时控制器为正作用方向。而当偏差 $e(t)$ 增大时，控制器输

出的控制信号 $\Delta p(t)$ 减小，此时控制器为反作用方向。

被控变量能否回到给定值，以及以怎样的途径，经过多长时间回到给定值，控制的过渡过程质量如何，不仅与前面分析的被控对象的本身特性有关，而且还和控制器的特性即控制规律有关。

控制器的输出信号是送往执行机构的控制命令。因此，分析控制器的特性，也就是分析控制器的输出信号随输入信号变化规律，即控制器的控制规律。

控制规律是指控制装置的输出信号（p）随输入的偏差信号（$e=z-x$）变化的规律。$e(t)>0$ 为正偏差，$e(t)<0$ 为负偏差。控制器的基本控制规律有比例（P）、积分（I）和微分（D）三种。工业上所用的控制规律是这些基本规律之间的不同组合。不同的控制规律适用于不同特性和要求的生产工艺过程。

1. 比例控制规律

控制装置的输出变化量与输入偏差成比例。在时间上没有延滞。偏差越大，控制器输出的控制信号变化越大，偏差如果很小，控制器输出的控制信号变化也很小。比例控制规律输入、输出关系可用下面的表达式来表示：

$$\Delta p(t)=K_{P}e(t) \tag{7-1}$$

式中 $\Delta p(t)$——控制器输出变化量；

$e(t)$——控制器的输入变化量；

K_P——控制器的比例放大倍数。

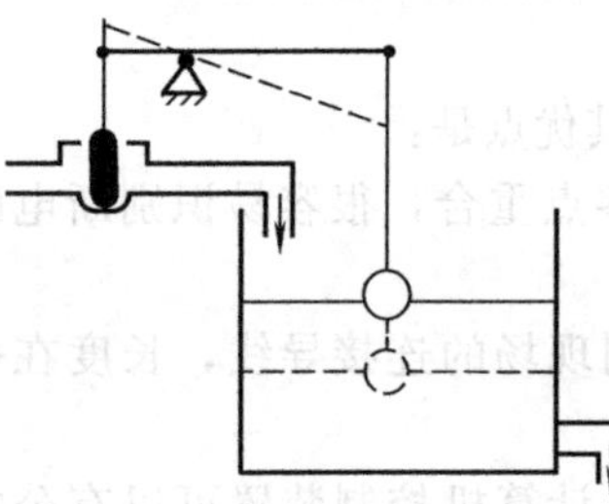

图 7-4 比例控制系统示意图

如图 7-4 所示是简单的比例控制系统示意图。图中储槽是被控对象，液位高为被控变量，浮球是测量元件，杠杆就是一个最简单的控制器。当液位高于设定值时，控制阀就关小，液位越高（偏差越大），阀关得越小（阀开度的变化量越大）；若液位低于设定值，控制阀就开大，液位越低（偏差越大），阀开得越大（阀开度的变化量越大）。显然，阀门开度的变化量（即控制器输出的变化量）与液位的偏差大小成正比。

由上述分析可见，液位变化引起浮球位置改变从而使进水阀开度变化，它们是同时进行的，即比例控制的作用及时；然而，比例作用是用液位的降低换得阀门的开大才使液位重新获得平衡，液位不能回到原来的设定值，说明比例控制作用存在余差，所以控制精度不高。

(1) 关于比例度

在工业仪表中，习惯用比例度 δ 来描述比例控制作用的强弱。比例度的具体意义为：使控制器的输出变化满刻度时，相应的控制器输入变化量占输入信号变化范围的百分数。比例度越小，比例作用越强。比例度与输入输出的关系如图 7-5 所示。比例度的大小在控制器上设置。其关系可用下式表示：

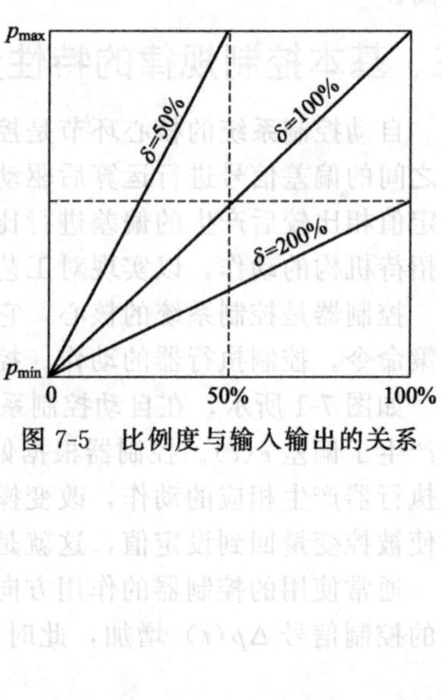

图 7-5 比例度与输入输出的关系

$$\delta=\frac{e(t)/(e_{max}-e_{min})}{\Delta p(t)/(p_{max}-p_{min})}=\frac{e(t)/\Delta e_{max}}{\Delta p(t)/\Delta p_{max}} \tag{7-2}$$

式中 $\Delta p(t)$——控制器输出变化量；

$e(t)$——控制器的输入偏差变化量；

p_{max}——控制器输出最大值；
p_{min}——控制器输出最小值；
e_{max}——控制器的输入最大值；
e_{min}——控制器的输入最小值；
Δp_{max}——控制器输出值的量程范围；
Δe_{max}——控制器的输入值的量程范围；

对于一个具体的控制器来说，输入、输出的范围都已固定，所以 $\Delta p_{max}/\Delta e_{max}$ 是一个固定的常数 K。又 $K_P=\Delta p/e$，仪表各单元之间互相联络采用的是统一的标准信号，即 $\Delta p_{max}=\Delta e_{max}$，所以 $K=1$。这说明，比例度 δ 与比例放大倍数 K_P 互为倒数关系。即

$$\delta=(1/K_P)\times100\% \tag{7-3}$$

在 $\delta=100\%$ 情况下，控制器的输入与输出在全范围内成比例，输入与输出比为 1∶1；

在 $\delta=50\%$ 情况下，控制器的输入变化 50%时，输出就可达 100%的变化；

在 $\delta=200\%$ 情况下，控制器的输入作 100%的变化时，输出只作 50%的变化。

阶跃偏差作用下比例控制器的开环输出特性如图 7-6 所示。

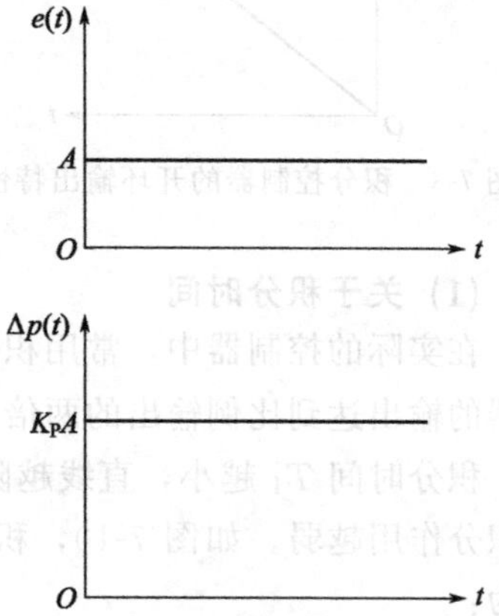

图 7-6 阶跃偏差作用下比例控制器的开环输出特性

(2) 选择比例度 δ 的原则

比例控制是最基本、最主要、应用最普遍，它能迅速克服扰动的影响，使系统很快稳定。适用于扰动幅度较小、负荷变化不大、过程时滞较小或控制要求不高的场合。一般地，若对象的滞后较小、时间常数较大以及放大倍数较小时，控制器的比例度 δ 要小，以提高系统的灵敏度，使反应快些，从而过渡过程的曲线较好。反之，比例度 δ 就要大，以保证系统稳定。

2. 积分控制规律

控制装置的输出变化量与输入偏差的积分成比例。输出信号的大小不仅与偏差信号的大小有关，而且与偏差信号存在的时间长短有关。只有在偏差信号 e 等于零的情况下，控制器的输出才能相对稳定。因此，力图消除余差是积分控制作用的重要特性。具有积分控制规律的控制器，其输入、输出关系可表示为：

$$\Delta p(t)=K_I\int e(t)\mathrm{d}t \tag{7-4}$$

式中，K_I 为控制器的积分速度。

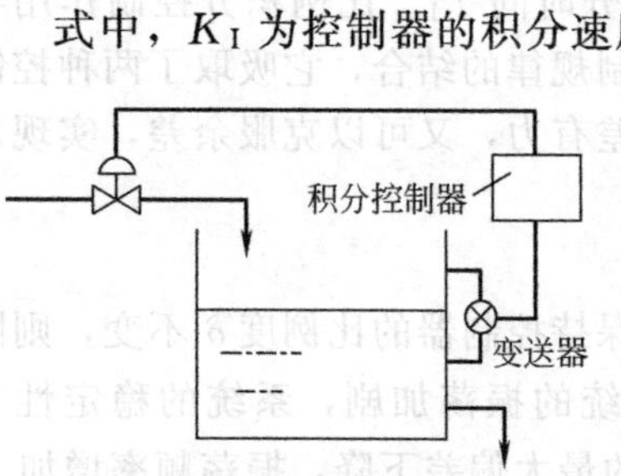

图 7-7 积分控制系统

图 7-7 所示为积分控制系统示意图。当扰动使液位突然升高时，控制阀不会像比例作用那样立即关小很多，而是按积分规律逐渐开始关小，所以积分作用存在滞后。但只要有偏差存在，积分作用就会不断地改变输出，阀门开度就会不断变化，直到液位回到设定值使偏差为零为止，所以，积分作用能消除余差。液位越远离设定值，阀门开度的变化速度越快。即积分作用使阀门变化的速度与被控制变量变化值的大小成正比。

在幅度为 A 的阶跃偏差作用下，积分控制器的开环输出特性如图 7-8 所示。这是一条斜率不变的直线，直到控制器的输出达到最大值或最小值而无法再进行积分为止，输出直线的斜率即输出的变化速度正比于控制器的积分速度 K_I。

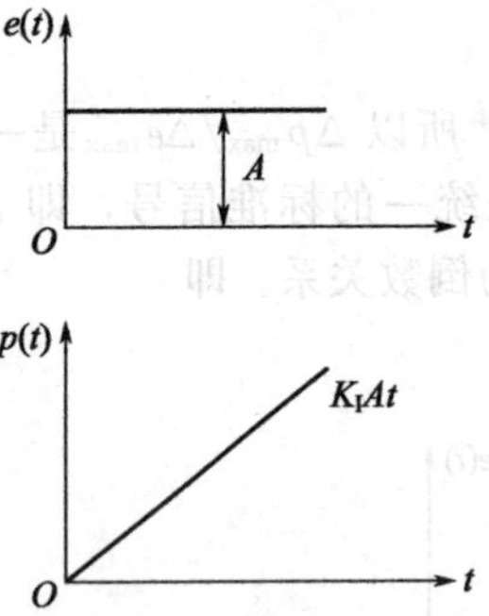

图 7-8 积分控制器的开环输出特性

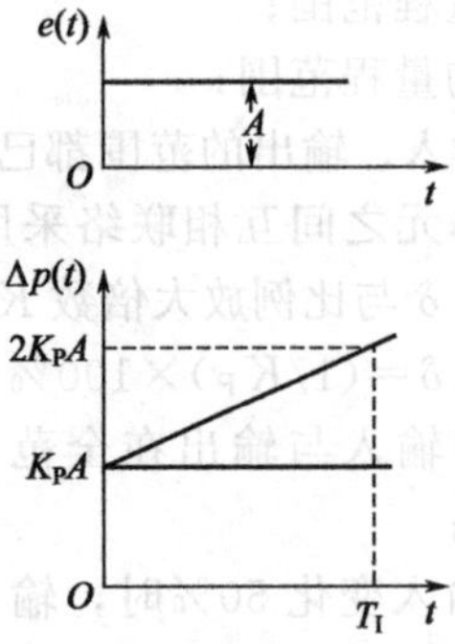

图 7-9 积分时间 T_I 的确定

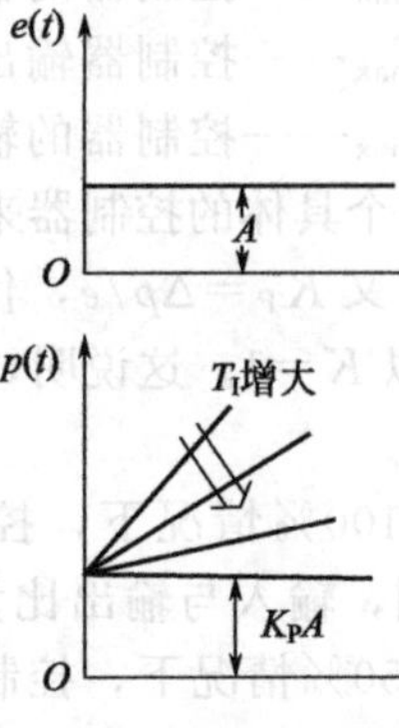

图 7-10 积分作用强弱关系

(1) 关于积分时间

在实际的控制器中，常用积分时间 T_I 来表示积分作用的强弱。在阶跃偏差作用下，控制器的输出达到比例输出的两倍所经历的时间，就是积分时间 T_I，如图 7-9。

积分时间 T_I 越小，直线越陡峭，积分作用越强。积分时间 T_I 越大，直线越平坦，说明积分作用越弱。如图 7-10，积分时间在控制器上设定。在数值上 T_I 与积分速度 K_I 关系为：

$$\frac{d\Delta p}{dt}=K_IA\text{；}T_I=1/K_I \tag{7-5}$$

(2) 关于比例积分控制规律

积分作用可以达到无余差调节。但因其调节作用是随着时间积累而逐渐增强的，所以它的控制作用总是滞后于偏差的存在，不能及时有效地克服扰动的影响。当对象的惯性较大时(如温度对象)，被控变量将出现很大的超调量，调节时间也将延长，甚至使控制系统难以稳定下来，所以积分作用不能单独使用。它与比例作用结合起来，实现互补，这样控制及时，又能消除余差。生产上都是将比例作用与积分作用组合成比例积分控制规律来使用的。比例积分控制规律的数学表达式为：

$$\Delta p(t)=\frac{1}{\delta}\left[e(t)+\frac{1}{T_I}\int e(t)dt\right] \tag{7-6}$$

这里，表示其控制作用的参数有两个：比例度 δ 和积分时间 T_I。比例积分控制作用与纯积分作用相比有较快的动态响应。是比例与积分两种控制规律的结合，它吸取了两种控制规律的优点，使控制器总的输出具有既控制及时，克服偏差有力，又可以克服余差，实现对被控变量的准确控制。如图 7-10 所示。

(3) 选择积分时间 T_I 的原则

在一个纯比例控制的闭环系统中引入积分作用时，若保持控制器的比例度 δ 不变，则随着 T_I 减小，则积分作用增强，消除余差较快，但控制系统的振荡加剧，系统的稳定性下降；T_I 过小，可能导致系统不稳定。T_I 小，扰动作用下的最大偏差下降，振荡频率增加。

在比例控制系统中引入积分作用的优点是能够消除余差，然而降低了系统的稳定性；因此，如果余差不是主要的控制指标，就没有必要引入积分作用。

3. 微分控制规律

控制装置的输出变化量与输入偏差的变化速度成比例。具有微分控制规律的控制器，其输出 Δp 与偏差 e 的关系可表示为：

$$\Delta p = T_{\mathrm{D}} \frac{\mathrm{d}e(t)}{\mathrm{d}t} \tag{7-7}$$

式中 T_{D}——微分时间。

$\frac{\mathrm{d}e}{\mathrm{d}t}$——偏差对时间的导数，即偏差的变化速度。

例如，在人工控制温度变量时，有时虽然偏差不大，但当看到温度变量变化加快，估计到马上就会有更大偏差出现时，就会过分地改变阀门开度以克服扰动影响，这就是按偏差变化的速度进行控制，是微分控制规律。

当输入出现阶跃信号时，在此瞬间（$t=t_0$）相当于偏差信号变化速度无穷大，微分控制输出如图 7-11 的（a）（b），微分控制出现一个快速上升的过程。对于偏差为固定值时，不管偏差多大，因为它的变化速度为 0，微分输出也为零。对于图 7-11 的（c），偏差为等速上升的斜坡信号时，微分控制输出则一直保持。

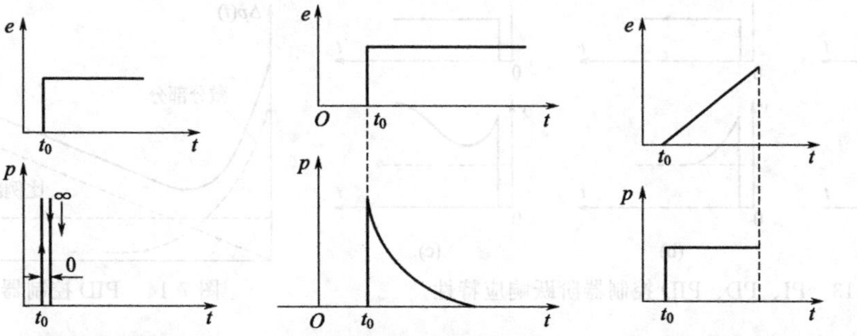

(a) 输入阶跃偏差信号时微分控制理想特性曲线　(b) 输入阶跃偏差信号时微分控制实际特性曲线　(c) 输入斜坡偏差信号时微分控制实际特性曲线

图 7-11　微分控制特性曲线

(1) 关于微分时间

微分时间 T_{D} 是表示微分作用强弱的重要参数。在阶跃信号 A 作用下，实际比例微分输出从最大值（$K_{\mathrm{D}}K_{\mathrm{P}}A$）下降了微分输出幅度的 63.2%所经历的时间 T，此时 $T=T_{\mathrm{D}}/K_{\mathrm{D}}$。再将该时间 T 乘以微分增益 K_{D} 即可得到微分时间 T_{D}。如图 7-12 所示。T_{D} 大，表示微分时间长，则微分作用强，T_{D} 小则微分作用弱。微分时间在控制器上设定。

(2) 关于微分控制规律

由于微分在输入偏差变化的瞬间就有较大的输出响应，因此微分控制被认为是超前控制。微分控制作用在偏差存在但不变化时，是没有输出的，也就是说它对恒定不变的偏差是没有克服能力的。如图 7-12。因此，微分控制器不能作为一个单独的控制器使用。微分作用的特点决定了微分规律不能单独使用，它通常与比例、积分规律配合，实现互补，组成 PID 控制。

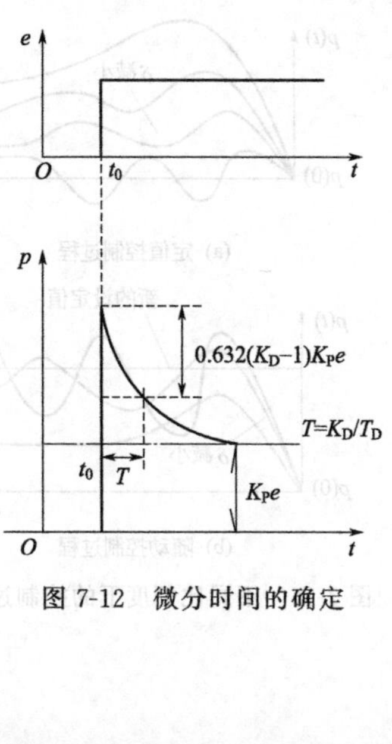

图 7-12　微分时间的确定

(3) 选择微分时间 T_D 的原则

在负荷变化剧烈、扰动幅度较大或过程容量滞后较大的系统中，适当引入微分作用，可在一定程度上提高系统的控制质量。当被控变量一有变化时，根据变化趋势适当加大控制器的输出信号，将有利于克服扰动对被控变量的影响，抑制偏差的增长，从而提高系统的稳定性。如果引入的微分作用太强，即 T_D 太大，反而会引起控制系统剧烈地振荡。此外，当测量中有显著的噪声时，如流量测量信息常带有不规则的高频干扰信号，则不宜引入微分作用，有时甚至需要引入反微分作用。

4. 比例积分微分控制规律

PID 控制作用可表示为：

$$\Delta p=\Delta p_P+\Delta p_I+\Delta p_D=\frac{1}{\delta}\left(e+\frac{1}{T_I}\int e\mathrm{d}t+T_D\frac{\mathrm{d}e}{\mathrm{d}t}\right) \tag{7-8}$$

根据需要，将以上三种基本控制规律进行综合，如图 7-13 所示，可实现 P、PI、PD、PID 等多种控制规律，再适当设置比例度 δ、积分时间 T_I 和微分时间 T_D，来调整 P、I、D 作用的强弱，便可达到希望的控制效果。

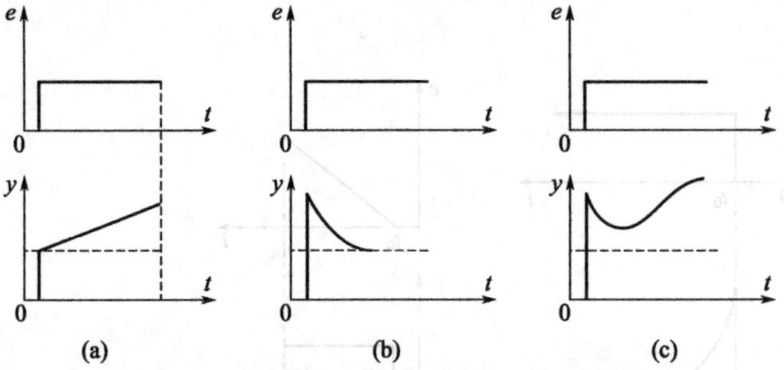

图 7-13 PI、PD、PID 控制器阶跃响应特性

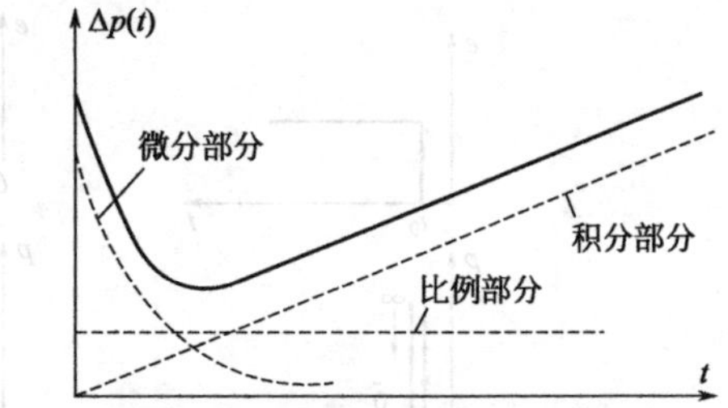

图 7-14 PID 控制器输出特性

由于三作用控制器综合了各类控制规律的优点，因此具有较好的控制功能。通常情况下，当对象滞后较大、负荷变化较快、不允许有余差的情况下，可以采用三作用控制器。由图 7-14 可见，当阶跃输入时，微分作用的变化最大，它叠加在比例作用上，使总输出大幅度变化，产生一个强烈的控制作用。然后微分作用逐渐消失，积分作用逐渐占主导地位，直到余差消失，积分才不再变化，而比例作用一直是基本的作用。

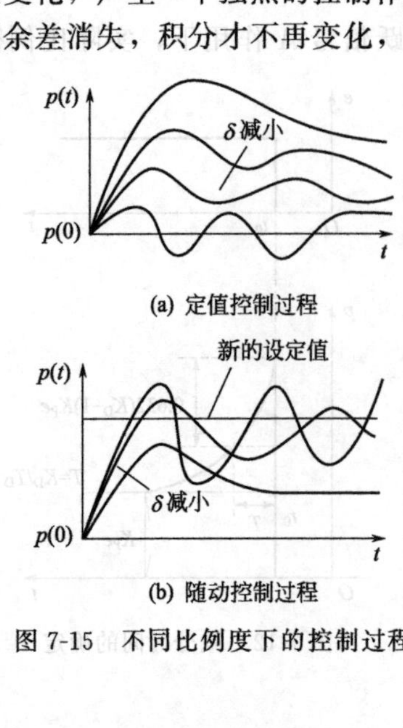

(a) 定值控制过程

(b) 随动控制过程

图 7-15 不同比例度下的控制过程

从式(7-8)可知，对于一台比例积分微分（PID）控制器，如果把微分时间 T_D 调到零，就成为一台比例积分控制器；如果把积分时间 T_I 放到最大，就成了一台比例微分控制器。如果将微分时间调到零，同时把积分时间放到最大，就成为一台纯比例控制器了。

P、I、D 三种控制作用的特点如下。

(1) 比例控制（P）

依据“偏差大小”来进行控制。它的输出变化与输入偏差的大小成比例，控制及时、有力，但有余差。用比例度 δ 来表示其控制作用的强弱；δ 越小，比例控制作用越强，余差也小。但比例作用过强，系统不稳定，有可能发生振荡。δ 过大，等于取消比例控制作用。如图 7-15 所示。

（2）积分控制（I）

依据“偏差是否存在”来进行控制。它的输出变化与输入偏差随时间的积分成比例，只有当余差完全消失，积分作用才会停止。其根本的作用就是消除余差。但积分作用使偏差增大，延长了控制时间。用积分时间 T_I 表示其作用的强弱，T_I 越小，积分作用越强，积分作用太强时也易引起系统的振荡。如图 7-16 所示。

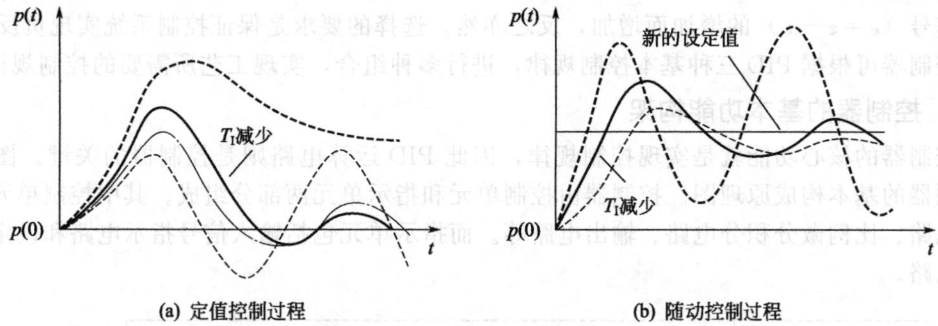

(a) 定值控制过程　　(b) 随动控制过程

图 7-16　δ 不变时 T_I 的控制过程

（3）微分控制（D）

依据“偏差的变化速度”来进行控制。它的输出与输入偏差的变化速度成比例，其实质是阻止被控变量的一切变化，有超前的控制作用，对容量滞后较大的对象有很好的效果，使控制过程动态偏差减小、控制时间缩短、余差也小。用微分时间 T_D 来表示其控制作用的强弱，但 T_D 太大也会引起系统的振荡。如图 7-17 所示。

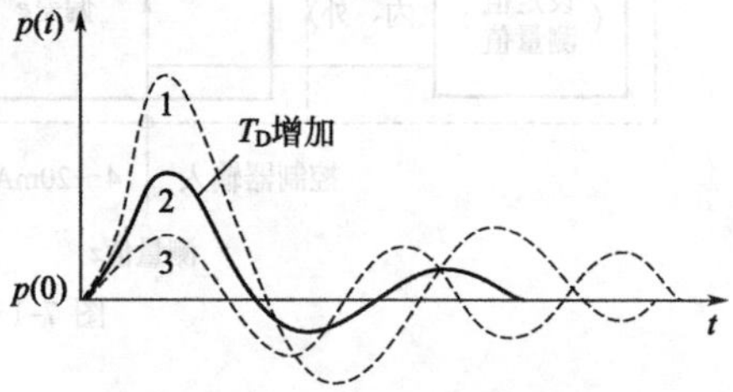

图 7-17　不同 T_D 下的控制过程

针对被控变量的情况，控制规律的选择一般考虑为：流量——PI（快积分）；液位——P（或 PI）；气体压力——PI（或 P）；液体压力——PI（快积分）；蒸汽压力——PID；温度——PID；成分——PID。

★看动画视频 说工作过程

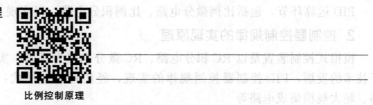

比例控制原理

第二节　控制装置

控制系统的控制规律是依靠控制装置实现的，控制装置是控制系统的核心。

一、模拟式控制装置

模拟式控制装置是一种单机式的控制器。控制器涉及四种类型的信号，即来自于变送器的 4～20mA DC（经 250Ω 电阻转换为 1～5V DC）输入测量信号；送给执行器的 4～20mA DC 输出电流信号；由内设定电路产生的 1～5V DC 内设定信号；由其他环节仪表输入的 4～20mA

DC 外设定信号。

控制器有四种工作状态，分别是自动（A）、软手动（M）、硬手动（H）和保持状态（R）。系统开、停车或进行事故处理时多为手动状态（两种手动配合使用），正常工作时，控制器应处于自动状态。各种状态之间可实现无扰动切换。无扰动切换是指进行状态切换的瞬间，控制器的输出不变，即控制阀的开度不突变，不会对生产过程产生扰动的切换。

控制器可进行两种作用方向，正作用与反作用。正作用时，控制器的输出信号（p）随输入信号（$e=z-x$）的增加而增加，反之亦然。选择的要求是保证控制系统实现负反馈。

控制器可根据 PID 三种基本控制规律，进行多种组合，实现工艺所需要的控制规律。

1. 控制器的基本功能构架

控制器的核心功能就是实现控制规律，因此 PID 运算电路则是控制器的关键。图 7-18 为控制器的基本构成原理图。控制器由控制单元和指示单元两部分组成。其中控制单元包括输入电路、比例微分积分电路、输出电路等。而指示单元包括输入信号指示电路和设定信号指示电路。

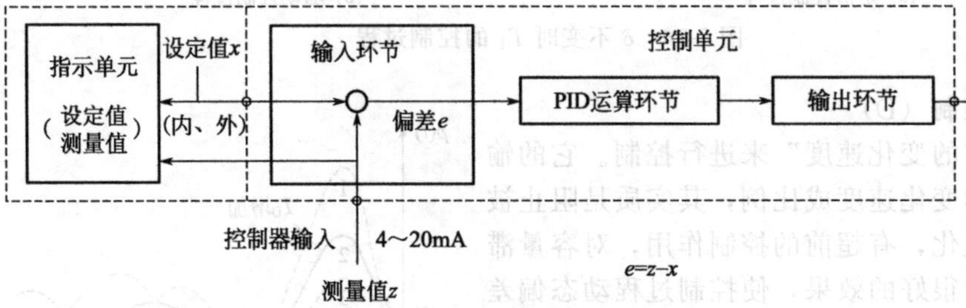

图 7-18 控制器的基本构成

控制器设置有内/外设定切换开关、正/反作用选择开关、自动/软手动/硬手动切换开关。

输入电路主要是实现测量值与设定值的偏差运算。

输出电路的作用是将经 P、I、D 运算后的电压值转换为 4～20mA DC 电流。传送到现场的控制阀。

输入信号和设定信号可以经过各自的指示电路，由双针指示表分别指示。

PID 运算环节，包括比例微分电路、比例积分电路，以实现 P、I、D 控制规律。

2. 控制器控制规律的实现原理

模拟式控制装置是以 RC 积分电路、RC 微分电路为基础，实现 PID 控制规律。随着电子技术的发展，PID 控制器控制规律的实现，经历过几次换代：电子管、晶体管、集成电路、超大规模集成电路等。

图 7-19～图 7-22，分别表达了模拟式控制装置实现比例控制（P）规律、积分控制（I）规律、微分控制（D）规律及 PID 控制规律的电路原理。

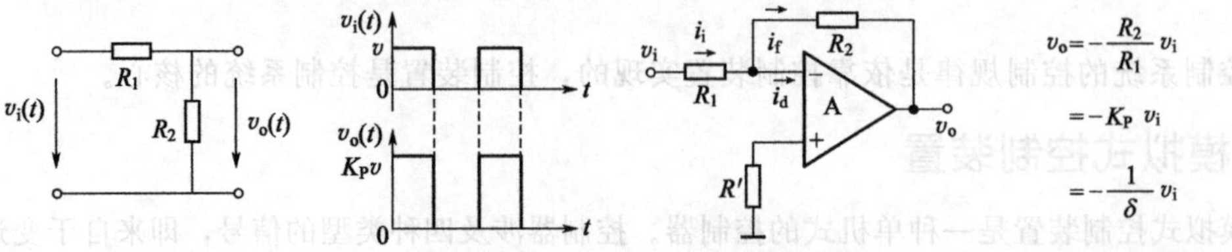

(a) 比例电路基本原理图　(b) 比例电路输出波形图　(c) 比例运算电路　(d) 比例运算关系

图 7-19 比例控制规律电路原理

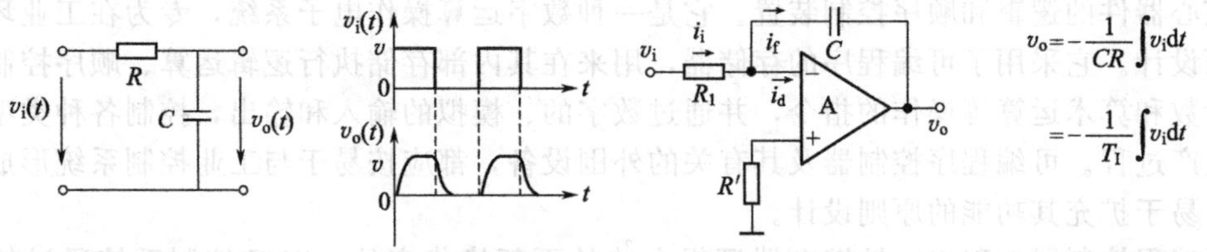

(a) 积分电路基本原理图　(b) 输出波形图　(c) 积分运算电路　(d) 积分运算关系

图 7-20　积分控制规律电路原理

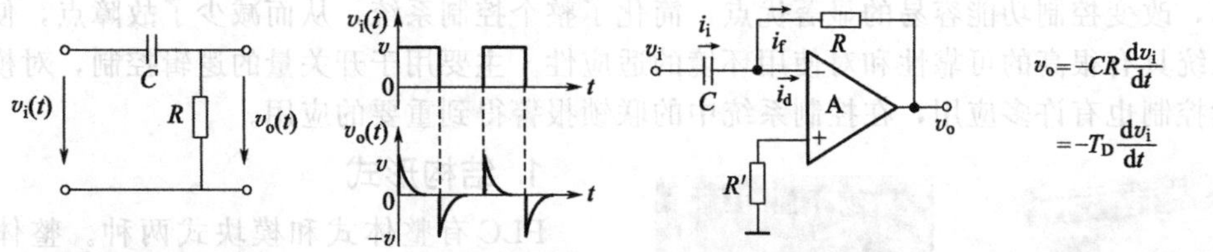

(a) 微分电路基本原理图　(b) 输出波形图　(c) 微分运算电路　(d) 微分运算关系

图 7-21　微分控制规律电路原理

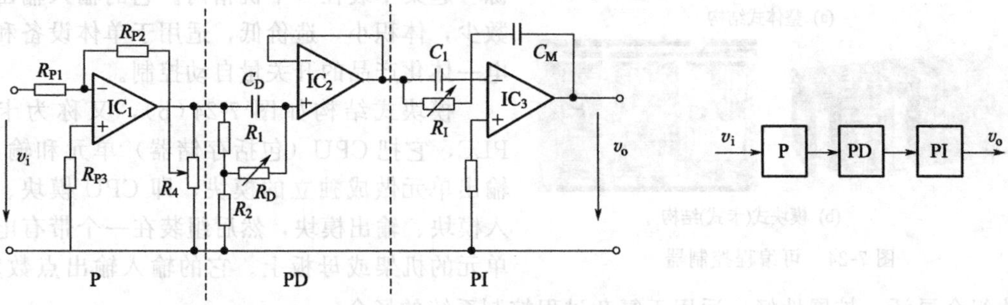

(a) PIC运算电路原理图　(b) PID运算方框图

图 7-22　PID 控制规律电路原理

3. 控制器的外部结构

单机控制器的外部结构如图 7-23 所示。

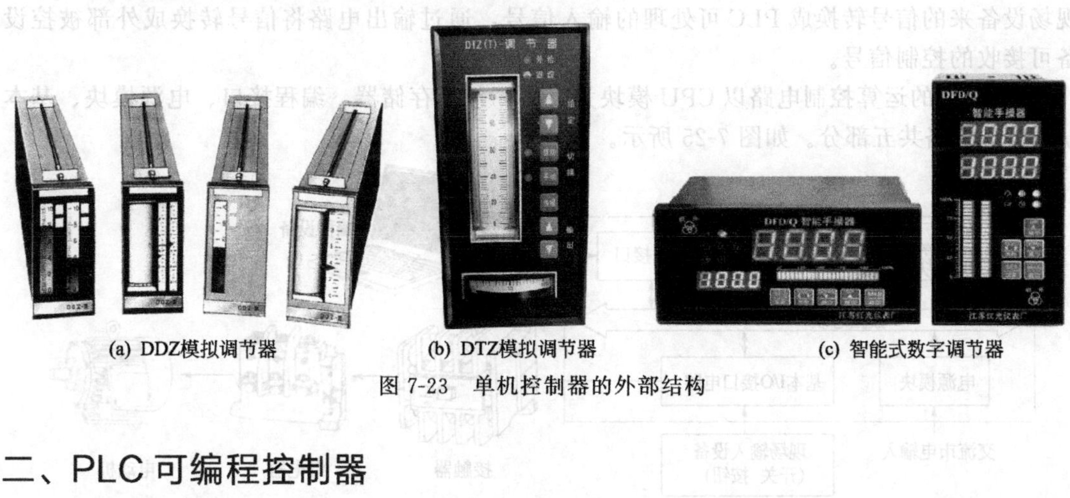

(a) DDZ模拟调节器　(b) DTZ模拟调节器　(c) 智能式数字调节器

图 7-23　单机控制器的外部结构

二、PLC可编程控制器

可编程控制器（又称 PLC），英文全称 Programmable Logic Controller。一种以微处理

器为核心器件的逻辑和顺序控制装置。它是一种数字运算操作电子系统，专为在工业环境下应用而设计。它采用了可编程序的存储器，用来在其内部存储执行逻辑运算、顺序控制、定时、计数和算术运算等操作的指令，并通过数字的、模拟的输入和输出，控制各种类型的机械或生产过程。可编程序控制器及其有关的外围设备，都应按易于与工业控制系统形成一个整体、易于扩充其功能的原则设计。

可编程控制器（PLC）是继电器逻辑电路的更新换代产品。PLC 控制系统通过软件控制取代了硬件控制，用标准接口取代了硬件安装连接，用大规模集成电路与可靠元件的组合取代线圈和活动部件的搭配。由于它的外部硬件电路很简单，大大减少了接线数量；编程方法简单，改变控制功能容易的显著优点，简化了整个控制系统，从而减少了故障点，使整个控制系统具有很高的可靠性和对使用环境的适应性。主要用于开关量的逻辑控制，对模拟量的连续控制也有许多应用，在控制系统中的联锁报警得到重要的应用。

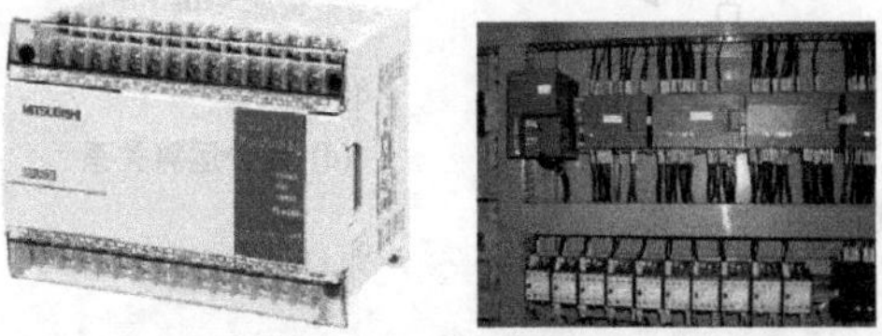

(a) 整体式结构

(b) 模块式(卡式)结构

图 7-24 可编程控制器

1. 结构形式

PLC 有整体式和模块式两种。整体式结构如图 7-24(a)，把 CPU、存储器、I/O 等基本单元装在少数几块印刷电路板上，并连同电源一起集中装在一个机箱内。它的输入输出点数少，体积小，造价低，适用于单体设备和机电一体化产品的开关量自动控制。

模块式结构如图 7-24(b)，又称为卡式 PLC，它把 CPU（包括存储器）单元和输入、输出单元做成独立的模块，即 CPU 模块、输入模块、输出模块，然后组装在一个带有电源单元的机架或母板上。它的输入输出点数多，模块组合灵活，扩展性好，适用于复杂过程控制系统的场合。

2. 基本组成

PLC 系统由硬件电路与软件系统构成。从功能上讲，PLC 的硬件部分由输入电路、运算控制电路、输出电路等构成。PLC 的软件部分包括系统程序和用户程序两部分。

① PLC 的输入输出信号可以是数字式，也可以是模拟式。因此，必须通过输入电路对现场设备来的信号转换成 PLC 可处理的输入信号，通过输出电路将信号转换成外部被控设备可接收的控制信号。

② PLC 的运算控制电路以 CPU 模块为核心，包括存储器、编程接口、电源模块、基本 I/O 接口电路共五部分。如图 7-25 所示。

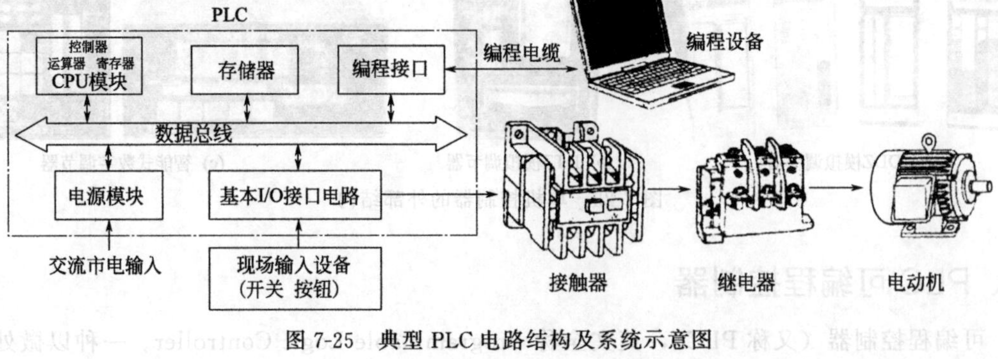

图 7-25 典型 PLC 电路结构及系统示意图

• CPU 模块按用户设定的程序对输入信号进行处理，实现控制过程的算术运算和逻辑运算等多种功能。CPU 模块由控制器、运算器、寄存器三部分组成。

• 存储器用于存储用户程序，其中系统程序放在 ROM（只读存储器）中，用户程序和中间运算数据存放在 RAM（随机存储器）中。其存储器中的程序可编程，用以在其内部存储执行逻辑运算、顺序控制、定时/计数、算术运算等操作指令。

• 编程接口通过编程电缆与编程设备（计算机）连接，电脑通过编程电缆对 PLC 进行编程、调试、监控、试验和记录。

• 基本 I/O 电路，PLC 与电气回路的接口，是通过输入输出部分（I/O）完成的。从现场输入设备送来的各种被控信息及操作命令通过输入电路（I）将电信号变换成数字信号进入 PLC 系统后送给运算控制电路，内部 CPU 处理完成。再由 PLC 输出电路（O）送给外部设备。I/O 模块集成了 PLC 的 I/O 电路，其输入寄存器反映输入信号状态，输出点反映输出寄存器状态。I/O 分为开关量输入（DI）、开关量输出（DO）、模拟量输入（AI）、模拟量输出（AO）等模块。

③ PLC 的程序是由编程设备（编程器）输入的。其编程方式有两种：一是通过 PLC 手操器编写程序，然后传送到 PLC 内。另一种是利用 PLC 的通信接口（I/O）上的 RS232 串口与计算机相连接，通过计算机上专门的 PLC 编程软件向 PLC 内部输入程序。CPU 从存储器中调用各种数据信息（包括控制及传感部件发出的状态信息和控制指令），进行数据的分析、运算、处理，将运算结果或相应的控制指令通过输出接口传送给外部设备及功能部件（包括继电器、电磁阀、指示灯、蜂鸣器、电磁线圈、电动机等），执行相应的工作。

3. 编程语言

PLC 的编程语言常以三种方式表达：梯形图、指令语句、顺序功能图。

① 梯形图。由电气控制原理图演变而来。形象、直观、实用。如图 7-26 所示。

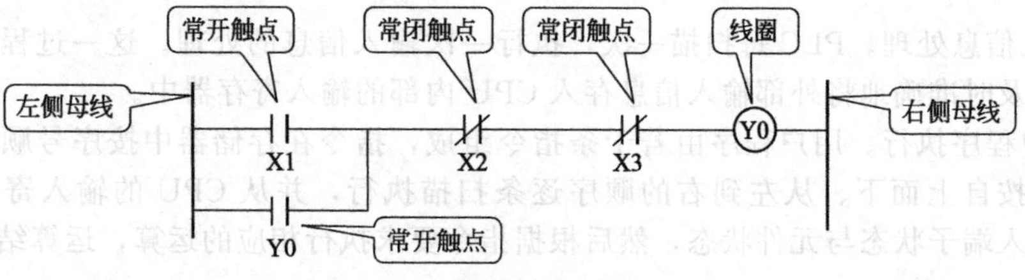

图 7-26 梯形图及符号含义

② 指令语句。通常由梯形图转换而来。它是用一系列操作指令（助记符）组成的控制流程。通过编程器存入 PLC 中。不同厂家，指令的助记符并没有统一。如图 7-27 所示。

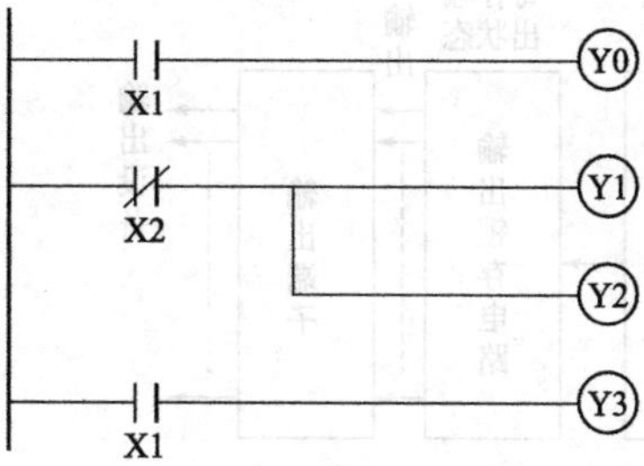

0	LD	X1	← 读指令，常开触点(助记符：LD)，与母线相连
1	OUT	Y0	← 驱动指令，驱动线圈Y0
2	LD1	X2	← 读指令，常闭触点(助记符：LD1)，与母线相连
3	OUT	Y1	← 驱动指令，驱动线圈Y1
4	OUT	Y2	← 驱动指令，驱动线圈Y2
5	LD	X3	← 读指令，常开触点(助记符：LD)，与母线相连
6	OUT	Y3	← 驱动指令，驱动线圈Y3

(b) 指令语句表

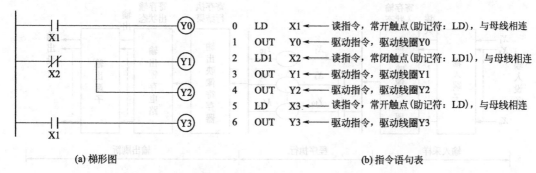

图 7-27 PLC 指令语句表中逻辑读及驱动指令（三菱 FX）

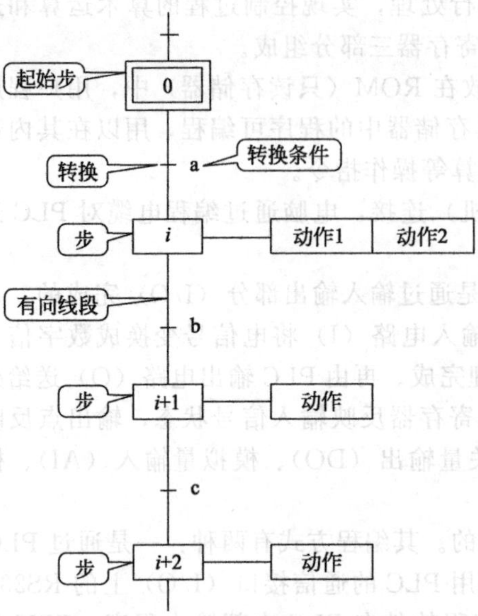

图 7-28 顺序功能图的一般形式

③ 顺序功能图（SFC）。是一种用来表达顺序控制过程的程序，又叫状态功能图、状态流程图、状态转移图。它是专门用于工业顺序控制程序设计的一种功能说明性语言。能完整地描述控制系统的工作过程、功能和特性，是分析、设计电气控制系统控制程序的重要工具。特别对于一个复杂的顺序控制系统编程，由于其内部的连锁关系极其复杂，直接用梯形图编写程序可能要达到数百行，可读性差。这种情况下，顺序功能图为顺序控制类的编制提供了很大的方便。顺序功能图主要由“步、有向连线、转换、转换条件、动作”组成。如图 7-28 所示。

4. 工作方式

PLC 的工作方式采用不断循环的顺序扫描工作方式——串行工作方式。CPU 从第一条指令开始执行程序，按顺序逐条地执行用户程序直到用户程序结束，然后返回第一条指令开始新一轮扫描。如此周而复始不断循环。然后按顺序向输出点发出相应的控制信号。

① PLC 自身初始化处理。

② 自诊断处理。PLC 每扫描一次，执行一次自诊断检查。确保系统运行无误。

③ 通信处理。PLC 每扫描一次，执行一次通信检查。确保 PLC 与外部设备的通信运行通畅。

④ 输入信息处理。PLC 每扫描一次，执行一次输入信息的处理。这一过程也称为输入采样。确保及时准确地将外部输入信息存入 CPU 内部的输入寄存器中。

⑤ 用户程序执行。用户程序由若干条指令组成，指令在存储器中按序号顺序排列。从首地址开始按自上而下、从左到右的顺序逐条扫描执行，并从 CPU 的输入寄存器中“读入”当前输入端子状态与元件状态，然后根据指令要求执行相应的运算，运算结果再存入寄存器中。

⑥ 输出信息处理。所有指令执行完毕后，将运算处理的结果信息存入 CPU 的输出寄存器中，并进一步传输到外部被控设备。这一过程也称为输出刷新。PLC 每扫描一次，执行一次输出信息的处理。如图 7-29 所示。

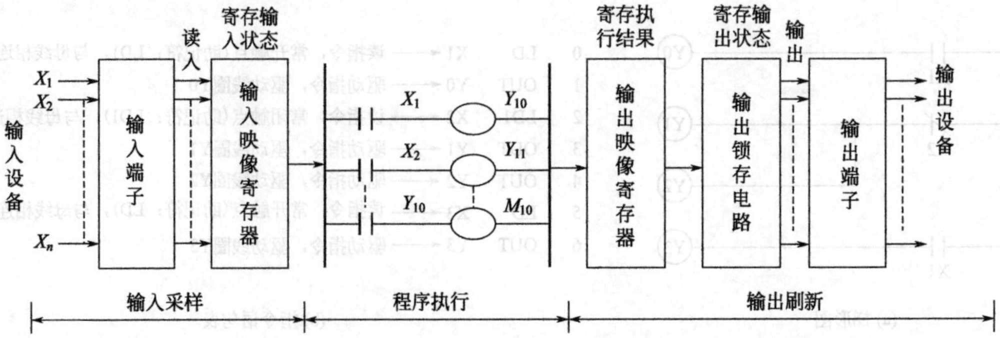

图 7-29 PLC 的工作过程

一个扫描过程完毕，这个工作周期称为一个扫描周期。程序扫描周期的长短，与 CPU 的运算速度、I/O 点的情况、用户应用程序的长短及编程情况等都有关系。通常在零点几 mm 秒到上百 mm 秒。

★看微课视频 说工作过程

PLC 的产生及定义

PLC 的结构和工作原理

PLC 的编程语言

三、集散控制系统

集散控制系统（Distributed Control System）简称 DCS 系统。是计算机控制系统的一种。计算机运行速度快，可以分时处理多个控制回路，实现对多个系统的自动检测、运算处理、数字控制。因此方便实现各种复杂的控制，如串级控制、比值控制、选择性控制、前馈控制等。更可实现先进控制策略，如推断控制、预测控制、自适应控制、人工智能控制等。

计算机控制系统，就是用计算机控制装置取代模拟式控制装置，并配置输入、输出通道而组成的控制系统。其控制数据的处理，是用数字形式的控制算法代替模拟信息的组合，用断续形式的计算机输出去控制执行器，使被控变量保持在设定值。计算机控制系统构成方框图，如图 7-30 所示。

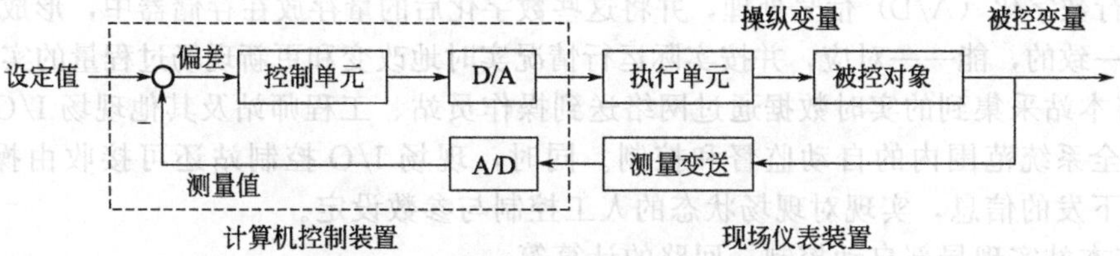

图 7-30 计算机控制系统构成方框图

一方面，生产过程中的各种信号（大部分为模拟量信号）要输入到计算机，另一方面，计算机输出的数字量控制信号要通过执行机构对现场设备进行控制。因此，计算机控制系统必须要有模/数（A/D）转换器和数/模（D/A）转换器两个环节。A/D 转换器将测量变送单元送来信号转化为数字信号，反馈到控制计算机输入端，与设定值进行比较，并按偏差进行运算，所得到的数字量输出信号经过 D/A 转换器送到执行机构，对被控对象进行控制，使被控变量稳定在设定值上。

计算机控制系统中的硬件部分包括计算机、过程输入输出（I/O）接口、人机接口、外部存储器等；软件包括系统软件和应用软件，系统软件用以管理计算机系统的资源，一般由计算机厂家提供，包括操作系统、监控管理程序、语言处理程序和故障诊断程序等，应用软件是用户根据要解决的实际问题而编写的各种程序。

集散控制系统是以微型计算机为核心，在控制技术、通信技术、屏幕显示技术迅速发展的基础上研制成的一种计算机控制系统。它的特点是分散控制、集中管理。“分散”指的是由多台专用微机（例如集散控制系统中的基本控制器或其他现场级数字式控制仪表）分散地控制各个回路，这可使系统运行安全可靠。将各台专用微机或现场级控制仪表用通信电缆同上一级计算机和显示、操作装置相连，便组成分散控制系统。“集中”则是集中监视、集中操作和管理整个生产过程。这些功能由上一级的监控、管理计算机和显示操作站来完成。经过近三十多年的不断开发应用，技术成熟，在石化行业应用广泛。

1. 功能特征

集散控制系统的构成特征可用“三站一线”来表达。现场控制站、控制室操作员站、工程师站、控制系统的通信网络。起到“集中监视集中管理分散控制”的作用。典型的 DCS 体系结构如图 7-31 所示。

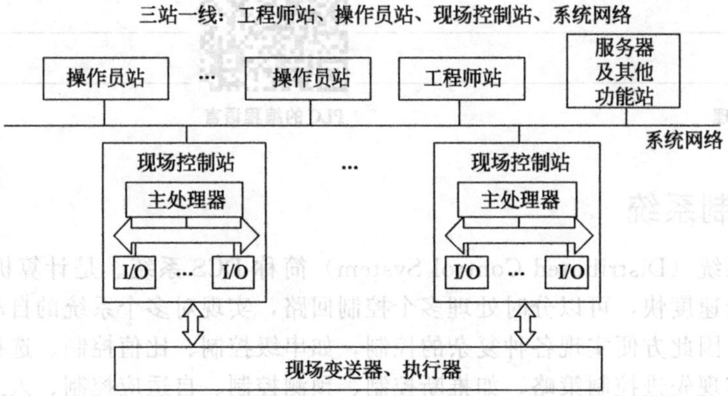

图 7-31 典型的 DCS 体系结构示意图

(1) 现场控制站

它是一个可以独立运行的计算机检测与控制系统。其主要功能有三个方面。

① 将各种现场发生的过程量（压力、流量、液位、温度、电流、电压、功率以及各种状态等）进行数字化（A/D）信号处理，并将这些数字化后的量存放在存储器中，形成一个与现场过程量一致的，能一一对应，并按实际运行情况实时地改变和更新现场过程量的实时映象。

② 将本站采集到的实时数据通过网络送到操作员站、工程师站及其他现场 I/O 控制站，以便实现全系统范围内的自动监督和控制。同时，现场 I/O 控制站还可接收由操作员站、工程师站下发的信息，实现对现场状态的人工控制与参数设定。

③ 在本站实现局部自动控制、回路的计算等。

(2) 操作员站

基本功能是与键盘一起，完成各种画面的切换和显示。也可以通过功能键来完成对系统的管理。为防止误操作，对操作员的操作权限设置是重要的安全措施，一般设置多重安全措施，如口令、硬件钥匙等。

① 显示：工艺流程和控制画面、报警提示画面、控制回路画面、过程趋势画面、记录和表格画面等。

② 操作：定义操作键盘的功能、控制回路状态参数（设定值和 PID 参数）的修改、画面的调用与展开、过程报告、各种状态信息输出等。

(3) 工程师站

除了可完成操作员站的功能外，还可实现以下功能：

① 系统组态。用来生成和变更操作员站和现场控制站的功能，由组态功能软件实现操作站组态、现场控制站组态、用户自定义组态。

② 系统测试。用于检查组态后控制系统的工作情况。

③ 系统维护。对系统作定期检查或更改。

④ 系统管理。管理系统组态文件表格，进行文件表格的生成、保管、检索、传送等。

2. 硬件体系

① 现场控制站的主要设备是现场控制单元。用户可以根据不同的应用需求，选择配置不同的现场控制单元构成现场控制站，如连续生产的过程控制单元、顺序控制单元、逻辑控制单元、多种复杂控制单元、联锁控制单元、批量过程信号信息采集与处理单元。

由于现场控制站是专为过程检测和控制而设计，包括机柜、电源、主控模块、输入输出模块等设备，如图 7-32 所示。

图 7-32 控制机柜与控制卡件

与一般的计算机系统相比，在可靠性与可维护性指标方面有更高的要求，除了采用常见的避错技术外，还普遍引入了冗余容错技术，在系统中的关键环节均采用了冗余设计。如图 7-33 所示。

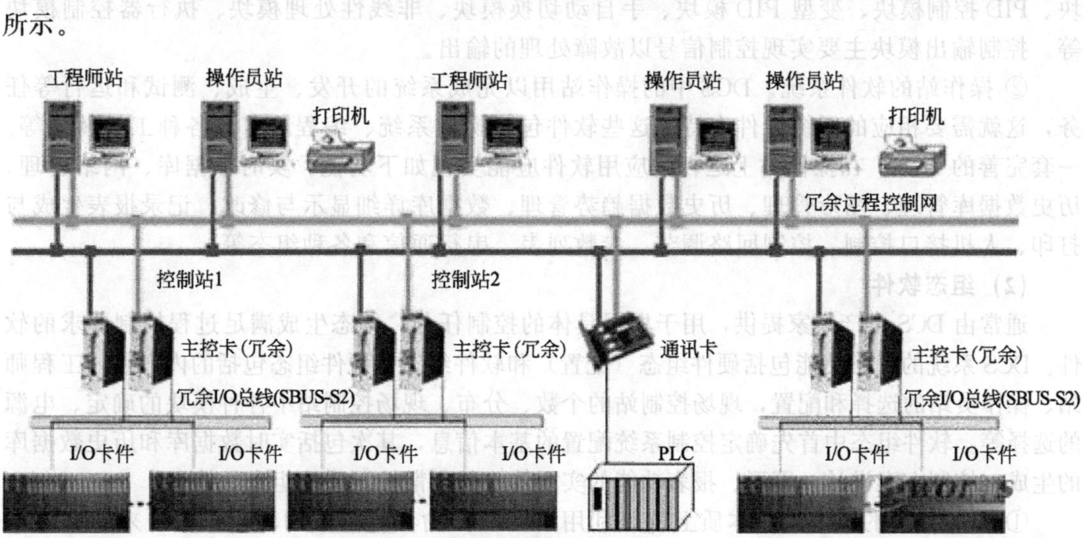

图 7-33 控制系统的冗余

② 操作站（操作员站与工程师站）通常由工业控制计算机组成，还包括操作台、显示设备、键盘、鼠标、打印设备及按钮、开关、报警装置等辅助设备。通过这些设备，操作人员可实现对现场的实时监测与控制，如图 7-34 所示。

图 7-34 操作员站

3. 软件体系

集散控制系统的软件体系，既包括计算机控制系统必需的系统软件和应用软件，还包括为了实现分布式控制必需的通信管理软件和诊断软件等。

DCS 的系统软件与应用对象无关，是一组支持开发、生成、测试、运行和程序维护的工具软件，一般由实时多任务操作系统、面向过程的编程语言、工具软件等几个主要部分组成。DCS 的应用软件主要包括过程控制软件和组态软件两大类。

(1) 过程控制软件

包括过程数据的输入/输出、实时数据库、连续控制调节、顺序控制、历史数据存储、过程画面显示和管理、报警信息管理、生产记录报表的管理和打印、人-机接口控制等。

① 现场控制单元的软件系统由实时数据库为中心的数据巡检、控制算法、控制输出和网络通信等软件模块组成。实时数据库起到了中心环节的作用，在这里进行数据共享，各执行代码都与它交换数据，用来存储现场采集的数据、控制输出以及某些计算的中间结果和控制算法结构等方面的信息。数据巡检模块用以实现现场数据、故障信号的采集，并实现必要的数字滤波、单位变换、补偿运算等辅助功能。DCS 的控制功能通过组态生成，不同的系统需要的控制算法模块各不相同，通常会涉及以下一些模块：算术运算模块、逻辑运算模块、PID 控制模块、变型 PID 模块、手自动切换模块、非线性处理模块、执行器控制模块等。控制输出模块主要实现控制信号以故障处理的输出。

② 操作站的软件系统。DCS 中的操作站用以完成系统的开发、生成、测试和运行等任务，这就需要相应的系统软件支持，这些软件包括操作系统、编程语言及各种工具软件等。一套完善的 DCS，在操作站上运行的应用软件应能实现如下功能：实时数据库、网络管理、历史数据库管理、图形管理、历史数据趋势管理、数据库详细显示与修改、记录报表生成与打印、人机接口控制、控制回路调节、参数列表、串行通信和各种组态等。

(2) 组态软件

通常由 DCS 生产厂家提供，用于根据具体的控制任务，组态生成满足过程控制要求的软件。DCS 系统的组态功能包括硬件组态（配置）和软件组态。硬件组态包括的内容是：工程师站、操作员站的选择和配置，现场控制站的个数、分布、现场控制站中各种模块的确定、电源的选择等。软件组态中首先确定控制系统配置的基本信息，其次包括实时数据库和历史数据库的生成、控制方案设计、图形、报表功能的实现等，是集散控制系统组态的核心。

① 控制回路的组态。在本质上就是利用系统提供的各种基本的功能模块，来构成各种各样的实际控制系统。目前各种不同的 DCS 提供的组态方法各不相同，归纳起来有指定运

算模块连接方式、判定表方式、步骤记录方式等。

② 实时数据库生成。实时数据库是DCS最基本的信息资源，这些实时数据由实时数据库存储和管理。在DCS中，建立和修改实时数据库记录的方法有多种，常用的方法是用通用数据库工具软件生成数据库文件，系统直接利用这种数据格式进行管理或采用某种方法将生成的数据文件转换为DCS所要求的格式。

③ 工业流程画面的生成。DCS是一种综合控制系统，它必须具有丰富的控制系统和检测系统画面显示功能。显然，不同的控制系统，需要显示的画面是不一样的。总的来说，结合总貌、分组、控制回路、流程图、报警等画面，以字符、棒图、曲线等适当的形式表示出各种测控参数、系统状态，是DCS组态的一项基本要求。此外，根据需要还可显示各类变量目录画面、操作指导画面、故障诊断画面、工程师维护画面和系统组态画面。

④ 历史数据库的生成。所有DCS都支持历史数据存储和趋势显示功能，历史数据库通常由用户在不需要编程的条件下，通过屏幕编辑编译技术生成一个数据文件，该文件定义了各历史数据记录的结构和范围。历史数据库中数据一般按组划分，每组内数据类型、采样时间一样。在生成时对各数据点的有关信息进行定义。

⑤ 报表生成。DCS的操作员站的报表打印功能也是通过组态软件中的报表生成部分进行组态，不同的DCS在报表打印功能方面存在较大的差异。一般来说，DCS支持如下两类报表打印功能：一是周期性报表打印，二是触发性报表打印，用户根据需要和喜好生成不同的报表形式。

4. 通信系统

DCS是现代生产过程启停和运行的中枢系统，在DCS系统中，各个分散的控制装置之间、控制装置与现场控制站和操作站之间都要进行信息交换，必须通过通信系统来实现。它区别于传统控制系统的关键就在于具有一个完善的通信系统，以及时、准确地在DCS各相关子系统中传递大量数据，从而使各个子系统能够有机结合，共同完成复杂系统的自动化控制，最终使整个DCS成为一个有机整体。

（1）DCS通信网络的组成

DCS通信网络主要由两部分组成：传输电缆（或其他媒介）和接口设备。传输电缆有同轴电缆、屏蔽双绞线、光缆等；接口设备通常称为链路接口单元，或称调制解调器、网络适配器等。它们的功能是在现场控制单元、可编程控制器等装置或计算机之间控制数据的交换、传送存取等。在一般情况下，接到网络上的每个设备都有一个适配器或调制解调器，系统只有通过这些单元、调制解调器或适配器才能将多个网络设备连接到网络通信线路上。由于网络必须设计成在恶劣的工业环境中运行，所以，调制解调器都规定在特定的频率下通信，以便最大限度地减少干扰造成的传送误差。数据通信控制的典型功能包括误码检验、数据链路控制管理以及与可编程控制器、控制单元或计算机之间的通信协议的处理等。

（2）DCS通信网络的基本要求

实时性，响应时间在0.01～0.5s以内。高可靠性，通信正确率达到100%，且在生产过程中，信息不可中断。高抗干扰能力，如电雷磁等。网络结构的层次性和开放性，有拓展及与其他网络相连接的能力。

（3）DCS的通讯方式

基于整个系统的开放性、易用性和可靠性考虑，同时考虑到不同层次对通信的不同要求，各DCS一般都采用分层体系，将整个通信系统合理划分为多个层次，每一层的通讯速度和网络类型都有所不同。一个完善的工业控制通信系统应该满足两方面要求：通讯等待时间不因通讯负荷上升而显著增加；最大通讯延时应可控制，以最大限度地快速传递重要信息。

① I/O总线或现场总线。

• I/O总线。把多种I/O信号送到控制器，由控制器读取I/O信号，且I/O模件之间并不交换数据。这一通讯过程，由 I/O 总线或现场总线完成。I/O 总线包括并行总线和串行总线。I/O 总线的传输速率不高，从几十千兆到几兆不等，传输距离短。其 I/O 模件必须与控制器模件相邻。通常把控制器模件和 I/O 模件装在一个机柜内或相邻的机柜内。

• 现场总线。远程 I/O 采用，如 CAN、LONWORKS、HART 总线。在 DCS 系统中，远程 I/O 采用 HART 总线比较多。比如现场的变送器，距离控制器机柜比较远，常把 16 个变送器来的信号编成一组，用 HART 总线把信号送到控制器，控制器同时读进 16 个变送器来的信号。采用现场总线，控制器和变送器两者距离可达 1km 以上。

② 控制总线。把完成不同任务的三种控制器连在一条总线上，实现控制器之间的通讯，称为控制总线。在控制总线上的不同控制器的数量不受限制，在这一条总线上除控制器模件以外，还有 DCS 网络的接口模件。在控制总线上，控制器之间可以调用数据，使得模拟量和开关量之间结合很好。控制总线的传输速率与 I/O 总线的传输速率相类似。通常是几十千兆到几兆之间。

③ DCS 网络。控制总线不是 DCS 系统都具有，可以把各种控制器分别连到 DCS 网络上，控制器之间的数据调用通过 DCS 网络。目前的 DCS 网络主要采用同轴电缆或光纤，通信速率为 1～10Mbps。当结点连到 DCS 的通讯网络上时，通常有一个网络接口，控制器把数据送到接口，人机界面从网络接口读取数据。读取数据时遵循网络通讯协议。通讯协议是由各 DCS 生产厂家自行开发的。它们各有特点，应用都较为广泛。

★看动画视频　说工作过程

____

____

脱水装置应急联锁控制回路

DCS 系统　　增压机联锁控制原理　　ESD 系统

第三节　技术拓展——虚拟仪器技术

虚拟仪器技术就是利用高性能的模块化硬件，结合高效灵活的软件来完成各种测试、测量和自动化的应用。灵活高效的软件能帮助您创建完全自定义的用户界面，模块化的硬件能方便地提供全方位的系统集成，标准的软硬件平台能满足对同步和定时应用的需求。只有同时拥有高效的软件、模块化 I/O 硬件和用于集成的软硬件平台这三大组成部分，才能充分发挥虚拟仪器技术性能高、扩展性强、开发时间少，以及出色的集成这四大优势。

一、虚拟仪器技术的组成

1. 高效的软件

软件是虚拟仪器技术中最重要的部分。使用正确的软件工具并通过设计或调用特定的程序模块，可以高效地创建自己的应用以及友好的人机交互界面。LabVIEW——行业标准图形化编程软件，不仅能轻松方便地完成与各种软硬件的连接，更能提供强大的后续数据处理能力，设置数据处理、转换、存储的方式，并将结果显示给用户。此外，LabVIEW 提供了更多交互式的测量工具和更高层的系统管理软件工具，例如连接设计与测试的交互式软件 SignalExpress、用于传统 C 语言的 LabWindows/CVI、针对微软 Visual Studio 的 Measurement Studio 等等，均可满足客户对高性能应用的需求。

有了功能强大的软件，您就可以在仪器中创建智能性和决策功能，从而发挥虚拟仪器技术在测试应用中的强大优势。

2. 模块化的 I/O 硬件

面对如今日益复杂的测试测量应用，应有软硬件的解决方案。相应的模块化的硬件产品应该包括数据采集、信号调理、声音和振动测量、视觉、运动、仪器控制、分布式 I/O 到 CAN 接口等工业通讯。适用于 PCI，PXI，PCMCIA，USB 或者是 1394 总线，结合灵活的开发软件，创建完全自定义的测量系统，满足各种独特的应用要求。

3. 用于集成的软硬件平台

专为测试任务设计的 PXI 硬件平台，已经成为当今测试、测量和自动化应用的标准平台，它有开放式构架、灵活性和 PC 技术的成本优势，如图 7-35 所示。

PXI 作为一种专为工业数据采集与自动化应用度身定制的模块化仪器平台，内建有高端的定时和触发总线，再配以各类模块化的 I/O 硬件和相应的测试测量开发软件，您就可以建立完全自定义的测试测量解决方案。无论是面对简单的数据采集应用，还是高端的混合信号同步采集，借助 PXI 高性能的硬件平台，您都能应付自如。这就是虚拟仪器技术带给您的无可比拟的优势。

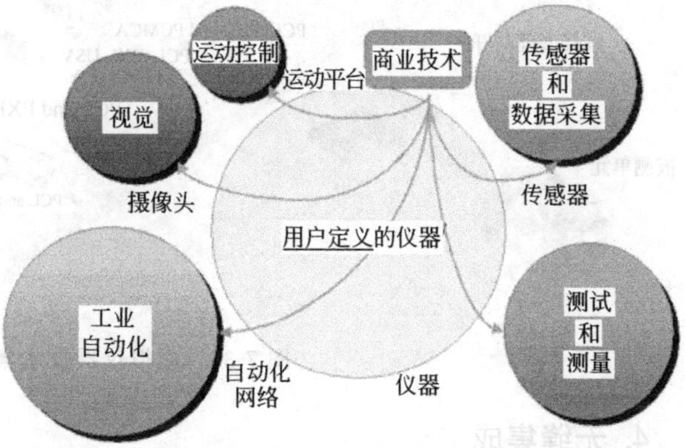

图 7-35 PXI 硬件平台

二、虚拟仪器技术的特点

1. 性能高

虚拟仪器技术是在 PC 技术的基础上发展起来的，所以完全“继承”了以现成即用的 PC 技术为主导的最新商业技术的优点，包括功能超卓的处理器和文件 I/O，使您在数据高速导入磁盘的同时就能实时地进行复杂的分析。此外，不断发展的因特网和越来越快的计算机网络使得虚拟仪器技术展现其更强大的优势。

2. 扩展性强

LabVIEW 软件的灵活性，只需更新您的计算机或测量硬件，就能以最少的硬件投资和极少的、甚至无需软件上的升级即可改进您的整个系统。在利用最新科技的时候，您可以把它们集成到现有的测量设备，最终以较少的成本加速产品上市的时间。

3. 开发时间少

在驱动和应用两个层面上，高效的 LabVIEW 软件构架能与计算机、仪器仪表和通讯方面的最新技术结合在一起。这一软件构架的初衷就是为了方便用户的操作，同时还提供了灵活性和强大的功能，方便地配置、创建、发布、维护和修改高性能、低成本的测量和控制解决方案。

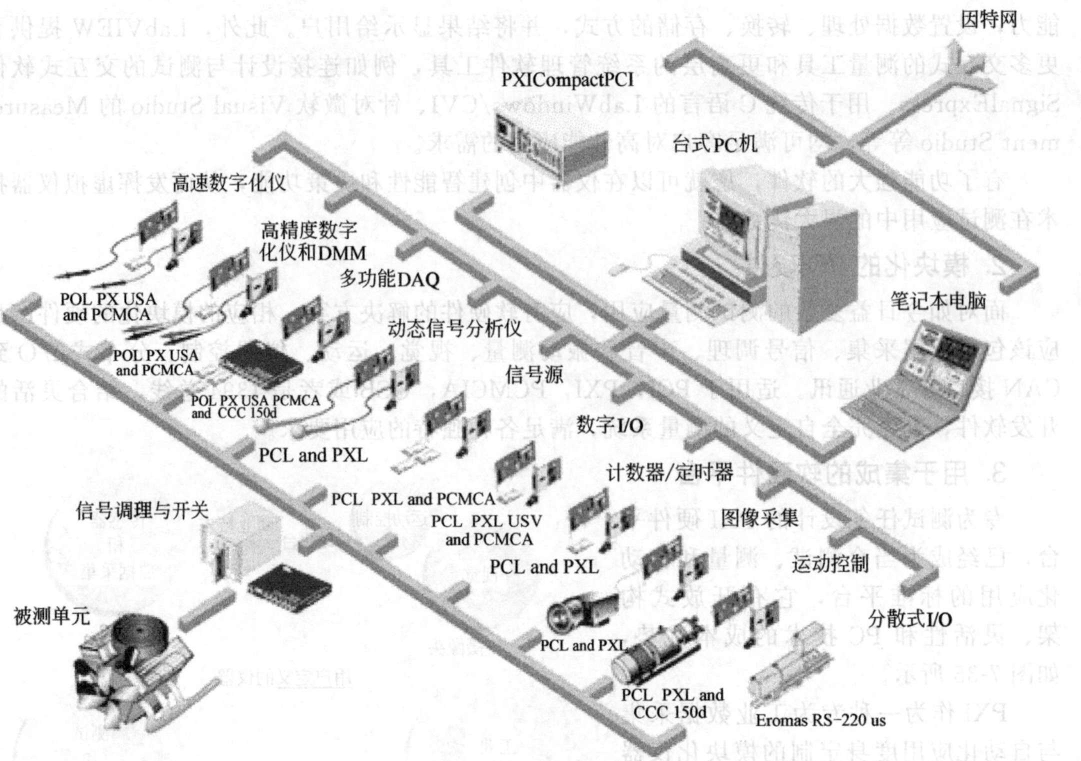

图 7-36 虚拟仪器技术集成示意图

4. 无缝集成

虚拟仪器技术从本质上说是一个集成的软硬件概念。随着产品在功能上不断地趋于复杂，通常需要集成多个测量设备来满足完整的测试需求，而连接和集成这些不同设备总是要耗费大量的时间。虚拟仪器软件平台为所有的I/O设备提供了标准的接口，帮助用户轻松地将多个测量设备集成到单个系统，减少了任务的复杂性。如图7-36所示为虚拟仪器技术集成示意图。

回顾与练习

7-1 何为自动控制系统？它包括哪几个基本环节？各有何作用？

7-2 控制器的基本控制规律有哪些？

7-3 何为比例控制规律？它有何特点？有什么参数来描述其作用的强弱？

7-4 何为积分控制规律？它有何特点？有什么参数来描述其作用的强弱？

7-5 何为微分控制规律？它有何特点？有什么参数来描述其作用的强弱？

7-6 如何用PID三作用控制器实现纯比例控制？

7-7 何为控制器的正作用、反作用？

7-8 何时为无平衡无扰动切换？

7-9 控制器是如何实现控制的？

7-10 如何用电路实现PID的控制？

7-11 控制系统中控制规律确定的依据是什么？

7-12 什么是集散控制系统？

7-13 典型的集散控制系统的体系结构是什么？

7-14 现场控制站的功能是什么？主要包括哪些硬件部分？
7-15 操作站的功能是什么？主要包括哪些硬件部分？
7-16 集散控制系统的软件体系包括哪些内容？
7-17 对集散控制系统的通信要求有哪些？
7-18 可编程控制器是一种什么样的控制装置？
7-19 可编程控制器的组成结构是什么？
7-20 可编程控制器的工作方式是什么？
7-21 什么是虚拟仪器技术？

第八章 执行装置

思考与交流

① 什么是执行器？ 控制系统中执行器是如何工作的？

② 执行器气开气关是什么意思？

③ 什么是控制阀的流量特性？ 为什么要确定阀的流量特性？

④ 如何正确选择执行器？

第一节 执行装置的组成及分类

在自动控制系统中，控制装置的控制作用必须通过执行装置（也称执行器、控制阀）去实现。执行装置在自动控制系统中的作用是：接受控制装置或其他仪表的控制信号，使控制阀的开度产生相应的变化，控制管道内物料流量，使过程变量稳定在工艺所要求的范围内，实现生产过程自动化。执行装置由执行机构和调节机构（也称阀）两部分组成。

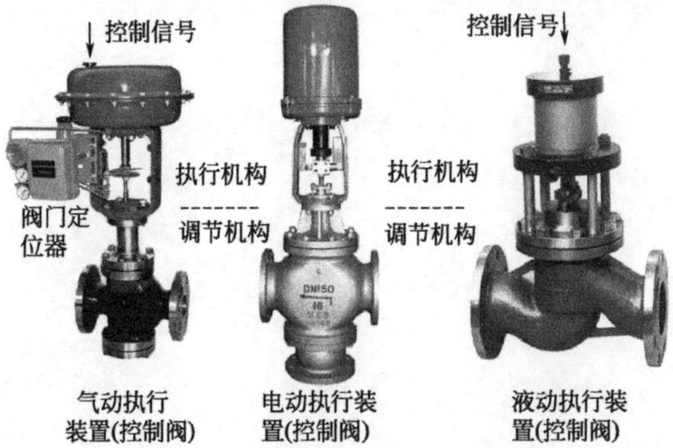

图 8-1 三种类型的执行装置

1. 执行机构是执行器的推动装置

执行机构是执行器的推动装置。它按控制信号的大小产生相应的推力，推动阀动作。所以，它是将控制信号的大小转换为阀杆位移的装置。按其使用能源不同可分为气动、电动和液动三种。三种类型的执行装置如图 8-1 所示。

三种类型的执行器性能比较如表 8-1 所示。

表 8-1 三类执行器的比较

项目	气动执行机构	电动执行机构	液动执行机构
构造	简单	复杂	简单
体积	中	小	大
配管、配线	较复杂	简单	复杂
推力	中	小	大
动作滞后	大	小	小
维护、检修	简单	复杂	简单

续表

项目	气动执行机构	电动执行机构	液动执行机构
使用场合	适于防火、防爆	不适于防火、防爆	要注意火花
价格	低	高	高

① 气动执行装置以压缩空气为能源，由于其结构简单、动作可靠、成本较低，采用一台空气压缩机可供多台控制阀使用，因此应用十分广泛。特别是其本质上安全防爆，最适合于石油化工等行业。但其响应速度慢，不适合在大功率和远距离传输的场合使用。

② 液动执行装置多数以油压为动力源，输出力大、响应速度快，因对各个控制阀需分别设置动力源，故价格高，在不少机械装置中随设备成套供应。

③ 电动执行装置以电为动力，优点是工频电源取用方便，不需要增添专门设备；动作灵敏、精度较高、信号传送快、传输距离远；在电源中断时，电动执行装置能保持原位不动，不影响主设备的安全；与控制装置配合方便，安装接线简单。特别是智能式电动执行机构的问世，使得电动执行装置在工业生产中的应用越来越广泛。但用于防爆场所的产品结构复杂，当输出力大时制动困难，价格亦高。电磁阀仅做开、关动作，除其本身构成二位式控制系统外，经常在其他控制系统中作辅助控制元件，应用较普通。此外，还有复合式执行装置。

2. 调节机构是执行装置的调节部分

在执行机构推力的作用下，其阀门开度相应改变，直接调节流体的流量。所以，它是将阀杆的位移转换为阀门开度的装置。调节机构与介质直接接触，在执行机构的推动下，改变阀芯与阀座之间的流通面积，从而达到改变流量的目的。一般来说，阀是通用的，既可与气动执行机构匹配，也可以与电动执行机构或其他执行机构匹配。

有时，为了保证执行器能正常工作，提高调节质量和可靠性，执行装置还需配备一定的附件，常用的有阀门定位器、手轮机构、电/气转换器等。

3. 执行装置的构成及控制方式

如图 8-2 所示执行装置的构成及控制方式。

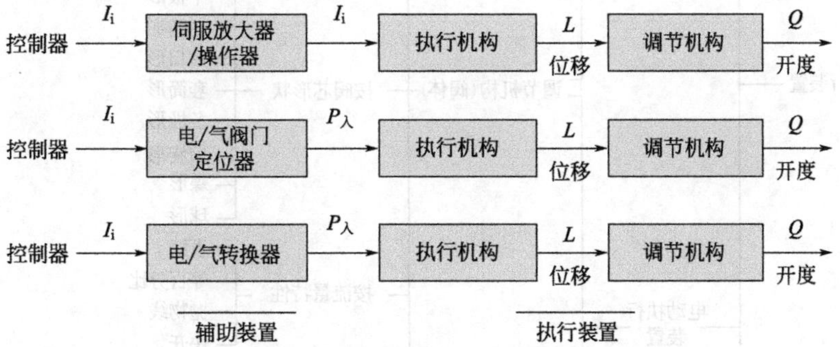

图 8-2 执行装置（控制阀）的构成及控制方式

4. 控制阀的发展

自 20 世纪初至今，控制阀的发展已有八十余年的历史，先后产生了九个大类的控制阀产品、自力式阀和阀门定位器等。

20 世纪 20 年代：最早的稳定压力用的控制阀问世；

20 世纪 30 年代：以“V”型缺口的双座阀和单座阀为代表的产品问世；

20 世纪 40 年代：出现阀门定位器，控制阀的品种也进一步更新，出现了隔膜阀、角型阀、蝶阀、球阀等；

20 世纪 50 年代：球阀得到较大的推广，三通阀代替两台单座阀也投入使用；

20 世纪 60 年代：我国对上述产品进行了系列化、标准化、规范化。此时，国外开始推出了套筒阀；

20 世纪 70 年代：国际上偏心旋转阀问世。而此时，套筒阀在国外已被广泛应用。70 年代末，国内联合设计了套筒阀，使中国有了自己的套筒阀产品系列；

20 世纪 80 年代：80 年代初，中国成功引进了石化装置和控制阀技术，使套筒阀、偏心旋转阀得到了推广应用，尤其是套筒阀，大有取代单座阀、双座阀之势，其使用越来越广。80 年代末，控制阀又一重大进展是日本的 Cv3000 和精小型控制阀，它们在结构方面，将单弹簧的气动薄膜执行机构改为多弹簧式薄膜执行机构，阀的结构只是改进，不是改变。它的突出特点是使控制阀的重量和高度下降 30%，流量系数提高 30%；

20 世纪 90 年代：90 年代的重点是在可靠性、特殊疑难产品的攻关、改进、提高上。

5. 执行装置的详细分类

如表 8-2 所示。

表 8-2 执行装置的分类

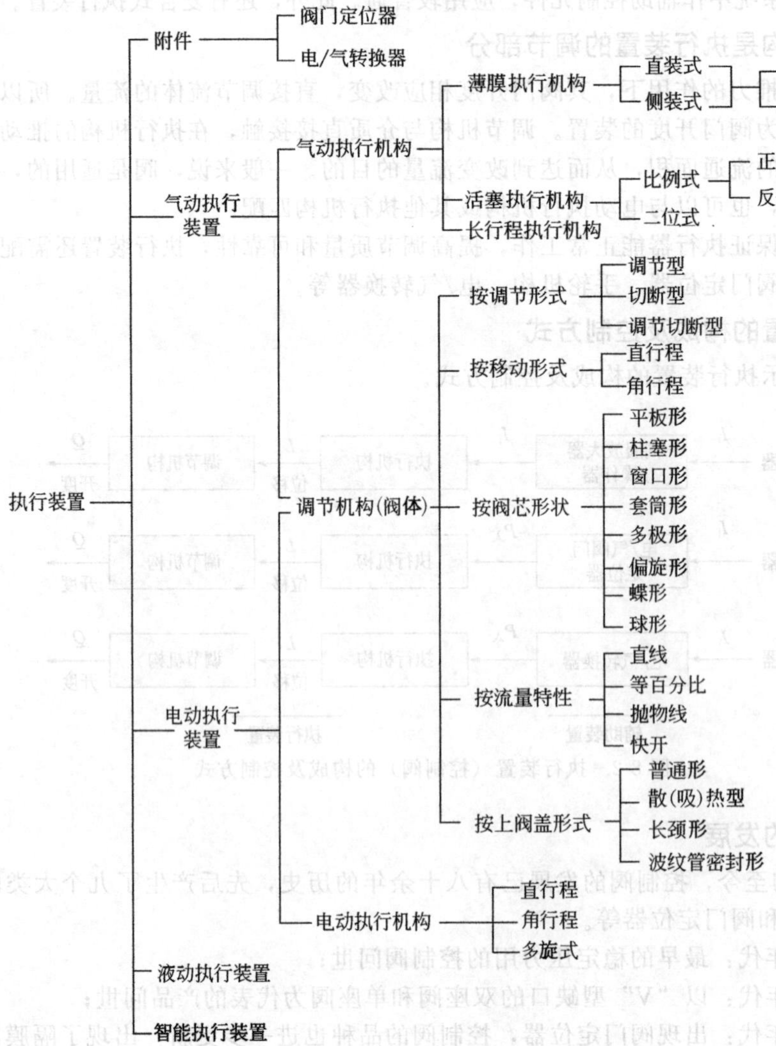

第二节　执行机构

一、气动薄膜式执行机构

气动执行机构以 140kPa 的压缩空气为能源，以 20～100kPa 气压信号为输入控制信号。气动执行机构主要有气动薄膜式和气动活塞式两种。气动活塞式推力较大，主要适用于大口径、高压降控制阀或蝶阀，但成本较高。通常情况下使用的都是气动薄膜式执行机构。

气动薄膜式执行机构有正作用和反作用之分，国产型号分别为 ZMA 型（正作用）和 ZMB 型（反作用），详见附录一。其结构如图 8-3 所示，图（a）为反作用式，图（b）为正作用式。

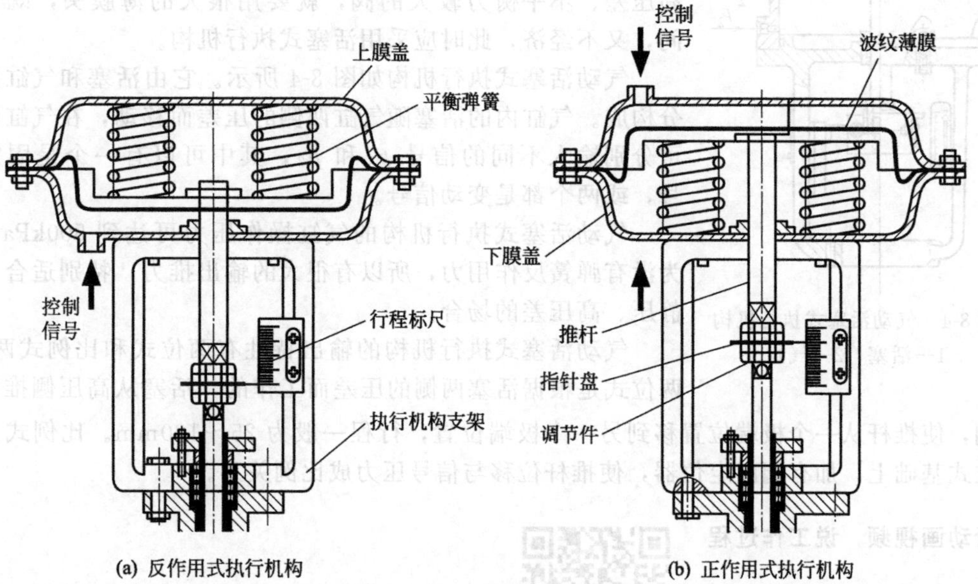

图 8-3　气动薄膜执行机构

正、反作用执行机构的结构基本相同。均由上膜盖、下膜盖、波纹薄膜、推杆、支架、平衡弹簧、调节件、标尺等组成。在正作用执行机构上加上一个装 O 形密封圈的填块，再更换个别零件，即可变为反作用执行机构。正、反作用执行机构的主要区别是推杆随信号压力变化的方向。随着信号压力的增加，推杆向下移动的叫正作用执行机构；随着信号压力的增加，推杆向上移动的叫反作用执行机构。从外表上看，正作用执行机构的信号从上膜盖进入，反作用执行机构的信号从下膜盖进入。

这种执行机构的输出位移与输入的气压信号成正比例关系。以图（b）为例，当信号压力从上膜盖通入薄膜气室时，在薄膜上产生一个向下的推力，使推杆移动并压缩弹簧。当弹簧的反作用力与输入信号在薄膜上产生的推力相平衡时，推杆就稳定在一个新的位置上。信号压力越大，推杆的位移量也越大，二者成正比例关系。推杆的位移就是执行机构的直线输出位移，也称为行程。

有弹簧气动薄膜执行机构的行程有 10mm、16mm、25mm、40mm、60mm、100mm 等多种规格，其膜片的有效面积有 $200cm^2$、$280cm^2$、$400cm^2$、$630cm^2$、$1000cm^2$、$1600cm^2$ 等六种规格。膜片的有效面积越大，执行机构的推力和位移也就越大。

★看动画视频　说工作过程

气动薄膜调节阀

二、气动活塞式执行机构

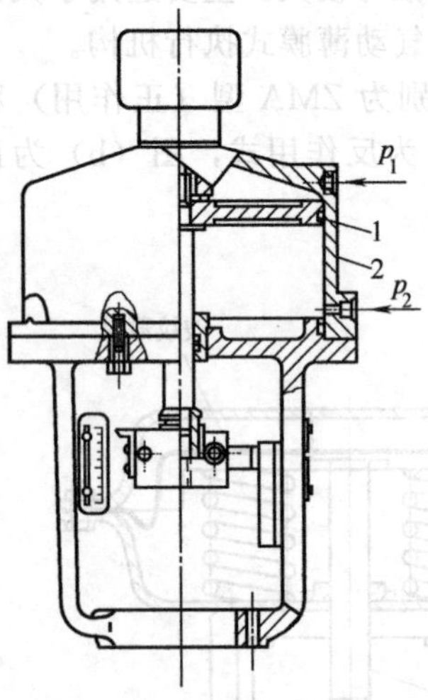

图 8-4　气动活塞式执行机构
1—活塞；2—气缸

气动薄膜式执行机构由于膜片所能承受的压力较低，一般信号压力为 20～100kPa，最高压力不大于 250kPa，执行机构的推力大部分被弹簧的反作用力抵消，所以，输出力较小。对高压差、不平衡力较大的阀，就要用很大的薄膜头，既占空间，又不经济，此时应采用活塞式执行机构。

气动活塞式执行机构如图 8-4 所示。它由活塞和气缸两部分构成。气缸内的活塞随气缸两侧的压差而移动，在气缸两侧可分别输入不同的信号 p_1 和 p_2，其中可以有一个是固定信号，或两个都是变动信号。

气动活塞式执行机构的气缸操作压力可达到 500kPa，因为没有弹簧反作用力，所以有很大的输出推力，特别适合于高静压、高压差的场合。

气动活塞式执行机构的输出特性有两位式和比例式两种。两位式是根据活塞两侧的压差而工作的，活塞从高压侧推向低压侧，使推杆从一个极端位置移到另一个极端位置，行程一般为 25～100mm。比例式是在两位式基础上，加有阀门定位器，使推杆位移与信号压力成比例关系。

★看动画视频　说工作过程

气动活塞式执行机构

滚动膜式气缸活塞式执行器　　单气缸活塞执行机构　　双气缸活塞执行机构

三、电动执行机构

1. 电动执行机构的类型

电动执行机构接受 4～20mA DC 输入信号，并将其转换成相应的输出力和直线位移或输出力矩和角位移，以推动调节机构动作。

电动执行机构分为直行程和角行程两大类。角行程式执行机构又可分为单转式和多转式，单转式输出的角位移一般小于 360°，通常简称角行程式执行机构；多转式的角位移超过 360°，可达数圈，所以称为多转式电动执行机构。三种不同类型的电动执行机构有不同的应用场合：如图 8-5 所示。

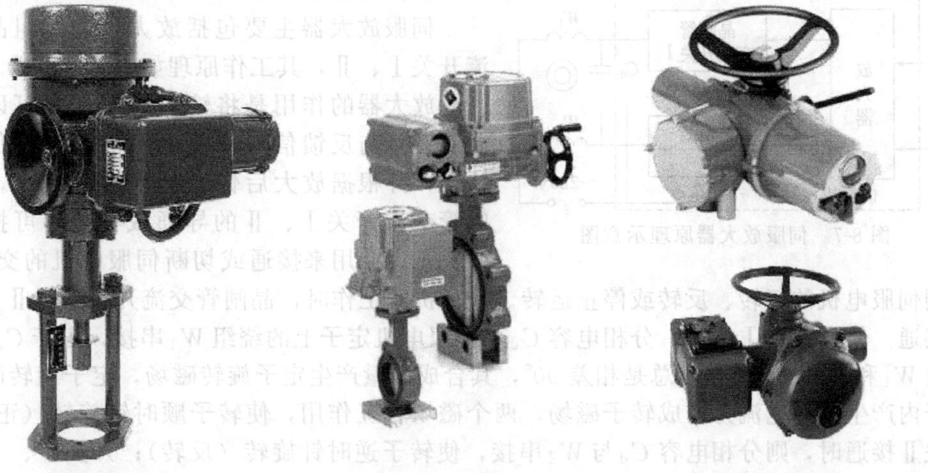

直行程电动执行机构　　角行程电动执行机构　　多转式电动执行机构

图 8-5　电动执行机构

• 直行程电动执行机构的输出轴输出各种大小不同的直线位移，通常用来推动单座、双座、三通、套筒等各种阀体；

• 角行程电动执行机构的输出轴输出角位移，转动角度范围小于 360°，通常用来推动蝶阀、球阀、偏心旋转阀等转角式的阀体；

• 多转式电动执行机构的输出轴输出各种大小不等的有效转数来推动闸阀，或由执行电动机带动旋转式的调节机构，如各种泵、截止阀、管夹阀和隔膜阀等阀体。

2. 电动执行机构的组成

电动执行机构由伺服放大器、执行机构两大部分组成，其构成原理如图 8-6 所示。

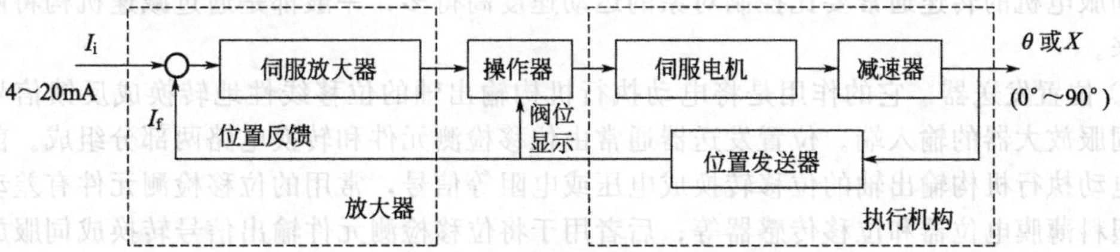

图 8-6　电动执行机构的方框图

伺服放大器将控制器来的输入信号 I_i 和反馈信号 I_f 相比较，得到偏差信号进行功率放大。

当偏差信号大于 0 时，伺服放大器驱动伺服电机正转，经减速器减速后，带动输出轴，产生正向的转角位移（角行程）或直线位移（直行程）。同时，输出轴的位移经位置发送器转换成相应的反馈信号 I_f，反馈到伺服放大器的输入端使偏差减小，直到为 0 时，伺服放大器无输出，伺服电机停止运转，输出轴也就稳定在与输入信号相对应的位置上。

反之，当偏差信号小于 0 时，伺服放大器的输出驱动伺服电机反转，经减速器减速后，带动输出轴，产生反向的转角位移（角行程）或直线位移（直行程）。同时，输出轴的位移经位置发送器转换成相应的反馈信号 I_f，反馈到伺服放大器的输入端使偏差减小，直到为 0 时，伺服放大器无输出，伺服电机停止运转，输出轴也就稳定在与输入信号相对应的位置上。

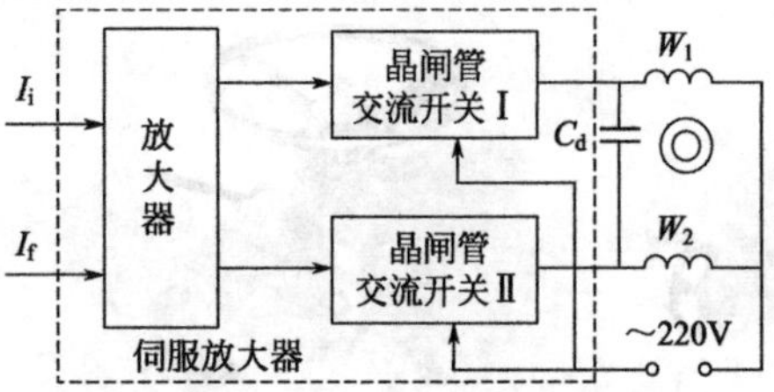

图 8-7　伺服放大器原理示意图

(1) 伺服放大器

伺服放大器主要包括放大器和两组晶闸管交流开关Ⅰ、Ⅱ，其工作原理如图 8-7 所示。

放大器的作用是将输入信号 I_i（可以来自控制装置）与反馈信号 I_f 进行比较，得到偏差 ε 并放大，并根据放大后偏差的极性和大小，控制晶闸管交流开关Ⅰ、Ⅱ的导通或截止。可控硅交流开关Ⅰ、Ⅱ用来接通或切断伺服电机的交流电源，控制伺服电机的正转、反转或停止运转。执行机构工作时，晶闸管交流开关Ⅰ、Ⅱ只能有一组接通。假设开关Ⅰ接通，分相电容 C_d 与伺服电机定子上的绕组 W_1 串接，由于 C_d 的作用，绕组 W_1 和 W_2 的电流相位总是相差 90°，其合成向量产生定子旋转磁场，定子旋转磁场又在转子内产生感应电流并构成转子磁场，两个磁场相互作用，使转子顺时针旋转（正转）；而开关Ⅱ接通时，则分相电容 C_d 与 W_2 串接，使转子逆时针旋转（反转）；开关Ⅰ、Ⅱ均截止时，伺服电机停止运转。由此可见，伺服放大器起到了将信号综合、比较和放大，并控制伺服电机正、反运转的作用。为了满足复杂控制系统的需要，有时执行机构的伺服放大器有多个输入信号通道和一个位置反馈通道。简单控制系统只用其中一个输入通道和位置反馈通道。

(2) 执行机构

执行机构由伺服电机、减速器、位置发送器三部分组成。它接收伺服放大器或操作器的输出信号，控制伺服电机的正、反转，再经减速器后变成输出力矩去推动调节机构动作。与此同时，位置发送器将调节机构的位移转换成相应的直流电流信号，用以指示阀位，并反馈到伺服放大器的输入端，去平衡输入电流信号。

① 伺服电机　又称执行电动机或可逆电机，是控制电机的一种。其功能是实现控制信号的传递和转换。因此，对其要求是技术性能稳定可靠、动作灵敏、精度高、体积小、重量轻。伺服电机的转速通常要比控制对象的运动速度高得多，一般都是通过减速机构将两者连接起来。

② 位置发送器　它的作用是将电动执行机构输出轴的位移线性地转换成反馈信号，反馈到伺服放大器的输入端。位置发送器通常由位移检测元件和转换电路两部分组成。前者用于将电动执行机构输出轴的位移转换成电压或电阻等信号，常用的位移检测元件有差动变压器、塑料薄膜电位器和位移传感器等；后者用于将位移检测元件输出信号转换成伺服放大器所要求的输入信号，即 4～20mA DC 信号。

③ 减速器　它的作用是将伺服电机高转速、小力矩的输出功率转换成执行机构输出轴的低转速、大力矩的输出功率，以推动调节机构。直行程式执行机构中，减速器还起到将伺服电机转子的旋转运动转变为执行机构输出轴的直线运动的作用。减速器一般由机械齿轮或齿轮与皮带轮构成。

3. 智能电动执行器

相对气动、液动执行器而言，电动执行器主要有 3 点优势：

① 无需特殊的气源和空气净化等装置。即使电源失电时，也能保持原执行位置；

② 可远间隔传输信号，电缆敷设比气管和液体管道敷设方便得多，且便于线路检查；

③ 与计算机连接方便简洁，更适应采用电子信息新技术。

因此，电动执行机构获得了快速发展，国内外一些厂商相继推出带现场总线通讯协议的智能电动执行器。新型智能电动执行器利用微机和现场总线通讯技术将伺服放大器与执行机构合为一体，不仅实现了双向通讯、PID 调节、在线自动标定、自校正与自诊断等多种控制技术要求的功能，还增设了行程保护、过力矩保护、电动机过热保护、断电信号保护、输出现场阀位指示和故障报警等功能。它可进行现场操纵或远方操纵，完成手动操纵及手动/自动之间无扰动切换。

智能电动执行器在伺服放大器中采用了微处理器系统，所有控制功能均可通过编程实现，还具有数字通讯接口，从而具有 HART 协议或现场总线通讯功能，成为现场总线控制系统中的一个节点。有的伺服放大器中还采用变频器技术，可更有效控制伺服电机动作。减速器采用新奇传动结构，运行平稳、传动效率高，无爬行、摩擦小。位置发送器采用新技术和新方法，有的采用霍尔效应传感器，直接感应阀杆的纵向或旋转动作，实现了非接触式定位检测；有的采用特殊电位器，电位器中装有球轴承和特种导电材质做成的电阻薄片；有的采用磁阻效应的非接触式旋转角度传感器。

智能电动执行器通常都有液晶显示器和手动操纵按钮，用于显示各种状态信息和输入组态数据以及手动操纵等。

典型智能电动执行器有上海自仪 IKZL 智能型电动执行器、重庆川仪 ONTRAC MOE700/MME800 系列智能电动执行器、英国罗托克（ROTORK）公司 IQ 系列智能型电动执行器。

智能电动执行器与传统电动执行器相比，主要有如下特点：

① 主要参数技术指标先进，如工作死区、基本误差、回差等指标已达到或接近世界先进水平。

② 采用先进微机和数字显示技术，以智能伺服放大器取代传统伺服放大器，以数字式操纵器取代原有模拟指针式操纵器，解决了数字显示跳动频繁而造成人眼疲惫的疲惫。

③ 功能强、使用方便，具有自诊断、自调整和 PI 调节等功能，尤其是 PI 调节功能可省往前级调节器，直接接受变送器信号。

④ 增加了流量特性软件修正。采用微处理机后，能灵活地设定、改变流量特性，进一步调节阀控制性能，使一种固有特性的调节阀可以拥有多种输出特性，使不能进行阀芯外形修正（蝶阀）的阀也可改变流量特性，可以使非标准特性修正为标准特性，该功能将改变长期以来靠阀芯加工修正流量特性的现状。

⑤ 在调节中采用电制动和断续调节技术，对具有自锁功能的执行机构取消了机械摩擦制动器，提高了整机的可靠性。

⑥ 三相放大器的设计采用由单相智能伺服放大器外接三相功率转换器的组合式方案，简化了整体结构。

第三节　调节机构

调节机构也称阀，可与各种执行机构（气动、液动、电动）配合构成执行装置。它和普通阀门一样，也是一个局部阻力可以变化的节流元件。在执行机构的推杆作用下，阀芯在阀体内运动，改变了阀芯和阀座之间的流通截面积，即改变了控制阀的阻力系数，使被控介质的流量发生相应变化。

控制阀的公称直径 DN 和阀座直径 dN 标志着阀门规格的大小。阀芯有正装和反装两种形式。阀芯向下移动使阀芯与阀座之间的流通面积减小的阀称为正装阀，如图 8-8(a) 所示；反之，则称为反装阀，如图 8-8(b) 所示。对于双导向正装阀，只要将阀杆与阀芯下端相接，即改为反装阀。

根据阀芯的动作形式，调节机构可分为直行程和角行程两大类。直行程式的调节机构有直通单座阀、直通双座阀、角形阀、三通阀、高压阀、隔膜阀、波纹管密封阀、超高压阀、小流量阀套筒阀和低噪声阀等；角行程式调节机构有蝶阀、凸轮挠曲阀、V 形球阀和 O 形球阀等。

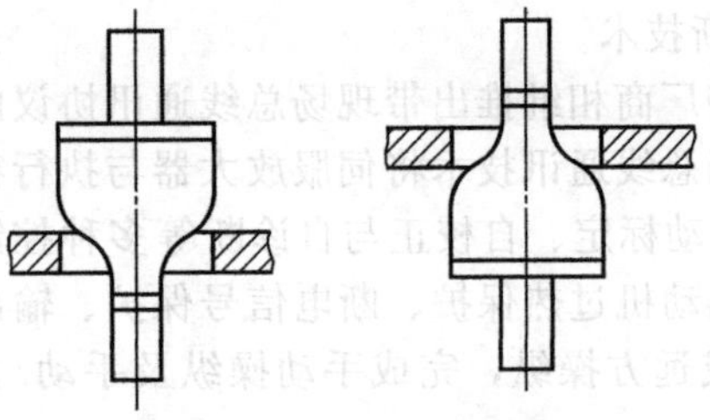
(a) 正装阀　　(b) 反装阀

图 8-8　阀芯安装形式

下面介绍几种常用的调节机构。

一、阀体的结构类型

1. 直通单座阀

图 8-9 为直通单座阀的结构原理图。

它由上阀盖、下阀盖、阀体、阀座、阀芯、阀杆、填料和压板等零部件组成。阀芯与阀杆连接时，为了防止阀芯受介质切向力影响而产生旋转脱落现象，采用两种连接方式：大口径阀靠螺纹连接，并用固定销固紧；小口径阀的阀杆直接插入阀芯，并用两个互相垂直的圆柱销固紧。一般阀盖中装有衬套，为阀芯移动起导向作用。上、下阀盖中都装有衬套的，为双导向，如 $DN \geqslant 25$mm 的直通单座阀，此时，只要改变阀杆、阀芯的连接位置就可实现正装或反装；只有一个阀盖中装有衬套的，为单导向，如 $DN < 25$mm 的直通单座阀，它只能正装，不能反装。阀盖的斜孔连通它的内腔，当阀芯移动时，阀盖内腔的介质很容易通过斜孔流入阀后，不会影响阀芯的移动。

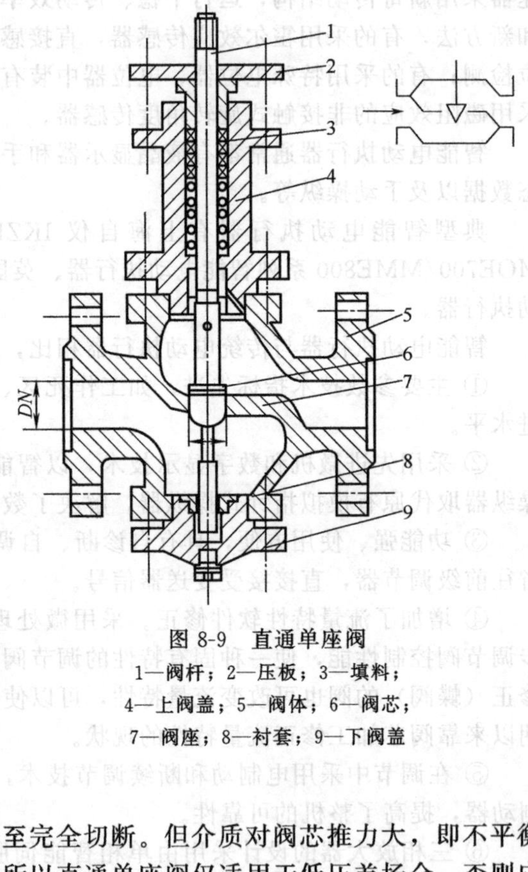

图 8-9　直通单座阀

1—阀杆；2—压板；3—填料；4—上阀盖；5—阀体；6—阀芯；7—阀座；8—衬套；9—下阀盖

直通单座阀的阀体内只有一个阀芯和一个阀座。特点是泄漏量小，易于保证关闭，甚至完全切断。但介质对阀芯推力大，即不平衡力大，特别是在高差压、大口径时更为严重，所以直通单座阀仅适用于低压差场合。否则应该适当选用推力大的执行机构或配以阀门定位器。

2. 直通双座阀

图 8-10 为直通双座阀的结构原理图。结构与直通单座阀类似，只是它有两个阀芯和两个阀座。流体从左侧进入，通过上、下阀座和阀芯后汇合在一起，再由右侧流出。与同口径的单座阀相比，它流过的介质更多，流通能力约提高 20%～25%。由于流体作用在上、下阀芯上的不平衡力大小接近相等，且方向相反，可以互相抵消，所以不平衡力小，允许压差大，适用于高静压、高压差的场合。但受加工限制，上、下阀芯不容易保证同时关闭，所以泄漏量较大，尤其在高温或深冷的场合，因采用不同材料的阀芯和阀座的热膨胀系数不同，更容易引起较严重的泄漏。另外，阀体的流路较复杂，在高压差流体中使用时，对阀体的冲

刷及气蚀损坏较严重，所以，不适用于高黏度介质和含纤维介质的调节。

由于直通双座阀采用双导向结构，其阀芯正装、反装都可以，所以，改变作用方式很方便。

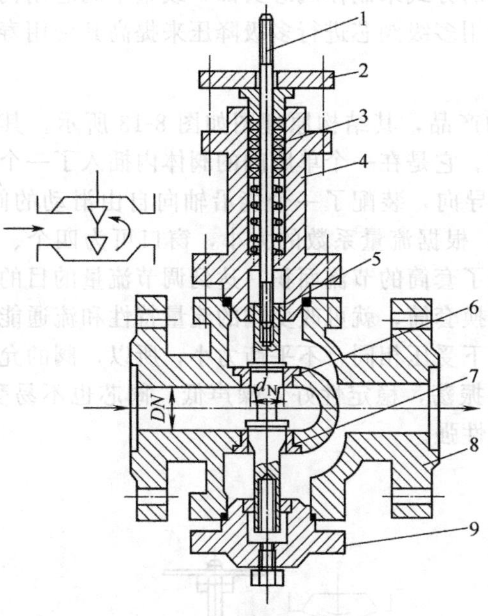

图 8-10 直通双座阀

1—阀杆；2—压板；3—填料；4—上阀盖；5—衬套；6—阀芯；7—阀座；8—阀体；9—下阀盖

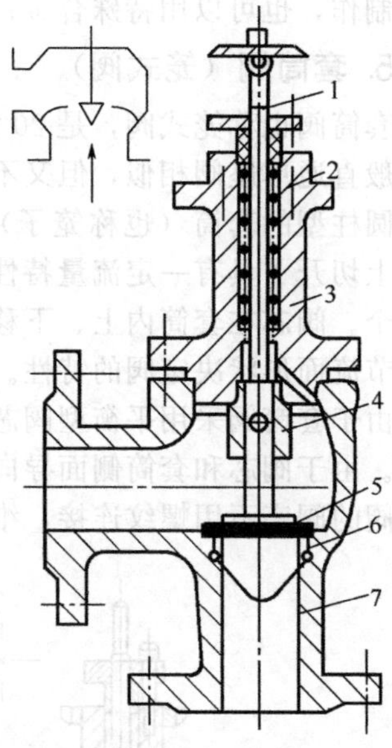

图 8-11 角形阀

1—阀杆；2—填料；3—阀盖；4—衬套；5—阀芯；6—阀座；7—阀体

3. 角形阀

图 8-11 为角形阀的结构原理图。角形阀的阀体为直角形，其他结构与直通单座阀相似。其阀芯为单导向结构，只能正装。角形阀的流路简单，阻力小，适用于高压差、高黏度、含悬浮物和颗粒状物质流体的控制，可避免堵塞和结焦，便于自净和清洗。

有时，由于现场条件的限制，要求两管道成直角时，也可用角形阀。

角形阀既可以让流体底进侧出，此时，阀芯密封面易受损伤；也可以让流体侧进底出。此时，阀座易受损伤。

从调节性能出发，角形阀在使用时多采用底进侧出形式。但在高压差场合，为了延长阀芯使用寿命，可采用侧进底出方式。这样，也有利于介质的流动。但侧进时，应避免在小开度使用，否则易产生振荡。

4. 高压阀

图 8-12 所示为高压阀的结构原理图。

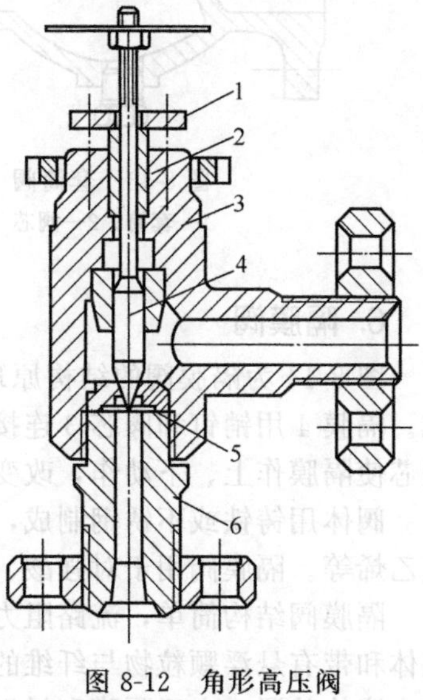

图 8-12 角形高压阀

1—压板；2—填料；3—上阀体；4—阀芯；5—阀座；6—下阀体

高压阀多为角形单座阀，是专为高静压、高压差情况提供的特殊阀门，最大公称压力可达 $pN=32000\text{kPa}$。高压阀的上、下阀体为锻造结构，填料箱与阀体制成一个整体，而下阀体与阀座分开制造，这种结构便于配换阀座。其阀芯为单导向结构，只能正装；阀的不平衡力很大，需配用阀门定位器。

在高压差情况下，流体对材料的冲刷和气蚀非常严重。为提高阀的使用寿命，一方面可增加阀芯的硬度，如可采用硬质合金或用渗铬的方式来制作阀芯头部，或整个阀芯用钨铬钴合金制作，也可以用特殊合金；另一方面可采用多级阀芯进行多级降压来提高其使用寿命。

5. 套筒阀（笼式阀）

套筒阀也称笼式阀，是20世纪70年代的产品，其结构原理图如图8-13所示。其阀体与一般直通单座阀相似，但又不同于一般阀门。它是在一个单座阀的阀体内插入了一个可拆装的圆柱型的套筒（也称笼子），并以套筒为导向，装配了一个能沿轴向自由滑动的阀芯。套筒上切开了具有一定流量特性的孔（窗口），根据流量系数的大小，窗口可为四个、二个或一个。阀芯在套筒内上、下移动，从而改变了套筒的节流面积，达到调节流量的目的。套筒的节流面形状决定阀的特性。所以，只要更换套筒，就可改变阀的流量特性和流通能力。

由于套筒阀采用平衡型阀芯结构，阀芯上下受压相同，不平衡力小，所以，阀的允许压差大。由于阀芯和套筒侧面导向，所以阀不易振荡，稳定性好，噪声低，阀芯也不易受损。套筒阀的阀座不用螺纹连接，维修方便、通用性强。

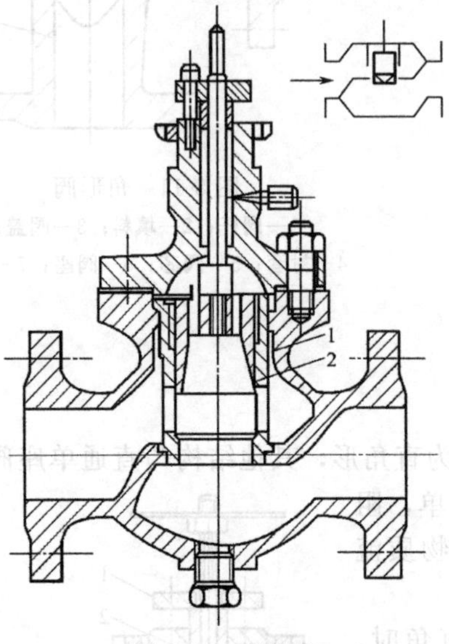

图8-13 套筒阀

1—套筒；2—阀芯

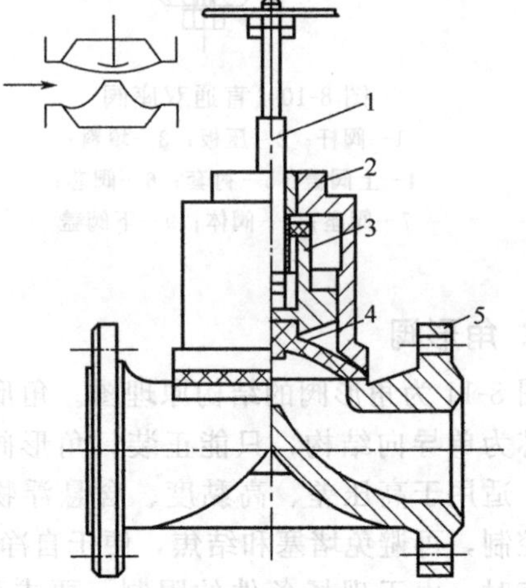

图8-14 隔膜阀

1—阀杆；2—阀盖；3—阀芯；4—隔膜；5—阀体

6. 隔膜阀

图8-14为隔膜阀的结构原理图。隔膜阀由阀体、隔膜、阀芯、阀盖、阀杆等零部件组成。隔膜4用销钉和阀芯3连接，并被阀体5、阀盖2用螺柱、螺母夹紧。阀杆的位移通过阀芯使隔膜作上、下动作，改变它与阀体堰面间的流通截面，达到调节流量的目的。

阀体用铸铁或不锈钢制成，内部衬上各种耐腐蚀、耐磨的材料，隔膜材料有橡胶和聚四氟乙烯等。隔膜阀用于对强酸、强碱等强腐蚀性介质的控制。

隔膜阀结构简单，流路阻力小，流通能力比同口径的一般控制阀大，特别适用于高黏度流体和带有悬浮颗粒物与纤维的流体的控制；隔膜将流体与外界隔离开，故不用填料函就可防止流体外漏；由于隔膜和衬里的材料性质所限，其耐压、耐温性能较差，一般用于1MPa压力、150℃温度的环境条件下工作；它的流量特性近似于快开特性。

7. 三通阀

三通阀的阀体上有三个通道与管道相连。它是由直通单座阀、直通双座阀改型而成。将直通双座阀下阀盖处改为接管，即为三通合流阀（两进一出）或三通分流阀（两出一进）。其结构原理图如图 8-15 所示。三通阀的阀芯为单导向，所以只能正装。

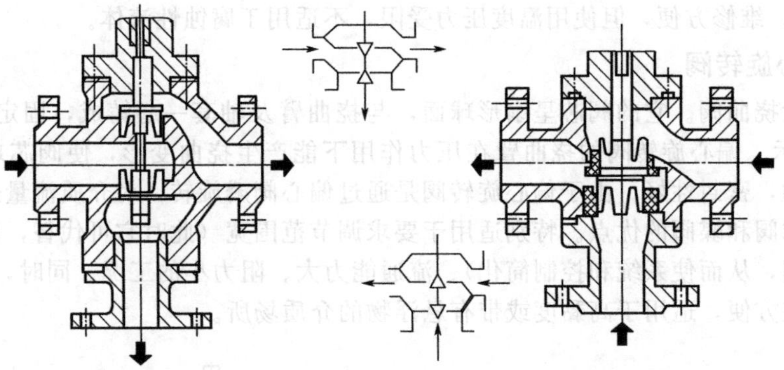

(a) 分流　　(b) 合流

图 8-15　三通阀

8. 蝶阀

蝶阀也称翻板阀，它由阀体、挡板、挡板轴和轴封等部分组成，其结构原理如图 8-16 所示。一般与长行程执行机构相配合。其特点是阻力损失小，结构简单，价格低，使用寿命长，特别适用于低压差、大口径、大流量气体及悬浮固体物质的流体的场合，但泄漏量大。蝶阀的流量特性在 60°转角前与等百分比特性相似，60°后转矩增大，工作不稳定，特性也不好。所以，蝶阀常在 60°转角范围内使用。

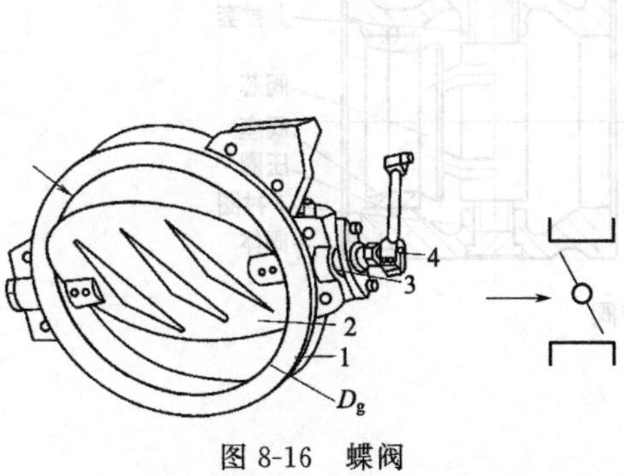

图 8-16　蝶阀

1—阀体；2—挡板；3—轴封；4—挡板轴

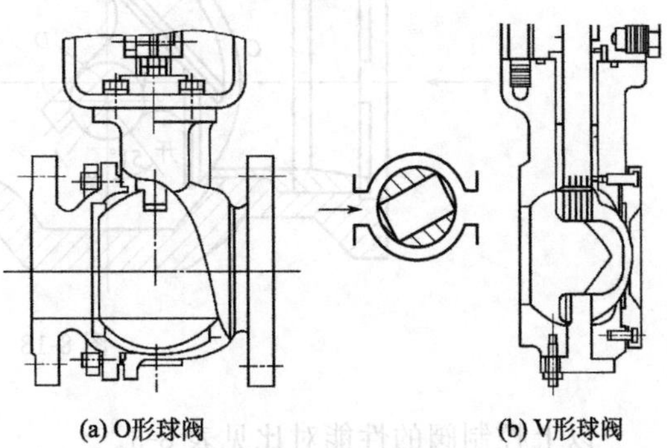

(a) O形球阀　　(b) V形球阀

图 8-17　球阀

9. 球阀

球阀按阀芯形式不同可分为 O 形球阀和 V 形球阀。

① O 形球阀　O 形球阀的结构如图 8-17(a) 所示。球体上开有一个直径和管道直径相等的通孔，阀杆可以使球体在密封座中旋转，从全开位置到全关位置的转角为 90°。这种阀结构简单，维修方便，因为其流量特性是快开特性，所以，一般作两位调节用；采用软材料密封座，所以密封可靠；流体进入阀门无方向性，所以流通能力大；一般只适用于 220℃以下的温度和 100kPa 以下的压力，不适用于腐蚀性流体。

② V形球阀　V形球阀的结构如图 8-17(b) 所示。它的球体上开有一个V形口，随着球的旋转，开口面积不断发生变化，但开口面的形状始终保持为三角形。当V形口旋转到阀体内，球体和阀体中的密封圈紧密接触。开、关的角度范围是 90°。这种阀的V形口与阀座之间有剪切作用，可以切断纤维的流体，如纸浆、纤维、含颗粒的介质，关闭性能好；流通能力大，比同口径普通阀高 2 倍；流量特性近似等百分比特性，可调比大，可高达 300：1；结构简单，维修方便，但使用温度压力受限，不适用于腐蚀性流体。

10. 偏心旋转阀

又名凸轮挠曲阀。它的阀芯呈扇形球面，与挠曲臂及轴套一起铸成，固定在转动轴上，如图 8-18 所示。偏心旋转阀的挠曲臂在压力作用下能产生挠曲变形，使阀芯球面与阀座密封圈紧密接触，密封性好。由于偏心旋转阀是通过偏心阀瓣旋转，对介质流量进行调节或切断，综合了球阀和蝶阀的优点。特别适用于要求调节范围宽（此时它可代替，两个并联的可调比较小的阀，从而使系统和控制简化）、流通能力大、阻力小的工况。同时，它的重量轻、体积小、安装方便，适用于高黏度或带有悬浮物的介质场所。

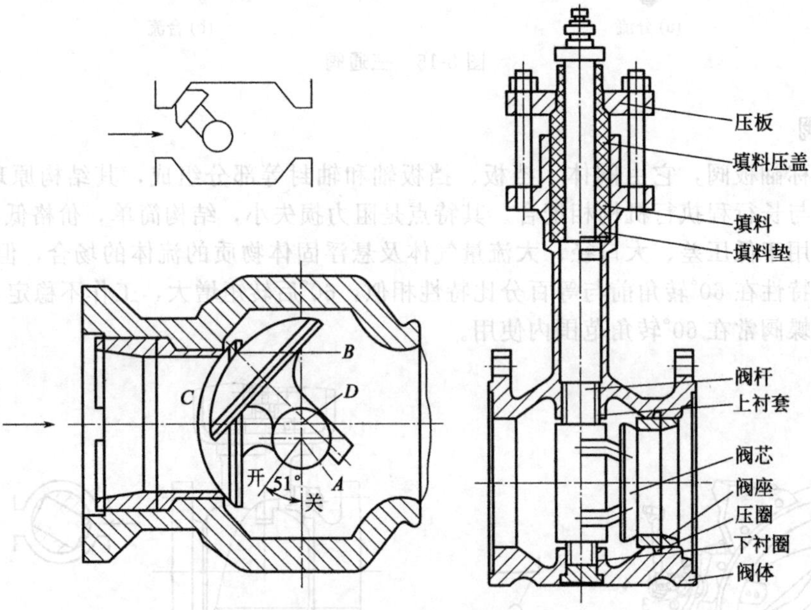

图 8-18　偏心旋转阀

以上控制阀的性能对比见表 8-3。

表 8-3　控制阀性能对比

种类	性能	调	切断	克服压差	防堵	耐蚀	耐压	耐温	重量	外观	最佳性能数量
直行程	单座阀	√	○	×	×	√	√	√	×	×	4
	双座阀	√	×	√	×	○	√	√	×	×	4
	套筒阀	√	×	√	×	○	√	√	×	×	4
	角形阀	√	○	×	○	√	√	√	×	×	4
	三通阀	√	○	×	×	×	√	√	×	×	3
	隔膜阀	×	√	×	√	○	×	×	×	×	2

续表

种类	性能	调	切断	克服压差	防堵	耐蚀	耐压	耐温	重量	外观	最佳性能数量
角行程	蝶阀	√	√	×	√	○	√	√	√	√	7
	球阀	√	√	√	√	√	√	√	×	×	7
	偏心旋转阀	√	√	√	√	√	√	√	×	×	7

符号说明："√"表示最佳；"○"表示基本可以；"×"表示差。

★看动画视频　说工作过程

角型阀

直通单座阀　直通双座阀　套筒阀

隔膜阀　三通阀　碟阀

球阀　V型阀　凸轮挠曲阀

二、阀芯结构型式

为了获得不同的流量特性，以满足各种控制要求，控制阀的阀芯可制成多种型式，但概括起来可分为直行程阀芯和角行程阀芯两大类。

1. 直行程阀芯

直行程阀芯如图 8-19 所示。

① 平板形阀芯　见图 8-19(a)，这种阀芯的底面为平板形，其结构简单，加工方便，具有快开特性，可用来实现两位式控制。

② 柱塞型阀芯　见图 8-19(b)、(c)、(d)，柱塞型阀芯可分为上、下双导向和上导向两种。图 8-19(b) 左面两种为双导向阀芯，特点是上、下可以倒装，以改变控制阀的正、反装，从而改变执行装置的正、反作用方式。图 8-19(b) 右面两种阀芯都为上导向，用于角形阀、高压阀和小口径的直通单座阀。图 8-19(c) 为针形、球形阀芯，

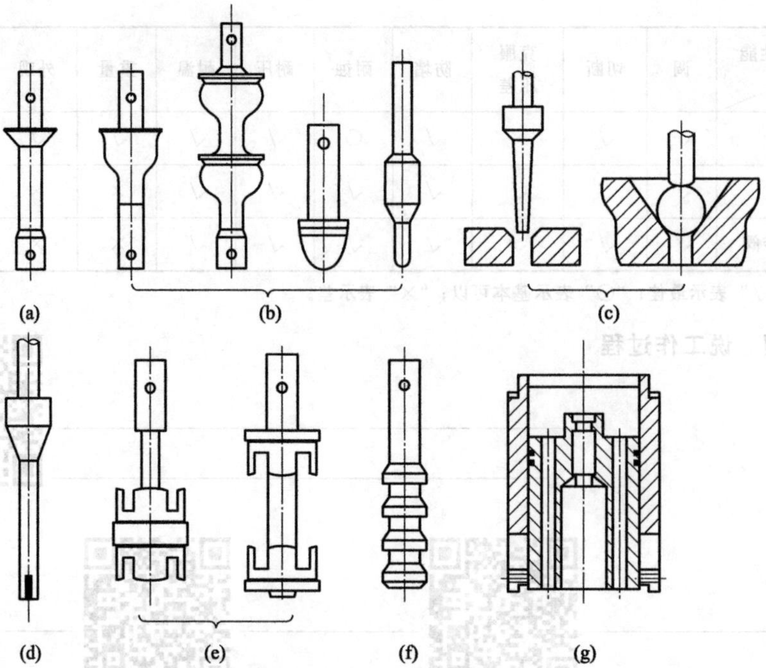

图 8-19 直行程阀芯

图 8-19(d) 为圆柱开槽型阀芯，它们都适用于小流量阀中。柱塞型阀芯常见的特性有直线和等百分比两种。

③ 窗口型阀芯 见图 8-19(e)，适用于三通阀，图中左边的阀芯为合流型，右边的为分流型。窗口型阀芯常见的特性有直线、等百分比和抛物线三种。

④ 多级阀芯 见图 8-19(f)，多级阀芯是把几个阀芯串接在一起，起到逐级降压的作用，适用于高压阀。

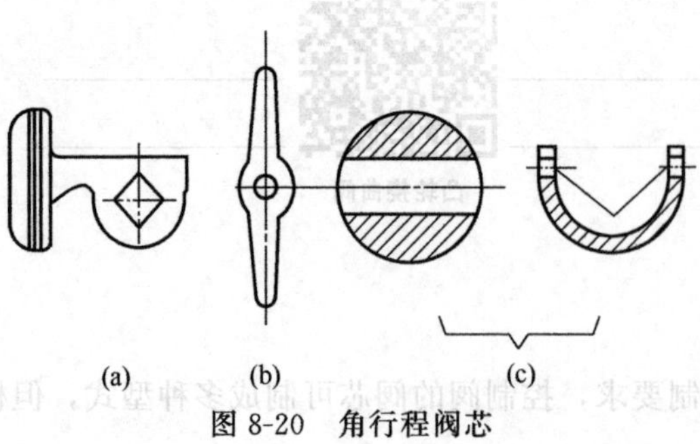

图 8-20 角行程阀芯

⑤ 套筒阀芯 见图 8-19(g)，套筒阀芯为圆筒状，套在套筒内，在阀杆带动下作上下移动。适用于干净气体或液体的控制。

2. 角行程阀芯

角行程阀芯如图 8-20 所示。

角行程阀芯是通过旋转运动来改变阀芯与阀座间的流通面积，从而实现流量调节的。图 8-20(a) 所示为偏心旋转阀芯，用于偏旋阀。图 8-20(b) 所示为蝶形阀芯，用于蝶阀。图 8-20(c) 所示为球形阀芯，用于球形阀，分“O”型和“V”型两种类型。

三、上阀盖型式

上阀盖是装在控制阀的执行机构与阀体之间的部件，其中装有填料函，能适应不同的工作温度和密封要求。我国生产的控制阀的上阀盖常见的结构形式有四种，如图 8-21 所示。

① 普通型 见图 8-21(a)，工作温度为－20～200℃，适用于常温工作环境。

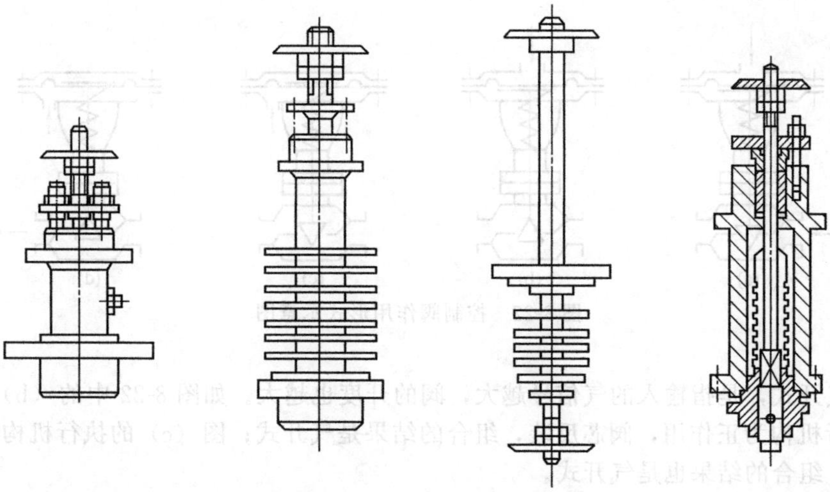

(a) 普通型　(b) 散(吸)热型　(c) 长颈型　(d) 波纹管密封型

图 8-21 上阀盖外形图

② 散（吸）热型 见图 8-21(b)，工作温度为－60～450℃，散（吸）热片类似于暖气片的作用，是散掉高温流体传给控制阀的热量，或吸收外界传给控制阀的热量，以保证控制阀内填料在允许的温度范围之内工作，适用于高低温变化大的环境。

③ 长颈型 见图 8-21(c)，工作温度为－60～－250℃。其上阀盖增加了一段直颈，有足够的长度，可以保护填料在允许的低温范围而不致冻结，颈的长短取决于介质温度和阀口径的大小，适用于深冷场合。

④ 波纹管密封型 见图 8-21(d)，可避免介质外泄漏，避免易燃、有毒的介质因外泄漏而产生的危险，适用于有毒、易挥发或贵重的流体。

上阀盖内具有填料室，内装聚四氟乙烯或石墨、石棉及柔性石墨填料，起到密封的作用。

第四节 执行装置的选用

执行装置是自动控制系统的终端控制元件之一，其性能对系统的控制质量影响很大，所以应慎重选择。执行装置的选择至少应考虑五个方面：执行机构的种类；调节机构的结构形式；控制阀的作用方式；调节机构的流量特性；调节机构的口径以及控制阀材料。执行机构的种类和调节机构的结构形式前已述及，本节重点介绍控制阀的作用方式、调节机构的流量特性、调节机构口径的计算及具体选用实例。

一、控制阀的作用方式及选用

1. 控制阀的作用方式

由于气动执行机构有正、反作用两种方式，而调节机构也有正、反装两种方式。因此，将气动执行机构与调节机构组合之后的气动执行装置就有四种组合方式，两种组合结果，即气开式、气关式控制阀。如图 8-22 和表 8-4 所示。

表 8-4 气动执行装置的作用方式

图号	执行机构	调节机构	组合结果	图号	执行机构	调节机构	组合结果
图 8-22(a)	正作用	正装	气关	图 8-22(c)	反作用	正装	气关
图 8-22(b)	正作用	反装	气开	图 8-22(d)	反作用	反装	气开

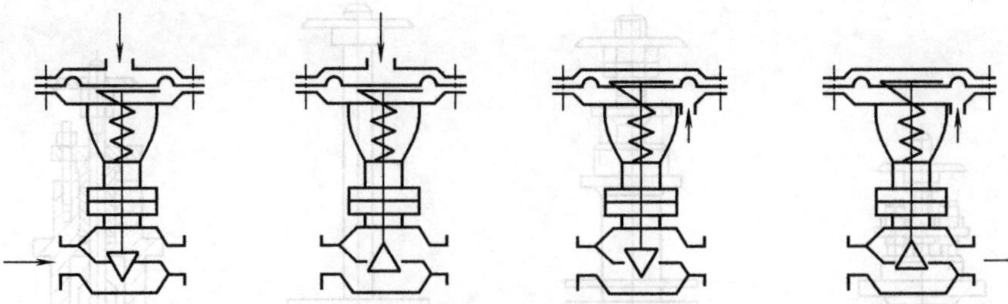

图 8-22 控制阀作用形式示意图

所谓气开式，是指输入的气信号越大，阀的开度也越大。如图 8-22 中的（b)、(c)。图（b）的执行机构为正作用，阀芯反装，组合的结果是气开式；图（c）的执行机构为反作用，阀芯正装，组合的结果也是气开式。

所谓气关式，与气开式相反，是指输入的气信号增加时，阀的开度减小。如图 8-22 中的（a)、(d)。图（a）的执行机构为正作用，阀芯正装，组合的结果是气关式；图（d）的执行机构为反作用，阀芯反装，组合的结果也是气关式。

2. 控制阀作用方式的选择

控制阀之所以要分气开式和气关式，是从安全角度考虑的。即在事故状态下，根据需要使控制阀自动全开或全关来确保人员及装置安全。当阀的控制信号发生故障或控制系统某环节失灵时，阀是处于全开的位置安全，还是处于全关的位置安全，要由具体的生产工艺来决定，一般来说要根据以下几条原则进行选择。

① 首先要从生产安全出发，即当气源供气中断，或控制器出故障而无输出，或调节阀因膜片破裂而漏气等导致调节阀无法正常工作以致阀芯恢复到无能源的初始状态（气开阀恢复到全关，气关阀恢复到全开），应能确保生产工艺设备的安全，不致发生事故。如生产蒸汽的锅炉水位控制系统中的给水调节阀，为了保证发生上述情况时不致把锅炉烧坏，调节阀应选气关式。

② 从保证产品质量出发，当发生调节阀处于无能源状态而恢复到初始位置时，不应降低产品的质量。如精馏塔回流量调节阀常采用气关式，一旦发生事故，调节阀全开，使生产处于全回流状态，防止不合格产品的蒸出，从而保证塔顶产品的质量。

③ 从降低原料、成品、动力损耗来考虑。如控制进料的调节阀就常采用气开式，一旦调节阀失去能源即处于气关状态，不再给塔进料，以免造成浪费。

④ 从介质的特点考虑。精馏塔塔釜加热蒸汽调节阀一般选气开式，以保证在调节阀失去能源时能处于全关状态，避免蒸汽的浪费，但是如果釜液是易凝、易结晶、易聚合的物料时，调节阀则应选气关式，以防调节阀失去能源时阀门关闭，蒸汽停止进入而导致釜内液体的结晶和凝聚。

在实际应用中，大口径的阀门一般都是正作用，所以，气开、气关形式主要依靠改变阀芯的安装方向来实现。而小口径阀主要靠改变执行机构的正反作用方向来实现。对于双座阀和 DN25 以上的单座阀，推荐用图 8-22 的（a)、(b）两种形式，即执行机构采用正作用式，通过变换阀的正、反装来实现气关和气开。DN25 以下的直通单座阀以及隔膜阀、三通阀等，由于阀只能正装，因此，只有通过变换执行机构的正、反作用来实现气开或气关，即按图（a)、图（c）的组合形式。

阀的正反作用从外表可以看出来，而阀的气开、气关形式主要靠铭牌说明，装在阀体上的行程标尺上的开关标志也可作为参考。

★看动画视频　说工作过程

气动薄膜调节阀-气关-上进气　　气动薄膜调节阀-气关-下进气

气动薄膜调节阀-气开-上进气　　气动薄膜调节阀-气开-下进气

二、调节机构的流量特性及选用

1. 调节机构的流量特性

调节机构的流量特性是指介质流过阀门的相对流量与相对位移（阀门的相对开度）间的关系，数学表达式如下：

$$\frac{Q}{Q_{\max}}=f\left(\frac{l}{L}\right) \tag{8-1}$$

式中　$\frac{Q}{Q_{\max}}$——相对流量，指控制阀在某一开度时的流量 Q 与阀全开时的流量 $Q_{\max}$ 之比；

$\frac{l}{L}$——相对位移，指控制阀在某一开度下的行程 l 与阀全行程 L 之比。

一般来说，阀的行程变化，就会改变控制阀的阀芯与阀座之间的流通面积，从而控制流过控制阀的流体的流量。但除此之外，随节流面积改变而变化的阀前、阀后的压差也会导致流量的变化。因此，为了便于分析，先假定阀前、阀后的压差不变，然后再引申到真实情况进行研究。前者称为理想流量特性，后者称为工作流量特性。

控制阀出厂时所标注的特性均为理想流量特性，又称为固有流量特性，它主要有直线、等百分比（对数）、抛物线及快开等四种类型，如图 8-23 所示。不同的流量特性是由不同形状的阀芯产生的，不同流量特性的阀芯形状如图 8-24 所示。

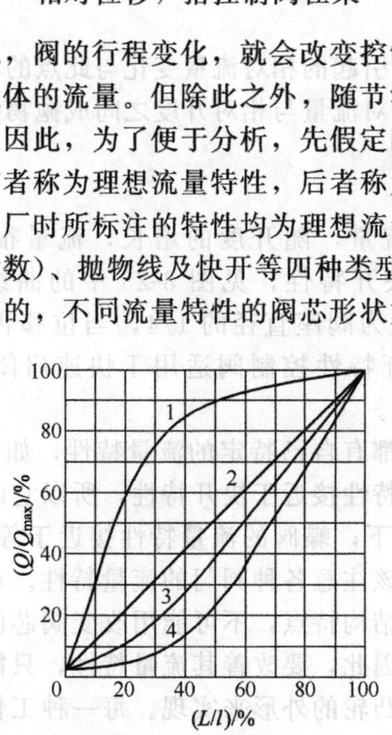

图 8-23　理想流量特性

1—快开；2—直线；3—抛物线；4—等百分比

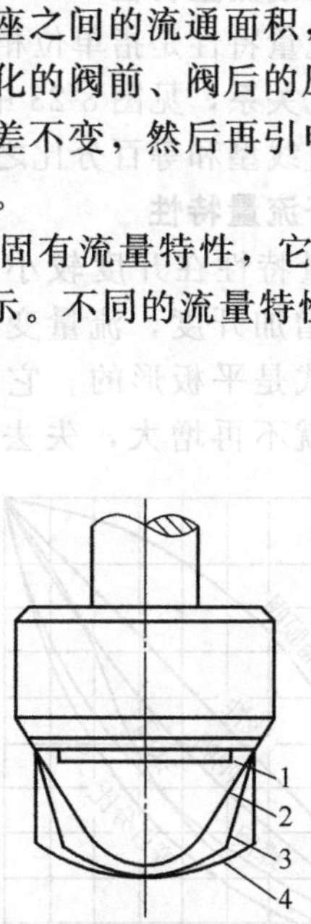

图 8-24　不同流量特性的阀芯形状

1—快开；2—直线；3—抛物线；4—等百分比

(1) 直线流量特性

直线流量特性是指控制阀的相对流量与相对位移成线性关系，即阀的放大系数为常数，见图 8-23 中的直线 2。即阀芯发生单位位移变化所引起的流量变化相同。但是，同样的流量变化在小开度（小流量）与在大开度（大流量）时所导致的效果是不同的。

对于线性流量特性的调节阀，相对行程由 10%变化到 20%时，流量的相对变化值达到 74.4%；相对行程由 80%变化到 90%时，流量的相对变化值仅为 12.0%。可见，在同样的行程变化条件下，调节阀在小开度时，控制作用很强，流量相对变化量大，灵敏度高，不易控制，甚至发生振荡；而在大开度时，流量相对变化量小，调节缓慢，控制作用很弱，控制不够及时有力，这是线性流量特性调节阀的不足之处。因此，直线型阀门不适合负荷变化大的对象的控制。

(2) 等百分比（对数）流量特性

等百分比流量特性也称为对数流量特性。它是指阀芯在变化单位行程时所引起的相对流量变化与该点的相对流量成正比，即阀的放大系数随相对流量的增大而增大，见图 8-23 中的曲线 4。在同样的行程变化条件下，小开度时流量变化小，控制比较平稳缓和；大开度时，流量变化大，控制灵敏有效，这是等百分比流量特性的调节阀优势。

当小开度时，相对行程由 10%变化到 20%，流量的相对变化值为 40%。因为阀的放大系数小，即使阀的开度变化较大，但流量变化却很小，调节平稳缓和；当大开度时，相对行程由 80%变化到 90%，流量的相对变化值还是能达到 40%。此时因为放大系数增大，即使阀的开度变化不大，流量的变化也会较大，调节灵敏有效。

故对于等百分比调节阀来说，不管是小开度还是大开度时，行程变化相同时，流量在原来基础上变化的相对百分数是相等的。具有这种特性的调节阀对各种控制系统一般都能适用。而且对负荷变化大的对象更能显示出它的优越性。

直线型和等百分比型控制阀应用最为广泛。

(3) 抛物线流量特性

抛物线流量特性是指单位相对位移的变化所引起的相对流量变化与此点的相对流量值的平方根成正比关系，见图 8-23 中的曲线 3，即相对流量与相对开度之间成抛物线关系。抛物线特性介于直线型和等百分比之间。

(4) 快开流量特性

这种流量特性在开度较小时就有较大的流量，随开度的增长，流量很快就达到最大。此后再增加开度，流量变化很小，故称快开特性，见图 8-23 中的曲线 1。快开特性的阀芯形式是平板形的。它的有效位移一般为阀座直径的 1/4，当位移再增大时，阀的流通面积就不再增大，失去调节作用。快开特性控制阀适用于快速启闭的切断阀或双位控制系统。

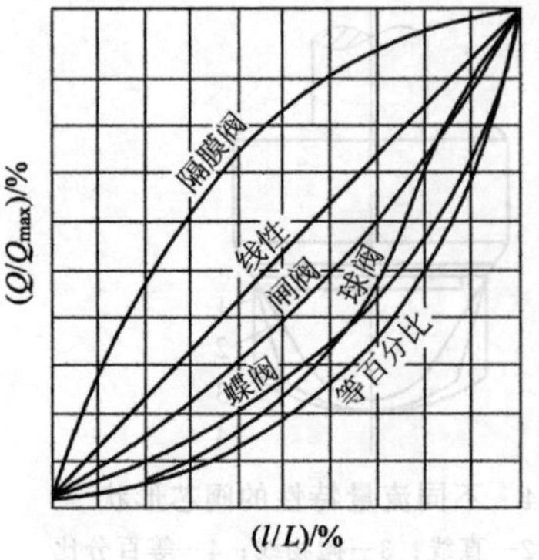

图 8-25 各种阀门的流量特性

各种阀门都有自己特定的流量特性，如图 8-25 所示。隔膜阀的流量特性接近于快开特性，所以它的工作段应在位移的 60%以下；蝶阀的流量特性接近于等百分比特性；选择阀门时应该注意各种阀门的流量特性。对隔膜阀和蝶阀，由于它的结构特点，不可能用改变阀芯的曲面形状来改变其特性，因此，要改善其流量特性，只能通过改变阀门定位器反馈凸轮的外形来实现。每一种工作场合常常有几种形式的阀都能满足，建议选择阀的结构形式的先后顺序为：蝶阀、多功能超薄型球阀→套筒阀→单座阀→双座阀→偏心旋转阀→球阀→三通阀→隔膜阀。

以上研究的都是在阀两端压差保持不变的理想状态下阀的流量特性。然而，在实际应用中，控制阀往往和工艺设备、管道等串联或并联使用，流量因阻力损失的变化而变化，使得阀的理想流量特性畸变成工作流量特性。直线和等百分比阀在串联管道时的工作流量特性如图 8-26 所示。图中 Q_{100} 表示存在着管道阻力，且阀全开时的流量。S 叫阀阻比，表示阀前后压差 Δp 与管路系统总压差 $\Sigma\Delta p$ 之比。系统总压差 $\Sigma\Delta p$ 是阀以及全部工艺设备和管路系统上的各压差之和。阀阻比的表达式为

$$S=\frac{\Delta p}{\sum\Delta p} \tag{8-2}$$

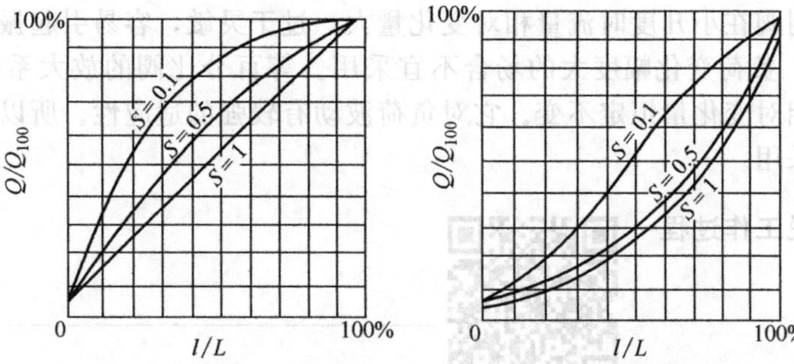

(a) 线性　　(b) 等百分比

图 8-26　串联管道时控制阀的工作特性（以 Q_{100} 为参比值）

由图可见，S 越小，流量特性畸变越严重。

2. 调节机构流量特性的选用

在实际应用中，阀的固有流量特性用得较多的是直线、等百分比和快开三种。抛物线特性介于直线和等百分比之间，一般用等百分比特性代替。快开特性主要用于二位式控制。目前阀的流量特性选择多采用经验准则，可从以下几点分析考虑。

(1) 从控制系统的控制质量角度——选择阀的工作流量特性

一个简单的控制系统一般是由一个控制对象、一个变送器、一个控制器和一个控制阀等几个基本环节组成。如果用 $K_1 \sim K_5$ 分别表示变送器、控制器、执行机构、调节机构和控制对象的放大系数，则系统的总的放大系数 K 为：

$$K=K_1K_2K_3K_4K_5$$

为使系统稳定，希望 K 不变。其中，$K_1 \sim K_3$ 基本是不变的。而 K_5 随负荷而变化，且对象特性多为非线性，所以，应适当选择阀的工作流量特性，用其流量特性的变化来补偿对象特性的变化，即使 K_4K_5 之积等于常数。例如，对于放大系数随负荷增大而减小的对象，应选用放大系数随负荷增大而增大的百分比特性的控制阀。当对象特性为线性时，应选用直线流量特性的控制阀。

(2) 根据工艺配管情况——选择阀的固有流量特性

控制阀总是与管道、设备连在一起使用的，管道阻力的存在必然会使阀的工作特性与固有特性不同。所以，在选择了工作特性的基础上，再根据配管情况选择阀的固有流量特性。表 8-5 表明了阀的工作流量特性与固有流量特性的关系。

表 8-5　阀的工作特性与固有特性的对应关系

配管状况	$S=1\sim0.6$		$S=0.6\sim0.3$		$S<0.3$
阀的工作特性	直线	等百分比	直线	等百分比	不宜控制
阀的固有特性	直线	等百分比	等百分比	等百分比	不宜控制

从表 8-5 可见，当 $S>0.6$ 时，管道上大部分阻力产生在阀上，可以认为阀的工作流量特性基本接近固有流量特性；当 $S=1$ 时，表示全部阻力均降在阀上，即管道上没有压力损失，这是理想状态。此时阀的工作流量特性与固有流量特性一致；当 $S<0.6$ 时，流量特性发生畸变，$S=0.6\sim0.3$ 之间时，若需要工作流量特性是线性的，则固有流量特性应选等百分比的，若要求工作流量特性为等百分比的，则固有流量特性曲线应比该工作曲线更凹一些，此时，可通过阀门定位器的反馈凸轮来补偿。当 $S<0.3$ 时，管道阻力太大已经淹没了阀的影响，畸变太严重，一般不采用。

(3) 从负荷变化情况分析

直线特性控制阀在小开度时流量相对变化量大，过于灵敏，容易引起振荡，阀芯阀座易损坏，在 S 值小、负荷变化幅度大的场合不宜采用。等百分比阀的放大系数随阀门行程增大而增大，流量相对变化量恒定不变。它对负荷波动有较强的适应性。所以在过程控制中等百分比阀被广泛采用。

★看动画视频　说工作过程

调节阀的理想流量特性

三、控制阀口径的计算

1. 控制阀口径计算的理论基础

(1) 控制阀的节流原理和流量系数

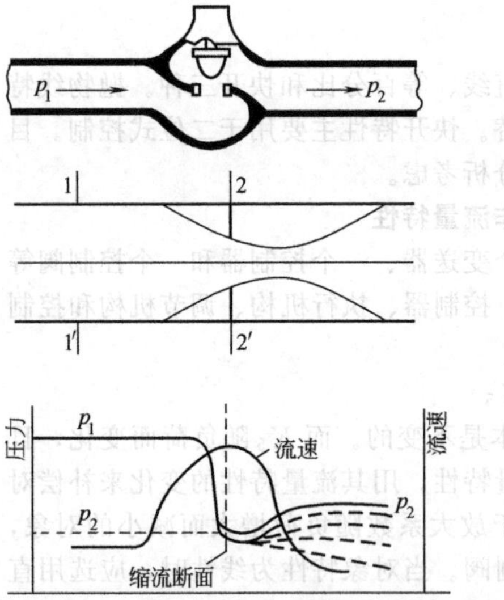

图 8-27　流过节流孔时压力和速度的变化

控制阀和普通阀门一样，是一个局部阻力可以改变的节流元件。当流体流过控制阀时，由于阀芯、阀座所造成的流通面积的局部缩小，形成了局部阻力。与孔板类似，它使流体的压力和速度产生变化，见图 8-27。所不同的是阀的孔径（即阀的流通面积）是随着阀的开度而改变的，而孔板的孔径是不变的。流体流过控制阀时产生的能量损失，通常用阀前后的压力差来表示。

在流体力学中，流体的压力常常用高度来表示，称作压头。流体的压头有三种。

① 流体因所在位置距标准面的高度而具有的压头，叫作几何压头。用流体距标准面的高度 h 来表示。

② 流体因有压力而具有的压头，叫作静压头。其大小等于液柱的压力。表示为 $\dfrac{p}{\rho g}$，其中，p 表示流体的压力；ρ 表示流体的密度；g 表示重力加速度。

③ 流体在流动时，因有流速而造成的压头叫作速度压头。表示为 $\dfrac{v^2}{2g}$，其中 v 为流体的流速。

这三种压头的总和称作流体的总压头。表示为 $h+\frac{p}{\rho g}+\frac{v^2}{2g}$。理想流体在管道中流动时，总压头是不变的。取图 8-37 中阀前及阀后的两个截面 1—1′和 2—2′，则有：

$$h_1+\frac{p_1}{\rho g}+\frac{v_1^2}{2g}=h_2+\frac{p_2}{\rho g}+\frac{v_2^2}{2g} \tag{8-3}$$

一般情况下，阀都安装在水平管道上，所以，$h_1=h_2$，因此有：

$$v_2^2-v_1^2=\frac{2}{\rho}(p_2-p_1)=\frac{2}{\rho}\Delta p \tag{8-4}$$

又因为，连续流动的流体，各处流量 Q 相等，且有

$$Q=vA \tag{8-5}$$

其中，A 为管道横截面积，且 $A=\frac{\pi d^2}{4}$。所以有：$Q=\frac{\pi d_1^2}{4}v_1=\frac{\pi d_2^2}{4}v_2$，整理得：

$$v_2=\frac{d_1^2}{d_2^2}v_1 \tag{8-6}$$

将式(8-6) 代入式(8-4)，整理得：

$$v_1=\frac{1}{\sqrt{\left(\frac{d_1}{d_2}\right)^4-1}}\sqrt{\frac{2}{\rho}\Delta p}=\frac{1}{\sqrt{\xi'}}\sqrt{\frac{2}{\rho}\Delta p} \tag{8-7}$$

将式(8-7) 代入式(8-5) 得：

$$Q=\frac{A}{\sqrt{\xi'}}\sqrt{\frac{2}{\rho}\Delta p} \tag{8-8}$$

由于阀口径处的静压不易获得，故在阀后取一较稳定的取压点作为 p_2，因此，在式(8-8) 上要乘以一个修正系数，使公式变为：

$$Q=\frac{A}{\sqrt{\xi}}\sqrt{\frac{2}{\rho}\Delta p} \tag{8-9}$$

这就是控制阀的基本流量方程式。其中各项使用的均为国际标准单位，即：

A——管道横截面积，m^2；

ρ——流体密度，kg/m^3；

Δp——阀前后压差，Pa；

ξ——控制阀的阻力系数，与开度有关；

Q——流体流量，m^3/s。

显然，当 A、Δp、ρ 一定时，Q 只与 ξ 有关。即当阀开度增大时，d_2增大，ξ 减小，从而导致 Q 减小。即：改变阀的流通面积可改变阻力系数，达到流量调节的目的。

如果式(8-9) 中的 A、ρ、Δp、Q 的单位分别为 cm^2、g/cm^3、100kPa、m^3/h 时，流量方程式则变为：

$$Q=5.09\frac{A}{\sqrt{\xi}}\sqrt{\frac{\Delta p}{\rho}}=K_v\sqrt{\frac{\Delta p}{\rho}} \tag{8-10}$$

上式流量方程的系数为 $K_v=5.09\frac{A}{\sqrt{\xi}}$，故称 K_v为控制阀的流量系数（过去控制阀的流量系数用 C 表示）。其定义为：在控制阀全开，阀两端压差为 100kPa、流体密度为 $1g/cm^3$、温度为 278～313K（5～40℃）（即常温水）时，通过阀的流体的体积流量数值（m^3/h）。

若某控制阀的 $K_v=40$，根据上述定义，则表示该阀全开，阀前后静压差为 100kPa，流

体密度为 $1g/cm^3$ 的常温水每小时能通过的流量为 $40m^3$。

很多采用英寸制单位的国家用 C_v 来表示流量系数。C_v 的定义为：用40～60℃的水，保持阀门两端压差为1psi（6894.76Pa），阀门全开状态下每分钟流过的水的加仑数。

K_v 和 C_v 的换算关系为：

$$C_v = 1.167K_v \tag{8-11}$$

阀的流量系数与阀芯及阀座的结构、流体的性质等有关，表示阀的流通能力大小。

(2) 压力恢复和压力恢复系数

前面在建立流量系数的计算公式时，是把流体假想为理想流体（无黏性、不可压缩），没有考虑流体在阀门内的流动状态及阀门结构对流体流动的影响。

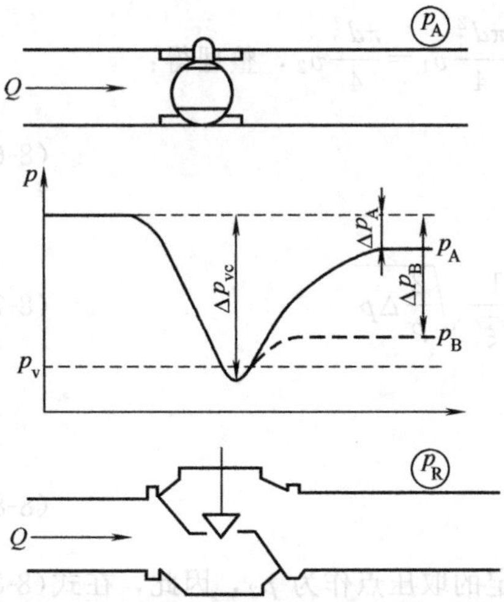

图 8-28 单座阀与球阀的压力恢复比较

实际上，阀在某一开度时，流体流过的状态与孔板类似。当压力为 p_1 的流体流经节流孔时，在节流孔前的流体流束会发生收缩运动，使流速急剧增加，静压急剧下降，流过节流孔的流束在惯性作用下在孔后继续收缩，因此，在节流孔后某一位置的流束截面会最小，此处称为缩流处，缩流处的静压最低，记为 p_{vc}。在缩流处之后，流体的流束截面又逐渐扩大，流速逐渐下降，静压逐渐升高，恢复到 p_2，这种现象称为压力恢复。即当流体流过控制阀时，其压力不是从 p_1 直接降为 p_2，而是由 p_1 急剧下降到 p_{vc}，再慢慢恢复，但由于控制阀内部对流体产生摩擦，部分能量转变成内能，造成压力损失，所以，阀后压力只能恢复到 p_2，且 $p_2 < p_1$，即产生了静压差 Δp。其变化情况如图 8-28 所示。

介质为气体时，由于它具有可压缩性，当阀前后压差达到某一临界值时，通过控制阀的流量将达到极限。这时，即使进一步增加压差，流量也不会再增加。当介质为液体时，一旦压差增大到足以引起液体汽化，即产生闪蒸和空化作用时，也会出现这种极限的流量，这种极限流量称为阻塞流 Q_T。阻塞流产生于缩流处及其下游。产生阻塞流时的压差为临界压差 Δp_T。为了说明这一特性，可以用压力恢复系数 F_L 来描述。如果用 p_{vcT} 表示产生阻塞流时缩流处的绝对压力，则有：

$$F_L = \frac{Q_T}{Q} = \frac{\sqrt{\Delta p_T}}{\sqrt{\Delta p_{vc}}} = \sqrt{\frac{p_1 - p_2}{p_1 - p_{vcT}}}$$

$$\Delta p_T = F_L^2 (p_1 - p_{vcT}) \tag{8-12}$$

式中 Q_T——开始产生阻塞流时的最大流量；

Q——开始产生阻塞流时，以缩流处与阀前的压差 Δp_{vc} 按非阻塞流条件计算而得到的理论流量；

Δp_T——开始产生阻塞流时，阀两端临界压差，$\Delta p_T = p_1 - p_2$；

Δp_{vc}——开始产生阻塞流时，缩流处与阀前的压差，$\Delta p_{vc} = p_1 - p_{vcT}$；

p_1、p_2——开始产生阻塞流时，阀入口、出口处的绝对压力。

F_L 值与阀体内部的几何形状有关，它表示控制阀内流体流经缩流处之后动能转变成静压能的恢复能力。它只与阀的结构、流路形状有关，而与口径无关。对于一个确定的阀，它的 F_L 值也是确定的。几种常见阀的 F_L 值如表 8-6 所示。

表 8-6 控制阀的压力恢复系数 F_L 与临界压差比 X_T

阀的类型	阀芯形式	流向	F_L	X_T
单座阀	柱塞型	流开	0.90	0.72
	柱塞型	流闭	0.80	0.55
	窗口型	任意	0.90	0.75
	套筒型	流开	0.90	0.75
	套筒型	流闭	0.80	0.70
双座阀	柱塞型	任意	0.85	0.70
	窗口型	任意	0.90	0.75
角形阀	套筒型	流开	0.85	0.65
	套筒型	流闭	0.80	0.60
	柱塞型	流开	0.90	0.72
	柱塞型	流闭	0.80	0.65
	文丘里	流闭	0.50	0.20
球 阀	O形球阀	任意	0.55	0.15
	V形球阀	任意	0.57	0.25
偏旋阀	柱塞型	任意	0.85	0.61
蝶 阀	60°全开	任意	0.68	0.38
	90°全开	任意	0.55	0.20

注：流开、流闭表示流体流经阀的方向。流开：介质从阀芯尖端向阀芯尾端流动；流闭：介质从阀芯尾端向阀芯尖端流动。

一般 $F_L=0.5\sim0.98$，F_L 越小，阀两端压差越小，压力恢复越大。有的阀门流路好，流动阻力小，具有较高的压力恢复能力，这种阀称为高压力恢复阀，如球阀、蝶阀、文丘里角阀等。有的阀结构和流路复杂，流动阻力大，摩擦损失大，压力恢复能力差，这种阀称为低压力恢复阀，如单座阀、双座阀。在图 8-28 中可以看出，球阀的压差损失 Δp_A 小于单座阀的压差损失 Δp_B。

(3) 闪蒸、空化及其影响

当压力为 p_1 的液体流经控制阀时，流速会突然急剧增加，而静压力骤然下降，当阀后压力 p_2 达到或者低于流体在该工作温度下的饱和蒸汽压力 p_v 时，部分液体将汽化形成气泡，出现汽液两相共存的现象，这种现象称为闪蒸。产生闪蒸时，液体对阀芯、阀座等材料有侵蚀破坏作用，同时也影响流量系数计算的准确性。

液体产生闪蒸之后，继续向后流动，流束截面将逐渐扩大，静压力逐渐恢复，当静压力恢复到 p_v 时，气泡又迅速破裂并转化为液态，这种现象叫做空化。空化作用使许多气泡集结在阀后，阻碍了流体的流动，即形成阻塞流。显然，空化必然伴随着闪蒸现象发生。产生空化时，气泡的破裂所产生的能量在液体中会出现强大的局部阻力，从而发出噪声和振动，破坏材质，缩短阀的寿命。这种因闪蒸和空化作用所造成的对阀芯、阀座及阀体材质的破坏现象，称为气蚀。在阀的应用中应尽力避免气蚀的出现。

2. 控制阀流量系数的计算

计算流量系数的目的是为阀口径的确定及阀的选型提供依据。而流量系数的计算，主要根据生产工艺提供的流体流量、阀两端压差及其他相关数据。下面根据介质的状态分几种情况介绍。

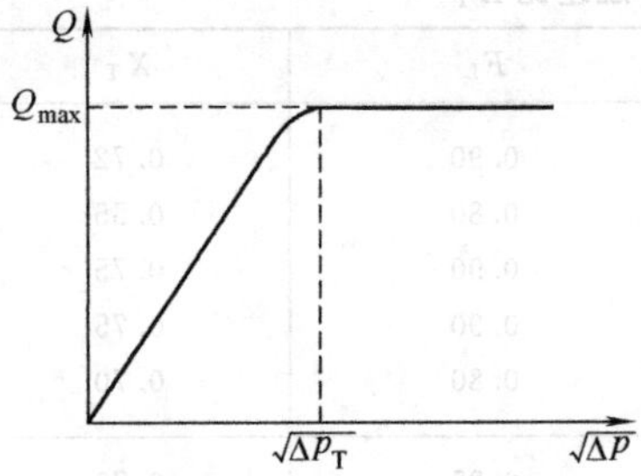

图 8-29 流量与压差的关系

(1) 一般液体的 K_v 值计算

第一步 判断是否能产生阻塞流

根据节流原理可知，流体流经控制阀时，当阀两端压差较小，液体处于正常状态时，流量和压差的平方根成正比，如图 8-29 所示。随着阀两端压差增大，会出现闪蒸现象，此时流量和差压的平方根关系被破坏，且压差 Δp 越大，液体汽化现象越严重，当 $\Delta p \geqslant \Delta p_T$ 时，就产生了阻塞流，流量将不再变化。这说明产生阻塞流后，流体的流量与压差的关系不再满足式(8-10) 关系，必须进行修正。所以，在进行控制阀流量系数计算时，需要判断流体是否产生了阻塞流。

式(8-12) 是判断阻塞流的重要依据。式中的 p_{vcT} 可借助于临界压力系数 F_F 获取。所谓临界压力系数是指在开始产生阻塞流时缩流处压力与工作温度下液体的饱和蒸汽压 p_v 之比，表示为：

$$F_F = \frac{p_{vcT}}{p_v} \tag{8-13}$$

或

$$p_{vcT} = F_F p_v \tag{8-14}$$

代入式(8-12) 可得：

$$\Delta p_T = F_L^2 (p_1 - F_F p_v) \tag{8-15}$$

临界压力系数有两种获取方式：

① 查图 根据实验得知，临界压力系数 F_F 值与液体的饱和蒸汽压 p_v 和液体热力学临界压力 p_c 之比有对应关系。只要查得 p_v 和 p_c，再根据 p_v/p_c 值，就可从图 8-30 的曲线上查出临界压力系数 F_L。

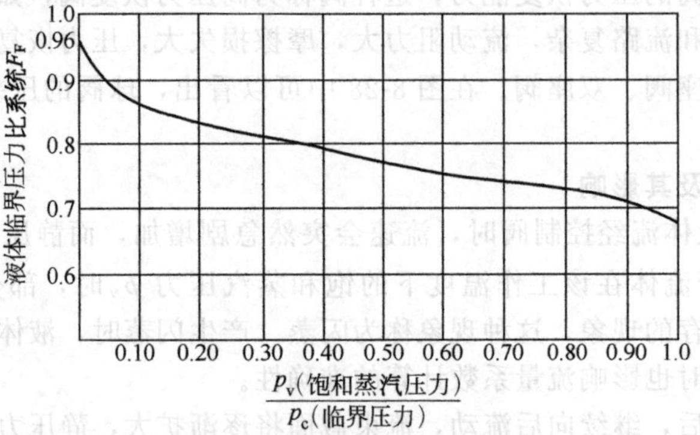

图 8-30 液体临界压力比系数 F_F

② 计算 临界压力系数还可用下面的公式直接进行确定：

$$F_F = 0.96 - 0.28\sqrt{\frac{p_v}{p_c}} \tag{8-16}$$

得到 F_F 后，由式(8-15) 可求出 Δp_T。

当 $\Delta p < \Delta p_T$ 时，为非阻塞流；当 $\Delta p > \Delta p_T$ 时，为阻塞流。产生阻塞流后，若 $p_2 < p_v$，只有闪蒸现象，若 $p_2 > p_v$，则出现空化作用。

第二步 计算流量系数 K_v

① 非阻塞流情况下控制阀流量系数的计算

• 按体积流量 Q_L（L——Liquid 液体）计算

$$K_v=10Q_L\sqrt{\frac{\rho_L}{\Delta p}} \tag{8-17}$$

• 按质量流量 M_L计算

$$K_v=\frac{10^{-2}M_L}{\sqrt{\rho_L\Delta p}} \tag{8-18}$$

式中 Q_L——流过阀的液体体积流量，m^3/h；

M_L——流过阀的液体质量流量，kg/h；

Δp——阀两端允许压差，$\Delta p=p_1-p_2$，kPa；

p_1，p_2——阀前、阀后的绝对压力，kPa；

ρ_L——在 p_1和工作温度 T_1（绝对温度）条件下的液体密度，g/cm^3；

p_v——阀工作温度 T_1下液体饱和蒸汽压力（绝对压力），kPa。

其中所用数据可经计算或查表得到，当不能准确知道实际液体的密度时，可以合理估算或用经验数据给出。液体密度一般相差不大，且 ρ_L在公式根号内，对 K_v值影响不大。

② 阻塞流情况下控制阀流量系数的计算

阻塞流情况下，用 $\Delta p_T=F_L^2$（$p_1-F_Fp_V$）替换式(8-17)、式(8-18）中的 Δp 即可，即：

$$K_v=10Q_L\sqrt{\frac{\rho_L}{F_L^2(p_1-F_Fp_v)}}=10Q_L\sqrt{\frac{\rho_L}{\Delta P_T}} \tag{8-19}$$

$$K_v=\frac{10^{-2}M_L}{\sqrt{\rho_LF_L^2(p_1-F_Fp_v)}}=\frac{10^{-2}M_L}{\sqrt{\rho_L\Delta p_T}} \tag{8-20}$$

为了避免空化现象出现，应设法限制 Δp，使其小于 Δp_T。

(2）高黏度液体的K_v值计算

通常将运动黏度 $\nu>20\times10^{-6}m^2/s$ 的液体称为高黏度液体。其他条件不变时，液体的黏度过高会使雷诺数 Re 下降，当 Re 低于 2300 时，流体将处于层流流动状态，流量和压差之间的平方根关系破坏，逐渐趋于直线关系。控制阀的 K_v值是在高雷诺数（湍流）条件下测得的，雷诺数增大时 K_v值变化不大，但雷诺数减小时 K_v值会随之减小。因此，对于高黏度液体，特别是当 $Re<3500$ 时，在计算 K_v值时必须在原来的基础上进行雷诺数修正。

雷诺数 Re 与阀的结构有关。对于只有一个流路的阀（如：直通单座阀、球阀、套筒阀等)，雷诺数的计算公式为：

$$Re=70700\frac{Q_L}{\nu\sqrt{K_v}} \tag{8-21}$$

对于具有两个流路的阀（如：直通双座阀、蝶阀等)，雷诺数计算公式为：

$$Re=49490\frac{Q_L}{\nu\sqrt{K_v}} \tag{8-22}$$

式中 Q_L——流过控制阀的流体体积流量，m^3/h；

ν——液体在工作温度下的运动黏度，mm^2/s（$1mm^2/s=10^{-6}m^2/s$)；

K_v——按一般液体公式计算出的流量系数。

若计算出的 $Re<3500$，则需要进行低雷诺数修正，可根据计算所得的 Re 值从图 8-31 曲线中查得修正系数 F_R。雷诺数修正系数 F_R是在其他条件相同时，按湍流条件下计算出的理论流量与非湍流流体经过控制阀时的实测流量之比。即：

$$F_R = \frac{\text{按湍流条件计算出的理论流量}}{\text{非湍流流体经过控制阀时的实测流量}} = \frac{Q}{Q'} = \frac{K_v}{K'_v} \tag{8-23}$$

修正后的流量系数用
$$K'_v = \frac{K_v}{F_R} \tag{8-24}$$
求得。可见，高黏度液体的流量系数计算步骤为：

① 按一般液体流量计算公式求出 K_v值；

② 按式(8-21) 或式(8-22) 求出 Re；

③ 从图 8-31 中查出 F_R；

④ 由式(8-24) 求出 K'_v。

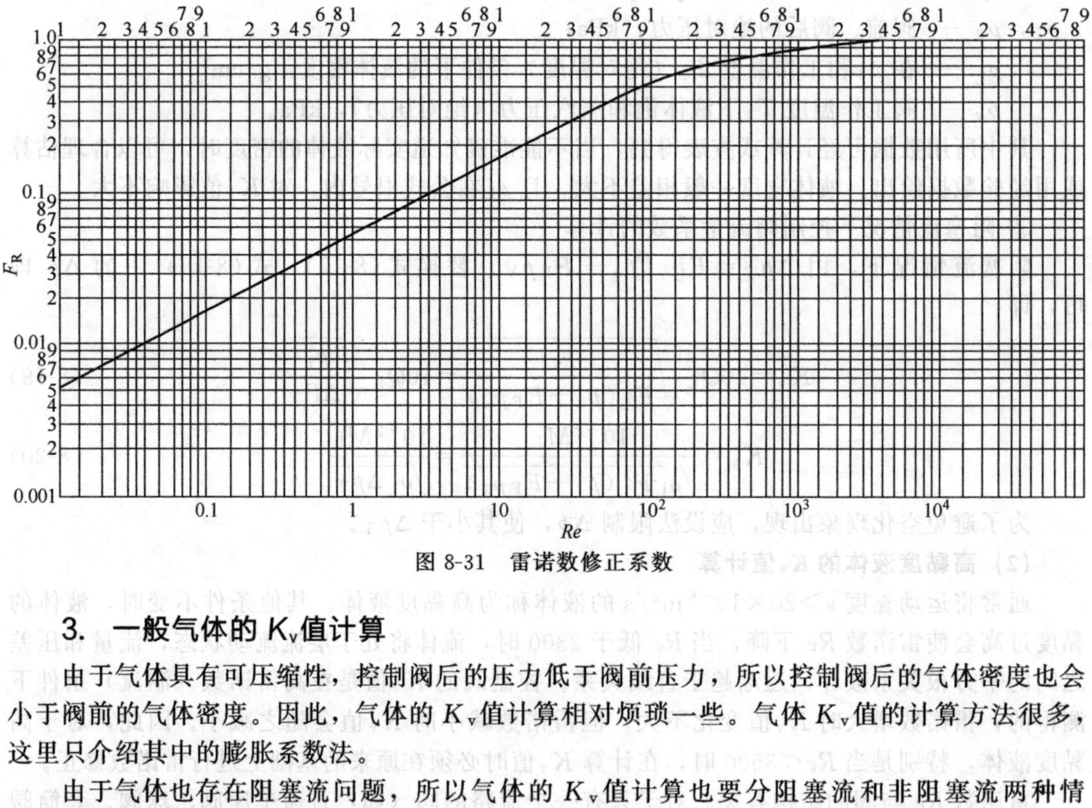

图 8-31 雷诺数修正系数

3. 一般气体的 K_v值计算

由于气体具有可压缩性，控制阀后的压力低于阀前压力，所以控制阀后的气体密度也会小于阀前的气体密度。因此，气体的 K_v值计算相对烦琐一些。气体 K_v值的计算方法很多，这里只介绍其中的膨胀系数法。

由于气体也存在阻塞流问题，所以气体的 K_v值计算也要分阻塞流和非阻塞流两种情况。通常利用控制阀的压差比与临界压差比之间的关系来判断气体是否产生阻塞流。

第一步 判断是否产生阻塞流

① 压差比 χ 控制阀两端压差 Δp 与阀入口前压力 p_1之比称为压差比，表示为：

$$\chi = \frac{\Delta p}{p_1} \tag{8-25}$$

② 临界压差比 χ_T 是指气体开始产生阻塞流时的压差比，用 χ_T表示。各控制阀的临界压差比见表 8-6。它是用空气进行实验得出的。对于某一确定的控制阀，空气介质的临界压差比 χ_T是一个常数，它只与阀的结构、流路形状有关。对于同一个阀，在相同条件下，非空气气体的临界压差比 χ'_T与气体的等熵指数有关。

非空气气体的等熵指数 κ 与空气的等熵指数$\kappa_{空}$之比，称为比热比系数，用 F_κ表示，即

$$F_\kappa = \frac{\kappa}{\kappa_{空}} = \frac{\kappa}{1.4} \tag{8-26}$$

式中 κ——非空气气体的等熵指数；

$\kappa_{空}$——空气的等熵指数，$\kappa_{空}=1.4$。

气体的临界压差比 χ'_T 为：

$$\chi'_T=F_\kappa\chi_T \tag{8-27}$$

当 $\chi<\chi_T$ 时，为非阻塞流状态，当 $\chi\geqslant\chi_T$ 时，为阻塞流状态。

第二步　计算 K_v 值

① 非阻塞流时，气体的 K_v 值计算公式

$$K_v=\frac{Q_g}{5.19p_1y}\sqrt{\frac{T_1\rho_H Z}{\chi}} \tag{8-28}$$

或

$$K_v=\frac{Q_g}{24.6p_1y}\sqrt{\frac{T_1 mZ}{\chi}} \tag{8-29}$$

或

$$K_v=\frac{Q_g}{4.57p_1y}\sqrt{\frac{T_1G_0Z}{\chi}} \tag{8-30}$$

式中　Q_g——气体在标准状态下的体积流量，Nm^3/h，(g——Gas 气体)；

p_1——气体在阀前的绝对压力，kPa；

y——气体膨胀系数；

T_1——气体的绝对工作温度，K；

ρ_H——气体在标准状态下的密度，kg/Nm^3；

Z——气体的压缩系数；

χ——阀的压差比，$\chi=\frac{\Delta p}{p_1}$；

m——气体分子量；

G_0——气体对空气的密度比，$G_0=\frac{\rho_H}{\rho_{H空}}$（$\rho_{H空}$ 是空气在标准状态下的密度）。

上述公式中，气体膨胀系数 y 用以校正气体在阀内流动时密度对 K_v 值的影响。y 可用下述关系式计算：

$$y=1-\frac{\chi}{3F_\kappa\chi_T} \tag{8-31}$$

压缩系数 Z 是比压力 p_r 和比温度 T_r 的函数，可查附录一中四（气体压缩因数图）求得。

图中　p_r——比压力，$p_r=\frac{p_1}{p_c}$，p_c 为气体的临界压力；

T_r——比温度，$T_r=\frac{T_1}{T_c}$，T_c 为气体的临界温度。

② 阻塞流时，气体的 K_v 值计算公式

将非阻塞流公式中的 χ 换成 $\kappa\chi$，去掉 y，再修改系数即可，则：

$$K_v=\frac{Q_g}{2.9p_1}\sqrt{\frac{T_1\rho_H Z}{\kappa\chi_T}} \tag{8-32}$$

或

$$K_v=\frac{Q_g}{13.9p_1}\sqrt{\frac{T_1 mZ}{\kappa\chi_T}} \tag{8-33}$$

或

$$K_v=\frac{Q_g}{2.58p_1}\sqrt{\frac{T_1G_0Z}{\kappa\chi_T}} \tag{8-34}$$

式中各符号含义同前。

4. 蒸汽的 K_v 值计算

蒸汽介质流经控制阀时同样存在阻塞流与非阻塞流问题。所以，在计算 K_v 值之前，也要先判断流体的流动状态。其判断方法同气体的判断方法。即当蒸汽的压差比 $\chi<\chi_T$ 时，为非阻塞流状态，当 $\chi>\chi_T$ 时，为阻塞流状态。

① 非阻塞流时蒸汽的 K_v 值计算公式

$$K_v=\frac{M_s}{3.16y}\sqrt{\frac{1}{\chi p_1\rho_s}} \tag{8-35}$$

$$K_v=\frac{M_s}{1.1p_1y}\sqrt{\frac{T_1Z}{\chi m}} \tag{8-36}$$

② 阻塞流时蒸汽的 K_v 值计算公式

$$K_v=\frac{M_s}{1.78}\sqrt{\frac{1}{\kappa\chi_T p_1\rho_s}} \tag{8-37}$$

$$K_v=\frac{M_s}{0.62p_1}\sqrt{\frac{1}{\kappa\chi_T m}} \tag{8-38}$$

式中 M_s——蒸汽的质量流量，kg/h；

ρ_s——阀入口处蒸汽的密度，当为过热蒸汽时，应代入过热蒸汽的实际密度，kg/m^3。

应当指出，上述公式中的 F_L、χ_T 等数据是由实验测得的，因此，以上公式只适用于已取得 F_L 和 χ_T 实验数据的单座阀、双座阀、偏心旋转阀、角形阀、球阀和蝶阀等。

且以上各种流体的 K_v 计算公式，适用于牛顿型不可压缩流体（液体）和可压缩流体（气体、蒸汽）及两种流体的均匀混合物，但不适用于非牛顿型流体，如不服从牛顿黏性定律的某些高分子溶液（聚合物）、胶体溶液及泥浆等流体。

实验测试值是在控制口径和管道直径一致的条件下进行的，所以控制阀在使用时应安装在同口径的管道上，并保证阀两侧有一定的直管段长度。否则，应在阀和管道间安装一段过渡管道（异径管），并对流量系数进行适当修正。

控制阀的 K_v 值计算公式可总结成表 8-7。

5. 控制阀口径的确定

控制阀口径的确定主要是指阀公称通径 DN 和阀座直径 dN 的确定。它是在计算流量系数 K_v 值的基础上进行的。阀口径的确定，需经过以下几个步骤。

① 计算流量的确定　根据现有的生产能力、设备的负荷及介质的状况决定计算流量 Q_{max} 和 Q_{min}。

② 计算压差的确定　根据已选择的控制阀的流量特性及系统特点选定 S 值，然后决定计算压差。

③ 流量系数的计算　按照工作情况判定介质的性质及阻塞流情况，选择合适的计算公式或图表，根据已确定的计算流量和计算压差，求取最大和最小流量时的 K_v 最大值和最小值。根据阻塞流情况，必要时进行噪声预估计算。

④ 流量系数 K_v 值的选用　根据已经求取的 K_v 最大值，进行放大或圆整，在所选用的产品型号标准系列中，选取大于 K_{vmax} 值并与其最接近的那一级 K_v 值。

⑤ 控制阀开度验算　一般要求最大计算流量时的开度不大于 90%，最小计算流量时的开度不小于 10%。

⑥ 控制阀实际可调比的验算　一般要求实际可调比不小于 10。

⑦ 阀座直径和公称直径的确定　验证合适之后，根据 K_v 值来确定。

表 8-7 控制阀的 K_v 值计算公式

流体＼内容	状态	K_v 值计算公式	单位	说明
一般液体	非阻塞流 $\Delta p<\Delta p_T$	$K_v=10Q_L\sqrt{\dfrac{\rho_L}{\Delta p}}$ $K_v=\dfrac{10^{-2}M_L}{\sqrt{\rho_L\Delta p}}$	Q_L——m^3/h M_L——kg/h Δp_T——kPa p_1——kPa ρ_L——g/cm^3 p_v——kPa	1. $\Delta p_T=F_L^2(p_1-F_F p_v)$ 式中：F_F 可查图或计算（$F_F=0.96-0.28\sqrt{\dfrac{p_v}{p_c}}$） 其中：$p_v$、$p_c$、$F_L$ 可查得 2. F_R（由 Re 查得 F_R） 一个流路的阀：$Re=70700\dfrac{Q_L}{\nu\sqrt{K_v}}$ 二个流路的阀 $Re=49490\dfrac{Q_L}{\nu\sqrt{K_v}}$
	阻塞流 $\Delta p\geqslant\Delta p_T$	$K_v=10Q_L\sqrt{\dfrac{\rho_L}{F_L^2(p_1-F_F p_v)}}=10Q_L\sqrt{\dfrac{\rho_L}{\Delta p_T}}$ $K_v=\dfrac{10^{-2}M_L}{\sqrt{\rho_L F_L^2(p_1-F_F p_v)}}=\dfrac{10^{-2}M_L}{\sqrt{\rho_L\Delta p_T}}$		
高黏度液体	$Re<3500$	$K'_v=\dfrac{K_v}{F_R}$		
一般气体	非阻塞流 $\chi<\chi_T$	$K_v=\dfrac{Q_g}{5.19p_1y}\sqrt{\dfrac{T_1\rho_H Z}{\chi}}$；$K_v=\dfrac{Q_g}{24.6p_1y}\sqrt{\dfrac{T_1 mZ}{\chi}}$ $K_v=\dfrac{Q_g}{4.57p_1y}\sqrt{\dfrac{T_1G_0Z}{\chi}}$	Q_g——Nm^3/h ρ_H——kg/Nm^3 p_1——kPa T_1——K	1. $\chi'_T=F_\kappa\chi_T$；$F_\kappa=\dfrac{\kappa}{\kappa_{空}}=\dfrac{\kappa}{1.4}$（$\kappa$、$\chi_T$ 查得） 2. y——气体膨胀系数，$y=1-\dfrac{\chi}{3F_\kappa\chi_T}$ χ——阀的压差比，$\chi=\dfrac{\Delta p}{p_1}$ m——气体分子量 G_0——气体对空气的密度比，$G_0=\dfrac{\rho_H}{\rho_{H空}}$ Z——气体的压缩系数；$Z=f$（比温度 $T_r=T_1/T_c$，比压力 $p_r=p_1/p_c$），T_c、p_c、Z 查得
	阻塞流 $\chi\geqslant\chi_T$	$K_v=\dfrac{Q_g}{2.9p_1}\sqrt{\dfrac{T_1\rho_H Z}{\kappa\chi_T}}$；$K_v=\dfrac{Q_g}{13.9p_1}\sqrt{\dfrac{T_1 mZ}{\kappa\chi_T}}$ $K_v=\dfrac{Q_g}{2.58p_1}\sqrt{\dfrac{T_1G_0Z}{\kappa\chi_T}}$		
蒸汽	非阻塞流 $\chi<\chi_T$	$K_v=\dfrac{M_s}{3.16y}\sqrt{\dfrac{1}{\chi p_1\rho_s}}$；$K_v=\dfrac{M_s}{1.1p_1y}\sqrt{\dfrac{T_1Z}{\chi m}}$	M_s——kg/h ρ_s——kg/m^3 p_1——kPa	
	阻塞流 $\chi\geqslant\chi_T$	$K_v=\dfrac{M_s}{1.78}\sqrt{\dfrac{1}{\kappa\chi_T p_1\rho_s}}$；$K_v=\dfrac{M_s}{0.62p_1}\sqrt{\dfrac{1}{\kappa\chi_T m}}$		

下面详细说明上述的某些步骤。

(1) 计算流量的确定

在计算 K_v 值时要按最大动态流量 Q_{max} 来考虑，若工艺上提供的是在最大生产能力下的稳定流量，则应以这个流量的 1.15～1.5 倍作为最大计算流量。这是因为在生产过程中存在扰动，使得流过控制阀的动态最大流量比工艺过程在稳态时的最大流量大。

若不知道 Q_{max} 值，可按正常流量进行计算。然后，根据正常条件进行放大。令

$$n=\frac{Q_{max}}{Q_n} \tag{8-39}$$

$$m=\frac{K_{vmax}}{K_{vn}} \tag{8-40}$$

式中 n——流量放大倍数；

m——流量系数放大倍数；

Q_{max}——最大流量；

Q_n——正常条件的流量；

K_{vmax}——最大流量系数；

K_{vn}——正常条件下的流量系数。

从控制阀的流量方程式(8-10) 可求出：

$$\frac{Q_{max}}{Q_n}=\frac{K_{vmax}\sqrt{\dfrac{\Delta p_{Q\,max}}{\rho}}}{K_{vn}\sqrt{\dfrac{\Delta p_n}{\rho}}}$$

所以有

$$n=m\sqrt{\frac{\Delta p_{Q_{max}}}{\Delta p_n}} \tag{8-41}$$

设系统总的压力损失为 $\Sigma\Delta p$，将上式右边分子、分母都除以 $\Sigma\Delta p$ 后整理得

$$m=n\sqrt{\frac{S_n}{S_{Qmax}}} \tag{8-42}$$

式中，S_{Qmax} 是最大流量情况下的阀阻比。如果要求得 m 值，必须求 S_{Qmax}，而这与工艺对象有关，主要有下面常见的两种情况。

① 对控制阀装于风机或离心泵出口，而阀下游有恒压点的场合　这种工艺对象中阀压降随流量变化的原因，有系统摩擦阻力的影响及风机和泵的出口压力的影响。当流量增加时，离心式风机或泵的出口压头都会变化，当流量从 Q_n 增大到 Q_{max} 时，如果它的压降为 Δh，那么，根据总摩擦阻力不变和阻力损失与流量平方成正比两个条件，可以得到系统的总压力降为：

$$\Sigma\Delta p=\Delta p_{Q_{max}}+\Delta h+\left(\frac{Q_{max}}{Q_n}\right)^2(\Sigma\Delta p-\Delta p_n)$$

两边同除以 $\Sigma\Delta p$，整理后得：

$$S_{Qmax}=(1-\frac{\Delta h}{\Delta p_s})-n^2(1-S_n) \tag{8-43}$$

求出 S_{Qmax} 之后，便可以求出流量系数放大倍数 m。

② 控制阀的上下游都有恒压点的场合　对这种工艺对象，主要是系统的摩擦力影响了阀的压降，而式(8-43) 中的 Δh 的影响为零，所以式(8-43) 就演变成：

$$S_{Qmax}=1-n^2(1-S_n) \tag{8-44}$$

即在已知 S_n 和 n 值时，只要求出 S_{Qmax}，根据式(8-42) 就可求出 m，然后利用式(8-40)

可对用正常条件计算得的 K_{vn} 进行修正，从而得到 K_{vmax}。

(2) 计算压差的确定

要使控制阀能起到很好的控制作用，就必须在阀前后有一定的压差。阀上的压差占整个系统压差的比值越大，阀阻比 S 就越大，控制阀流量特性的畸变就越小，控制性能得到保证。但是，阀前后压差越大，阀上的压力损失越大，所消耗的动力也越多，因此，必须兼顾控制性能及能源消耗，合理地选择计算压差。

控制阀的计算压差主要是根据工艺管路、设备等组成的系统的总压降大小及其变化情况来确定的，其步骤如下。

① 选择管路系统中两个恒压点，把在控制阀前后离控制阀最近且压力基本稳定的两个设备作为控制阀两端的恒压点，以此作为管路系统的计算范围；

② 计算所选范围的系统中各个设备或管件的局部阻力（控制阀除外）所引起的压力损失总和 $\sum\Delta p_F$。

在 $\sum\Delta p_F$ 中应包括与流量有关的所有阻力件上的动能损失，如弯头、管道、节流装置、手动阀门、工艺设备等的压力损失。但不包括管路系统两端的位差和静压差。

③ 选择阀阻比 S 值　根据已选择的控制阀的流量特性及系统特点选定 S 值。一般不希望 S 值小于 0.3，常选 $S=0.3\sim0.5$。对于高压系统，考虑到节约动力消耗，允许降低 S 值到 0.15。如果 S 值小于 0.15，只能选用新型的低 S 值控制阀。对于气体介质，由于阻力损失较小，控制阀上压差所占的分量较大，S 值一般都大于 0.5；但在低压及真空系统中，由于允许压力损失较小，所以仍在 0.3～0.5 之间为宜。如果 S 值不符合设计要求，如偏低，则与工艺方面协商，适当增大两恒压点间的压差，从而增大阀两端压差 Δp，提高 S 值。

④ 求取控制阀计算压差 Δp　因 S 值是控制阀全开时的压差 Δp 和系统的压差损失总和 $\sum\Delta p_F$ 之比，即：

$$S=\frac{\Delta p}{\Delta p+\sum\Delta p_F} \tag{8-45}$$

按求出的 $\sum\Delta p_F$ 及选定的 S 值，由下式求出计算压差 Δp：

$$\Delta p=\frac{S\sum\Delta p_F}{1-S} \tag{8-46}$$

系统设备中静压经常波动，影响阀上压差的变化，使 S 值进一步下降。例如锅炉的给水系统，锅炉压力波动就会影响控制阀上压差的变化。此时计算压差还应增加系统设备中静压 p 的 5%～10%，即：

$$\Delta p=\frac{S\sum\Delta p_F}{1-S}+(0.05\sim0.1)p \tag{8-47}$$

在计算三通阀时，计算流量以三通阀分流前或全流后的总流量作为计算流量，而计算压差为三通阀的一个通道关闭，另一个通道流过计算流量时的阀两端压差。当用热交换器旁路控制系统时，取阀上计算压差等于热交换器的阻力损失。

必须注意，在确定计算压差时，不能取得过大，应尽量避免空化作用和噪声。

(3) 控制阀开度的验算

根据流量和压差计算得到 K_v 值，并按制造厂提供的各类控制阀的标准系列选取控制阀的口径后，考虑到选用时要圆整，因此，对工作时的阀门开度应该进行验算。一般来说，最大流量时控制阀的开度应在 90% 左右。最大开度过小，说明控制阀选得过大，它经常在小开度下工作，可调比缩小，造成控制性能的下降和经济上的浪费。一般不希望最小开度小于 10%，否则阀芯和阀座由于开度太小，受流体冲蚀严重，特性变坏，甚至失灵。

不同流量特性的相对开度和相对流量的对应关系是不一样的，理想特性和工作特性又有差别，因此，验算开度时应按不同特性进行。

控制阀在串联管路的工作条件下，直线控制阀、等百分比控制阀的相对行程的验算公式分别为式(8-48) 和式(8-49)：

$$K=\frac{l}{L}=\frac{1}{29}\left(30\frac{K_{vi}}{K_v}-1\right)\approx\frac{K_{vi}}{K_v} \tag{8-48}$$

$$K=\frac{l}{L}=1+\frac{1}{1.48}\lg\frac{K_{vi}}{K_v} \tag{8-49}$$

(4) 控制阀实际可调比的验算

控制阀的可调比就是控制阀所能控制的最大流量与最小流量之比，也称可调范围，用R表示。当控制阀上压差一定时的可调比称为理想可调比。目前国内外控制阀的理想可调比一般只有$R=30$和$R=50$两种，考虑到在选用控制阀口径时对K_v值的圆整和放大，特别是对于使用时最大开度和最小开度的限制，都会使可调比下降，一般R值都在10左右。此外，还受到工作流量特性畸变的影响，使实际可调比$R_实$下降，在串联管道阻力下，$R_实\approx R\sqrt{S}$。因此，可调比的验算可按下面的近似公式计算：

$$R_实\approx 10\sqrt{S} \tag{8-50}$$

在一般生产中最大流量与最小流量之比为3左右。只要验算结果$R_实\geqslant\frac{Q_{max}}{Q_{min}}$，就算合格。

若S_{max}不是太小，或对可调比要求不太高时，可不必进行可调比的验算。

当选用的控制阀不能同时满足工艺上最大流量和最小流量的控制要求时，除增加系统压力外，可以采用两个控制阀进行分程控制来满足可调比的要求。

下面用一个简单的实例来介绍控制阀的口径的选择方法。

【例 8-1】 介质为液氨，已知最大计算流量条件下的计算数据为：

$p_1=53000\text{kPa}$　$\Delta p=46000\text{kPa}$　$M_L=6300\text{kg/h}$　$\rho_L=580\text{kg/m}^3=0.58\text{g/cm}^3$　$p_c=11277\text{kPa}$（也可通过查“液体物理性质表”获得）

$p_v=1274\text{kPa}$（也可通过查“液氨的蒸汽压表”获得）

$T_1=306\text{K}$　$\nu=0.1964\text{mm}^2/\text{s}$

解：因$p_1=53000\text{kPa}$，压力较高，故选择气动角形高压阀（流开）。

计算步骤如下。

① 判断是否为阻塞流

查表 8-6 得：流开角形阀$F_L=0.9$

临界压力系数为：

$$F_F=0.96-0.28\sqrt{\frac{p_v}{p_c}}=0.96-0.28\sqrt{\frac{1274}{11277}}\approx 0.87$$

所以，临界压差为：

$$\Delta p_T=F_L^2(p_1-F_F p_v)=0.9^2(53000-0.87\times 1274)\approx 42032\text{kPa}$$

已知最大压差为$\Delta p=46000\text{kPa}$，显然

$$\Delta p>\Delta p_T$$

所以，为阻塞流情况。

② 计算最大流量系数K_{vmax}

因题中给出的压差及流量均为最大计算值，故可直接利用式(8-18) 计算K_{vmax}：

$$K_{vmax}=\frac{M_L\times 10^{-2}}{\sqrt{\rho_L\Delta p_T}}=\frac{13000\times 10^{-2}}{\sqrt{0.58\times 42032}}=0.833$$

③ 用 K_{vmax} 值查附录一得：$K_{v100}=1.0$　$DN=15mm$　$dN=7mm$

④ 低雷诺数修正

因气动角型高压阀只有一个流路，故雷诺数计算选用式(8-21)

$$Re=\frac{70700Q_L}{\nu\sqrt{k_v}}=\frac{70700M_L}{\rho\nu\sqrt{k_v}}=\frac{70700\times13000}{580\times0.1964\times\sqrt{0.833}}=8.8\times10^6>3500$$

不用作雷诺数修正。

⑤ 口径确定

选阀流量系数 $K_{v100}=1.0$　阀公称通径 $DN=15mm$　阀座直径 $dN=7mm$。

第五节　辅助装置

自动控制系统中除了测量变送装置、控制装置、执行装置及被控对象等主要环节外，有时还需要安全栅、配电器、手操器及电源箱、阀门定位器、电器转换器等辅助装置。本节就电器转换器、阀门定位器、安全栅和配电器等辅助装置进行介绍。

一、电/气转换器与电/气阀门定位器

石油化工等行业的生产现场一般都属于危险场所，它对仪表的防爆要求很高。因此，安装在现场的控制阀通常使用本质上安全防爆的气动薄膜控制阀。而控制系统的其他环节一般都采用电信号。所以，在控制阀与控制装置间应有一个能将电信号转换成气信号的装置。能完成这种功能的装置有电/气转换器和电/气阀门定位器。电/气转换器只实现了电信号→气信号的转换，而电/气阀门定位器则增加了机械反馈环节，形成闭环。它们与气动执行装置配用的框图如图 8-32 所示。

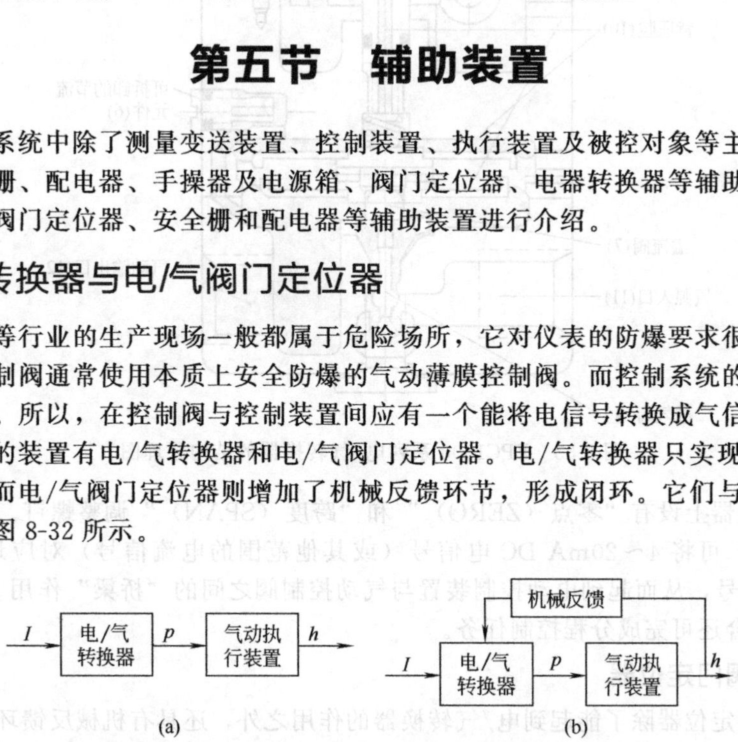

图 8-32　电/气转换器、电/气阀门定位器与气动执行装置配用框图

下面对这两种仪表分别加以介绍。

1. 电/气转换器

电/气转换器的主要作用是将 4～20mA DC 或其他范围的电流信号转换成 20～100kPa 的标准气信号。图 8-33 所示为 EPC1000 系列电/气转换器的结构原理图。

该转换器内部有一个气动功率放大器，可以输出较高输出功率的气动信号去驱动各种气动执行装置，以提高执行机构的动作速度。除作为电动仪表与气动控制阀之间的转换单元外，还可与气动阀门定位器配套使用，实现电/气阀门定位器的功能。

EPC 电/气转换器是力平衡式仪表，在其内部磁场中悬浮一线圈（2），当控制装置来的电流信号送入线圈后，由于内部永久磁铁（1）的作用，使线圈和恒弹性元件（3）产生轴向位移，进行轴向位移的恒弹性元件，接近（或远离）喷嘴（4），引起喷嘴背压腔（10）增加（或减少），此背压作用在内部的气动功率放大器上，打开（或关闭）进气阀（8），以改变转换器的输出压力大小。适当选择供风压力，就可以得到与输入电流信号成比例的不同输出功率的气动信号。正作用的 EPC 电/气转换器，输出信号按输入信号的增加而成比例增加，反作用则与此相反。

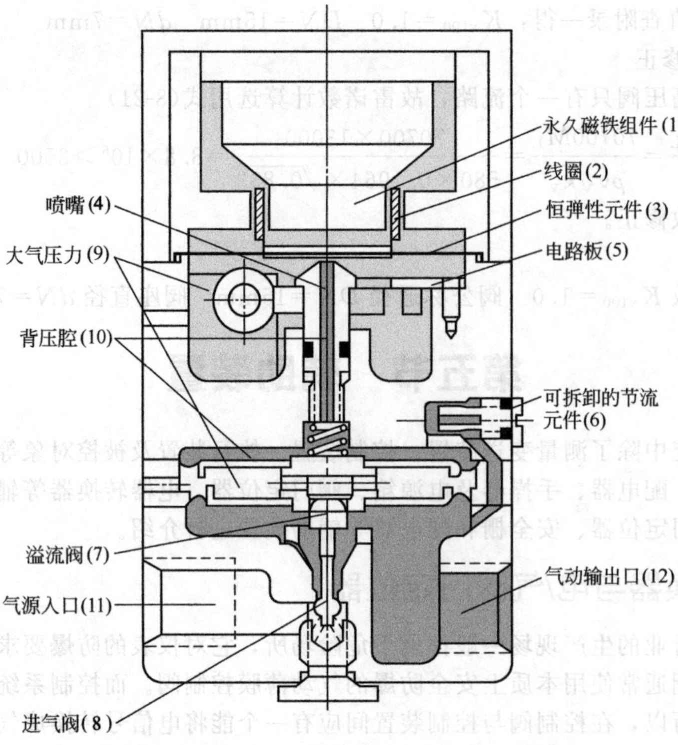

图 8-33　EPC1000 系列电/气转换器的结构原理图

电/气转换器上设有“零点（ZERO）”和“跨度（SPAN）”调整螺钉。通过调整“零点”和“跨度”可将 4～20mA DC 电信号（或其他范围的电流信号）对应地转换成 20～100kPa 的气信号，从而起到电动控制装置与气动控制阀之间的“桥梁”作用。电/气转换器与执行装置配合还可完成分程控制任务。

2. 电/气阀门定位器

电/气阀门定位器除了能起到电/气转换器的作用之外，还具有机械反馈环节，可克服阀杆的摩擦力，抵消介质压力变化而引起的不平衡力，可以使阀门位置按控制器送来的信号准确定位。起到了电/气转换器和阀门定位器两种作用。

电气阀门定位器是各种气动执行装置的主要配套件。它与气动控制阀配套使用，构成闭环控制回路，用以提高控制阀的控制精度。克服填料函与阀杆的摩擦力，克服介质压差对控制阀阀芯不平衡力。提高阀门动作速度，可实现分程控制，可改变阀的作用方式，可控制非标准操作压力的各类型气动执行装置。

图 8-34 为 ZPD2000 系列电/气阀门定位器的原理框图，它是按力平衡原理工作的。

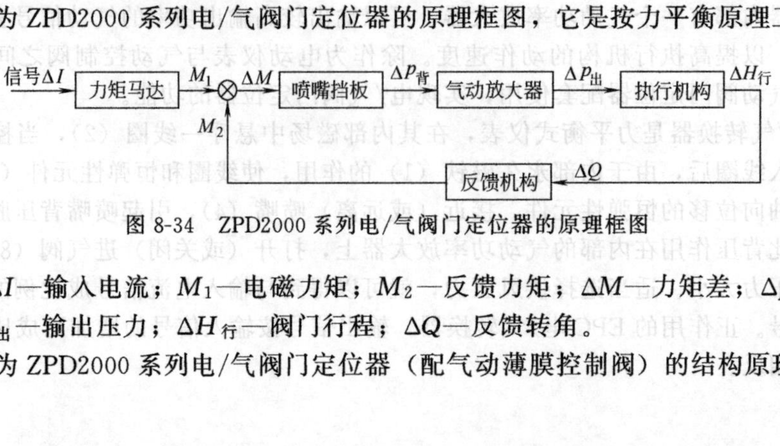

图 8-34　ZPD2000 系列电/气阀门定位器的原理框图

图中：ΔI—输入电流；M_1—电磁力矩；M_2—反馈力矩；ΔM—力矩差；$\Delta p_{背}$—喷嘴挡板背压；$\Delta p_{出}$—输出压力；$\Delta H_{行}$—阀门行程；ΔQ—反馈转角。

图 8-35 为 ZPD2000 系列电/气阀门定位器（配气动薄膜控制阀）的结构原理图。

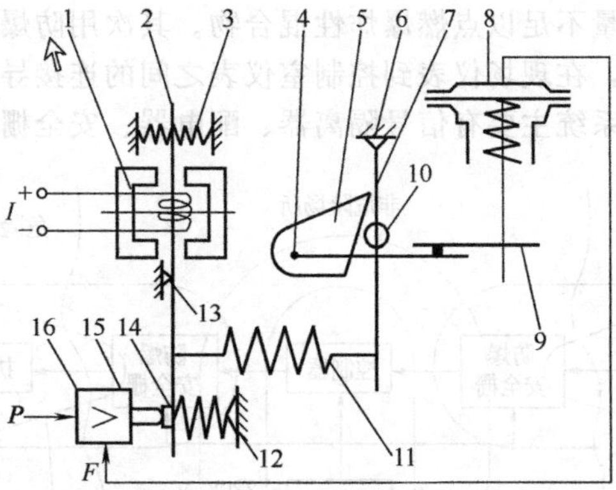

图 8-35 ZPD2000 系列电/气阀门定位器原理图

1—马达线圈；2—主杠杆；3—平衡弹簧；4—凸轮支点；5—反馈凸轮；6—支点；7—副杠杆；8—气动薄膜控制阀的气室；9—反馈杆；10—滚轮；11—反馈弹簧；12—调零弹簧；13—主杠杆支点；14—挡板；15—喷嘴；16—放大器

当由控制装置或其他仪表来的电流信号通入到力矩马达线圈 1 中时，在马达的气隙中产生一个磁场，它与永久磁钢产生的磁场作用后，使衔铁带动主杠杆 2 产生一个向右的力，使主杠杆 2 绕支点 13 转动，挡板 14 靠近喷嘴 15，喷嘴背压经放大器 16 放大后，送入薄膜室，使 8 的压力增加，导致阀杆向下移动，并带动反馈杆 9 绕支点 4 转动，反馈凸轮 5 也跟着作顺时针方向转动，通过滚轮 10 使副杠杆 7 绕支点 6 转动，并将反馈弹簧 11 拉伸，弹簧 11 对主杠杆 2 的力矩与电流信号使力矩马达作用在主杠杆上的力矩相平衡时仪表达到平衡状态。此时，一定的电流信号就对应于一定的阀门位置。弹簧 12 是作调整零位用的。

以上作用方式为正作用，所谓正作用定位器，就是信号电流增加，输出压力也增加；而随信号电流增加，输出压力减小的则为反作用定位器。若要改变作用方式，只要将凸轮翻转，A 向变成 B 向即可。

一台正作用执行机构只要装上反作用定位器（或电/气转换器），就能实现反作用执行机构的动作；相反，一台反作用执行机构只要装上反作用定位器（或电/气转换器），就能实现正作用执行机构的动作。

★看动画原理 说工作过程

电气转换器

气动阀门定位器

电气阀门定位器

二、安全栅

本质安全防爆系统如图 8-36 所示，性能主要由以下措施来保障：首先本质安全防爆仪表采用低的工作电压和小的工作电流。限制仪表所用元器件参数的大小，以保障在正常及故障条件时所产生的火花能量不足以点燃爆炸性混合物。其次用防爆安全栅将危险场所和非危险场所的电路隔开。再次，在现场仪表到控制室仪表之间的连接导线不得形成过大的分布电容和电感。本质安全防爆系统主要有信号隔离器、配电器、安全栅等。如图 8-37 所示。

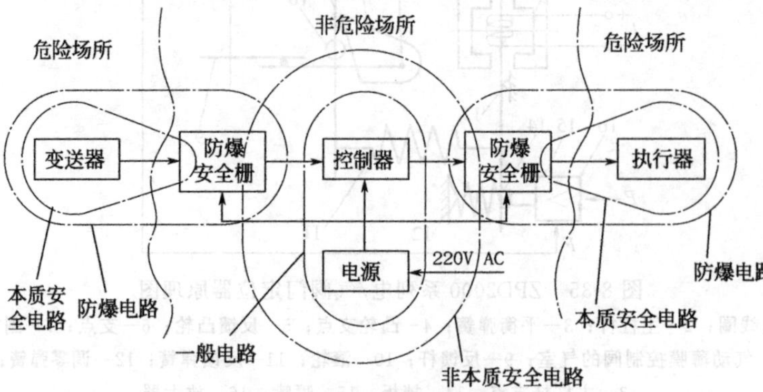

图 8-36　本质安全防爆系统

图 8-37　信号隔离器、配电器、安全栅

安全栅能与各种现场的一次仪表配合，组成本质安全防爆系统，用于现代化工业的自动化过程控制，广泛地用于石油化工、冶金、医药、船舶等领域。可限制危险能量进入不安全场所。安全栅是保证过程控制系统具有安全火花防爆性能的关键仪表。它安装在控制室内，作为控制室仪表及装置与现场仪表的关联设备，一方面起信号传输的作用；更重要的是它还用于限制流入危险场所的能量。

安全栅如果按结构分类可分为无源的电阻式、齐纳式和有源的中继放大式、隔离式；如果按在控制系统中所处的位置来分类，可分为检测端（输入端）安全栅和操作端（输出端）安全栅。其中，应用较广泛的是齐纳式和隔离式安全栅，故这里只对这两种安全栅进行介绍。

1. 齐纳式安全栅

图 8-38　S2000 系列齐纳式安全栅实物图

图 8-38 为 S2000 系列齐纳式安全栅的外形图。

齐纳式安全栅利用齐纳二极管反向击穿特性限压、用电阻限流来进行安全防爆。其原理线路如图 8-39 所示。图中 R、DW_1、DW_2 和 Ar 在不同的电压下起保护作用。

(1) 正常时

电源电压额定值为 24V DC，最大为 28V DC，齐纳二极管 DW_1、DW_2 截止，回路电流由变送器决定，在 4～20mADC 范围内。安全栅不影响正常工作电流。

(2) 事故状态

① 当现场（危险侧）发生短路事故时 短路电流取决于电源电压及回路电阻，可适当选取 R 值，把短路电流限制在安全额定电流以下，不损坏任何元件，保证了现场安全。

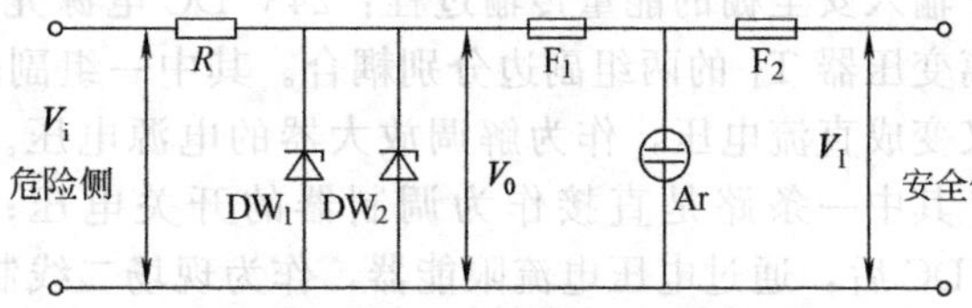

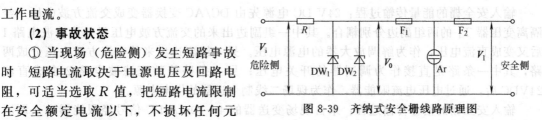

图 8-39 齐纳式安全栅线路原理图

② 当栅端电压 V_1 超高（$V_0 \leqslant V_1 < V_{Ar}$）时 即栅端电压高于安全额定电压 V_0，而低于放电管的放电电压 V_{Ar} 时，齐纳二极管 DW_1、DW_2 击穿，使流过 F_1、F_2 的电流增加，当这一电流增加到 125mA 时，快速熔断丝 F_1（熔断时间为 μs 级）首先被熔断，立即把可能造成事故的高压与现场隔断。在 F_1 熔断前，由于 DW_1、DW_2 的稳压作用，仍保证了危险场所的安全性。

③ 当栅端电压 V_1 超高（$V_0 \leqslant V_1 < V_{Ar}$）时 放电管 Ar 立即放电，将端电压降到极低的数值（0～20V DC 以下）。此时，流过 F_2 的电流迅速增加，当增加到 1A 时，F_2 被熔断，切断危险高压，保障生产安全。

齐纳式安全栅有输入安全栅和输出安全栅之分。输入安全栅（检测端安全栅）与变送器配合使用；输出安全栅（操作端安全栅）与执行器配合使用。

齐纳式安全栅的特点是体积小、重量轻、精度高、可靠性强、通用性大、价格低于隔离式安全栅、且防爆定额高。但是，作为齐纳式安全栅关键元件的快速熔断丝 F_1，制造十分困难，工艺和材料的要求都很高。特别是出现异常后，不能恢复。

2. 隔离式安全栅

隔离式安全栅也分为输入安全栅（检测端）和输出安全栅（操作端）两种。现分别介绍如下。

(1) 输入安全栅

输入安全栅用来衔接现场二线制变送器与控制室仪表及电源，它一方面为现场的两线式变送器提供电源，同时将来自变送器的 4～20mA DC 信号经隔离变压器成比例地转换成 4～20mA DC（或 1～5V DC）信号输出，传送给控制室内的仪表。在上述传递过程中，依靠双重限压限流电路，使任何情况下输往危险场所的电压均不超过 30V DC，电流不超过 30mA DC，避免危险场所产生非安全火花，从而保证了危险场所的安全。

图 8-40 所示为输入安全栅的原理框图。它由 DC/AC（直流/交流）变换器、整流滤波电路 1、解调放大器、电流互感器 T2、调制器、限能器、整流滤波电路 2 等部分组成。

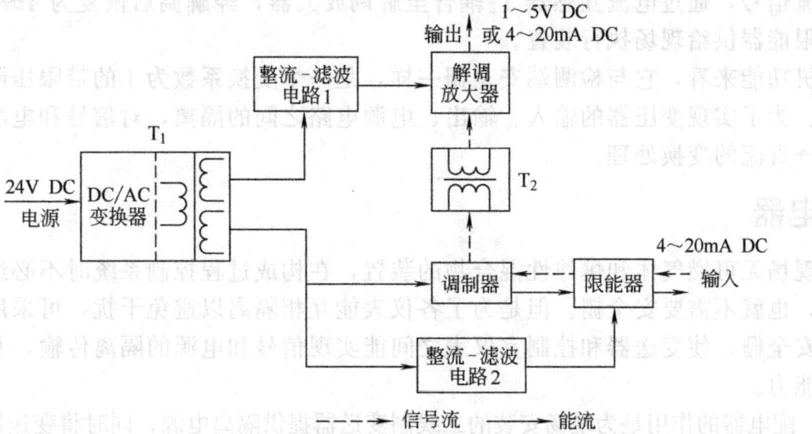

图 8-40 输入安全栅原理框图

输入安全栅的能量传输过程：24V DC电源先由DC/AC变换器变成交流方波电压，经隔离变压器T_1的两组副边分别耦合。其中一组副边出来的交流方波电压经整流滤波电路1后又变成直流电压，作为解调放大器的电源电压。另一组副边出来的交流方波电压分成两路，其中一条路是直接作为调制器的开关电压；另一条路使整流滤波电路2变成直流24VDC后，通过电压电流限能器，作为现场二线制变送器的供电电源。

输入安全栅的信号传输过程：来自现场变送器的4～20mA DC信号经限能器进入调制器，并调制成交流电流信号，再经电流互感器T_2耦合至解调放大器，恢复成4～20mA DC电流（或1～5V DC电压）后输出。

输入安全栅用磁耦合代替了电的直接联系，从而实现了电源、变送器、控制室仪表或装置之间的互相隔离的作用。

(2) 输出安全栅

输出安全栅是将来自控制装置或其他仪表的4～20mA DC信号，经隔离和限能后，按1∶1比例再转换成4～20mA DC信号，通过电/气转换器或电/气阀门定位器送给现场执行器，以防止危险能量窜入危险场所。图8-41所示为输出安全栅的原理方框图。

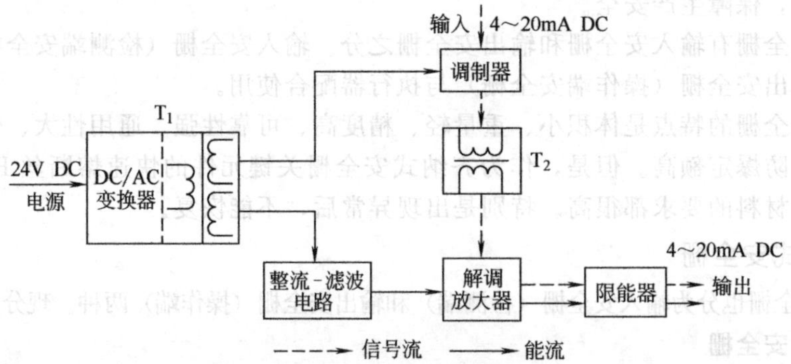

图8-41 输出安全栅原理框图

输出安全栅的能量通道：24V DC电源经DC/AC变换器变成交流方波电压，通过隔离变压器T_1经两组副边耦合。其中一组副边输出的交流方波电压作为调制器，作为4～20mA DC信号电流的斩波电压；另一组副边输出的交流方波电压经整流滤波电路恢复成直流电压，作为解调放大器、限制电路及执行器的供给电压。

输出安全栅的信号通道：由控制装置或其他仪表来的4～20mA DC信号，经调制器变成交流电流信号，通过电流互感器T_2耦合至解调放大器，经解调后恢复为4～20mA DC信号，通过限能器供给现场执行装置。

从整机功能来看，它与检测端安全栅一样，是一个变换系数为1的带限压限流装置的信号传送器。为了实现变压器的输入、输出、电源电路之间的隔离，对信号和电源都进行了直流→交流→直流的变换处理。

三、配电器

对于现场无可燃气体和爆炸性混合物的装置，在构成过程控制系统时不必组成安全火花防爆系统，也就不需要安全栅。但是为了各仪表能互相隔离以避免干扰，可采用配电器来取代检测端安全栅，使变送器和控制室仪表之间能实现信号和电源的隔离传输，并具有一定的过流限制能力。

显然，配电器的作用是为现场安装的二线制变送器提供隔离电源，同时将变送器的4～20mA DC信号转换成隔离的1～5V DC（或4～20mA DC）信号，它适用于非安全火花防爆场合。

图 8-42 所示为配电器工作原理简图。配电器的电路中除了不设置电压电流限制回路外，其他部分与输入安全栅的工作原理大致相同。

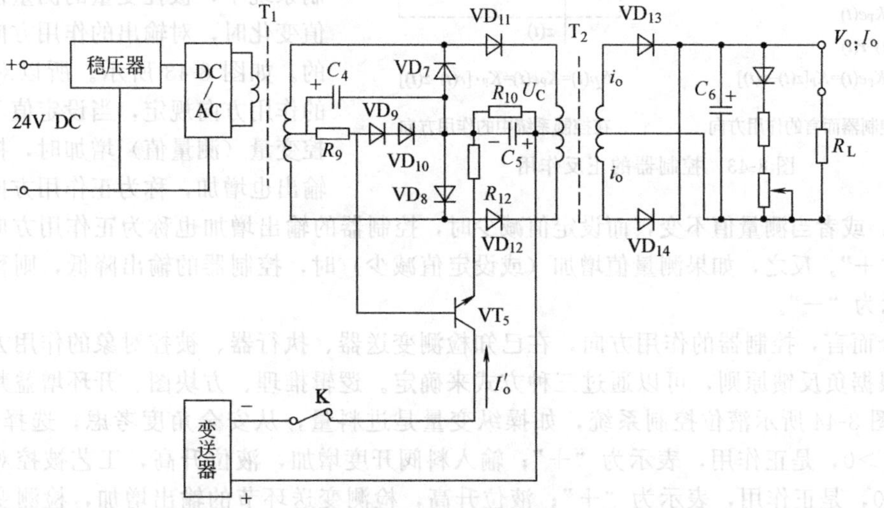

图 8-42　配电器原理简图

24V DC 电源经直流稳压之后，给直流/交流变换器供电，直流/交流电源变换器产生方波电压，此方波电压经变压器 T_2的次级输出，次级绕组输出端负载上也无输出电压。当开关 K 接通后，电容 C_5上的电压 V_{C5}通过晶体管 VT_5向变送器提供电源电压，同时，变送器的输出电流经由 VD_7、VD_8、VD_{11}、VD_{12}组成的二极管调制器，被调制成方波电流，交替地通过 T_2的初级绕组，所以在 T_2的次级绕组中产生一个交变电流，该电流经整流滤波后在负载上得到隔离的电压信号 V_o，该电流正比于变送器的输出信号。

第六节　技术拓展——检测与控制装置的应用

一个控制系统主要由四个基本环节构成。每个环节都有自己的作用方向。通过控制器作用方向的确定，保证整个控制系统是一个具有负反馈的闭环系统。

当被控变量由于干扰的作用偏高时，通过控制器的控制作用使被控变量降低，恢复到设定值上；当设定值根据工艺要求升高时，通过控制器的作用使被控变量跟随设定值变化。这里就有一个作用方向的问题，即作用到该环节的输入信号变化后，输出信号变化的方向。如果变化是同方向的称为“正作用”，可表示为“＋”；如果变化是反方向的称为“反作用”，可表示为“－”。

对于检测变送器，当被控变量增加时，测量信号（变送器的输出信号）是增加的，所以是正作用方向，表示为“＋”。

对于执行器，它的作用方向是从工艺生产安全的角度来确定的。当选择的是气开阀时，表示阀接收到的控制信号增加，阀的开度是增加的，因而流过阀的流体流量（操纵变量）也增加了，是正作用方向，表示为“＋”；当选择的是气关阀时，随着阀接收到的控制信号增加，阀的开度是减少的，因而流过阀的流体流量（操纵变量）也减少了，是反作用方向，表示为“－”。

对于被控对象的作用方向，是由工艺生产过程确定的。当操纵变量增加时，被控变量也增加，则该被控对象为正作用方向，表示为“＋”；当操纵变量增加时，被控变量反而降低，则该被控对象为反作用方向，表示为“－”。

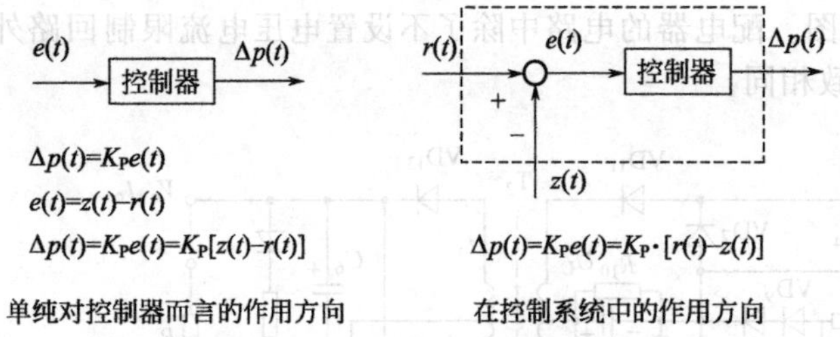

图 8-43　控制器的正反作用

由于控制器的输出决定于被控变量的测量值与设定值之差，所以在控制系统中，被控变量的测量值与设定值变化时，对输出的作用方向是相反的。如图 8-43 所示。所以对控制器的作用方向规定，当设定值不变，被控变量（测量值）增加时，控制器的输出也增加，称为正作用方向，表示为“+”；或者当测量值不变，而设定值减少时，控制器的输出增加也称为正作用方向，同样表示为“+”。反之，如果测量值增加（或设定值减少）时，控制器的输出降低，则称为反作用，表示为“−”。

综合而言，控制器的作用方向，在已知检测变送器、执行器、被控对象的作用方向的基础上，根据负反馈原则，可以通过三种方式来确定。逻辑推理、方块图、开环增益判断。

① 图 8-44 所示液位控制系统，如操纵变量是进料量，从安全角度考虑，选择气开阀，此时 $K_V>0$，是正作用，表示为“+”；输入料阀开度增加，液位升高，工艺被控对象的增益 $K_P>0$，是正作用，表示为“+”；液位升高，检测变送环节的输出增加，检测变送环节的增益是 $K_T>0$，是正作用，表示为“+”；为保证系统的负反馈特性，要求：$K_{开}=K_CK_VK_PK_T>0$，因此，选择控制器增益 $K_C>0$，即选择控制器为反作用，表示为“−”。

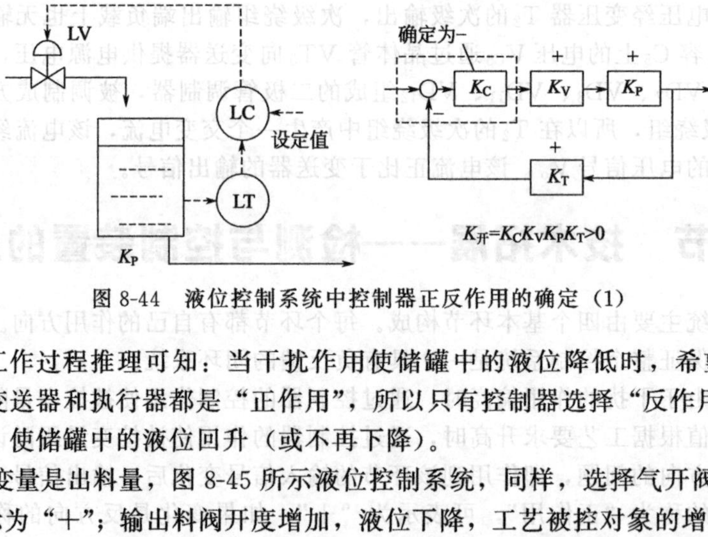

图 8-44　液位控制系统中控制器正反作用的确定（1）

从系统的工作过程推理可知：当干扰作用使储罐中的液位降低时，希望进料控制阀开大。因为检测变送器和执行器都是“正作用”，所以只有控制器选择“反作用”，才能使控制系统克服干扰，使储罐中的液位回升（或不再下降）。

② 如操纵变量是出料量，图 8-45 所示液位控制系统，同样，选择气开阀，此时 $K_V>0$，是正作用，表示为“+”；输出料阀开度增加，液位下降，工艺被控对象的增益 $K_P<0$，是反作用，表示为“−”；而液位的下降，使检测变送环节的输出也减少，检测变送环节的增益是 $K_T>0$，是正作用，表示为“+”；同样为保证系统的负反馈特性，要求：$K_{开}=K_CK_VK_PK_T>0$，因此，选择控制器增益 $K_C<0$，即选择控制器为正作用，表示为“+”。

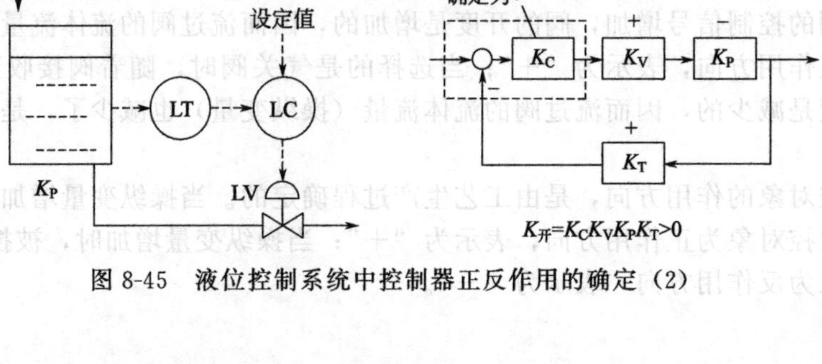

图 8-45　液位控制系统中控制器正反作用的确定（2）

从系统的工作过程推理可知：当干扰作用使储罐中的液位升高时，希望出料控制阀开大。因为检测变送器和执行器都是“正作用”，所以只有控制器选择“正作用”，才能使控制系统克服干扰，使储罐中的液位下降（或不再升高）。

★看视频动作，学操作应用

气动执行器的概述　　气动执行器的拆卸　　气动执行器的组装

压力控制系统的建立　　液位控制系统的建立

回顾与练习

8-1　执行装置由哪几部分组成？

8-2　按所用能源不同，有哪几种执行机构？各有何特点？

8-3　气动执行机构的气源和输入控制信号各是多少？

8-4　气动执行机构有两种形式？各有何特点？

8-5　什么是正作用执行机构？什么是反作用执行机构？从外表上如何区分？

8-6　气动活塞式执行机构由哪两部分组成？

8-7　气动活塞式执行机构的输出特性有哪两种形式？

8-8　阀门规格的大小以什么为标志？

8-9　何为正装阀芯？何为反装阀芯？

8-10　根据阀芯的动作形式，调节机构可分为哪两大类？各包括哪几种阀？

8-11　控制阀的调节机构主要有哪几种结构形式？各有什么特点？适用于什么场合？

8-12　控制阀的阀芯有哪几大类？哪几种形式？

8-13　控制阀的上阀盖有哪几种形式？各适用于什么场合？

8-14　电动执行装置有何特点？

8-15　电动执行机构如何分类？各应用在何种场合？

8-16　电动执行机构由哪几部分组成？

8-17　执行装置的选择一般应考虑哪几个方面？

8-18　何为气开阀？何为气关阀？

8-19　大口径阀门的开关形式一般如何改变？小口径阀门的开关形式一般如何改变？

8-20　直通双座阀如何改变开关形式？

8-21　隔膜阀如何改变开关形式？三通阀呢？

8-22　直通单座阀如何改变开关形式？

8-23　什么是控制阀的流量特性？什么是控制阀的理想流量特性？什么是控制阀的工作流量特性？

8-24　控制阀的理想流量特性有哪几种？各有什么特点？适用于什么场合？

8-25 什么是阀阻比？它标志着什么？

8-26 如何选择调节机构的流量特性？

8-27 控制阀口径确定的步骤？

8-28 *DN*、*dN*、*pN* 的含义？

8-29 什么是可调比？什么是理想可调比？

8-30 什么是阻塞流？

8-31 已知水流量 $Q_L = 100m^3/h$，$\rho_L = 0.97g/cm^3$，$t_1 = 80℃$，$p_1 = 1170kPa$，$p_2 = 500kPa$，$p_v = 47kPa$，试选择控制阀并计算 K_v 值。

8-32 气体介质为丙烯气，$T_1 = 268K$，$\kappa = 2.12$，$M = 42$，$Z = 1$，$p_1 = 260kPa$，$p_2 = 206kPa$，$Q_g = 750m^3/h$。若选用直通单座阀，流关流向工作，$X_T = 0.46$。试计算此阀的流量系数。

8-33 已知蒸汽流量 $W_s = 35000kg/h$，$p_1 = 4050kPa$，$p_2 = 500kPa$，$t = 368℃$，$\rho_s = 14.33kg/m^3$，若选用套筒控制阀，求流量系数（绝热指数 $\kappa = 1.3$）。

8-34 电/气转换器、电/气阀门定位器有何异同点？

8-35 ZPD-2000 系列电/气阀门定位器由哪几部分组成？

8-36 用电/气转换器或电/气阀门定位器实现控制阀的正作用动作有哪几种方法？实现反作用动作呢？

8-37 安全栅的作用是什么？

8-38 安全栅结构如何分类？按在控制系统中所处的位置如何分类？

8-39 齐纳式安全栅当现场发生短路事故时、当栅端电压 V_1 超高（$V_0 \leqslant V_1 < V_{Ar}$）时、当栅端电压 V_1 超高（$V_0 \leqslant V_1 < V_{Ar}$）时分别如何起保护作用？

8-40 隔离式输入安全栅由哪些部分组成？请简述其能量传输过程、信号传输过程。

8-41 隔离式输入安全栅由哪些部分组成？请简述其能量传输过程、信号传输过程。

8-42 配电器起何作用？适用于何种场合？

8-43 如图 8-46 所示，一个蒸汽加热温度控制系统。若被加热物料过热易分解时，试确定控制阀的气开气关型式、控制器的正反作用方向。

8-44 如图 8-47 所示，一个冷却器出口温度控制系统。要求物料温度不能太低，否则易结晶。试确定控制阀的气开气关型式、控制器的正反作用方向。

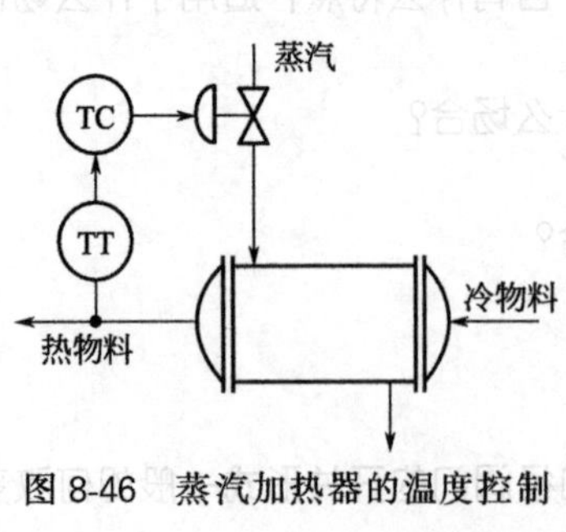

图 8-46 蒸汽加热器的温度控制

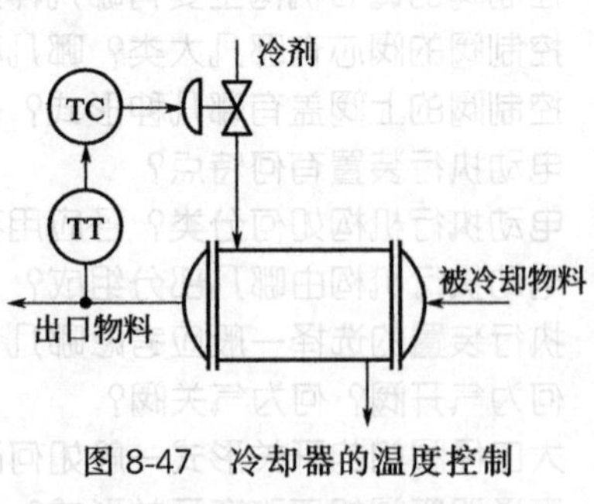

图 8-47 冷却器的温度控制

附录一　控制阀选择资料

一、气动薄膜控制阀型号编制说明

气动薄膜控制阀型号由两节组成。第一节以大写汉语拼音字母表示热工仪表分类、能源、结构形式；第二节以阿拉伯数字表示产品的主要参数范围。

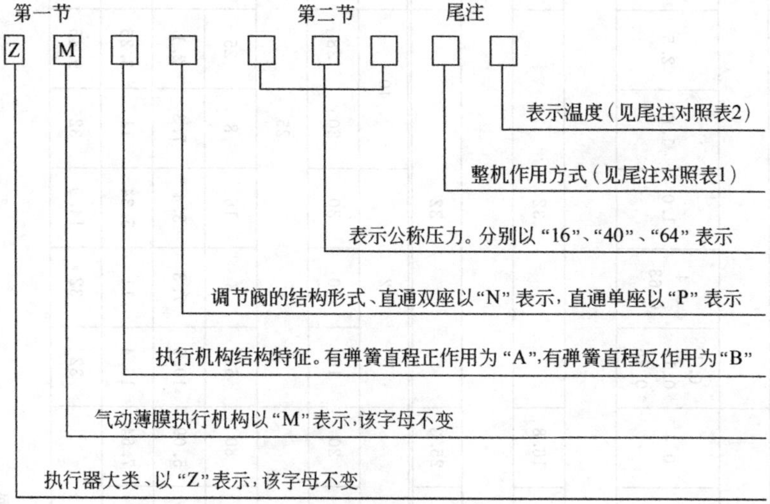

附图　气动薄膜调节阀型号命名

尾注对照表 1

形式	气开	气关
代号	K	B

尾注对照表 2

名称	普通型	长颈型	散(吸)热型	波纹管密封型
代号	(−20～200℃)	D(−60～250℃)	G(−60～450℃)	V

例如，ZMAP-64K 型。

表示气动薄膜直通单座控制阀，执行机构为有弹簧直行程正作用式，公称压力等级为 64×100kPa。整机为气开式，普通型阀。

二、气动薄膜角形高压控制阀基本参数

DN				6			10					15					25		
阀座 d_N/mm				3	4	6	4	6	7	8	10	6	7	8	10	12	7	8	10
额定行程/mm				10			16												
K_v				0.04 0.063	0.1 0.16 0.25	0.4	0.1 0.16 0.25	0.4 0.63	1.0	1.6	2.5	0.4 0.63	1.0	1.6	2.5	4.0	1.0	1.6	2.5
Δp/MPa	40～120[1]	140[2]	流开														31.8		20.3
			流闭	12.6	13.8	16.8	32					32							
	60～180	250	流开														32		30.5
			流闭	18.9	20.7	25.3	32					32							

DN				25			32			40		50		65		80		100	
阀座 d_N/mm				12	16	20	16	20	30	20	38	30	50	38	65	50	80	65	100
额定行程/mm				16			25							40					
K_v				40	63	80	63	8	16	8	25	16	40	25	63	40	100	63	160
Δp/MPa	40～120	140	流开	14.1	7.95	5.09	10.9	7.3	3.4	7.3	2.1	3.4	1.26						
	60～180	250	流闭	21.2	11.9	7.64	16.4	11	5.34	11	3.25	5.34	1.89	5.1	1.9	2.9	1.18	1.9	0.76
	110～230	250	流开				32	32	14.9	32	9.45	14.9	5.52	3.96	3.27	5.48	2.17	3.27	1.39
说明				Δp 确定的依据： ① [1]—阀芯动作信号压力，kPa；[2]—气源压力，kPa； ② DN220 阀的允许压差不超过 22MPa； ③ 阀关闭 $p_2=0$。															

三、气动薄膜直通单、双座调节阀基本参数

公称通径 D_q/mm			3/4″			20				25	32	40	50	65	80	100	125	150	200	250	300
阀座直径 d_q/mm			3 6	4 7	5 8	10 15			12 20	26	32	40	50	66	80	100	125	150	200	250	300
行程/mm			10							16		25		40			60			100	
流量系数 C 值	单座阀		0.08 0.32	0.12 0.50	0.20 0.80	1.20 3.20			2.00 5.00	8.00	12.0	20.0	32.0	50.0	80.0	120	200	280	450	700	110
	双座阀									10	16	25	40	63	100	160	250	400	630	1000	1600
公称压力/100kPa			16、40、64、100、160(100 及 160 为 3/4″～200mm 通径的单座阀)																		
配用薄膜式执行机构型号			ZM_B^A-1			ZM_B^A-2						ZM_B^A-3		ZM_B^A-4			ZM_B^A-5			ZM_B^A-6	
薄膜有效面积 A_c/cm^2			200			280						400		630			1000			1600	
允许[①]压差 Δp(100kPa)	输出压力 p_F=20kPa	单座				53.5	37	24	13.5	8	5.5	5	5	3	2	1.2	1.2	0.8	0.5	0.5	0.35
		双座								54	44	49	38	47	36	28	37.5	27	21.5	20	17
	输出压力 p_F=40kPa	单座				100	74	48	27	16	11	10	6	6	4	2.4	2.4	1.6	1	1	0.7
		双座								100	88	98	76	94	72	56	75	54	43	40	34

① 允许压差是指阀使用在“流开”状态（双座阀为阀杆直流出端），关闭时 $p_2=0$ 的情况下。

四、气体的压缩因数图

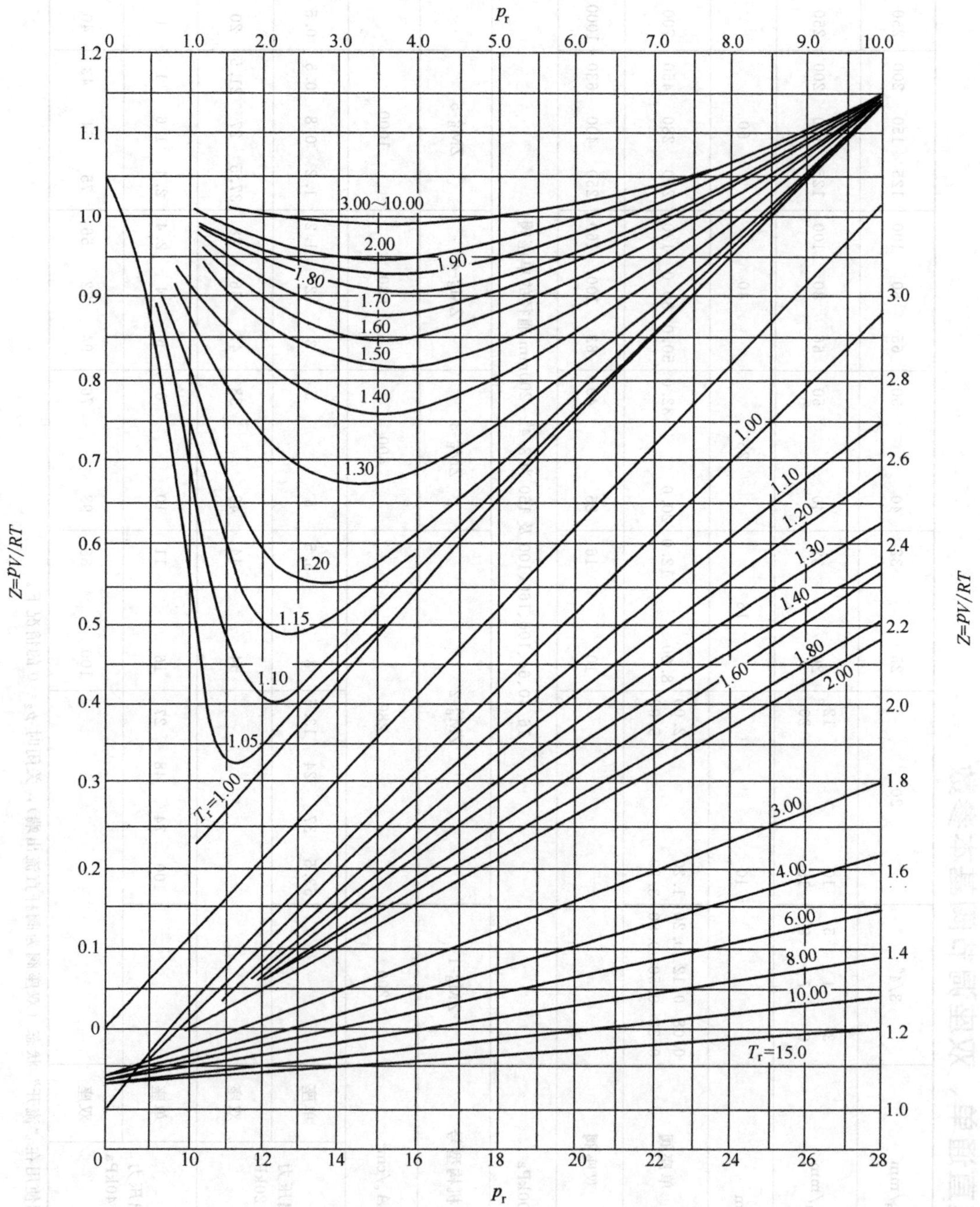
p_r
0
1.0
2.0
3.0
4.0
5.0
6.0
7.0
8.0
9.0
10.0
1.2
1.1
1.0
0.9
0.8
0.7
0.6
0.5
0.4
0.3
0.2
0.1
0
0
Z=PV/RT
3.00~10.00
2.00
1.90
1.80
1.70
1.60
1.50
1.40
1.30
1.20
1.15
1.10
1.05
T_r=1.00
1.00
1.10
1.20
1.30
1.40
1.60
1.80
2.00
3.00
4.00
6.00
8.00
10.00
T_r=15.0
3.0
2.8
2.6
2.4
2.2
2.0
1.8
1.6
1.4
1.2
1.0
Z=PV/RT
10
12
14
16
18
20
22
24
26
28
p_r

五、气体的物理性质图表

名称	分子式	分子量	气体常数 R /[(kg·m)/(kg·K)]	密度 ρ_0/(kg/m³) 在0℃，1.013×10⁵Pa下	密度 ρ_0/(kg/m³) 在20℃，1.013×10⁵Pa下	比密度在0℃ 1.013×10⁵Pa下(空气=1)	沸点 T_b/K 在1.013×10⁵Pa下	比热比在20℃及1.013×10⁵Pa下	临界点 温度 T_c/K	临界点 压力①p_c /(kgf/cm²)	临界点 密度 ρ_c /(kg/m³)
空气(干)		28.96	29.28	1.2928	1.205	1.00	78.8	1.4②	132.42～132.52	38.4	328～320
氮	N_2	28.0134	30.27	1.2506	1.165	0.9673	77.35	1.4②	126.1	34.6	312
氧	O_2	31.9988	26.5	1.4289	1.331	1.1053	90.17	1.397②	154.78	51.7	426.5
氩	Ar	39.948	21.23	1.7840		1.38	87.291	1.68	150.7	49.6	535
氖	Ne	20.183	42.02	0.9000		0.6962	27.09	1.68	44.4	27.8	483
氦	He	4.003	211.84	0.17847		0.1380	4.215	1.66	5.199	2.34	69
氪	Kr	83.80	10.12	3.6431		2.818	119.79	1.67	209.4	56.1	909
氙	Xe	131.30	6.46	5.89		4.53	165.02	1.666	289.75	59.9	1105
氢	H_2	2.016	420.63	0.08988	0.084	0.06952	20.38	1.412②	32.976	13.2	31.45
甲烷	CH_4	16.043	52.86	0.7167	0.668	0.5544	111.7	1.315②	190.7	47.3	162
乙烷	C_2H_6	30.07	28.20	1.3567	1.263	1.0494	184.52	1.18②	305.45	49.8	203
丙烷	C_3H_8	44.097	19.23	2.005	1.867	1.5509	231.05	1.13②	369.95	43.4	220
正丁烷	C_4H_{10}	58.124	14.59	2.703		2.091	272.65	1.10②	425.15	38.71	228
异丁烷	C_4H_{10}	58.124	14.59	2.675		2.0692	261.45	1.11②	408.15	37.2	222
正戊烷	C_5H_{12}	72.151	11.75	3.215		2.4869	309.25	1.07②	469.75	34.37	244
乙烯	C_2H_4	28.054	30.23	1.2604	1.174	0.975	169.45	1.22②	283.05	51.6	227
丙烯	C_3H_6	42.081	20.15	1.914	1.784	1.48	225.45	1.15②	365.05	47.1	233
丁烯-1	C_4H_8	56.108	15.11	2.500		1.9338②	266.85	1.11②	419.15	40.99	233
顺丁烯-2	C_4H_8	56.108	15.11	2.500		1.9338②	276.85	1.1214②	433.15	42.89	238
反丁烯-2	C_4H_8	56.108	15.11	2.500		1.9338②	274.05	1.1073②	428.15	41.83	238
异丁烯	C_4H_8	56.108	15.11	2.500		1.9338	266.25	1.1058②	417.85	40.77	234
乙炔	C_2H_2	26.038	32.57	1.1717	1.091	0.9063	189.13 (升华)	1.24	309.15	63.7	231
苯	C_6H_6	78.114	10.86	3.3		2.553	353.25	1.101	562.15	50.19	304

续表

名称	分子式	分子量	气体常数 R /[(kg·m)/(kg·K)]	密度 ρ_0/(kg/m³)		比密度在 0℃ 1.013×10^5Pa 下(空气=1)	沸点 T_b/K 在 1.013×10^5Pa 下	比热比在 20℃ 及 1.013×10^5Pa 下	临界点		
				在 0℃，1.013×10^5Pa 下	在 20℃，1.013×10^5Pa 下				温度 T_c/K	压力[①] p_c /(kgf/cm²)	密度 ρ_c /(kg/m³)
一氧化碳	CO	28.0106	30.27	1.2504	1.165	0.9672	81.65	1.395	132.92	35.6	301
二氧化碳	CO_2	44.00995	19.27	1.977	1.842	1.5291	194.75 (升华)	1.295	304.19	75.28	468
一氧化氮	NO	30.0061	28.26	1.3401		1.0366	121.45	1.4	179.15	66.1	52
二氧化氮	NO_2	46.0055	13.43	2.055		1.59	294.35	1.31	431.35	103.3	570
一氧化二氮	N_2O	44.0128	19.27	1.9781		1.530	184.69	1.274	309.71	74.1	457
硫化氢	H_2S	34.07994	24.88	1.539	1.434	1.1904	212.85	1.32	373.55	91.8	373
氢氰酸	HCN	27.0258	81.38	1.2246		0.947 (3℃)	298.85	1.31 (65℃)	456.65	54.8	200
氧硫化碳	COS	60.0746	14.12	2.721		2.105	222.95		378.15	63	
臭氧	O_3	47.9982	17.67	2.144		1.658	161.25		261.05	69.2	537
二氧化硫	SO_2	64.0628	13.24	2.927	2.726	2.264	263.15	1.25	430.65	80.4	524
氟	F_2	37.9968	22.32	1.695		1.31	85.03	1.358	172.15	56.8	473
氯	Cl_2	70.906	11.96	3.214	3.00	2.486	238.55	1.35	417.15	78.6	573
氯甲烷	CH_3Cl	50.488	16.8	2.3044		1.782	249.39	1.28	416.15	68.1	353
氯乙烷	C_2H_5Cl	64.515	13.14	2.870		2.22	285.45	1.19 (16℃,0.3～0.5 标准大气压)	455.95	53.7	330
氨	NH_3	17.0306	49.79	0.771	0.719	0.5964	239.75	1.32	405.65	115.0	235
氟利昂-11	CCl_3F	137.3686	6.17	6.20		4.8	296.95	1.135	471.15	44.6	554
氟利昂-12	CCl_2F_2	120.914	7.01	5.39		4.17	243.35	1.138	385.15	40.0	558
氟利昂-13	$CClF_3$	104.4594	8.12	4.654		3.6	191.75	1.150 (10℃)	302.05	39.4	578
氟利昂-113	CCl_2FCClF_2	187.3765	4.53	8.274		6.4	320.75		487.25	34.80	576

① $1kgf/cm^2=9.81\times10^4$Pa。

② 15.6℃时的值。

六、液体的物理性质表

名称	分子式	分子量	密度 /(kg/m³) 在20℃时	临界点 温度 T_c/K	临界点 压力 p_c/atm	蒸汽压/atm 1	2	5	10	20	40	60
						温度 t/℃						
氧	O_2	31.999	1149	154.6	49.8	−183.1	−176.0	−153.2	−153.2	−140.0	−124.1	—
氮	N_2	28.013	840.0	126.2	33.5	−195.8	−189.2	−179.1	−169.8	−157.6	—	—
氢	H_2	2.016	71	33.2	12.8	−252.5	−250.2	−246.0	−241.8	—	—	—
氯	Cl_2	70.906	1563	417	76.0	−33.8	−16.9	+10.3	35.6	65.0	101.6	127.1
氨	NH_3	17.031	639	405.6	111.3	−33.6	−18.7	+4.7	25.7	50.1	78.9	98.3
一氧化碳	CO	28.01	803	132.9	34.5	−191.3	−183.5	−170.7	−161.0	−149.7	—	—
二氧化碳	CO_2	44.01	777	304.2	72.8	−78.2	−69.1	−56.7	−39.5	−18.9	+5.9	22.4
一氧化氮	NO	30.006	1280	180.0	64.0	−151.7	−145.1	−135.7	−127.3	−116.8	−103.2	−94.8
一氧化二氮	N_2O	44.013	1204	309.6	71.5	−88.5	−76.8	−58.0	−40.7	−18.8	+8.0	27.4
甲烷	CH_4	16.043	425	190.6	45.4	−161.5	−152.3	−138.3	−124.8	−108.5	−86.3	—
甲醇	CH_4O	32.04	791.3	512.6	79.9	64.7	84.0	112.5	138.0	167.8	203.5	224.0
乙烷	C_2H_6	30.07	548	305.4	48.2	−88.6	−75.0	−52.8	−32.0	−6.4	+23.6	—
乙醚	C_2H_6O	46.069	667	400.0	53.0	−23.7	−6.4	+20.8	45.5	75.7	112.1	—
乙烯	C_2H_4	28.05	577	282.4	49.7	−103.7	−90.8	−71.1	−52.8	−29.1	−1.5	—
丙烷	C_3H_8	44.097	582	369.8	41.9	−42.1	−25.6	+1.4	26.9	58.1	94.8	—
丙烯	C_3H_6	42.081	563	397.8	54.2	−47.7	−31.4	−4.8	+19.8	49.5	85.0	—
丁烷	C_4H_{10}	58.124	579	425.2	37.5	−0.5	+18.4	50	79.5	116.0	—	—
丁二烯	C_4H_6	52.076	710	455	49	−4.5	+15.3	47.0	76.0	114.0	158.0	—
苯	C_6H_6	78.114	885	562.1	48.3	80.1	103.8	142.5	178.8	221.5	272.3	—

七、液氨的蒸气压

温度/℃	压力/atm	温度/℃	压力/atm	温度/℃	压力/atm	温度/℃	压力/atm
−78	0.0582	−18	2.0499	42	16.209	102	64.274
−76	0.0683	−16	2.2349	44	17.113	104	66.804
−74	0.0797	−14	2.4328	46	18.056	106	69.406
−72	0.0929	−12	2.6443	48	19.038	108	72.084
−70	0.1078	−10	2.8703	50	20.059	110	74.837
−68	0.1246	−8	3.1112	52	21.121	112	77.668
−66	0.1437	−6	3.3677	54	22.224	114	80.578
−64	0.1651	−4	3.6405	56	23.372	116	83.570
−62	0.1891	−2	3.9303	58	24.562	118	86.644
−60	0.2161	0	4.2380	60	25.797	120	89.802
−58	0.2461	−2	4.5640	62	27.079	122	93.045
−56	0.2796	4	4.9090	64	28.407	124	96.376
−54	0.3167	6	5.2750	66	29.784	126	99.796
−52	0.3578	8	5.6610	68	31.211	128	103.309
−50	0.4034	10	6.0685	70	32.687	130	106.913
−48	0.4536	12	6.4985	72	34.227	132	110.613
−46	0.5087	14	6.9520	74	35.813	132.3	111.3①
−44	0.5693	16	7.4290	76	37.453		
−42	0.6357	18	7.9310	78	39.149		
−40	0.7083	20	8.4585	80	40.902		
−38	0.7875	22	9.0125	82	42.712		
−36	0.8738	24	9.5940	84	44.582		
−34	0.9676	26	10.2040	86	46.511		
−32	1.0695	28	10.8430	88	48.503		
−30	1.1799	30	11.512	90	50.558		
−28	1.2992	32	12.212	92	52.677		
−26	1.4281	34	12.943	94	54.860		
−24	1.5671	36	13.708	96	57.111		
−22	1.7166	38	14.507	98	59.429		
−20	1.8774	40	15.339	100	61.816		

① 临界压力。

八、气体的比热比 c_p/c_v 表（压力为100kPa时）

名称	分子式	温度/℃										
		0	100	200	300	400	500	600	700	800	900	1000
氩	Ar	1.67	1.67	1.67	1.67	1.67	1.67	1.67				
氦	He	1.67	1.67	1.67	1.67	1.67	1.67	1.67				
氖	Ne	1.67	1.67	1.67	1.67	1.67	1.67	1.67				
氪	Kr	1.67	1.67	1.67	1.67	1.67	1.67	1.67				
氙	Xe	1.67	1.67	1.67	1.67	1.67	1.67	1.67				
水银蒸气	Hg					1.67	1.67	1.67				
甲烷	CH_4	1.314	1.268	1.225	1.193	1.171	1.155	1.141				
乙烷	C_2H_6	1.202	1.154	1.124	1.105	1.095	1.085	1.077				
丙烷	C_3H_8	1.138	1.102	1.083	1.070	1.062	1.057	1.053				
丁烷	C_4H_{10}	1.097	1.075	1.061	1.052	1.046	1.043	1.040				
戊烷	C_5H_{12}	1.077	1.060	1.049	1.042	1.037	1.035	1.031				
己烷	C_6H_{14}	1.063	1.050	1.040	1.035	1.031	1.029	1.027				
庚烷	C_7H_{16}	1.053	1.042	1.035	1.030	1.027	1.025	1.023				
辛烷	C_8H_{18}	1.046	1.037	1.030	1.026	1.023	1.022	1.020				
氯甲烷	CH_3Cl	1.27	1.22	1.18	1.16	1.15	1.13	1.12				
三氯甲烷	$CHCl_3$	1.15	1.13	1.12	1.11	1.10	1.10					
乙酸乙酯	$C_4H_8O_2$	1.088	1.069	1.056	1.049	1.043	1.038	1.035				
氮	N_2	1.402	1.400	1.394	1.385	1.375	1.364	1.355	1.345	1.337	1.331	1.323
氢	H_2	1.410	1.398	1.396	1.395	1.394	1.390	1.387	1.381	1.375	1.369	1.361
空气		1.400	1.397	1.390	1.378	1.366	1.357	1.345	1.337	1.330	1.325	1.320
氧	O_2	1.397	1.385	1.370	1.353	1.340	1.334	1.321	1.314	1.307	1.304	1.300
一氧化碳	CO	1.400	1.397	1.389	1.379	1.367	1.354	1.344	1.335	1.329	1.321	1.317
水蒸气			1.28	1.30	1.29	1.28	1.27	1.26	1.25	1.25	1.24	1.23
二氧化硫	SO_2	1.272	1.243	1.223	1.207	1.198	1.191	1.187	1.184	1.179	1.177	1.175
二氧化碳	CO_2	1.301	1.260	1.235	1.217	1.205	1.195	1.188	1.180	1.177	1.174	1.171
氨	NH_3	1.31	1.28	1.26	1.24	1.22	1.20	1.19	1.18	1.17	1.16	1.15
丙酮	C_3H_6O	1.130	1.103	1.086	1.076	1.067	1.062	1.059				
甲基溴	CH_3Br	1.27	1.20	1.17	1.15	1.14	1.13	1.13				

九、抗腐蚀材料选择表

流体名称 \ 材料名称	碳钢	铸钢	304 或 302 不锈钢	316 不锈钢	铜	蒙乃尔合金 (Monel)	哈氏合金 (Hastelloy-B)	哈氏合金 (Hastelloy-C)	Durimet20	钛材	钴基合金 6	416 不锈钢	440C 硬质不锈钢	17-4PH
乙醛 CH_3CHO	A	A	A	A	A	A	I、L	A	A	I、L	I、L	A	A	A
醋酸，气	C	C	B	B	B	B	A	A	A	A	A	C	C	B
醋酸，汽化	C	C	A	A	A	A	A	A	A	A	A	C	C	B
醋酸，蒸汽	C	C	A	A	B	B	I、L	A	B	A	A	C	C	B
丙酮 CH_3COCH_3	A	A	A	A	A	A	A	A	A	A	A	A	A	A
乙炔	A	A	A	A	I、L	A	A	A	A	I、L	A	A	A	A
醇	A	A	A	A	A	A	A	A	A	A	A	A	A	A
硫酸铅	C	C	A	A	B	B	A	A	A	A	I、L	C	C	I、L
氨	A	A	A	A	C	A	A	A	A	A	A	A	A	I、L
氯化铵	C	C	B	B	B	B	A	A	A	A	B	C	C	I、L
硝(酸)铵	A	C	A	A	C	C	A	A	A	A	A	C	B	I、L
磷酸铵(单基)	C	C	A	A	B	B	A	A	B	A	A	B	B	I、L
硫酸铵	C	C	B	A	B	A	A	A	A	A	A	C	C	I、L
亚硫酸铵	C	C	A	A	C	C	I、L	A	A	A	A	B	B	I、L
苯胺 $C_6H_5NH_2$	C	C	A	A	C	B	A	A	A	A	A	C	C	I、L
苯	A	A	A	A	A	A	A	A	A	A	A	A	A	A
苯(甲)酸 C_6H_5COOH	C	C	A	A	A	A	I、L	A	A	A	I、L	A	A	A
硫化氢，液体	C	C	A	A	C	C	A	A	B	A	A	C	C	I、L
氢氧化镁	A	A	A	A	B	A	A	A	A	A	A	A	A	I、L
甲基-乙基甲酮；丁酮	A	A	A	A	A	A	A	A	A	I、L	A	A	A	A
天然气	A	A	A	A	A	A	A	A	A	A	A	A	A	A
硝酸	C	C	A	B	C	C	C	B	A	A	C	C	C	B
草酸	C	C	B	B	B	B	A	A	A	B	B	B	B	I、L
氧气	A	A	A	A	A	A	A	A	A	A	A	A	A	A
甲醇	A	A	A	A	A	A	A	A	A	A	A	A	B	A
石油润滑油，精制	A	A	A	A	A	A	A	A	A	A	A	A	A	A
磷酸，汽化	C	C	A	A	C	C	A	A	A	B	A	C	C	I、L
磷酸，游离	C	C	A	A	C	B	A	A	A	B	A	C	C	I、L
磷酸蒸汽	C	C	B	B	C	C	A	I、L	A	B	C	C	C	I、L

续表

流体名称＼材料名称	碳钢	铸钢	304 或 302 不锈钢	316 不锈钢	铜	蒙乃尔合金（Monel）	哈氏合金（Hastel-loy-B）	哈氏合金（Hastel-loy-C）	Duri-met20	钛材	钴基合金 6	416 不锈钢	440C 硬质不锈钢	17-4PH
苦味酸$(NO_2)_3C_6H_2OH$	C	C	A	A	C	C	A	A	A	I、L	I、L	B	B	I、L
亚氯酸钾 $KClO_2$	B	B	A	A	B	B	A	A	A	A	I、L	C	C	I、L
氢氧化钾	B	B	A	A	B	A	A	A	A	A	I、L	B	B	I、L
丙烷	A	A	A	A	A	A	A	A	A	A	A	A	A	A
松香、松脂	B	B	A	A	A	A	A	A	A	I、L	A	A	A	A
醚	B	B	A	A	A	A	A	A	A	A	A	A	A	A
氯乙烷 C_2H_5Cl	C	C	A	A	A	A	A	A	A	A	A	B	B	I、L
乙烯	A	A	A	A	A	A	A	A	A	A	A	A	A	A
乙二醇	A	A	A	A	A	A	I、L	I、L	A	I、L	A	A	A	A
氯化铁	C	C	C	C	C	C	C	B	C	A	B	C	C	I、L
甲醛 HCHO	B	B	A	A	A	A	A	A	A	A	A	A	A	A
甲酸 HCO_2H	I、L	C	B	B	A	A	A	A	A	C	B	C	C	B
氟利昂，湿	B	B	B	A	A	A	A	A	A	A	A	I、L	I、L	I、L
氟利昂，干	B	B	A	A	A	A	A	A	A	A	A	I、L	I、L	I、L
糠醛	A	A	A	A	A	A	A	A	A	A	A	B	B	I、L
汽油，精制	A	A	A	A	A	A	A	A	A	A	A	A	A	A
盐酸，汽化	C	C	C	C	C	C	A	B	C	C	B	C	C	C
盐酸，游离	C	C	C	C	C	C	A	B	C	C	B	C	C	C
氢氟酸，汽化	B	C	C	B	C	C	A	A	B	C	B	C	C	C
氢氟酸，游离	A	C	C	B	C	A	A	A	B	C	I、L	C	C	I、L
氢气	A	A	A	A	A	A	A	A	A	A	A	A	A	A
过氧化氢 H_2O_2	I、L	A	A	A	C	A	B	B	A	A	I、L	B	B	I、L
硼酸	C	C	A	A	A	A	A	A	A	A	A	B	B	I、L
丁烷	A	A	A	A	A	A	A	A	A	I、L	A	A	A	A
氯化钙	B	B	C	B	C	A	A	A	A	A	I、L	C	C	I、L
次氯酸钙	C	C	B	B	B	B	C	A	A	A	I、L	C	C	I、L
石炭酸 C_6H_5OH	B	B	A	A	A	A	A	A	A	A	A	I、L	I、L	I、L
二氧化碳，干	A	A	A	A	A	A	A	A	A	A	A	A	A	A
二氧化碳，湿	C	C	A	A	B	A	A	A	A	A	A	A	A	A
二硫化碳	A	A	A	A	C	B	A	A	A	A	A	B	B	I、L
四氯化碳	B	B	B	B	A	A	B	A	A	A	I、L	C	A	I、L

续表

材料名称 / 流体名称	碳钢	铸钢	304 或 302 不锈钢	316 不锈钢	铜	蒙乃尔合金（Monel）	哈氏合金（Hastel-loy-B）	哈氏合金（Hastel-loy-C）	Duri-met20	钛材	钴基合金 6	416 不锈钢	440C 硬质不锈钢	17-4PH
碳酸 H_2CO_3	C	C	B	B	B	A	A	A	A	I、L	I、L	A	A	A
氯气，干	A	A	B	B	B	A	A	A	A	C	B	C	C	C
氯气，湿	C	C	C	C	C	C	C	B	C	A	B	C	C	C
氯气，液态	C	C	C	C	B	C	C	A	B	C	B	C	C	C
铬酸 H_2CrO_4	C	C	C	B	C	A	C	A	C	A	B	C	C	C
焦炉气	A	A	A	A	B	B	A	A	A	A	A	A	A	A
硫酸铜	C	C	B	B	B	C	I、L	A	A	A	I、L	A	A	A
乙烷	A	A	A	A	A	A	A	A	A	A	A	A	A	A
醋酸钠	A	A	B	A	A	A	A	A	A	A	A	A	A	A
碳酸钠	A	A	A	A	A	A	A	A	A	A	A	B	B	A
氯化钠	C	C	B	B	A	A	A	A	A	A	A	B	B	B
铬酸钠	A	A	A	A	A	A	A	A	A	A	A	A	A	A
氢氧化钠	A	A	A	A	C	A	A	A	A	A	A	B	B	A
次氯酸钠	C	C	C	C	B-C	B-C	C	A	B	A	I、L	C	C	I、L
硫代硫酸钠	C	C	A	A	C	C	A	A	A	A	I、L	B	B	I、L
二氯化锡 $SnCl_2$	B	B	C	A	C	B	A	A	A	A	I、L	C	C	I、L
硬质酸 $CH_3(CH_2)_{16}CO_2H$	A	C	A	A	B	B	A	A	A	A	B	B	B	I、L
硫酸盐溶液（black）	A	A	A	A	C	A	A	A	A	A	A	I、L	I、L	I、L
硫	A	A	A	A	C	A	A	A	A	A	A	A	A	A
二氧化硫，干	A	A	A	A	A	A	B	A	A	A	A	B	B	I、L
三氧化硫，干	A	A	A	A	A	A	B	A	A	A	A	B	B	I、L
硫酸，汽化	C	C	C	C	C	C	A	A	A	B	B	C	C	C
硫酸，游离	C	C	C	C	B	B	A	A	A	B	B	C	C	C
亚硫酸	C	C	B	B	B	C	A	A	A	A	B	C	C	I、L
焦油	A	A	A	A	A	A	A	A	A	A	A	A	A	A
三氯乙烯	B	B	B	A	A	A	A	A	A	A	A	B	B	I、L
松节油	B	B	A	A	A	B	A	A	A	A	A	A	A	A
醋	C	C	A	A	B	A	A	A	A	I、L	A	C	C	A
水、锅炉供水	B	C	A	A	C	A	A	A	A	A	A	B	A	A
水、蒸馏水	A	A	A	A	A	A	A	A	A	A	A	B	B	I、L
海水	B	B	B	B	A	A	A	A	A	A	A	C	C	A
氯化锌	C	C	C	C	C	C	A	A	A	A	B	C	C	I、L
硫酸锌	C	C	A	A	B	A	A	A	A	A	A	B	B	I、L

注：A—推荐使用；B—小心使用；C—不能使用；I、L—缺乏资料。

本表摘自《ISA Handbook of Control Valve》。

十、调节阀用填料

填料号	形　　式	最高压力/MPa	温度/℃	用　　途
P-1	V型聚四氟乙烯填料(一般防腐)	4	−180～200	各种化学药品和酸、碱(除溶化的碱金属)等几乎所有流体。用于禁止油类的工作场合,填料压盖上出现结晶和含有泥浆的不能用
P-2	圆锥形聚四氟乙烯填料(防腐)	1	−100～150	各种化学药品和酸、碱(除溶化的碱金属)等几乎所有流体。用于禁止油类的工作场合,填料压盖上出现结晶和含有泥浆的不能用,但工作压力小于10kgf/cm²
P-3	石棉和石墨的橡胶填料(防热)	—	400	适用于水蒸气,高温脂肪族烃(石油),脂肪醚类,动、植物油和氟利昂
P-4	因科镍钢增强石棉石墨填料(高温高压用)	35	～600	适用于水蒸气,高温脂肪族烃(石油),脂肪醚类,动、植物油和氟利昂,而且能经受更高的温度和压力
P-5	石棉加聚四氟乙烯填料(防腐)		−180～280	各种化学药品,酸、碱等所有流体。不可用于强酸,以及P-1填料不适用的场合
P-6	石棉加聚四氟乙烯填料(适用液态氧)		−180～260	液态氧、氧气、聚四氯乙烯填料不适用的流体
P-7	聚四氯乙烯编织填料(防腐防污染)		−180～200	各种化学药品,酸、碱等所有流体。不可用于强酸,以及P-1填料不适用的场合
P-8	聚四氟乙烯烃蜡处理的石棉石墨填料(适用于强酸)		400	适用于强酸

注：本表摘自吴忠仪表厂引进日本山武公司“调节阀填料V-40”。

十一、柔性石墨耐化学腐蚀性能表

序　号	化学品种类	浓度/%	温度/℃	序　号	化学品种类	浓度/%	温度/℃
1	醋酸	全范围	全范围	16	氯化钠	全范围	全范围
2	硼酸	全范围	全范围	17	氯酸钾	0～10	60
3	铬酸	0～10	93	18	次氯酸钠	0～25	室温
4	盐酸	全范围	全范围	19	氟	全范围	149
5	硫化氢	全范围	全范围	20	氯	全范围	室温
6	硝酸	0～10	85	21	溴	全范围	室温
7	硝酸	浓	不可使用	22	碘	全范围	全范围
8	草酸	全范围	全范围	23	水	—	全范围
9	磷酸	0～85	全范围	24	水蒸气	—	全范围
10	硬脂酸	0～100	全范围	25	矿物油	0～100	全范围
11	硫酸	稀	170	26	丙酮	0～100	全范围
12	硫酸	浓	不可使用	27	苯	0～100	全范围
13	氢氟酸	全范围	全范围	28	汽油	0～100	全范围
14	氨水	全范围	全范围	29	二甲苯	0～100	全范围
15	氢氧化钠	全范围	全范围	30	四氯化碳	0～100	全范围

注：本表摘自上海自动化仪表研究所为无锡市东方密封件厂生产的柔性石墨所作的试验报告。

附录二 常用热电偶、热电阻分度表

附表 1 铂铑$_{10}$-铂热电偶分度表

分度号：S（参比端温度为 0℃）

t/℃	0	−10	−20	−30	−40	−50				
	E/mV									
0	−0.000	−0.053	−0.103	−0.150	−0.194	−0.236				
t/℃	0	10	20	30	40	50	60	70	80	90
	E/mV									
0	0.000	0.055	0.113	0.173	0.235	0.299	0.365	0.433	0.502	0.573
100	0.646	0.720	0.795	0.872	0.950	1.029	1.110	1.191	1.273	1.357
200	1.441	1.526	1.612	1.698	1.786	1.874	1.962	2.052	2.141	2.232
300	2.323	2.415	2.507	2.599	2.692	2.786	2.880	2.974	3.069	3.164
400	3.259	3.355	3.451	3.548	3.645	3.742	3.840	3.938	4.036	4.134
500	4.233	4.332	4.432	4.532	4.632	4.732	4.833	4.934	5.035	5.137
600	5.239	5.341	5.443	5.546	5.649	5.753	5.857	5.961	6.065	6.170
700	6.275	6.381	6.486	6.593	6.699	6.806	6.913	7.020	7.128	7.236
800	7.345	7.454	7.563	7.673	7.783	7.893	8.003	8.114	8.226	8.337
900	8.449	8.562	8.674	8.787	8.900	9.014	9.128	9.242	9.357	9.472
1000	9.587	9.703	9.819	9.935	10.051	10.168	10.285	10.403	10.520	10.638
1100	10.757	10.875	10.994	11.113	11.232	11.351	11.471	11.590	11.710	11.830
1200	11.951	12.071	12.191	12.312	12.433	12.554	12.675	12.796	12.917	13.038
1300	13.159	13.280	13.402	13.523	13.644	13.766	13.887	14.009	14.130	14.251
1400	14.373	14.494	14.615	14.736	14.857	14.978	15.099	15.220	15.341	15.461
1500	15.582	15.702	15.822	15.942	16.062	16.182	16.301	16.420	16.539	16.658
1600	16.777	16.895	17.013	13.131	17.249	17.366	17.483	17.600	17.717	17.832
1700	17.947	18.061	18.174	18.285	18.395	18.503	18.609			

附表 2 镍铬-镍硅热电偶分度表

分度号：K（参比端温度为 0℃）

t/℃	0	−10	−20	−30	−40	−50	−60	−70	−80	−90
	E/mV									
−200	−5.891	−6.035	−6.158	−6.262	−6.344	−6.404	−6.441	−6.458		
−100	−3.554	−3.852	−4.138	−4.411	−4.669	−4.913	−5.141	−5.354	−5.550	−5.730
0	0.000	−0.392	−0.778	−1.156	−1.527	−1.889	−2.243	−2.587	−2.920	−3.243
t/℃	0	10	20	30	40	50	60	70	80	90
	E/mV									
0	0.000	0.397	0.798	1.203	1.612	2.023	2.436	2.851	3.267	3.682
100	4.096	4.509	4.920	5.328	5.735	6.138	6.540	6.941	7.340	7.739
200	8.138	8.539	8.940	9.343	9.747	10.153	10.561	10.971	11.382	11.795
300	12.209	12.624	13.040	13.457	13.874	14.293	14.713	15.133	15.554	15.975
400	16.397	16.820	17.243	17.667	18.091	18.516	18.941	19.366	19.792	20.218
500	20.644	21.071	21.497	21.924	22.350	22.776	23.203	23.629	24.055	24.480
600	24.905	25.330	25.755	26.179	26.602	27.025	27.447	27.869	28.289	28.710

续表

t/℃	0	10	20	30	40	50	60	70	80	90
	E/mV									
700	29.129	29.548	29.965	30.382	30.798	31.213	31.628	32.041	32.453	32.865
800	33.275	33.685	34.093	34.501	34.908	35.313	35.718	36.121	36.524	36.925
900	37.326	37.725	38.124	38.522	38.918	39.314	39.708	40.101	40.494	40.885
1000	41.276	41.665	42.053	42.440	42.826	43.211	43.595	43.978	44.359	44.740
1100	45.119	45.497	45.873	46.249	46.623	46.995	47.367	47.737	48.105	48.473
1200	48.838	49.202	49.565	49.926	50.286	50.644	51.000	51.355	51.708	52.060
1300	52.410	52.759	53.106	53.451	53.795	54.138	54.479	54.819		

附表 3 镍铬-铜镍合金（康铜）热电偶分度表

分度号：E（参比端温度为 0℃）

t/℃	0	−10	−20	−30	−40					
	E/mV									
0	0.000	−0.582	−1.152	−1.709	−2.255					

t/℃	0	10	20	30	40	50	60	70	80	90
	E/mV									
0	0.000	0.591	1.192	1.801	2.420	3.048	3.685	4.330	4.985	5.648
100	6.319	6.998	7.685	8.379	9.081	9.789	10.503	11.224	11.951	12.684
200	13.421	14.164	14.912	15.664	16.420	17.181	17.945	18.713	19.484	20.259
300	21.036	21.817	22.600	23.386	24.174	24.964	25.757	26.552	27.348	28.146
400	28.946	29.747	30.550	31.354	32.159	32.965	33.772	34.579	35.387	36.196
500	37.005	37.815	38.624	39.434	40.243	41.053	41.862	42.671	43.479	44.286
600	45.093	45.900	46.705	47.509	48.313	49.116	49.917	50.718	51.517	52.315
700	53.112	53.908	54.703	55.497	56.289	57.080	57.870	58.659	59.446	60.232

附表 4 铁-铜镍合金（康铜）热电偶分度表

分度号：J（参比端温度为 0℃）

t/℃	0	−10	−20	−30	−40					
	E/mV									
0	0.000	−0.501	−0.995	−1.482	1.961					

t/℃	0	10	20	30	40	50	60	70	80	90
	E/mV									
0	0.000	0.507	1.019	1.537	2.059	2.585	3.116	3.650	4.187	4.726
100	5.269	5.814	6.360	6.909	7.459	8.010	8.562	9.115	9.669	10.224
200	10.779	11.334	11.889	12.445	13.000	13.555	14.110	14.665	15.219	15.773
300	16.327	16.881	17.434	17.986	18.538	19.090	19.642	20.194	20.745	21.297
400	21.848	22.400	22.952	23.504	24.057	24.610	25.164	25.720	26.276	26.834
500	27.393	27.953	28.516	29.080	29.647	30.216	30.788	31.362	31.939	32.519
600	33.102	33.689	34.279	34.873	35.470	36.071	36.675	37.284	37.896	38.512
700	39.132	39.755	40.382	41.012	41.645	42.281	42.919	43.559	44.203	44.848

附表 5　工业用铂热电阻分度表

分度号：Pt_{100}（$R_0=100.00\Omega$，$\alpha=0.003850$）

t/℃	0	−10	−20	−30	−40	−50	−60	−70	−80	−90
	热电阻值/Ω									
−200	18.49									
−100	60.25	56.19	52.11	48.00	43.87	39.71	35.53	31.32	27.08	22.80
0	100.00	96.09	92.16	88.22	84.27	80.31	76.33	72.33	68.33	64.30

t/℃	0	10	20	30	40	50	60	70	80	90
	热电阻值/Ω									
0	100.00	103.90	107.79	111.67	115.54	119.40	123.24	127.07	130.89	134.70
100	138.50	142.29	146.06	149.82	153.58	157.31	161.04	164.76	168.46	172.16
200	175.84	179.51	183.17	186.82	190.45	194.07	197.69	201.29	204.88	208.45
300	212.02	215.57	219.12	222.65	226.17	229.67	233.97	236.65	240.13	243.59
400	247.04	250.48	253.90	257.32	260.72	264.11	267.49	270.86	274.22	277.56
500	280.90	284.22	287.53	290.83	294.11	297.39	300.65	303.91	307.15	310.38
600	313.59	316.80	319.99	323.18	326.35	329.51	332.66	335.79	338.92	342.03
700	345.13	348.22	351.30	354.37	357.42	360.47	363.50	366.52	369.53	372.52
800	375.50	378.48	381.45	384.40	387.34	390.26				

附表 6　工业用铜热电阻分度表

分度号：Cu_{50}（$R_0=50.00\Omega$，$\alpha=0.004280$）

t/℃	0	−10	−20	−30	−40	−50				
	热电阻值/Ω									
0	50.00	47.85	45.70	43.55	41.40	39.24				

t/℃	0	10	20	30	40	50	60	70	80	90
	热电阻值/Ω									
0	50.00	52.14	54.28	56.42	58.56	60.70	62.84	64.98	67.12	69.26
100	71.40	73.54	75.68	77.83	79.98	82.13				

分度号：Cu_{100}（$R_0=100.00\Omega$）

t/℃	0	−10	−20	−30	−40	−50				
	热电阻值/Ω									
0	100.00	95.70	91.40	87.10	82.80	78.49				

t/℃	0	10	20	30	40	50	60	70	80	90
	热电阻值/Ω									
0	100.00	104.28	108.56	112.84	117.12	121.40	125.68	129.96	134.24	138.52
100	142.80	147.08	151.36	155.66	159.96	164.27				

参 考 文 献

[1] 范玉久．化工测量及仪表（第三版）．北京：化学工业出版社，2010.
[2] 吴勤勤．控制仪表及装置（第四版）．北京：化学工业出版社，2014.
[3] 乐嘉谦．化工仪表维修工（第二版）．北京：化学工业出版社，2005.
[4] 王永红．过程检测仪表（第二版）．北京：化学工业出版社，2010.
[5] 梁森．自动检测技术及应用（第三版）．北京：机械工业出版社，2010.
[6] 贾海瀛．传感器技术与应用．北京：高等教育出版社，2015.
[7] 狄建雄．自动化类专业毕业设计指南（第二版）．南京：南京大学出版社，2013.
[8] 沈聿农．传感器及应用技术（第三版）．北京：化学工业出版社，2014.
[9] 韩雪涛，韩广兴，吴瑛．PLC技术速成全图解．北京：化学工业出版社，2012.
[10] 王永红，钱静．化工检测与控制技术（第三版）．南京：南京大学出版社，2015.
[11] 厉玉鸣等．化工仪表及自动化例题习题集（第二版）．北京：化学工业出版社，2011.
[12] 李飞．过程检测仪表实训教程．北京：化学工业出版社，2016.
[13] 朱炳兴．仪表工试题集—现场仪表分册（第二版）．北京：化学工业出版社，2002.
[14] 王森．仪表工试题集—控制仪表分册（第二版）．北京：化学工业出版社，2003.
[15] 黄文鑫．仪表工问答．北京．化学工业出版社，2013.
[16] 戴连奎，王树青等．过程控制工程（第三版）．北京：化学工业出版社，2012.
[17] 罗健旭，何衍庆等．过程控制工程（第三版）．北京：化学工业出版社，2015.
[18] 俞金寿，孙自强等．过程自动化及仪表（第三版）．北京：化学工业出版社，2015.
[19] 陆德民．石油化工自动控制设计手册（第三版）．北京：化学工业出版社，2015.
[20] 符青灵，王森．在线分析仪表工工作手册．北京．化学工业出版社，2013.
[21] 王树青，乐嘉谦．自动化与仪表工程师手册．北京．化学工业出版社，2013.
[22] 化工仪表维修工考核指南．北京：化学工业职业技能鉴定指导中心，2010.